Deutschlands Norden

Margot Böse

Jürgen Ehlers

Frank Lehmkuhl

Deutschlands Norden

vom Erdaltertum zur Gegenwart

Margot Böse
Fachbereich Geowissenschaften
FU Berlin
Berlin, Deutschland

Frank Lehmkuhl
Geographisches Institut
RWTH Aachen
Aachen, Deutschland

Jürgen Ehlers
Witzeeze, Deutschland

ISBN 978-3-662-55372-5   ISBN 978-3-662-55373-2 (eBook)
https://doi.org/10.1007/978-3-662-55373-2

Die Deutsche Nationalbibliothek verzeichnet diese Publikation in der Deutschen Nationalbibliografie; detaillierte bibliografische Daten sind im Internet über http://dnb.d-nb.de abrufbar.

Planung: Stephanie Preuss
Einbandabbildung: © Archäologisches Landesamt Schleswig-Holstein

Gedruckt auf säurefreiem und chlorfrei gebleichtem Papier

Springer ist Teil von Springer Nature
Die eingetragene Gesellschaft ist Springer-Verlag GmbH Germany
Die Anschrift der Gesellschaft ist: Heidelberger Platz 3, 14197 Berlin, Germany

Vorwort

Deutschlands Norden, der von den Mittelgebirgen bis zu den Küsten reicht, hat eine lange geologische Entstehungsgeschichte bis zur Ausbildung der heutigen Landschaft. Die natürliche Entwicklung wurde in jüngster Zeit abgelöst durch die vielfältigen Eingriffe des Menschen. Unser Ziel ist es, dem Leser die norddeutsche Landschaft, ihre Entstehung und Entwicklung nahezubringen.

Die Kollegen J. Eberle, B. Eitel, W.D. Blümel und P. Wittmann haben dies mit großem Erfolg für den Süden Deutschlands unternommen. Der Aufbau unseres Buches orientiert sich in groben Zügen an ihrem Vorbild. Als an Margot Böse seitens des Spektrum-Verlages der Wunsch herangetragen wurde, ein entsprechendes Buch für den Norden Deutschlands zu konzipieren, war schnell klar, dass das nicht allein zu schaffen war. Es konnten die beiden anderen Autoren des Buches, Dr. Jürgen Ehlers aus Witzeeze bei Hamburg und Prof. Dr. Frank Lehmkuhl aus Aachen gewonnen werden. Jeder der Autoren hat seine speziellen Kompetenzen für Norddeutschland, aber aufgrund langjähriger Forschungs-, Lehr- und Publikationstätigkeit auch den Überblick, um wichtige Themen gemeinsam bearbeiten zu können. Dieses Buch basiert auf dem aktuellen Forschungsstand zu den einzelnen Themen. Die Literaturhinweise finden sich jeweils am Ende der Kapitel.

Es wäre nicht möglich gewesen, dieses Buch zu schreiben, wenn wir nicht von zahlreichen Kollegen und Freunden unterstützt und beraten worden wären. Da wir Autoren uns schon seit einiger Zeit mit Norddeutschland befasst haben, konnten wir auf zahlreiche eigene Bilder zurückgreifen. Einige davon sind durch Zufall in unsere Hände gefallen, wie das Luftbild von Sylt aus dem Jahre 1944, das Jürgen Ehlers einst in der Keele University entdeckt hat. Einige wichtige Fotos stammen aus dem Nachlass des Harburger Lehrers und Heimatforschers Hinrich Prigge. Dank gebührt den Freunden, Bekannten und Kollegen, die keine Mühe gescheut haben, uns mit aktuellen Bildern zu versorgen. Dazu gehören Thomas Koch aus Juist, Prof. Dr. Brigitte Urban (Lüneburg), Dr. Stefan Meng (Greifswald), Prof. i. R. Dr. Peter Felix-Henningsen (Gießen), Prof. Dr. Achim Brauer und Dr. Ingo Heinrich (beide Helmholtz-Zentrum Potsdam Deutsches GeoForschungsZentrum). Aber auch Aufnahmen des Niedersächsischen Landesamts für Denkmalpflege und des Archäologischen Landesamtes Schleswig-Holstein sowie des Emsland Moormuseums trugen zur Veranschaulichung bei. Prof. Dr. Thomas Litt (Bonn) stellte Pollendiagramme zu Verfügung.

In anderen Fällen haben glückliche Umstände dazu geführt, dass wir auf neueste Unterlagen zurückgreifen konnten. Dazu gehören die soeben freigegebenen Geodaten vom Land Nordrhein-Westfalen, die seit 2016 verfügbaren amerikanischen Landsat-8-Satellitenbilder und die Freigabe eines Ausschnittes der hochauflösenden LIDAR-Daten seitens des Amtes für Landesvermessung und Geobasisinformation Brandenburg. Weitere Unterstützung für Karten erhielten wir vom Leibniz-Institut für Länderkunde, Leipzig, sowie von der Bundesanstalt für Gewässerkunde, Koblenz.

Ein ganz besonderer Dank gilt den Zeichnern und Kartographen und Mitarbeitern, die uns bei unserer Arbeit unterstützt haben. Dazu gehören namentlich H.-J. Ehrig und J. Walk von der RWTH Aachen. Verena Niedek (Aachen) half beim Zusammenstellen der Literatur und Abbildungen von ▶ Kap. 2 und 3 und verfasste federführend den Abschnitt über die Schutzgebiete. Frau Ellen Leipner, Dr. Jacob Hardt und Dr. Robert Hebenstreit waren in die Arbeiten in Berlin eingebunden.

Wir hoffen, dass dieses Buch unseren Lesern deutlich macht, dass die Landschaft Norddeutschlands sich innerhalb von Jahrmillionen entwickelt hat, es aber heute keine ursprüngliche Naturlandschaft mehr gibt. Die Entwicklung der Kulturlandschaft ist aber stark geprägt durch das Relief, die Gewässer, die Böden, das Klima und die Rohstoffe. Der Mensch war und ist eben in der Lage, die Naturlandschaft in sehr kurzer Zeit sehr nachhaltig zu verändern, zu beschädigen oder gar zu zerstören. Naturschutz beinhaltet nicht allein den Schutz der belebten Natur, sondern auch die Bewahrung der Landschaft mit ihren geologischen Eigenheiten und charakteristischen Reliefformen. Die Landschaft war und ist nicht statisch und man sollte sich bewusst werden, welchen Zustand man in der langen Entwicklungsgeschichte gerade vorfindet und gegebenenfalls schützt.

Wir wünschen unseren Lesern, dass sie durch die Lektüre mehr über die Entstehung der Landschaften Norddeutschlands erfahren, um sie bewusster und auch mit mehr Freude in ihrer Vielfalt wahrzunehmen.

Margot Böse, Jürgen Ehlers und Frank Lehmkuhl
Berlin, Witzeeze und Aachen im April 2017

Inhaltsverzeichnis

1 Einleitung

1.1 Wozu dieses Buch?

Felix Wahnschaffe, Königlicher Landesgeologe und Dozent an der Bergakademie und Privatdozent an der Universität Berlin (Abb. 1.1), hat im Jahre 1891 zum ersten Mal einen Überblick über die Geologie und Geomorphologie Norddeutschlands geschrieben. Sein Buch mit dem Titel *Die Oberflächengestaltung des norddeutschen Flachlandes* erlebte vier Auflagen – die letzte davon erschien 1921, sieben Jahre nach seinem Tode (Abb. 1.2). Sie wurde von Friedrich Schucht vollendet. Ein wesentliches Anliegen Wahnschaffes war die allgemeinverständliche Darstellung der geologischen und geomorphologischen Sachverhalte.

Dieses Standardwerk wurde 1929 durch Paul Woldstedts Buch *Norddeutschland und angrenzende Gebiete im Eiszeitalter* ersetzt. Die dritte, von Woldstedt und Du-phorn bearbeitete Auflage dieses Werkes erschien 1974 (Woldstedt und Duphorn 1974). Einen Überblick über die Quartärmorphologie im Bereich der nordischen Vereisungen in Norddeutschland und in den angrenzenden Gebieten bot Liedtke (1975; zweite, stark überarbeitete Auflage 1981). Dieses Buch ist vor mehr als 35 Jahren erschienen. Schon allein deshalb ist es wünschenswert, eine aktuellere Übersicht zu erstellen.

Die genannten Übersichtsdarstellungen haben sich alle auf das Norddeutsche Tiefland konzentriert. Aber Norddeutschland besteht nicht nur aus Tiefland, sondern hat seinen Anteil am Mittelgebirge, an Schichtstufenlandschaften und tektonisch herausgehobenen Horsten, in denen Gesteine vom Erdaltertum bis zur Kreidezeit aufgeschlossen sind. Der 48 km lange Leinegraben erstreckt sich von Arenshausen im Süden über Friedland, Göttingen und Northeim bis nach Einbeck (siehe Abb. 1.3).

Auch in Norddeutschland gibt es Bereiche, in denen Tiefengesteine heute bis an die Geländeoberfläche aufragen. Der Brocken und sein Umfeld, das Brockenmassiv, bestehen vorwiegend aus Granit (Brockengranit, Abb. 1.4), einem plutonischen Gestein. Die drei Granitplutone des Harzes, der Brocken-, der Ramberg- und der Okerpluton, entstanden gegen Ende der variszischen Gebirgsbildung im Oberkarbon. Der Dachbereich des Brockenplutons ist dabei mit seinem Alter von lediglich 293 Mio. Jahren relativ jung. Seine Entstehung fällt zeitlich in das unterste Perm (siehe auch geologische Karte des Harzes in Abb. 2.8).

Es gibt in Deutschland eine Reihe junger Vulkangebiete. Das Siebengebirge, zu dem die Quellkuppe des Drachenfels gehört, ist im Oligozän entstanden. Sein

Abb. 1.1 Felix Wahnschaffe (1851–1914). (Bild © Humboldt-Universität zu Berlin, Universitätsbibliothek)

Abb. 1.2 In Wahnschaffes Buch durfte natürlich eine Abbildung der sächsischen Rundhöcker nicht fehlen. Lage siehe Abb. 1.3. (Aus Wahnschaffe 1891)

© Springer-Verlag Berlin Heidelberg 2018
M. Böse, J. Ehlers, F. Lehmkuhl, *Deutschlands Norden*, https://doi.org/10.1007/978-3-662-55373-2_1

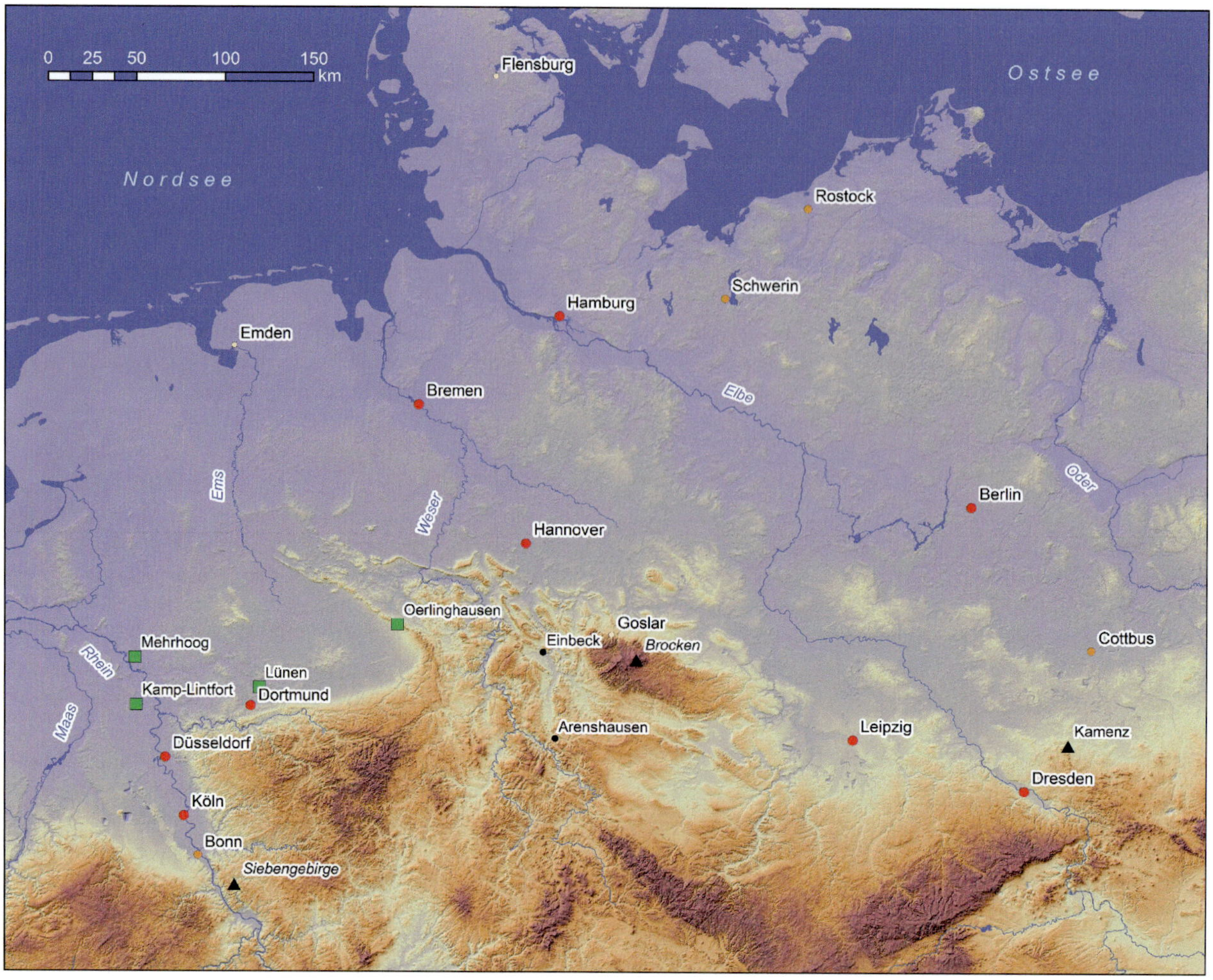

Abb. 1.3 Übersichtskarte von Norddeutschland. (Quelle: J. Ehlers)

Trachyt (Abb. 1.5) wurde früher in großen Steinbrüchen abgebaut. Die meisten Vulkane in der Rhön, im Westerwald oder im Vogelsberg sind im Miozän aktiv gewesen. Auch die Vulkane der Hocheifel (zum Beispiel Hohe Acht und Arensberg) zählen zu dieser Gruppe. Darüber hinaus gibt es jedoch in der Eifel das einzige quartäre Vulkangebiet Deutschlands. Eigentlich sind es zwei Vulkangebiete, Westeifel und Osteifel. Das Vulkanfeld der

Abb. 1.4 Brockengranit (Breite: 15 cm). (Ehemalige geologische Sammlung der Albrecht-Thaer-Schule in Hamburg)

Abb. 1.5 Trachyt vom Drachenfels, Siebengebirge, Oligozän. Breite: 15 cm. (Ehemalige geologische Sammlung der Albrecht-Thaer-Schule in Hamburg)

Eifel ruht heute. Es hat jedoch auch in früheren Zeiten über zehntausende von Jahren geruht, um dann plötzlich erneut auszubrechen.

Die größten Teile der norddeutschen Landschaft sind von den Gletschern der Eiszeit und ihren Schmelzwässern geprägt worden. Die quartären Vereisungsgrenzen sind weltweit von der INQUA-Arbeitsgruppe *Extent and Chronology of Quaternary Glaciations* von 1995 bis 2011 neu kartiert worden. Die Ergebnisse dieser Kartierung sind in das vorliegende Buch eingearbeitet. Allerdings ergeben jüngste Untersuchungen mit neuen Methoden auch neue Aspekte zur Eisdynamik, weshalb der aktuelle Forschungs- und Diskussionsstand mit vorgestellt wird.

Der Bereich Norddeutschlands, der zur heutigen Zeit am stärksten umgestaltet wird, sind die Küsten der Nord- und Ostsee. Die Diskussion ihrer Formen und Prozesse nimmt daher in unserer Darstellung einen breiten Raum ein.

Die heutige Landschaft Norddeutschlands ist in starkem Maße vom Menschen geprägt. Die landwirtschaftliche Nutzung hat nicht nur zur weitgehenden Entwaldung geführt, sondern darüber hinaus auch die Böden beeinflusst. Wo große Flächen jahreszeitlich brachliegen, setzt die Winderosion an. Moore sind abgetorft, große Seen neu geschaffen worden. Die wichtigsten Flüsse sind begradigt und durch Kanäle miteinander verbunden worden. Die Gewinnung von Rohstoffen hat tiefe Narben in der Landschaft hinterlassen.

Die Verfasser des vorliegenden Bandes haben sich bemüht, dem Anliegen Wahnschaffes und seiner Nachfolger ebenfalls gerecht zu werden. Die Gliederung von *Deutschlands Norden* lehnt sich, so weit möglich, an die Gliederung des erstmals vor neun Jahren im Spektrum Verlag erschienenen Buches *Deutschlands Süden* an (Eberle et al. 2010). Innerhalb der einzelnen Kapitel gibt es spezielle Exkurse, in denen Teilaspekte der jeweiligen Fragestellung näher erläutert werden. Das Buch beschreibt nicht nur die Landschaftsgeschichte; es soll außerdem das Verständnis des Lesers für die geologischen und geomorphologischen Grundlagen der heutigen Landschaft Norddeutschlands wecken.

1.2 Naturräumliche Großgliederung

Die naturräumliche Gliederung ist eine klassische geographische Einteilung, basierend auf Geofaktoren wie Geomorphologie-Geologie, Bodenkunde, Wasserhaushalt und biologisch-ökologischen Kriterien, die eine Landschaft physiognomisch prägen. In sich können diese Landschaften sehr heterogen sein und sich aus verschiedenartigen Teilräumen zusammensetzen. Insgesamt weist eine Einheit aber übergeordnete Raummerkmale auf, die sie gegen benachbarte Landschaftsräume abgrenzt. Einige der Naturraumnamen sind auch allgemein bekannte Landschaftsbegriffe, wie beispielsweise die Lüneburger Heide, oder historisch entstandene Begriffe wie beispielsweise die Altmark (Abb. 1.6).

Entlang der Nordseeküste lassen sich die durch den marinen Einfluss gebildeten Inseln, Watten und Marschen zusammenfassen. Daran schließen sich nach Süden schlauchartig entlang der Ems, Weser und Aller sowie der Elbe Flussniederungen an, deren Morphologie durch Flussterrassen und Auen geprägt ist. Zwischen den Flüssen liegen die Geestgebiete, die vor allem aus Ablagerungen der vorletzten Eiszeit aufgebaut sind, allerdings unterschiedliche Höhenverhältnisse aufweisen. Eine Geestlandschaft durchzieht auch Schleswig-Holstein von Nord nach Süd und wird hier gebildet durch Geländekuppen aus der vorletzten Vereisung und den breiten Talungen dazwischen, in denen in der letzten Eiszeit das Schmelzwasser nach Westen abfloss. Im östlichen Schleswig-Holstein liegt hingegen das stärker reliefierte und mit Seen durchsetzte Hügelland. Dieses Gebiet wurde in der letzten Eiszeit vom skandinavischen Inlandeis überformt. Ebenfalls zum letzteiszeitlichen Bereich gehören die Mecklenburgische Seenplatte, das nach Norden hin generell abdachende Mecklenburgisch-Brandenburgische Becken sowie das Nordostmecklenburgische Flachland und das Oderhaff-Gebiet. Die Ostseeküste von der Wismarer Bucht bis Usedom wird als das Mecklenburg-Vorpommersche Küstengebiet mit zahlreichen Buchten, Nehrungen und Bodden zusammengefasst. Südwestlich des Gebietes der letzten Eiszeit schließt sich zwischen Mecklenburgischer Seenplatte und dem Elbetal ein nach Nordwesten hin abdachendes, seenarmes Platten- und Hügelland, die Prignitz, an, dessen Relief im Wesentlichen aus der vorletzten Eiszeit stammt. Nach Südosten geht es in ein großes, von einzelnen kleinen Platten durchsetztes Tiefland, dem Luchland, über. Dieses wurde durch Schmelzwasserströme Richtung Elbetal in der letzten Eiszeit geformt. Die sich nach Süden anschließenden Mittelbrandenburgischen Platten und Niederungen gehören noch zum Einflussgebiet der letzten Vereisung, die hier weiter nach Süden reichte. Das Eis hat jedoch keine sehr markanten Geländeformen geschaffen und Schmelzwasser hat beim Niedertauen die Landschaft nachhaltig geprägt. Nach Osten steigt das Gelände an und umfasst das Ostbrandenburgische Heide – und Seengebiet. Nördlich davon befindet sich bis zum Odertal das Gebiet der Ostbrandenburgischen Platten, bestehend aus dem Barnim und dem Land Lebus.

Der Fläming ist die südöstliche Fortsetzung der Naturräume Lüneburger Heide und Altmark. Der Fläming ist ein markantes Höhengebiet aus der vorletzten Eiszeit und geht nach Osten in das tieferliegende Lausitzer Becken- und Heideland über, an dessen Nordseite der Spreewald liegt.

Nach Süden steigt das Gelände über das Oberlausitzer Heideland zum Oberlausitzer Berg- und Hügelland an. Im letztgenannten Gebiet tritt bereits Festgestein an

Abb. 1.6 Naturräumliche Großlandschaften und Naturräume. (Verändert nach Institut für Länderkunde 2003)

die Oberfläche, andererseits gibt es aber auch Reste von eiszeitlichen Sedimenten und vor allem Lößablagerungen, sodass die Oberfläche sehr heterogen aufgebaut ist. Südlich schließen sich dann als Teil der Sudeten das Zittauer Gebirge und weiter westlich das Elbsandsteingebirge an.

Das Erzgebirgsvorland, weite Teile des Vogtlandes sowie das Thüringer Becken werden oberflächennah von Kalk- und Dolomitgestein gebildet. In der vorvorletzten Eiszeit überdeckte das Inlandeis zwar dieses Gebiet, allerdings sind nur noch vereinzelt Sedimente dieser Zeit erhalten. Löß wurde während der folgenden Eiszeiten abgelagert und damit gehört dieser Bereich zu dem Lößgürtel, der sich im östlichen und nördlichen Harzvorland und den Börden weiter nach Westen in die Niedersächsische Börde fortsetzt. In diesen Gebieten gibt es an einigen Stellen auch bereits Festgesteinsausbisse in Form von Schichtstufen- und Rippen, wie beispielsweise den Elm. Besonders deutlich werden diese Geländeformen in den Schichtkämmen des deutlich nach Nordosten vorspringenden Unteren Weserberglandes.

Einen großen Naturraum bildet die Westfälische Tieflandsbucht, ein reliefarmes Gebiet mit einigen kleinen Schichtstufen, aber überwiegend kaltzeitlichen Ablagerungen. Die westlich anschließende Niederrheinische Bucht wird von großflächigen Flussablagerungen dominiert. Beide letztgenannten Einheiten haben lückenhaft Lößablagerungen, die einen fruchtbaren Boden bilden.

Südlich dieser Gebiete, die insgesamt das norddeutsche Tiefland bilden, ist der Übergang zum Mittelgebirge.

Das Mittelgebirge kann man in zwei grundlegend verschiedene Bereiche unterteilen. Das Grundgebirge besteht aus metamorphen Gesteinen der variszischen Gebirgsbildung. Dieses Gebiet wurde im Erdmittelalter, dem Mesozoikum, von festländischen und marinen Sedimenten bedeckt, den heutigen verfestigten Sedimentgesteinen. Später wurden Grundgebirge und Sedimente durch tektonische Prozesse verstellt: Das Grundgebirge wurde in einzelne Schollen zerlegt, die heute in unterschiedlicher Höhe liegen, und durch härteabhängige, differenzierte Abtragungsprozesse bildeten die Sedimentgesteine Schichtstufen, -kämme und -rippen aus, auf den höheren Geländeteilen wurden sie z. T. auch vollständig abgetragen, sodass alte Gebirgsteile die Oberfläche bilden.

Weit nach Süden verschoben grenzt an das aktive tektonische Senkungsgebiet der Niederrheinischen Bucht die Eifel. Östlich des Rheins befindet sich das Bergisch-Sauerländische Gebirge. Beide Naturraumeinheiten gehören dem südwest-nordost streichenden Rheinischen Schiefergebirge an und bestehen aus metamorphem Gestein der variszischen Gebirgsbildung.

Das nordöstlich anschließende obere Weserbergland mit seinen Festgesteinsmulden wird östlich der Weser vom Weser-Leine-Bergland abgelöst. Diese setzt sich ebenfalls aus Muldenstrukturen und Schichtstufenlandschaften zusammen und besteht aus verformten mesozoischen Sedimentgesteinen, die stellenweise eine dünne Lößbedeckung aufweisen.

Der Harz ist ein herausgehobener variszischer Gebirgsteil, der sich deutlich und isoliert über die Umgebung erhebt, im Westen am höchsten ist und nach Südosten hin abdacht. Das südlich davon liegende Thüringer Becken wird von Schichtstufen umrahmt und geht nach Süden in die Randplatten des Thüringer Waldes über. Dieser besteht ebenfalls aus metamorphen Gesteinen und ist Teil des variszischen Gebirges. Auch der kristalline Kern des Erzgebirges ist in der variszischen Gebirgsbildung angelegt worden. Der Gebirgszug wurde im Rahmen der alpidischen Gebirgsbildung als Pultscholle herausgehoben und nach Norden gekippt.

1.3 Altersbestimmungen

„Wenn du Amerikanern imponieren willst, musst du in Zahlen lügen" (Curt Goetz).

Zahlen üben eine starke Faszination aus – nicht nur für Amerikaner. Seit der Aufklärung und der Entstehung der modernen naturwissenschaftlichen Forschung, der die Erkenntnis zugrunde liegt, dass die Erdgeschichte eine Entwicklung beinhaltet, besteht auch die Frage nach dem Alter von Ereignissen und der Dauer von Prozessen. Alle Paläodaten werden aus sogenannten Proxydaten gewonnen, aus denen sich indirekt Rückschlüsse auf Prozesse und auch auf das Klima ziehen lassen (konkrete Temperaturmessungen gibt es beispielsweise erst seit der Mitte des 19. Jahrhunderts). Zunächst war nur eine relative Unterscheidung von „älter/jünger" möglich und erst in der zweiten Hälfte des 20. Jahrhunderts wurden vor allem physikalische Datierungsmethoden entwickelt, die auch numerische geochronologische Alter liefern. Eine Kombination aus Proxydaten und geochronologischen Daten wird heute vielfach angewandt, da mit ersteren

Entwicklungen und Prozesswechsel dokumentiert werden können, deren Zeitrahmen dann durch die Datierung von Einzelproben gesetzt werden muss.

1.3.1 Relative Altersbestimmungen

In der Landschaftsgeschichte ist es von zentraler Bedeutung, Prozesse und die daraus resultierenden Oberflächenformen zeitlich zu ordnen. Zunächst gab es nur die Möglichkeit der relativen Altersbestimmung, der das Prinzip zugrunde lag, aus der Abfolge von Sedimenten oder Reliefeinheiten eine zeitliche Abfolge abzuleiten, ohne dass ein genaues Alter bestimmt werden konnte. Diesem Konzept liegt das Prinzip zugrunde, dass bei einer Abfolge von Sedimentschichten die ältesten Schichten unten liegen und von den jeweils jüngeren Schichten überlagert werden. Diese Regel hat im europäischen Raum erstmals der dänische Wissenschaftler Nicolas Steno (Niels Stensen) im Jahre 1669 formuliert. International verbindliche Richtlinien über die Anwendung dieser Regel gibt es erst seit gut dreißig Jahren. Die meisten stratigraphischen Begriffe sind älter und zum Teil unscharf definiert. Die Stratigraphie gibt die relative altersmäßige Zuordnung der Gesteinsschichten an. Dies kann über den Gesteinsinhalt (Lithostratigraphie) oder den Fossilinhalt (Biostratigraphie) sowie über klimagesteuerte Faktoren (Klimastratigraphie) erfolgen. Die Lithostratigraphie ist die Basis für geologische Karten.

Die Morphostratigraphie erklärt die Entstehung von Oberflächenformen in einer zeitlichen Reihenfolge – wie beispielsweise die Abfolge der Bildung von Endmoränenzügen in den ehemals vergletscherten Gebieten oder die Bildung von Flussterrassen, bei denen die oberen Terrassensedimente älter sind als die der tieferliegenden, jüngeren Terrassen. Die Morphostratigraphie wurde in den ersten Karten zur Glaziallandschaft im ausgehenden 19. Jahrhundert angewandt und findet heute noch Anwendung in geomorphologischen Karten.

1.3.2 Geochronologische Altersbestimmungen

Im 20. Jahrhundert begann dann die bis heute anhaltende Entwicklung von Datierungsmethoden, die genauere Altersangaben liefern und somit eine konkrete zeitliche Einordnung ermöglichen. Im Folgenden sollen einige Altersbestimmungsmethoden kurz vorgestellt werden, die auch in Norddeutschland erfolgreich eingesetzt werden und eine präzisere Zeitvorstellung vor allem von quartären Prozessabläufen und damit auch indirekt von den vielen Klimaschwankungen geben (Abb. 1.7).

Die Datierung erdgeschichtlicher Ereignisse ist für die Geowissenschaften von großer Bedeutung. Die meisten

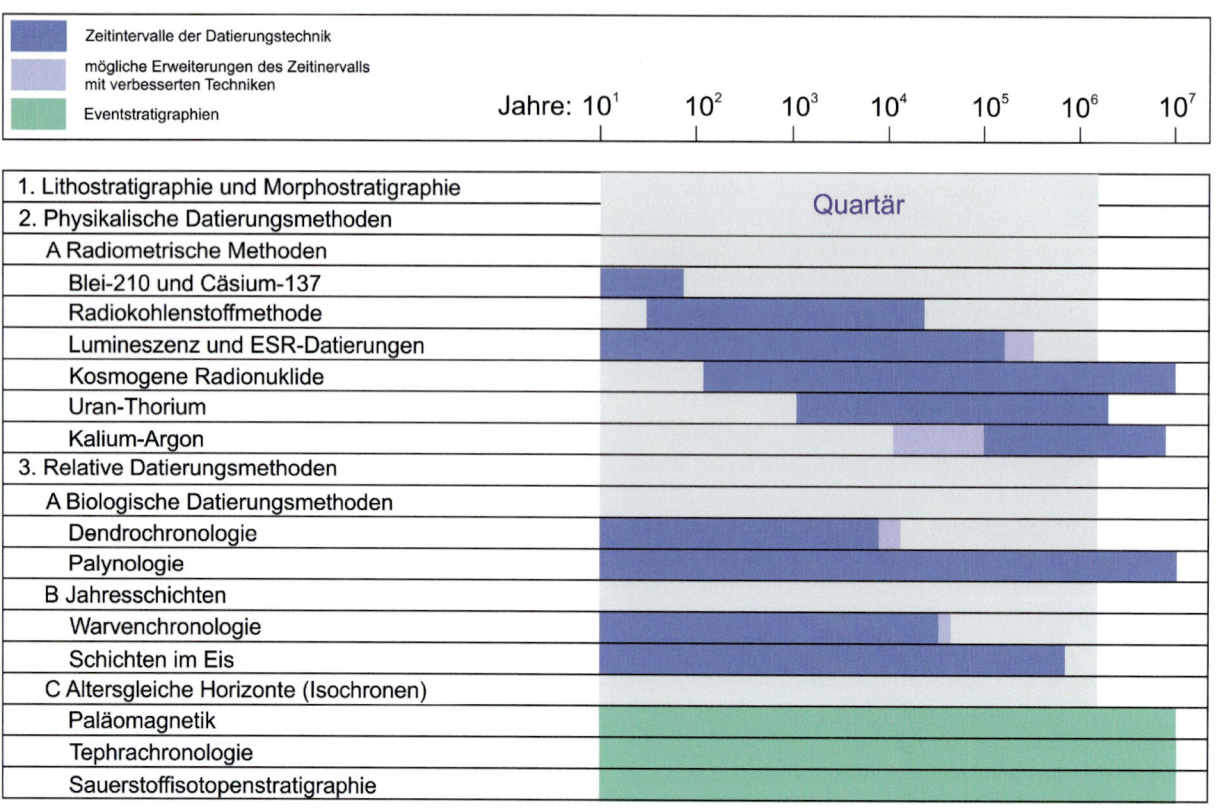

| | Jahre: | 10^1 | 10^2 | 10^3 | 10^4 | 10^5 | 10^6 | 10^7 |

■ Zeitintervalle der Datierungstechnik
■ mögliche Erweiterungen des Zeitintervalls mit verbesserten Techniken
■ Eventstratigraphien

1. Lithostratigraphie und Morphostratigraphie
2. Physikalische Datierungsmethoden
   A Radiometrische Methoden
   - Blei-210 und Cäsium-137
   - Radiokohlenstoffmethode
   - Lumineszenz und ESR-Datierungen
   - Kosmogene Radionuklide
   - Uran-Thorium
   - Kalium-Argon
3. Relative Datierungsmethoden
   A Biologische Datierungsmethoden
   - Dendrochronologie
   - Palynologie
   B Jahresschichten
   - Warvenchronologie
   - Schichten im Eis
   C Altersgleiche Horizonte (Isochronen)
   - Paläomagnetik
   - Tephrachronologie
   - Sauerstoffisotopenstratigraphie

Quartär

Abb. 1.7 Möglichkeiten der Altersbestimmung. (Quelle: verändert nach Lowe und Walker 1997)

neueren Veröffentlichungen zu geologischen Fragestellungen enthalten Angaben zu Datierungen. Jede Probe, die man zur Datierung an ein Labor gibt, liefert ein Alter. Allerdings liegt bei allen Datierungen ein Fehlerintervall, das Konfidenzintervall, vor. Der Fehler, der zusammen mit dem Ergebnis der Datierung veröffentlicht wird, ist nur der statistische Fehler. Die Bewertung der Messergebnisse auf ihre generelle Zuverlässigkeit obliegt dem Wissenschaftler, der die Proben für eine Fragestellung entnommen hat und sollte immer in Zusammenarbeit mit einem Geochronologen durchgeführt werden.

1.3.3 Radiometrische Altersbestimmungen

Es gibt eine ganze Reihe von Methoden der Altersbestimmung, die auf der Messung des radioaktiven Zerfalls bestimmter Isotope beruhen (Abb. 1.7).

1.3.3.1 Blei-210 und Cäsium-137

Blei-210 und Cäsium-137 sind radioaktive Isotope, die durch den menschlichen Eintrag in Sedimente gelangt sind. Blei-210 hat eine Halbwertszeit von 22 Jahren und gilt seit der Industrialisierung und dem verstärkten Einsatz von Blei als ein synthetisches Isotop. Sein Vor-

kommen kann nur in bis zu 150 Jahre alten Sedimenten nachgewiesen werden und spielt vor allem bei der Datierung von Materialum- und -ablagerungen bei Hochwasserereignissen in Flusssystemen oder der Datierung von Seesedimenten ein Rolle.

Cäsium-137 ist ein „Abfallprodukt" der Kernwaffenversuche und bei Reaktorunfällen. Die Halbwertzeit beträgt 33 Jahre und kann in jungen Sedimenten beispielsweise in Seen und Mooren als Folge des „fallout" nach Nuklearereignissen regelrechte Leithorizonte bilden. Aber auch durch Bodenerosion verlagerte Sedimente (Kolluvien, s. Abschn. 9.1) können zeitlich eingeordnet werden.

1.3.3.2 Radiokohlenstoffmethode

Die am häufigsten eingesetzte Methode zur radiometrischen Altersbestimmung ist die Radiokohlenstoffdatierung. Sie wird bei organischem Material angewandt. Die ^{14}C-Methode wurde von Willard Libby in den späten 1940er-Jahren entwickelt. Sie wurde schnell zu einem Standardwerkzeug zunächst für Archäologen, dann aber auch für Geowissenschaftler.

Die Radiokohlenstoff-Datierungsmethode beruht darauf, dass in den oberen Schichten der Atmosphäre durch den Einfluss der kosmischen Strahlung Stickstoff-Isotope (^{14}N) zu radioaktivem Kohlenstoff (^{14}C) umgewandelt werden. Der resultierende radioaktive Kohlenstoff verbindet sich mit dem Luftsauerstoff zu radioaktivem Kohlendioxid, das wiederum durch die Photosynthese der Pflanzen in den Biokreislauf gelangt. Tiere nehmen radioaktives ^{14}C mit der Nahrung auf. Wenn das Tier oder die Pflanze stirbt, stoppt der Austausch von Kohlenstoff mit seiner Umgebung und von diesem Punkt an nimmt die Konzentration an ^{14}C durch den radioaktiven Zerfall stetig ab. Durch die Messung des Anteils von ^{14}C am gesamten Kohlenstoffgehalt einer organischen Probe lässt sich berechnen, wann das Tier oder die Pflanze gestorben ist. Je älter die Probe ist, desto geringer ist der Anteil an radioaktivem ^{14}C. Die Halbwertszeit von ^{14}C (die Zeitspanne, nach der die Hälfte des radioaktiven ^{14}C einer bestimmten Probe zu ^{14}N zerfallen ist) beträgt 5730 Jahre. Die Altersgrenze für eine zuverlässige Datierung liegt daher in Abhängigkeit vom Material bei etwa 50.000 Jahren.

Da der Gehalt an radioaktivem Kohlenstoff in diesem Zeitraum in der Atmosphäre nicht konstant war, müssen ^{14}C-Datierungen (Angabe in BP = *before present*; mit *present* = 1950) immer kalibriert werden. Dies erfolgt im Holozän, den letzten 10.000 Radiokarbonjahren, verlässlich mittels der Dendrochronologie. So entsprechen 10.000 BP etwa 11.360–11.607 cal BP (Kalenderjahren = cal. BP; kalibrierte ^{14}C-Jahre). Ältere Radiokarbonalter sind mittels anderer Datierungsmethoden weniger verlässlich geeicht und haben einen größeren Unsicherheitsbereich. Die ^{14}C-Alter kann man im Internet mit den Programmen Calpal (Calpal-Online o.J.) und Calib (Stuiver et al. 2017) kalibrieren.

Ursprünglich erfolgte die Datierung dadurch, dass die durch den Zerfall der ^{14}C-Atome emittierte Betastrahlung (konventionelle ^{14}C-Datierung) gemessen wurde. Neuerdings wird stattdessen in der Regel ein Beschleuniger-Massenspektrometer verwendet. Es zählt alle ^{14}C-Atome, die in der Probe vorhanden sind und nicht nur die wenigen, die während der jeweiligen Messung tatsächlich zerfallen. Sie kommt daher mit viel kleineren Proben aus und liefert sehr viel schnellere Ergebnisse.

1.3.3.3 Lumineszenz und ESR-Datierungen

In der Natur weicht die innere Kristallstruktur der Minerale von dem idealen Gitter ab, wie man es im Lehrbuch findet. Zwei Arten von Defekten sind festzustellen: (1) primäre Schäden, die während der Mineralbildung entstanden sind, und (2) sekundäre Schäden, die im Laufe der Zeit unter dem Einfluss von Alpha-, Beta- oder Gammastrahlung und kosmischer Strahlung hinzugekommen sind. Diese Defekte wirken als „Fallen" für Elektronen, die von den Mineralen durch radioaktive Strahlung ausgesandt werden. Bei Erhitzung fallen die gefangenen Elektronen in einen Zustand geringerer Energie zurück; dabei wird Energie in Form von Licht freigesetzt. Dieser Prozess führt zu einem messbaren Leuchten, der sogenannten Thermolumineszenz (TL). Diese Erscheinung ist seit langem bekannt; für die Datierung von archäologischen Materialen (Keramik, gebrannter Flint) wird sie

seit den 1950er-Jahren eingesetzt. Damit man die Thermolumineszenz zur Datierung nutzen kann, muss in der Vergangenheit ein Ereignis eingetreten sein, das die Elektronenfallen geleert hat. Da die Elektronen durch Hitze freigesetzt werden, wird die „elektronische Uhr" immer auf Null gestellt, wenn das Material gebrannt wird. Daher ist das Verfahren auch zuerst in der Archäologie zur Altersbestimmung von Keramik oder gebranntem Flint eingesetzt worden.

Für eiszeitliche Ablagerungen wird seit 1985 ein weiterentwickeltes Verfahren angewandt, die optisch stimulierte Lumineszenz (OSL). Wenn Quarz- oder Feldspatkristalle für einige Zeit beim Transport durch Wind oder Wasser dem Sonnenlicht ausgesetzt sind, werden die meisten Elektronenfallen ebenfalls geleert. Für eine erfolgreiche Datierung sollte die Probe lange genug dem Sonnenlicht ausgesetzt gewesen sein, sodass durch die Bleichung die meisten Elektronenfallen geleert worden sind (Nullstellung) (Abb. 1.8).

Im Labor wird dann die natürliche Lumineszenz der Probe mittels einer Bestrahlung mit sichtbarem Licht durch Laser oder LEDs gemessen (Abb. 1.9). Dabei fallen die gefangenen, lichtempfindlichen Elektronen in einen Zustand geringerer Energie zurück und geben messbare Lichtsignale. Diese werden mit einem künstlichen Lumineszenzsignal verglichen, das erzeugt wird, indem man die Probe einer geeichten Strahlungsquelle aussetzt. Bei Feldspäten wird vornehmlich mit Infrarotbestrahlung bei verschiedenen Temperaturen gemessen (IRSL). Zugleich muss immer die natürliche Strahlung im die Probe umgebenden Sediment festgestellt werden, da diese regional schwankt, und in die Berechnung mit einbezogen werden muss.

Die Datierung ist material- und sedimentabhängig bis zu Altern von mehreren 100.000 Jahren möglich, es handelt sich um ein wichtiges Hilfsmittel für die Datierung quartärer Ablagerungen.

Das Verfahren ist hervorragend geeignet, um Löss (s. Exkurs 4.4) und andere äolische Ablagerungen zu datieren. Da die totale Bleichung unter Sonnenlicht nur Sekunden bis Minuten dauert, hat die Methode den Vorteil, dass sie auch für Materialien verwendet werden kann, die nur sehr kurze Zeit dem Tageslicht ausgesetzt waren – also zum Beispiel auch Schmelzwassersande. Die Probenahme im Gelände erfolgt zumeist in Stahlzylindern oder Plastikröhren unter Lichtabschluss (Abb. 1.10). In der Regel werden SAR-Proben (*single-aliquot regenerative-dose*) verwendet, bei denen das Signal von mehreren Mineralkörnern (z. B. Quarz) gleichzeitig gemessen wird und dadurch ein Mittelwert der Messwerte entsteht. Bei Einzelkornmessungen werden die Werte einzelner Körner miteinander verglichen. Dabei kann man feststellen, ob die Körner unterschiedlich gebleicht wurden, die Körner, die am stärksten gebleicht sind, werden dann zur Altersrekonstruktion für das Sediment verwendet.

Eine verwandte Methode ist die **ESR-Methode** (Elektronenspinresonanz). Bei ihr wird ebenfalls die Eigen-

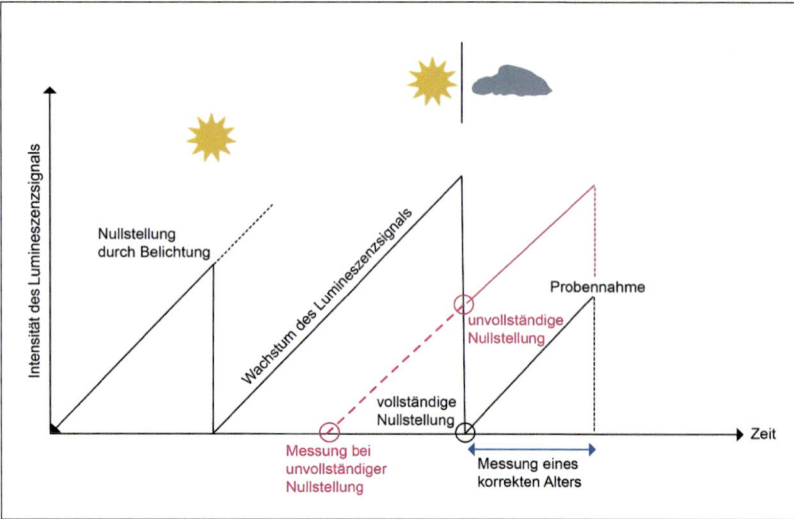

Abb. 1.8 Durch die Sonnenbestrahlung beim Sedimenttransport erfolgt die Nullstellung. Nach der Einbettung in das Sediment beginnt durch die natürliche Strahlung der Aufbau des Lumineszenzsignals. Wird ein Sediment bei einer Umlagerung jedoch nicht ausreichend oder werden nicht alle Körner gleichmäßig dem Licht ausgesetzt – z. B. beim Transport in Wasser in Trübeströmen – erfolgt nur eine teilweise Rücksetzung des Signals (*rote Linien* in der Abbildung). Die Messungen ergeben dann ein zu altes Alter für das Sediment. Eine unzureichende Nullstellung kann im Labor bei Messungen festgestellt werden. Durch weitere Messungen wie Einzelkornmessungen und durch statistische Verfahren kann in der Regel dennoch meist ein Altersbereich festgelegt werden. (Quelle: M. Böse)

schaft von Mineralen als natürliches Dosimeter benutzt. Bei der ESR-Methode wird die erfolgte Strahlungsintensität gemessen und dann durch künstliche Bestrahlung der Zeitraum festgestellt, in dem diese Dosis erreicht wurde. Die Methode wird auf Kalke angewendet, also z. B. Tropfsteine, Travertin, Molluskenschalen oder Korallen, und auch für die Datierung von Quarzmineralen verwendet. Der Zeitraum, der mit dieser Methode datierbar ist, umfasst das gesamte Pleistozän.

TL, OSL und ESR haben die Datierungsmöglichkeiten vor allem für jungpleistozäne Ablagerungen wesentlich erweitert. Alle drei Methoden haben gemeinsam, dass sie die Datierung von minerogenen Materialen erlauben, die auf andere Weise nicht datiert werden könnten.

Abb. 1.10 Probennahme für die OSL-Datierung. Die Probe wird mittels einer lichtdichten Röhre aus der Aufschlusswand entnommen, da jeder Lichteinfall auf die Probe vermieden werden muss. Die Proben werden erst im „Dunkellabor" bei Rotlicht aus der Röhre entnommen. (Foto: Wenske)

Abb. 1.9 Lumineszenz-Messgeräte im Datierungslabor des LIAG in Hannover. Das Arbeiten erfolgt unter Rotlicht, um Belichtungen der Proben zu vermeiden. (Quelle: M. Frechen)

1.3.3.4 Oberflächenexpositionsdatierung und Überdeckungsalter mittels kosmogener Radionuklide

Eine weitere Methode der Altersbestimmung datiert das Alter von quarzhaltigen Gesteins- oder Sedimentoberflächen. Hierzu kann zum Beispiel kosmogenes ^{10}Be genutzt werden. Radioaktives ^{10}Be wird in der Atmosphäre durch die Reaktion von Stickstoff und Sauerstoff mit kosmischer Strahlung erzeugt. ^{10}Be wird an Aerosolpartikel gebunden und gelangt so mit dem Niederschlag auf die Erdoberfläche. Außerdem entsteht ^{10}Be bei der Reaktion zwischen dem Teil der sekundären kosmischen Strahlung, der die Erdoberfläche erreicht, und dem Sauerstoff und Silizium von Silikaten. Dieses ^{10}Be ist einige Größenordnungen seltener als das kosmogene ^{10}Be. Das ^{10}Be, das auf die Landoberfläche fällt, wird dagegen durch feinkörnige Partikel im Boden und im Sediment zurückgehalten.

Die ^{10}Be-Datierung wird vor allem genutzt, um das Alter von Gesteinsoberflächen zu bestimmen. Einer der Vorzüge der Methode besteht darin, dass sie auf kalkfreie Gesteine angewendet werden kann. Der datierbare Zeitraum reicht von etwa 100–300 ka bis zu 5 Mio. Jahren. Sie ist damit potentiell in der Lage, eine Datierungslücke zu schließen. Im Bereich der pleistozänen Vereisungsgebiete geht es dabei in erster Linie um Findlinge mit dem Ziel, die Zeit ihrer Ablagerung durch das Inlandeis zu bestimmen. Die Anwendbarkeit der Methode kann jedoch durch verschiedene Faktoren beeinträchtigt werden:

- Die Oberfläche des Steins kann durch Verwitterung tiefer gelegt worden sein.
- Die Vegetationsdecke oder auch saisonale Schneebedeckung kann den Stein abgeschirmt haben.
- Unter Einfluss des Periglazialklimas oder auch später des Menschen kann sich die Lage des Blockes zur Oberfläche verändert haben.
- Der Block kann schon vor seiner finalen Ablagerung der kosmischen Strahlung ausgeliefert sein.
- Die kosmische Strahlung ist nicht konstant, sondern Schwankungen unterworfen und zudem von der Höhe und geographischen Breite abhängig. Dieser Faktor geht in die Altersberechnung ebenso wie eventuelle Abschirmung durch benachbarte Berge ein.

Das führt dazu, dass häufig zu junge Alter gemessen worden sind, die jedoch inzwischen durch Kalibrierungen präzisiert werden können. Die Streuung der Werte steigt mit zunehmendem Alter und bei einer über 100.000 Jahre alten Moräne besteht die Gefahr, dass selbst der älteste gemessene Wert nur ein Mindestalter ergibt.

Andererseits wird die Methode auch angewandt, um eine Sedimentüberdeckung einer Gesteinsoberfläche oder einer alten, quarzhaltigen Sedimentoberfläche zu datieren. Mit der Überdeckung setzt der Einfluss von Radionukliden aus und es beginnt der Zerfall. Die Abnahme ergibt dann Messwerte, die anzeigen, wann das *burial age*, die Überdeckung, begonnen hat.

Nicht nur ^{10}Be, sondern auch andere kosmogene Nuklide wie z. B. ^{26}Al oder ^{36}Cl können zur Datierung genutzt werden.

1.3.3.5 Uran-Thorium-Methode

Die Uran-Thorium-Methode, oder präziser ^{230}Th/U-Methode, ist ebenfalls eine Form der radiometrischen Datierung. Sie basiert auf dem sukzessiven radioaktiven Zerfall von Uranisotopen, die sich beim Zerfall u. a. in Thorium (^{230}Th) umwandeln, das ebenfalls radioaktiv zerfällt, d. h. die Altersbestimmung basiert auf der Grundlage gestörter radioaktiver Gleichgewichte in den Zerfallsreihen. Uran ist im Wasser um einige Größenordnungen besser löslich als Thorium, was wiederum die Grundlage für die Entstehung des radioaktiven Ungleichgewichtes ist. In Wasser gelöstes ^{238}U und ^{235}U kann zum Beispiel in Höhlen eindringen und dort in Sinterablagerungen oder Stalagmiten gebunden werden, die zum Zeitpunkt ihrer Bildung keine Uran-Zerfallsprodukte enthalten. Aber auch der Schill von im Wasser lebenden Muscheln, Schnecken und Foraminiferen sowie Torfe von grundwasserabhängigen Niedermooren können für Datierungen genutzt werden. Nach der Bildung des Kalkes oder der Torfe beginnt die radioaktive Uhr zu laufen und durch Messung der Ausgangs- und Zerfallsisotope mittels eines Massenspektrometers kann das Alter der Kalkbildung bestimmt werden. Mit dieser Datierungsmethode lassen sich Proben auf maximal etwas über 500.000 Jahre bestimmen.

1.3.4 Biologische Datierungsmethoden

1.3.4.1 Dendrochronologie

Die Dendrochronologie befasst sich mit der Datierung mittels Baumringen. Das Dickenwachstum der Bäume spielt sich im Kambium ab, der Wachstumsschicht zwischen Holz und Borke. Die Zellteilung im Kambium ruht während des Winters und setzt bei zunehmender Wärme wieder ein. Im Frühjahr, unter günstigen Wachstumsbedingungen, werden zunächst dünnwandige Zellen gebildet (Frühholz), die im Querschnitt durch einen Baum hell erscheinen. Im Sommer folgen dann kleinere Zellen mit dickeren Wänden (Spätholz), die auch der Stabilisierung dienen. Wichtig für die Korrelation sind sogenannte Weiserjahre. Das sind klimatisch besonders markante Jahre, die in (beinahe) allen Bäumen einer Region einen eindeutig engen oder weiten Jahrring hinterlassen haben.

Wenn der Mensch nicht eingreift, werden die meisten Bäume einige hundert Jahre alt. Das natürliche Höchstalter der Hasel (*Corylus*) liegt bei 80 Jahren, beim Ahorn (*Acer*) sind es 150 Jahre, bei der Weißtanne (*Abies*

Abb. 1.11 Ausschnitt aus einer Baumscheibe mit Jahresringen, die den Zeitraum von knapp 250 Jahren umfasst. (Foto: M. Böse, Baumscheibe im Botanischen Museum Berlin)

alba) 600 Jahre, bei der Stieleiche (*Quercus robur*) etwa 800 Jahre. Einzelne Exemplare können deutlich älter werden (bis zu 1800 Jahre). Um für die dendrochronologische Bearbeitung reproduzierbare Ergebnisse zu erzielen, empfiehlt es sich, mehrere Proben pro Stamm (bei Bohrungen zumeist 2) und mehrere Stämme (mindestens 10) pro Lokalität zu untersuchen. Auf diese Weise lassen sich unspezifische Abweichungen am ehesten eliminieren. Proben werden entweder aus Baumscheiben von gefällten Bäumen (Abb. 1.11) oder mit einem Holzbohrer horizontal aus dem Stamm genommen (Abb. 1.12).

Die Dendrochronologie bietet den Vorteil, dass eine große Zahl von Hölzern, oft ganzen Baumstämmen, in relativ kurzer Zeit bearbeitet werden kann, wodurch sich z. B. das Alter von Flussterrassen besser bestimmen lässt als durch die Datierung von Einzelobjekten, bei denen immer die Gefahr besteht, dass es sich um umgelagertes älteres Material handelt. In Süddeutschland wurde mit-

tels Eichen aus den Flussterrassen von Rhein und Main sowie ergänzend aus Mooren und archäologischen Grabungen eine über 10.000 Jahre lange Chronologie aufgebaut, mittels derer dann auch die ^{14}C-Daten geeicht wurden (Hohenheimer Dendrochronologie). In Norddeutschland gibt es dagegen eine Chronologie auf der Basis von Eichen und Kiefern. Sie basiert vor allem auf Funden in Mooren in Niedersachsen (Göttinger Dendrochronologie). Wenn die Zeitreihen nicht an die heutigen Bäume angehängt werden können, spricht man von *floating chronologies* („schwimmenden" Chronologien). Gleiches gilt für Warven (Abschn. 1.3.5). Die Baumringanalyse wird auch in der Archäologie und Baugeschichte eingesetzt, um genutztes Bauholz zeitlich einzuordnen.

Als Ergänzung zu den Baumringzählungen und -vermessungen werden heute auch stabile Isotopen von Kohlenstoff und Sauerstoff aus einzelnen Jahrringen gemessen, die Aufschluss nicht nur über die Temperatur zur Wachstumsperiode, sondern z. B. auch über die Niederschlagsbedingungen hinsichtlich Trockenheit oder Feuchte, Zusammensetzung des Niederschlagswassers sowie die Verdunstung jeden Wachstumsjahres geben können und damit für die Klimaforschung von Bedeutung sind.

1.3.4.2 Palynologie

Die Palynologie oder Pollenanalyse befasst sich mit Untersuchungen von Blütenstaub vornehmlich in Landschaftsarchiven wie Mooren und Seen. Dort werden längerfristig anhaltende Sedimentationsbedingungen erwartet, die mittels des dort eingetragenen Blütenstaubes und der Sporen von Farnen die Vegetationsentwicklung nachzeichnen. Dargestellt werden die Ergebnisse in Pollendiagrammen (z. B. Abb. 5.18), wo der prozentuale Anteil der Pollen, aufgeteilt in Baumpollen (BP oder *arboral pollen*, AB) und Nichtbaumpollen (NBP oder *non arboral pollen*, NAP), dargestellt wird. Diese Darstellung wurde 1916 erst-

a

b

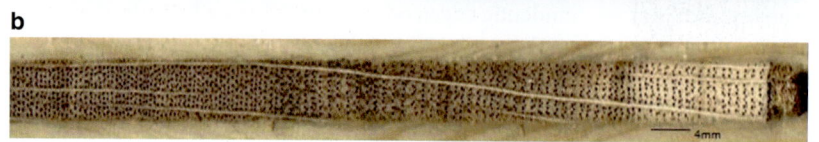

Abb. 1.12 a Entnahme einer Holzprobe mittels eines Bohrers aus einem Eichenstamm. **b** Holzprobe aus einem Eichenstamm mit 144 Jahrringen. (Fotos: Arbeitsbereich Ingo Heinrich, GFZ Helmholtz-Zentrum Potsdam)

mals von dem schwedischen Wissenschaftler Lennart von Post angewandt. In Deutschland wurde dann von Franz Firbas ab 1935 die Auswertung deutlich verfeinert. Die qualitative Auswertung der Pflanzenarten einerseits und das Verhältnis zwischen Baumpollen (BP) und Nichtbaumpollen (NBP) zeichnet ein Bild der Vegetationsverteilung in der Landschaft nach und erlaubt auch im Vergleich von Diagrammen eine relative Alterseinstufung.

Dieses zunächst für das Holozän entwickelte Verfahren (das Holozän ist biostratigraphisch gegliedert, s. Kap. 9 und Abb. 9.1) kann auch auf pleistozäne organische Ablagerungen angewandt werden. So werden die verschiedenen Warmzeiten (Interglaziale) aufgrund unterschiedlicher Vegetationsentwicklungen voneinander unterschieden und auch die kaltzeitlichen Wärmeschwankungen, die Interstadiale, weisen unterschiedliche Bewaldungszusammensetzung und -dichten auf, oder aber auch nur Tundren- und Kältesteppenvegetation. Dies erlaubt dann Rückschlüsse auf die Entwicklung der Paläoumweltbedingungen und somit auch des Paläoklimas.

Die palynologischen Befunde sind für die letzten 50.000 Jahre geochronologisch durch punktuelle Radiokohlenstoffdatierungen an den organischen Ablagerungen der Profile eingeordnet worden. Aus einer relativen

Abfolge kann daher heute auch vielfach durch den Vergleich mit datierten Altersabfolgen eine absolute Datierung abgeleitet werden.

Aber auch archäologische Funde und kurzfristige Ereignisse mit Sedimentumlagerungen können mittels der Pollenanalyse an Einzelschichten oder in unterlagernden organischen Sedimenten zeitlich festgelegt werden. Allerdings ist zu berücksichtigen, dass Pollen nur unter Luftabschluss, z. B. in Seesedimenten, Feuchtböden und Mooren, konserviert werden. An der Geländeoberfläche werden sie durch Verwitterung zerstört und selektiert und somit lässt sich keine Vegetationsentwicklung und -veränderung rekonstruieren.

1.3.5 Jahresschichten

1.3.5.1 Warven

Eine Warve ist die Ablagerung eines Jahres in einem See. Sie besteht aus einer hellen, gröberen Sommerlage und einer dunklen, feinkörnigen Winterlage, die entsteht, wenn unter einer Eisdecke auch die feinen Schwebstoffe zur Ablagerung kommen. Der schwedische Geologe Gerard de Geer gilt als der Begründer der Warvenchronologie. Bereits 1940 konnte er eine vollständige Warvenchronologie für Schweden vorlegen. Die Zeitskala ist inzwischen zweimal revidiert worden. Die Schichtung ist ein Ergebnis jahreszeitlicher Schwankungen im Abflussverhalten. Die gesamte Warvenchronologie umfasst heute 10.429 Jahreswarven; die Fehlergrenze wird auf +35/−205 Jahre geschätzt. Warven können sich in klastischen Sedimenten bilden, aber auch in biogenen Ablagerungen (Mudden) oder in Evaporiten.

Zur Aufstellung einer Warvenchronologie ist eine Vielzahl von Messungen in Aufschlüssen (Abb. 1.13) oder Kernbohrungen erforderlich. Als Grundlage dient die unterschiedliche Dicke der Warven, die auf die jährlich variierenden, witterungsgesteuerten Ablagerungsbedingungen zurückzuführen ist. Die Aussagekraft der Ergebnisse hängt von der Häufigkeit charakteristischer Schichtenfolgen ab. Korrelierungen über eine Entfernung von mehr als 10 km sind problematisch. Jahresschichten können nur dort erhalten bleiben, wo die Sedimentlagen nicht durch Aktivitäten einer Bodenfauna gestört werden. Daher bilden Eisstauseen mit ihren Wassertemperaturen um 0 °C günstige Erhaltungsbedingungen. Die besten Warven bilden sich in Süßwasser (Abb. 1.14). Die Ausflockung von Tonpartikeln in Salzwasser führt zu einer Verwischung der Jahresschichtung, die im Extremfall Messungen unmöglich macht.

Als nach 1949 die Radiokohlenstoffdatierung aufkam, glaubte man zunächst, eine einfachere und bessere Methode der Datierung gefunden zu haben. Heute weiß man, dass die ^{14}C-Datierung in bestimmten Zeiträumen aufgrund unterschiedlichen Kohlenstoffgehalts der Atmosphäre keine präzisen Alter liefern kann (zum Beispiel

Abb. 1.13 Beckenablagerungen mit Warven über Saale-Till im Braunkohletagebau Neumark-Nord. (Foto: J. Ehlers)

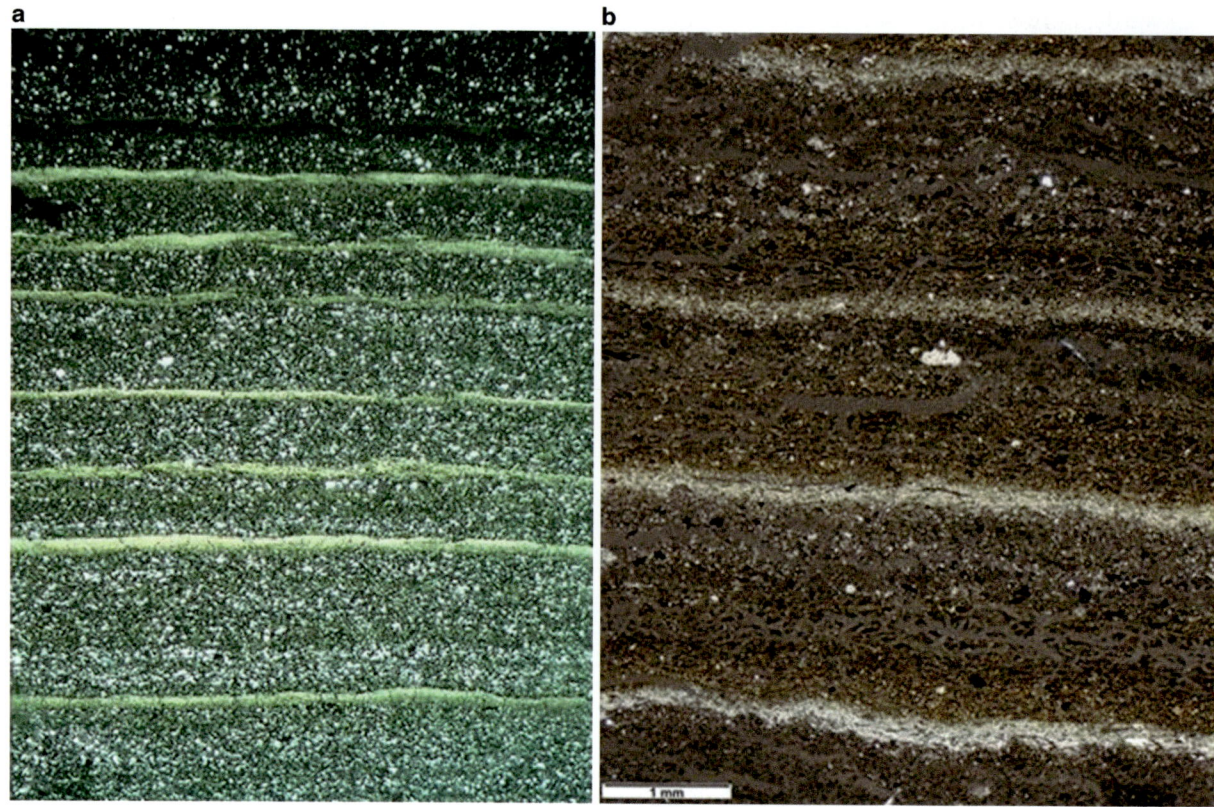

Abb. 1.14 Dünnschlifffotos von Warven aus Seesedimenten. **a** Warven aus klastischem Material aus dem Holzmaar (Eifel), gebildet unter periglazialen Bedingungen vor rund 19.000 Jahren; **b** holozäne Kalzitwarven aus dem Tiefen See in Mecklenburg Vorpommern. (Fotos: Achim Brauer, GFZ Helmholtz-Zentrum Potsdam)

im Bereich der Jüngeren Dryaszeit), und dass sich diese Schwächen durch die Untersuchung der Jahresschichten in Seeablagerungen, wie zum Beispiel aus den Eifel-Maaren, überwinden lassen.

Warvenzählungen sind auch im Norddeutschen Tiefland durchgeführt worden. Hier handelt es sich nicht um Schmelzwassersedimente, sondern um Seeablagerungen, die sich nach Abschmelzen des Weichsel-Eises gebildet haben. Rhythmite kommen z. B. in den unteren Metern der Sedimente der Berliner Seen vor. Die Ergebnisse dieser einzelnen Vorkommen lassen sich jedoch aufgrund der großen Entfernungen nicht korrelieren; eine einheitliche Warvenchronologie für Norddeutschland ist nicht möglich.

Außer den klastischen Warven gibt es auch organogene Warven, die in Seen der höheren Breiten abgelagert werden können. Diese Warven spiegeln einen Teil des im See abgelaufenen Lebens wider. Im Frühjahr, wenn das nährstoffreiche Tiefenwasser während der Frühjahrszirkulation ins Oberflächenwasser eingemischt werden kann, treten in solchen Seen oft Massenblüten planktischer Kieselalgen auf. Ihre Schalen bilden häufig die Frühjahrslage. Im Sommer gelangt wenig Material an den Seegrund, da die stabile thermische Schichtung

(Thermokline) die Vermischung von Oberflächen- und Tiefenwasser behindert. Kommt es im Herbst zur erneuten Zirkulation des gesamten Wasserkörpers, dann können weitere Blüten planktischer Kieselalgen auftreten und deren Schalen am Seegrund abgelagert werden. Auch Kalzitausfällungen sind auf biogen gelösten Kalk zurückzuführen und schwanken im Laufe des Sommerhalbjahres. Zusätzlich werden in den Herbstschichten auch benthisch-litorale Kieselalgenschalen und organischer Detritus gefunden. Im Winter wird eine Tonschicht abgelagert, wenn eine stabile Eisschicht für die vollständige Beruhigung des Wasserkörpers sorgt. Einzelne Zeitabschnitte sind auf diese Weise sehr gut dokumentiert und geben auch über die biologischen Reste Hinweise auf die Wassertemperatur.

Untersuchungen der Jahresschichten von Kieselgur aus der Lüneburger Heide haben gezeigt, dass die Holstein-Warmzeit etwa 15.000–16.000 Jahren gedauert hat. Aber auch für das Holozän lassen sich kleinere Klimaschwankungen in einigen Seen an Warven rekonstruieren. Sie dienen häufig gleichzeitig paläoökologischen Untersuchungen, denn die Warvenablagerungen, die ein kontinuierliches Archiv darstellen, liefern auch Material für pollenanalytische Untersuchungen.

Abb. 1.15 Tephra (Brockentuff) über Löss, Aufschluss Kärlich. (Foto: J. Ehlers)

1.3.5.2 Schichten im Eis

Eisbohrkerne, die einen langen, bis zu 900.000 Jahre zurückreichenden Eisaufbau dokumentieren, werden auf der Südhalbkugel in der Antarktis geborgen. Sie sollen aber hier erwähnt werden, denn sie enthalten globale Klima- und Eventinformationen, mit denen sich unsere Paläoklimazeugnisse in Norddeutschland in das weltweite Klimasystem verbinden lassen. Klimaschwankungen der letzten 130.000 Jahre in Norddeutschland werden häufig mit Daten aus den Eisbohrkernen Grönlands verglichen (z. B. NGRIP in Abb. 4.22).

In dem Eis sind die klima- bzw. temperaturabhängigen Schwankungen der Sauerstoffisotopenzusammensetzung im Niederschlag – hier Schnee – erhalten (vgl. Abschn. 1.3.6). Ebenso zeichnen die ^{10}Be-Gehalte die schwankende Sonnenaktivität nach.

Eingewehte Ascheartikel von großen Vulkanausbrüchen sind in Lagen im Eis erhalten. Staubeinträge dokumentieren die zeitweise weltweite Ausdehnung von Trockengebieten und Wüsten vor allem während der Eiszeiten. Eingeschlossene Luftbläschen haben die Luftzusammensetzung zur Bildungszeit des Eises konserviert, sodass sich u. a. natürliche und anthropogene CO_2-Schwankungen nachweisen lassen, für die jüngste Zeit aber auch andere Treibhausgaskonzentrationen und durch den Wind in der Atmosphäre verdriftete Schadstoffe.

1.3.6 Korrelation mit altersgleichen Horizonten

1.3.6.1 Paläomagnetik

Eine wichtige Methode, um das Alter von Gesteinen zu bestimmen, ist die Paläomagnetik. Damit wird streng genommen nicht das Alter des Gesteins bestimmt, sondern der Zeitpunkt der Wanderung oder gar Umkehrung des Magnetfeldes der Erde (Tab. 1.1). Für jüngste Abschnitte der Erdgeschichte sind diese Ereignisse relativ genau bekannt; für ältere Abschnitte wird ihr Alter mittels anderer (physikalischer) Datierungsmethoden bestimmt.

Das Magnetfeld der Erde entspricht einem Dipol, der etwa 10° gegen die Erdachse geneigt ist. Die horizontale Komponente (Deklination) ist die Abweichung von der Nord-Süd-Richtung. Die vertikale Komponente (Inklination) ist der Winkel, mit dem das örtliche Magnetfeld einfällt. Richtung und Stärke (Intensität) des Magnetfeldes sind abhängig von der geographischen Breite. In Polnähe geht die horizontale Komponente des Magnetfeldes gegen Null, während die vertikale Komponente ihre höchsten Werte erreicht.

Prozesse im Bereich des äußeren, flüssigen Erdkerns kontrollieren das Magnetfeld der Erde. Dabei kommt es in Zeiträumen von Tagen bis zu mehreren zehn Millionen Jahren zu Verlagerungen des Magnetfeldes. Die

Tab. 1.1 Änderungen des Erdmagnetfeldes. (Nach Hambach et al. 2008)

Ereignis	Auswirkungen	Dauer
Umkehrung	Nordpol wird zum Südpol (und umgekehrt)	Hunderttausende Jahre bis Millionen Jahre
Säkulare Schwankung	Änderung der Richtung des Erdmagnetfeldes um 10–30°, Stärke weicht um bis zu 50 % vom heutigen Wert ab	Einige tausend Jahre
Exkursion	Kurzfristige Richtungsänderung des Erdmagnetfeldes um mehr als 30°, Stärke kann bis auf 10 % des heutigen Wertes zurückgehen	Weniger als tausend Jahre

dramatischsten Veränderungen sind Umkehrungen der magnetischen Pole. Der Nordpol wird zum Südpol und umgekehrt. Derartige „plötzliche" Umkehrungen vollziehen sich in einem Zeitraum von Tausenden bis zu Zehntausenden von Jahren. Der normale oder reverse Zustand kann dann Hunderttausende oder Millionen von Jahren anhalten.

Die Magnetisierung magnetischer Minerale neigt dazu, sich entsprechend dem aktuellen Magnetfeld der Erde auszurichten. Bei magmatischen Gesteinen bleibt diese Ausrichtung dauerhaft erhalten, wenn das Gestein erstarrt. Bei schnell fließender Lava geschieht dies innerhalb weniger Stunden bis Jahre. Auch in Sedimenten, wie zum Beispiel in Lössen aber auch in Kolluvien, ordnen sich magnetische Minerale bei ihrer Ablagerung entsprechend der Ausrichtung des Erdmagnetfeldes aus. Diese Art der Ausrichtung ist jedoch schwächer und weniger stabil als in den Erstarrungsgesteinen.

Die paläomagnetische Zeitskala (Abb. 5.1) beruht auf Untersuchungen des Meeresbodens. An den mittelozeanischen Rücken wird ständig neuer Basalt gebildet. Der Boden der Ozeane dehnt sich auf diese Weise langsam aus (*sea floor spreading*). Da die Erde aber nicht größer wird, muss der Meeresboden schließlich irgendwo wieder verschwinden. Dies geschieht in Subduktionszonen im Bereich der Tiefseegräben. Man kann die Geschichte des Erdmagnetfeldes nicht nur aus den Basalten am Boden der Ozeane ablesen, sondern obendrein durch das Alter der überlagernden Sedimente kontrollieren. Die Basalte lassen sich mit der Kalium-Argon-Methode datieren. Dabei wird das Verhältnis des radioaktiven Kaliumisotops ^{40}K, das in geringer Menge in allen kaliumhaltigen Mineralen enthalten ist, zu dem Zerfallsprodukt ^{40}Ar (Argon) gemessen. So war es nicht nur möglich, die Geschwindigkeit des *sea floor spreading* zu ermitteln, sondern obendrein eine paläomagnetische Zeitskala aufzustellen, die bis in die frühe Jurazeit zurückreicht.

Die geomagnetische Zeitskala des Quartärs setzt sich aus zwei großen Blöcken zusammen: der heutigen Epoche mit „normaler" Polarität (Brunhes-Chron) und der vorangegangenen Epoche mit umgekehrter (reverser) Polarität (Matuyama-Chron). Der Umschwung erfolgte vor etwa 780.000 Jahren. Das Matuyama-Chron enthält im Gegensatz zum Brunhes-Chron zwei größere Abschnitte mit abweichender, d. h. in diesem Fall „normaler", Polarität: das Jaramillo-Subchron und das Olduvai-Subchron. Der Beginn des Quartärs liegt ebenfalls an einer solchen paläomagnetischen Grenze.

1.3.6.2 Tephrachronologie

Die Untersuchung vulkanischer Sedimente als Hilfsmittel der Datierung begann in den 1930er-Jahren. In seiner Doktorarbeit 1944 hat der isländische Vulkanologe Sigurdur Thorarinsson die Begriffe Tephra und Tephrachronologie zum ersten Mal definiert. Das griechische Wort Tephra (τεφρα) bedeutet „Aschen". Es ist ein Oberbegriff für alle bei einem Vulkanausbruch explosiv freigesetzten Bestandteile, die in der Korngröße vom Feinstaub bis zu kubikmetergroßen Blöcken reichen können. Da die unterschiedlichen Vulkanausbrüche unterschiedlich zusammengesetzte Aschen erzeugen, lässt sich für jedes derartige Ereignis ein geochemischer Fingerabdruck bestimmen, der die Zuordnung der einzelnen Aschelagen zu konkreten Vulkanausbrüchen ermöglicht. Besonders begünstigt für den Einsatz der Tephrachronologie sind natürlich Gebiete, die sich in der Nähe von Vulkanen befinden. In Deutschland sind insbesondere zahlreiche Tephra-Lagen aus der Umgebung der Eifel-Vulkane bekannt (Abb. 1.15). Diese können im Löss als Markerlagen dienen (z. B. die Eltville-Tephra in Abb. 4.22), werden aber auch in See- und Moorablagerungen gefunden.

Die mit bloßem Auge erkennbaren Lagen spektakulärer Vulkanausbrüche, wie z. B. die Laacher-See-Tephra oder die isländische Vedde-Asche, sind früh kartiert worden. Jenseits der sichtbaren Verbreitung gibt es jedoch noch ein großes Gebiet mit „Kryptotephren", die so fein verteilt sind, dass man sie mit bloßem Auge nicht mehr erkennen kann. Erst unter dem Mikroskop werden die feinen Glaspartikel sichtbar. Auf diese Weise konnte die Laacher-See-Tephra bis nach Turin nachgewiesen werden, und die 12.100 Jahre alte Vedde-Asche aus Island ließ sich bis nach Norddeutschland und über Südschweden und die Ostsee hinaus bis nach St. Petersburg verfolgen. Aber auch im Holozän sind wiederholt Aschelagen von Island oder auch den Faröer-Inseln zu uns gelangt. Letztmalig geschah das 2011 beim Ausbruch des Eyjafjallajökull auf Island, was den europäischen Flugverkehr stark beeinträchtigte.

1.3.6.3 Sauerstoffisotopenstratigraphie

Die Schichtung der Tiefseesedimente ist ein Abbild der globalen Klimaschwankungen und kann benutzt werden, um den Ablauf der Klimaentwicklung des Quartärs zu rekonstruieren. Das Sauerstoffisotopenverhältnis sowohl in den Tiefseesedimenten als auch in den Eisbohrkernen hat sich dabei als die Methode erwiesen, die am besten geeignet ist, weltweit reproduzierbare Ergebnisse zu erbringen.

Im Meerwasser kommt Sauerstoff in zwei verschiedenen Isotopen vor: ^{16}O und ^{18}O. Von der Verdunstung wird bevorzugt das leichtere Isotop ^{16}O betroffen. Unter gleichbleibenden Klimabedingungen ist diese Tatsache bedeutungslos, da das ^{16}O über Niederschlag und Abfluss wieder ins Meer zurückgeführt wird. Während der Kaltzeiten gelangt jedoch ein erheblicher Teil des Niederschlages nicht zurück ins Meer, sondern wird in den Gletschern und Eisschilden des Festlandes gebunden. Die Folge ist, dass der ^{16}O-Anteil des Meerwassers herabgesetzt wird. Marine kalkschalige Organismen bauen in ihre Gehäuse die beiden Sauerstoffisotope näherungsweise in

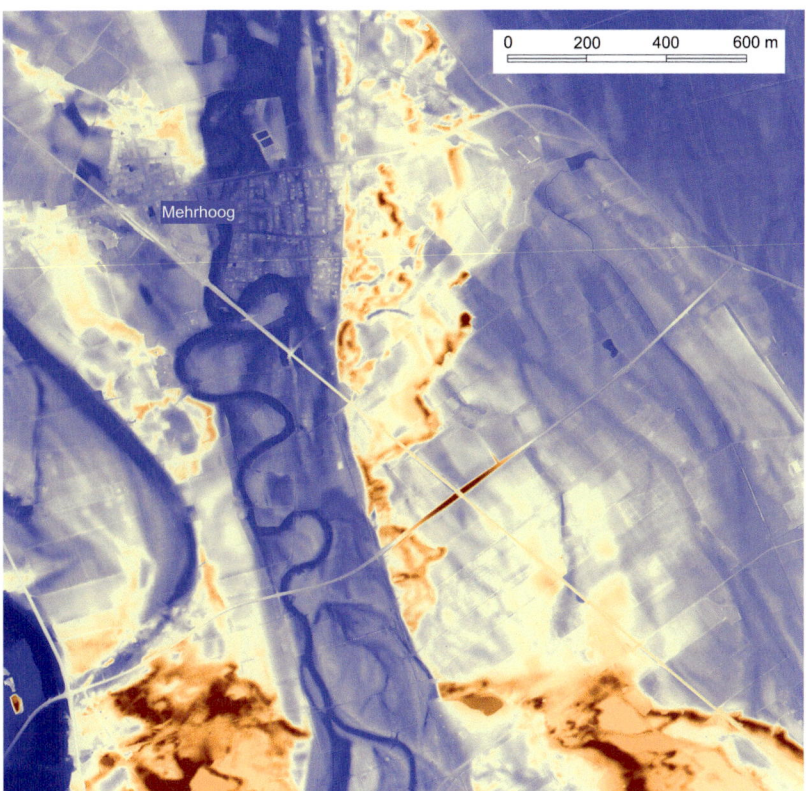

Abb. 1.16 Digitales Höhenmodell des Geländes bei Mehrhoog, westlich von Hamminkeln. Breite der Aufnahme: 2 km.

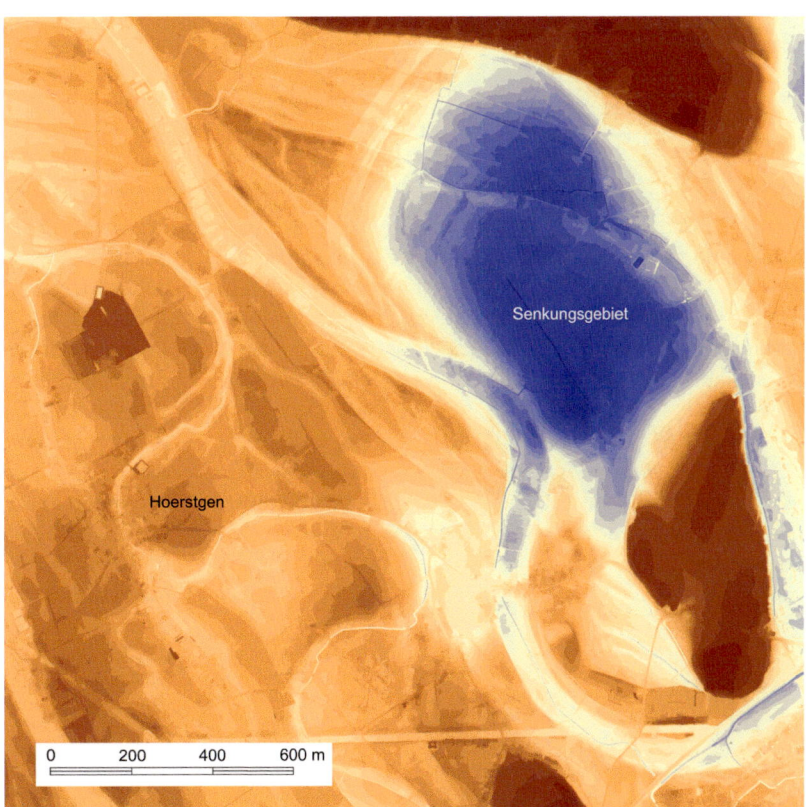

Abb. 1.17 Digitales Höhenmodell des Geländes westlich von Kamp-Lintfort.

dem Verhältnis ein, das sie im Meerwasser vorfinden. Auf diese Weise ist es möglich, aus den entsprechenden Ablagerungen die Zusammensetzung des Meerwassers und damit annäherungsweise das Klima zu rekonstruieren.

Das Sauerstoffisotopenverhältnis ist nicht nur abhängig vom Eisvolumen, sondern auch von der Temperatur. In den Kalkschalen der Foraminiferen wird bei niedrigeren Temperaturen ein höherer Anteil von ^{18}O eingebaut als bei höheren Temperaturen. Damit ergeben sich Auswirkungen der Wassertiefe, in der die jeweiligen Einzeller gelebt haben. Die Weltmeere besitzen eine deutliche Temperaturschichtung. Während das oberflächennahe Meerwasser (bis in ca. 300 m Tiefe) die Wärmeschwankungen der Atmosphäre mit gewissen Verzögerungen mitmacht, hat sich die Temperatur des ozeanischen Tiefenwassers (in über 1000 m Tiefe) wahrscheinlich während des gesamten Pleistozäns nur wenig verändert. Sie wird kontrolliert durch die Temperatur des antarktischen Tiefenwassers. Die Kalkschalen von Foraminiferen, die am Meeresboden leben (benthonische Formen), zeigen daher eine Verteilung der Sauerstoffisotope, die unabhängig von Temperaturschwankungen ist, und die allein eine Reaktion auf das veränderte Eisvolumen darstellt. Die Sauerstoffisotopenkurven sind weltweit mit einem hohen Grad an Übereinstimmung reproduzierbar.

Das Sauerstoffisotopenverhältnis wird bei Karbonaten gewöhnlich angegeben als Abweichung des Anteils des schwereren Isotops ^{18}O vom $^{18}O/^{16}O$-Verhältnis eines Standards, der an einem Belemniten der Peedee-Formation ermittelt worden ist (PDB). Die Angaben sind in Promille. Dieser Wert $\delta^{18}O$ wird errechnet über die Formel

$$\delta^{18}O = 1000 \cdot \left[\frac{^{18}O/^{16}O \text{ der Probe} - ^{18}O/^{16}O \text{ des Standards}}{^{18}O/^{16}O \text{ des Standards}} \right].$$

Die Datierung der ersten Referenzkurve des Sauerstoffisotopenverhältnisses wurde mithilfe von fünf Kontrollpunkten durchgeführt. Vier davon waren mithilfe der ^{14}C-Methode datiert worden; diese Punkte lagen innerhalb der letzten 35.000 Jahre. Einen fünften Kontrollpunkt bildete die mit Hilfe der Kalium-Argon-Methode datierte Brunhes-Matuyama-Grenze (780.000 vor heute).

Auf der $\delta^{18}O$-Kurve basiert die Einteilung in die Isotopenstadien (*marine oxygen isotope* = MIS, vgl. Abb. 5.1), die für die klimatische Gliederung des Quartärs heute allgemein verwendet werden. Die Werte sind komplementär zu den Sauerstoffisotopenangaben aus den Eisbohrkernen.

1.4 Ich sehe was, was du nicht siehst …

LIDAR ist eine Vermessungsmethode, bei der die Entfernung vom Flugzeug zur Geländeoberfläche mithilfe eines Laserstrahls gemessen wird. Die Laser-Höhenvermessung erlaubt dabei eine Abbildungsgenauigkeit, die über das hinausgeht, was mit menschlichem Auge im Gelände noch zu unterscheiden ist. Da die Vermessung weder durch Nebel noch durch Vegetation behindert wird, sieht man in Waldgebieten Details, die auf Luftbildern verborgen bleiben. Die Interpretationsmöglichkeiten von Geländeformen werden auf diese Weise stark verbessert. Es ist so, als ob man Dinge, die man bisher nur mit bloßem Auge betrachten konnte, plötzlich mit einem Mikroskop untersuchen kann.

Ein Nachteil der Methode besteht darin, dass die erzeugte Datenmenge sehr groß ist. Selbst nach der Bearbeitung der Rohdaten durch das Vermessungsamt und die Umrechnung auf einen Höhenpunkt pro Meter hat man noch eine Million Höhenpunkte pro Quadratkilometer – vier Millionen Punkte pro Blatt der Topographischen Karte 1:5000.

Der mäandrierende Fluss links von der Bildmitte in Abb. 1.16, der Wolfstrang, ist heute nur noch ein Rinnsal. Links davon eine große, heute trockene, ehemalige Flussschlinge des Rheins. Der Rhein selbst liegt 3 km weiter westlich. Auffällig sind die unterschiedlichen Arten von Flussablagerungen. Während die jüngeren (tiefer liegenden) Sedimente von mäandrierenden Flüssen abgelagert worden sind, ist das östlich angrenzende Gelände in der Eiszeit durch ein verwildertes Flusssystem geschaffen worden. Es sind die Ablagerungen der Älteren Niederterrasse aus der Weichsel-Kaltzeit. Die Dünen (im Bild braun) sind nach der Entstehung dieser Sanderfläche aber vor der Entstehung der mäandrierenden Flüsse aufgeweht worden, die diese Dünenlandschaft durchschneiden. Der Wind kam aus westlicher Richtung.

Die Daten, die diesem und den anderen Bildern dieses Abschnitts zugrunde liegen, sind erst im Januar 2017 der Öffentlichkeit zugänglich gemacht worden.

Abb. 1.17 zeigt ähnlich wie das vorige Bild einen Ausschnitt aus einer früheren Flusslandschaft, in diesem Fall westlich von Kamp-Lintfort. Die dunkelbraunen Erhebungen am nördlichen Bildrand und im südöstlichen Bildteil sind saalezeitliche Stauchmoränen, die als Inseln in dieser Flusslandschaft erhalten geblieben sind. Auch hier sehen wir die Ablagerungen eines älteren verwilderten Flusssystems (Ältere und Jüngere Niederterrasse), das im Holozän von jüngeren, mäandrierenden Flüssen umgestaltet wurde.

Dieses Bild zeigt etwas, was es in der Natur eigentlich nicht geben sollte. Mitten in den Flussablagerungen zeigen die blauen Farbtöne ein Gebiet, das tiefer liegt als die Umgebung. Der mäandrierende ehemalige

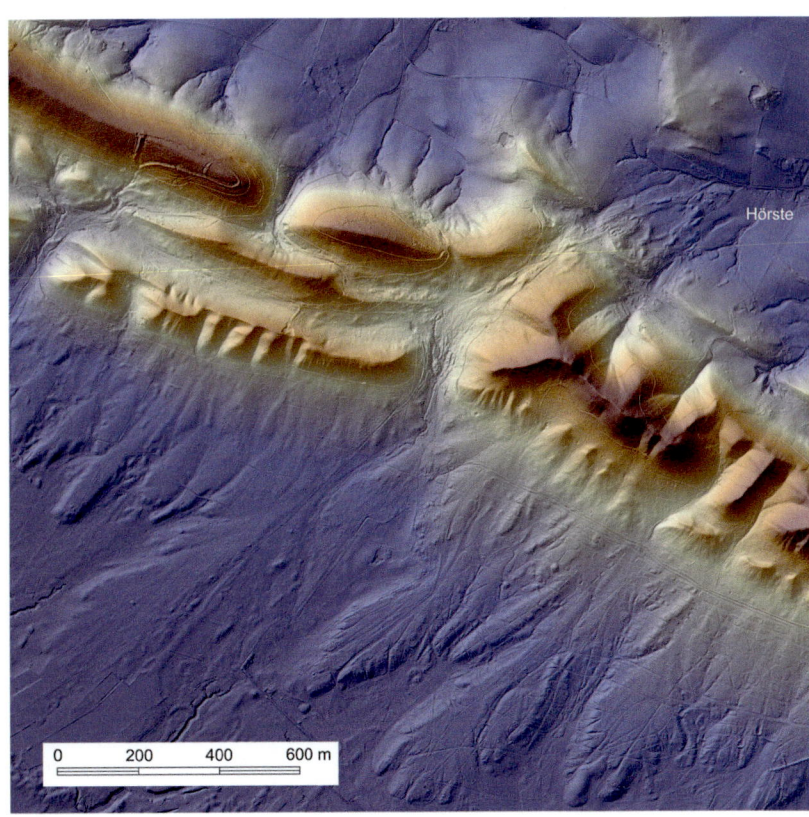

Abb. 1.18 Digitales Geländemodell des Teutoburger Waldes bei Oerlinghausen.

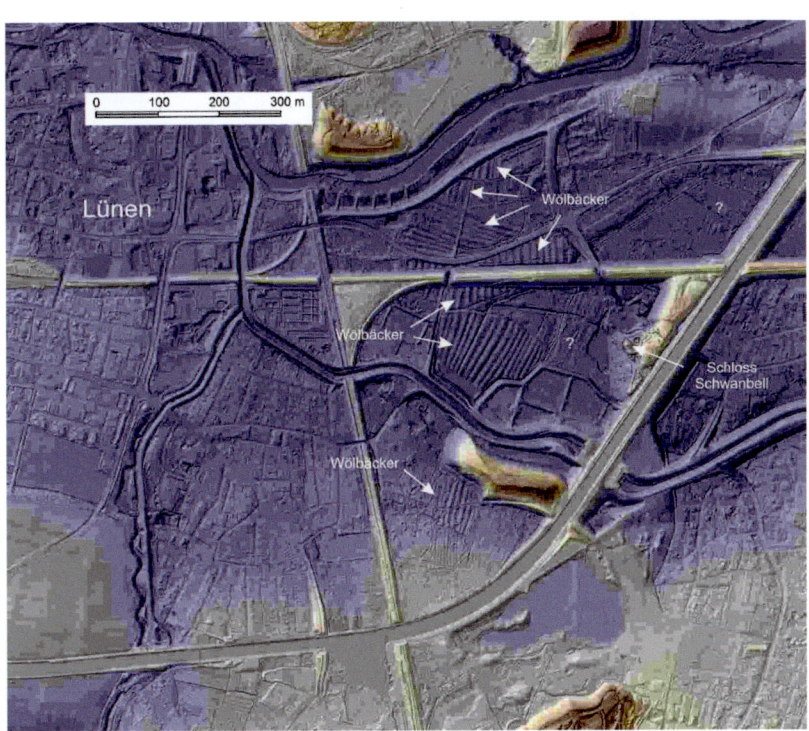

Abb. 1.19 Mittelalterliche Wölbäcker in Lünen werden im LIDAR sichtbar.

Flusslauf, der sich von Südost nach Nordwest durch das Bild zieht, liegt in der Bildmitte etwa 5 m tiefer als anderswo. Eigentümlich ist nicht nur das tief liegende Gelände, sondern auch die ringartigen Strukturen, die das Senkungsgebiet umranden, und die nichts mit den Flussablagerungen zu tun haben. Dieses Gebilde ist das Bergschadensgebiet eines stillgelegten Bergwerks in Kamp-Lintfort.

In bewegtem Relief kann die Aussagekraft der Höhendaten durch Schummerung verstärkt werden (Abb. 1.18). Höhe und Richtung der Beleuchtung können variiert werden, um die bestmögliche Darstellung zu erzielen. Das Bild zeigt gewaltige Schuttfächer unterhalb von relativ kleinen Tälern am südlichen Rand des Teutoburger Waldes. In der Geologischen Karte sind diese Ablagerungen als saalezeitliche Nachschüttsande ausgewiesen. Die Ablagerungen sind eindeutig nach Südwesten geschüttet. Sie müssen entstanden sein, als das Eis am Nordrand des Teutoburger Waldes lag und zumindest der nordöstliche Teil der Münsterländer Bucht eisfrei war. Möglicherweise sind diese Nachschüttsande in einen Eisstausee geschüttet worden.

LIDAR kann nicht nur für geowissenschaftliche Untersuchungen eingesetzt werden, sondern auch zur Klärung archäologischer Fragestellungen.

Mittelalterliche Ackerfluren, sogenannte Wölbäcker, sind auf den LIDAR-Aufnahmen besonders in Waldgebieten gut zu erkennen (Abb. 1.19). Sie sind dadurch entstanden, dass bei der damaligen Pflugtechnik die Ackerkrume nur in eine Richtung gewendet werden konnte, sodass lange, schmale Beete entstanden. Die Technik war bis zum 18. Jahrhundert üblich. Doch auch in Gegenden, die später eingeebnet oder auf andere Weise landwirtschaftlich genutzt worden sind, finden sich oft noch Spuren der alten Landnutzung. Dies trifft zum Beispiel für den unmittelbaren Parkbereich von Schloss Schwanbell zu, aber auch für eine andere Fläche weiter nordöstlich (Fragezeichen auf der Abbildung).

Literatur

Achterberg, I., Frechen, M., Bauerochse, A., Eckstein, J., Leuschner, H.-H. (2016): The Göttingen tree-ring chronologies of peat-preserved oaks and pines from Northwest Germany. Zeitschrift der Deutschen Gesellschaft für Geowissenschaften 168,1:9–19.

Alloway, B.V., Larsen, G., Lowe, D.J., Shane, P.A.R., Westgate, J.A. (2007): Tephrochronology. In: Elias, S.A. (Hrsg.): Encyclopaedia of Quaternary Science. 2869–2898. Elsevier, Amsterdam.

Becker, B. (1993): An 11,000-Year German Oak and Pine Dendrochronology for Radiocarbon Calibration. Radiocarbon 35,1: 201–213.

von Blanckenburg, F. (2008): Kosmogene Nuklide in den Geo- und Umweltwissenschaften. GMIT 33: 6–18.

Beug, H.-J. (2015): Leitfaden der Pollenbestimmung für Mitteleuropa und angrenzende Gebiete. 2. Aufl.; Pfeil, München.

Calpal-Online. Cologne Radiocarbon Calibration & Paleoclimate Research Package. http://www.calpal-online.de/Calib.

Dräger, N., Theuerkauf, M., Szeroczynska, K., Wulf, S., Tjallingii, R., Plessen, B., Kienel, U., Brauer, A. (2017): Varve microfacies and varve preservation record of climate change and human impact for the last 6000 years at Lake Tiefer See (NE Germany). Holocene 27,3: 450–464.

Duller G.A.T. (2008): Single grain optical dating of Quaternary sediments: why aliquots size matters in luminescence dating. Boreas 37: 589–612.

Eberle, J., Eitel, B., Blümel, W.D., Wittmann, P. (2010): Deutschlands Süden. 2. Aufl. Spektrum, Heidelberg.

Ehlers, J., Gibbard, P.L. (Hrsg.) (2004): Quaternary Glaciations – Extent and Chronology Part I: Europe. Elsevier, Amsterdam.

Ehlers, J., Gibbard, P.L., Hughes, P.D. (Hrsg.) (2011): Quaternary Glaciations – Extent and Chronology: A Closer Look. Elsevier, Amsterdam.

Friedrich, M., Remmele, S., Kromer, B., Hofmann, J., Spurk, M., Kauser, K.F., Orcel, Chr., Kuppers, M. (2004): The 12,460-Year Hohenheim Oak and Pine Tree-Ring Chronology from Central Europe – A Unique Annual Record for Radiocarbon Calibration and Paleoenvironment Reconstructions. Radiocarbon 46,3: 1111–1122.

Geyh, M.A. (2005): Handbuch der physikalischen und chemischen Altersbestimmung. Wissenschaftliche Buchgesellschaft, Darmstadt,

Geyh, M.A., Schleicher, H. (1990): Absolute Age Determination Physical and Chemical Dating Methods and Their Application. Springer, Berlin, Heidelberg, New York.

Grün, R. (1989): Die ESR-Altersbestimmungsmethode. Springer, Berlin, Heidelberg, New York.

Hambach, U., Rolf, C., Schnepp, E. (2008): Magnetic dating of Quaternary sediments, volcanites and archaeological materials: an overview. E&G Quaternary Science Journal 57,1-2: 25–51.

Hedberg, H.D. (Hrsg.) (1976): International Stratigraphic Guide. Wiley, New York, Chichester, Brisbane, Toronto, Singapore.

Heine, K., Reuther, A.U., Thieke, H.U., Schulz, R., Schlaak, N., Kubik, P.W. (2009): Timing of Weichselian ice marginal positions in Brandenburg (northeastern Germany) using cosmogenic in situ ^{10}Be. Zeitschrift für Geomorphologie NF 53,4: 433–454.

Helle, G., Schleser, G.H. (2004): Interpreting climate proxies from tree-rings. In: Fischer, H., Floeser, G., Kumke,T., Lohmann, G., Miller, H., Negendank, J.F.W., von Storch, H. (Eds.): Towards a synthesis of Holocene proxy data and climate models. Springer, Berlin.

Heyman, J., Stroeven, A.P., Harbor, J.M., Caffee, M.W. (2011): Too young or too old: Evaluating cosmogenic exposure dating based on an analysis of compiled boulder exposure ages. Earth and Planetary Science Letters 302: 71–80.

Hütt, G., Jaek, I., Tchonka, J. (1988): Optical dating: K-feldspars optical response stimulation spectra. Quaternary Science Reviews 7,3-4: 381–385.

Huntley, D.J., Godfrey-Smith, D.I., Thewalt, M.L.W. (1985): Optical dating of sediments. Nature 313, 105–107.

Imbrie, J., Hays, J.D., Martinson, D.G., MacIntyre, A., Mix, A.C., Morley, J.J., Pisias, N.G., Prell, W.L., Shackleton, N.J. (1984): The orbital theory of Pleistocene climate: support from a revised chronology of the marine δ18O record. In: Berger, A., Imbrie, J., Hays, J., Kukla, G., Saltzman, B. (Hrsg.): Milankovitch and Climate, 269–305. Reidel, Dordrecht.

Institut für Länderkunde (Hrsg.) (2003): Bundesrepublik Deutschland Nationalatlas, Band 2, Relief, Boden und Wasser. Spektrum, Heidelberg.

Liedtke, H. (1975): Die nordischen Vereisungen in Mitteleuropa. Forschungen zur deutschen Landeskunde 204.

Liedtke, H. (1981): Die nordischen Vereisungen in Mitteleuropa, 2. Aufl. Forschungen zur deutschen Landeskunde 204.

Litt,T., Behre, K.-E., Meyer, K.-D., Stephan, H.-J., Wansa, S. (2007): Stratigraphische Begriffe für das Quartär des norddeutschen Vereisungsgebietes. Eiszeitalter und Gegenwart 56,1/2: 7–65.

Lowe, J.J., Walker, M.J.C.(1997): Reconstructing Quaternary Environments. 2. Aufl. Addison Wesley Longman Limited, Edinburgh.

Lüdi, W., Lange, O.L. (Hrsg.) (1962): Festschrift Franz Firbas. Veröffentlichungen des Geobotanischen Institutes der Eidgenössischen Technischen Hochschule, Stiftung Rübel, in Zürich 37.

Lüthgens, C., Böse, M. (2010): Morphostratigraphy to Geochronology – on the dating of ice marginal positions. Quaternary Science Reviews 44: 26–36.

Menning, M., Hendrich, A. (2005): Erläuterungen zur Stratigraphischen Tabelle von Deutschland 2005 (ESTD 2005). Newsletters on Stratigraphy 41: 1–405.

Müller, H. (1974): Pollenanalytische Untersuchungen und Jahresschichtenzählungen an der holsteinzeitlichen Kieselgur von Munster-Breloh. Geologisches Jahrbuch A 21: 107–140.

Nicolas, A. (1995): Die ozeanischen Rücken – Gebirge unter dem Meer. Heidelberg, Springer. 200 S.

Pachur, H.-J., Röper, H.-P. (1987): Zur Paläolimnologie Berliner Seen. Berliner Geographische Abhandlungen 44.

Pritzkow, C., Wazny, T, Heußner, K.U., Słowiński, M., Bieber , A., Dorado Liñán, I., Helle, G.,Heinrich, I. (2016): Minimum winter temperature reconstruction from average earlywood vessel area of European oak (Quercus rubor) in N-Poland. Palaeogeography, Palaeoclimatology, Palaeoecology 449: 520–530.

Preusser, F., Hajdas, I., Ivy-Ochs, S. (Hrsg.) (2008): Recent progress in Quaternary dating methods. E&G Quaternary Science Journal 57,1-2: 1–252.

Schmincke, H.-U. (2010): Vulkanismus, 3. Auflage. Primus, Darmstadt

Smith, D., Lewis, D. (2007): Dendrochronology. In: Elias, S.A. (Hrsg.): Encyclopaedia of Quaternary Science: 459–465. Amsterdam, Elsevier.

Stockhausen, H. (1998): Geomagnetic palaeosecular variation (0 – 13000 year BP) as recorded in sediments from three maar lakes from the West Eifel (Germany). Geophysical Journal International 135: 898–910.

Strömberg, B. (1989): Late Weichselian deglaciation and clay varve chronology in East-Central Sweden. Sveriges Geologiska Undersökning Ca 73.

Stuiver, M., Reimer, P.J., Reimer, R.W. (2017): CALIB 7.1 [WWW program] at http://calib.org. (Zugriff 06.04.2017).

Treydte, K., Esper, J., Gärtner, H. (2004): Stabile Isotope in der Dendroklimatologie. Schweizerische Zeitschrift für Forstwesen 155,6: 222–232.

Van den Bogaard, P., Schmincke, H. (1985): A widespread isochronous Late Quaternary tephra layer in central and northern Europe. Geological Society of America Bulletin 96: 1554–1571.

Wahnschaffe, F. (1891): Die Ursachen der Oberflächengestaltung des Norddeutschen Flachlandes. Engelhorn, Stuttgart.

Wahnschaffe, F. (1901): Die Ursachen der Oberflächengestaltung des Norddeutschen Flachlandes, 2. Aufl. Engelhorn, Stuttgart.

Wahnschaffe, F., Schucht, F. (1921): Geologie und Oberflächengestaltung des Norddeutschen Flachlandes, 4. Aufl. Engelhorn, Stuttgart.

Wintle, A.G. (1991): Thermoluminescence dating. In: Smart, P.L., Frances, P.D. (Hrsg.): Quaternary dating methods – a user's guide. Quaternary Research Association, Technical Guide 4: 108–127.

Wintle A.G. (2008): Fifty years of luminescence dating. Archaeometry 50: 276–312.

Woldstedt, P. (1929): Das Eiszeitalter. Grundlinien einer Geologie des Diluviums. Enke, Stuttgart.

Woldstedt, P. (1961): Das Eiszeitalter. Grundlinien einer Geologie des Quartärs, Band 1, 2. Aufl. Enke, Stuttgart.

Woldstedt, P., Duphorn, K. (1974): Norddeutschland und angrenzende Gebiete im Eiszeitalter. Koehler, Stuttgart.

Zolitschka, B. (2007): Varved Lake Sediments. In Elias, S.A. (Hrsg.): Encyclopedia of Quaternary Science: 3105–3114. Elsevier, Amsterdam.

Zolitschka, B., Brauer, A., Stockhausen, H., Lang, A., Negendank, J.F.W. (2000): Annually dated late Weichselian continental palaeoclimate record from the Eifel, Germany. Geology 28: 783–786.

2 Land und Meer im Wandel – Norddeutschland bevor die Eiszeit kam

Deutschlands Norden kann grob in drei Regionen eingeteilt werden: (1) das Norddeutsche Tiefland, überwiegend bedeckt mit quartärem und tertiärem Lockergestein (Lockerdeckgebirge), (2) ein Übergangsgebiet mit weiten Becken (Münsterländer Bucht, Thüringer Becken), Schichtkämmen und Schichtstufen des mesozoischen Deckgebirges (z. B. Teutoburger Wald, Leine-Weser-Bergland) sowie (3) die Mittelgebirge, bestehend aus dem variszisch gefalteten paläozoischen Grundgebirge (Eifel,

Rheinisches Schiefergebirge, Harz, Thüringer Wald, Erzgebirge). Eine Übersichtskarte gegliedert nach den Erdzeitaltern zeigt Abb. 2.1. Das Norddeutsche Tiefland im engeren Sinne mit seinen geringen Reliefunterschieden ist den Mittelgebirgen nördlich vorgelagert und beginnt etwa an der Linie Rheine – Osnabrück – Hannover – Braunschweig – Magdeburg – Köthen – Leipzig – Riesa – Görlitz. Aufgrund der Auflage von mächtigen quartären und tertiären Lockersedimenten (bis über 2000 m im Bereich

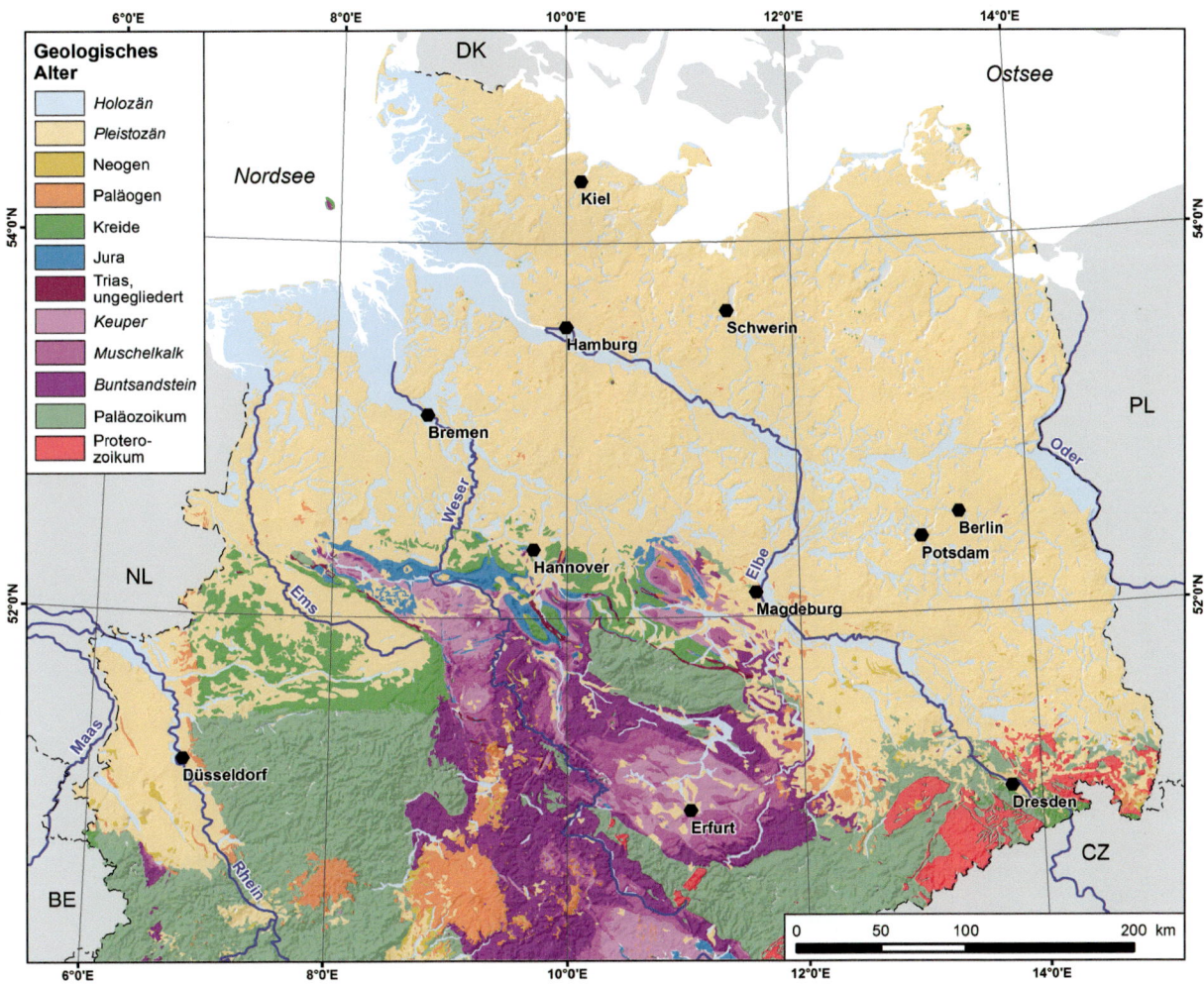

Abb. 2.1 Geologische Übersichtskarte von Deutschlands Norden gegliedert nach den Erdzeitaltern, Paläogen und Neogen wurden früher als Tertiär bezeichnet. (Quelle: BGR 2003, 2016; Kartographie: J. Walk)

© Springer-Verlag Berlin Heidelberg 2018
M. Böse, J. Ehlers, F. Lehmkuhl, *Deutschlands Norden*, https://doi.org/10.1007/978-3-662-55373-2_2

des sogenannten „Hamburger Lochs") ist das Relief kaum gegliedert. Nach Süden zu den Mittelgebirgen hin nimmt die Mächtigkeit der quartären Schichten zumeist ab. Im westlichen Teil des Norddeutschen Tieflands, welcher vorwiegend durch Altmoränen geprägt ist, sind besonders geringe Reliefunterschiede vorhanden. Im östlichen Teil beginnt ab der Lüneburger Heide eine abwechslungsreichere Landschaft mit welligen Höhenzügen, Talungen und weiten Ebenen. Hier sind zwei Nordwest-Südost verlaufende Landrücken mit Höhen von über 150 m über NN ausgebildet: Der südliche Landrücken, welcher nordöstlich der Aller und der mittleren Elbe von der Lüneburger Heide durch die Altmark und über den Fläming verläuft, besteht aus Moränen des letzten Abschnittes der Saaleeiszeit (Warthe-Stadium). Der nördliche Landrücken (im Wesentlichen die Pommersche Eisrandlage), der sich nordöstlich der unteren Elbe von Ostholstein durch Nord-

west- und Ostmecklenburg sowie Nordostbrandenburg zieht, gehört zur Jungmoränenlandschaft und wird von Moränenzügen der Weichseleiszeit aufgebaut, in die zahlreiche Seen eingebettet sind.

2.1 Grundgebirge und Deckgebirge – die geologische Entwicklung vor den Eiszeiten

Deutschlands Norden ist weitestgehend von Lockersedimenten bedeckt. Nach Süden hin und im Untergrund spielen ältere geologische Schichten eine entscheidende

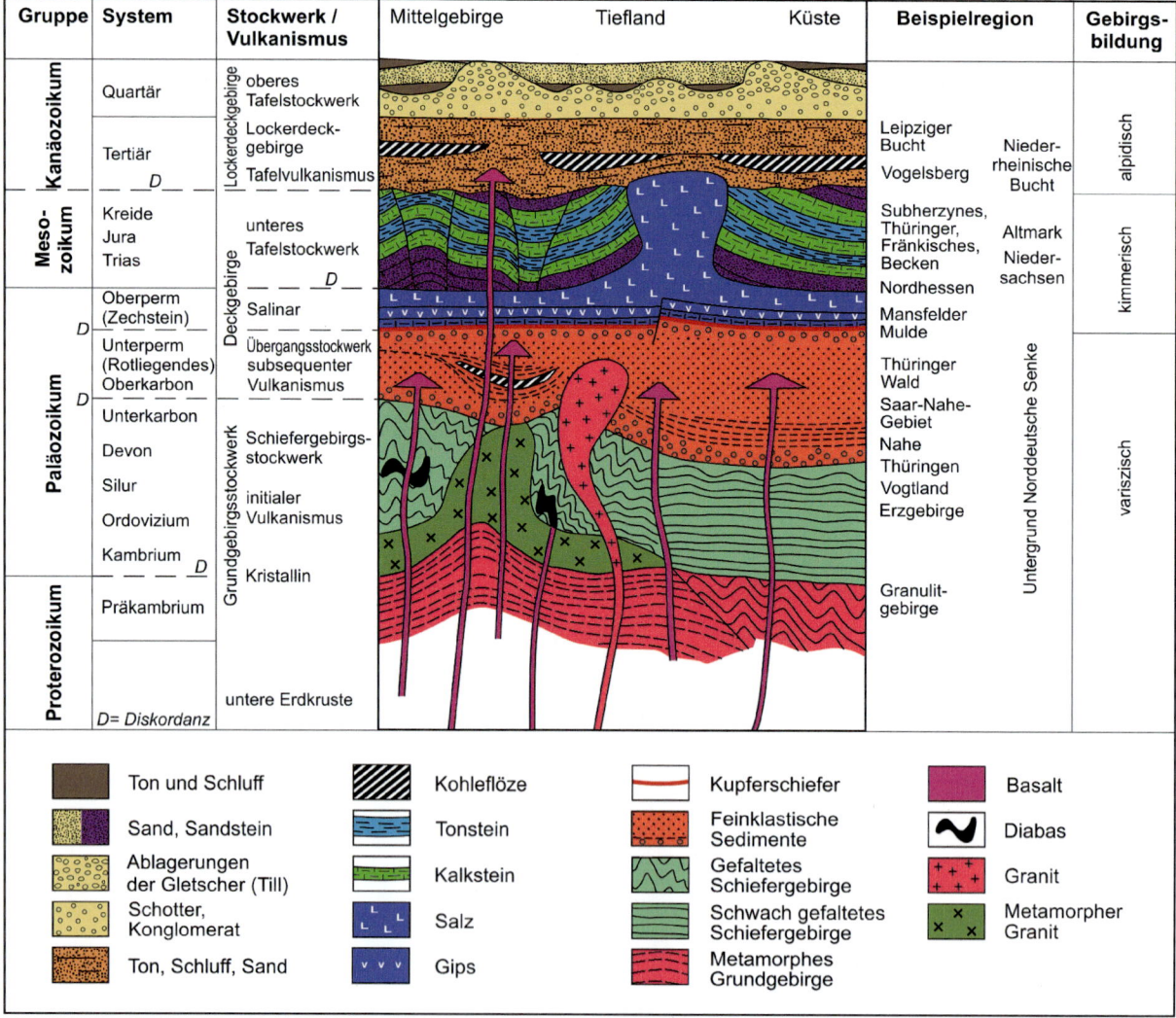

Abb. 2.2 Geologischer Aufbau von Deutschlands Norden. Über dem paläozoischen Grundgebirge mit Granitintrusionen folgen die Schichten des zumeist mesozoischen Deckgebirges sowie die Abfolgen des känozoischen Lockerdeckgebirges. Vor allem die mesozoischen Schichten sind durch Bruch- und Salztektonik einschließlich Salzstöcken in ihren Lagerungsverhältnissen gestört. (Entwurf: F. Lehmkuhl, verändert nach Schwab 1997)

Rolle. Die für Norddeutschland wichtigen geologischen Einheiten werden nach erdgeschichtlichen Epochen in Paläozoikum (Erdaltertum, 545 bis 251 Mio. Jahre v. h.), Mesozoikum (Erdmittelalter, 251 bis 65 Mio. Jahre v. h.) und Känozoikum (Erdneuzeit, seit 65 Mio. Jahre v. h.) eingeteilt (Abb. 2.2). Eine grobe Einteilung der Gesteine im Norden Deutschlands kann in Grundgebirge (gefaltete Gesteine des Paläozoikums mit Granitintrusionen), Deckgebirge (feste Sedimentgesteine zumeist des Mesozoikums) und Lockerdeckgebirge (unverfestigte Abfolgen des Känozoikums) erfolgen (Abb. 2.2).

2.2 Grundgebirge – das Paläozoikum

Die Entstehungsgeschichte und Gebirgsbildungen der Ablagerungen des Paläozoikums sind durch die Plattentektonik bedingt. Die älteste der beiden mehrphasigen Gebirgsbildungen in Europa ist die kaledonische Orogenese. Diese begann im Ordovizium (vor 495 bis 443 Mio. Jahre v. h.) und hatte ihren Höhepunkt im Silur (vor 443 bis 418 Mio. Jahre v. h.). Sie zeigt sich vor allem in

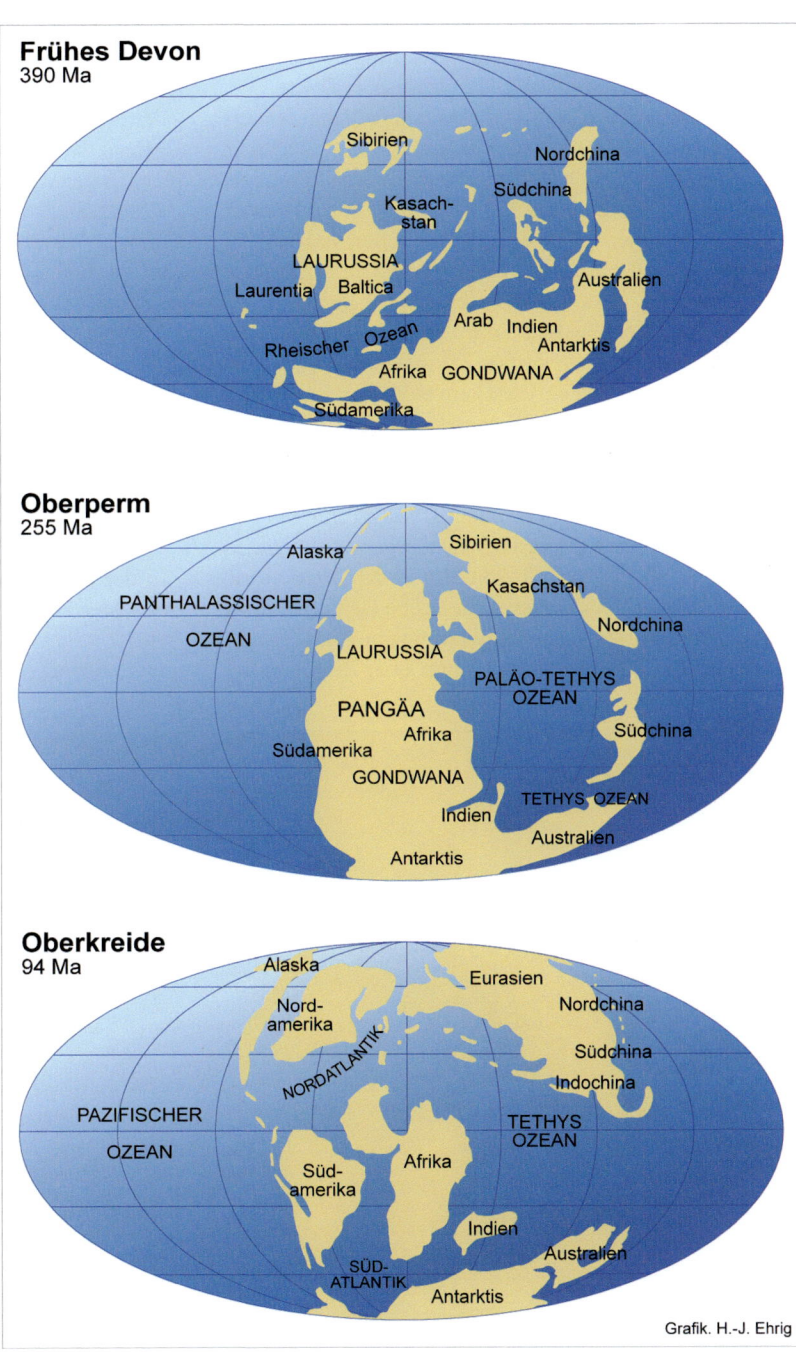

Abb. 2.3 Die Verteilung der Kontinente im frühen Devon (*oben*), im späten Perm (*Mitte*) und in der späten Kreide (*unten*). Die Kollision von Teilen Nordamerikas mit der Eurasischen Platte schuf den Kontinent Laurussia (*oben*). Gegen Ende des Paläozoikums entstanden durch plattentektonische Vorgänge der Großkontinent Pangaea sowie ein riesiger Ozean (Panthalassa) und das Urmittelmeer (Tethys, *Mitte*). Dieser Kontinent zerfiel dann wieder und auch Gondwana löste sich in der Kreidezeit auf; der Atlantik entstand (*unten*). (Quelle: verändert nach Scotese o.J.)

Schottland und Skandinavien. Plattentektonisch sind hier die beiden erdgeschichtlichen Urkontinente Laurentia (Nordamerika) und Baltica (Nordeuropa und Russland) miteinander kollidiert und es entstand der Kontinent Laurussia. Nach den Ablagerungen des roten Old-Red-Sandsteine, der Abtragungsschutt aus dem Gebirge, wird dieser paläozoische Kontinent auch „Old-Red-Kontinent" genannt. Zwischen dem teilweise am Südpol gelegenen Superkontinent Gondwana (Afrika, Südamerika, Antarktika, Australien und Indien) und Laurussia lag der Rheische Ozean (Abb. 2.3). Altpaläozoische sowie ältere metamorphe und magmatische mesoprotozoische Gesteine des Fennoskandischen Schildes bilden in mehreren Kilometern Tiefe unter der Ostsee und am Nordostrand des Norddeutschen Tieflandes das Fundament. Norddeutschland lag zu dieser Zeit auf tropischer Breite.

Im weiteren Verlauf des Paläozoikums wurden die Sedimente dieses „Old-Red-Kontinents" im Norden in Becken und im Süden auf küstennahen Schelfen abgelagert. Im Devon (418 bis 358 Mio. Jahre v. h.) wurden mächtige Ablagerungen der „Rheinischen Fazies" (siliklastische und karbonatische Gesteine einschließlich reliefbildender Riffkörper) sedimentiert. Beispiele für Riffe sind am Iberg bei Bad Grund sowie im Elbingeröder Komplex im Harz zu finden (s. Exkurs 2.2).

Am Südrand von Laurussia kam es im Karbon (358 bis 296 Mio. Jahre v. h.) zur Sedimentation von sehr fossilreichen Kalken. Plattentektonisch wanderten jetzt Laurussia und Gondwana in einer Kontinent-Kontinent-Kollision aufeinander zu. Erste Kollisionen kamen im unteren Devon vor und leiteten die variszische Orogenese ein, deren Höhepunkt an der Wende von Unter- zu Oberkarbon erfolgte. Die Gesteine dieser variszischen Gebirgsbildung durchziehen Mitteleuropa in einem Bogen vom Zentralmassiv in Frankreich im Südwesten über den Harz im

Nordosten bis zu den Sudeten im Südosten. Es werden drei Faltungszonen (ursprünglich waren dies sogenannte Terrane oder Kleinkontinente im Rheischen Ozean) unterschieden (Abb. 2.4): im Norden das Rhenoherzynikum (Rheinisches Schiefergebirge und Harz), in der Mitte der Saxothuringische Faltengürtel (u. a. Pfälzer Wald, Odenwald, Thüringer Wald, Erzgebirge) und im Süden die Moldanubische Zone (u. a. Schwarzwald, Bayerischer Wald). Das abgetragene Gesteinsmaterial lagerte sich in ausgedehnten Becken an den Rändern der Kollisionszone ab. Dabei bildete sich von Irland und England über die Ardennen und das Schiefergebirge bis nach Polen sowie im Saarbecken die sogenannte Kohlenkalk-Fazies mit den Steinkohlelagerstätten (in Deutschland: Saarrevier, Aachener Revier, Ruhrrevier, Ibbenbürener Revier).

Die kontinentale Platte bildet heute den Sockel unter der Norddeutschen Tiefebene und tritt in den Mittelgebirgen an die Oberfläche (Rheinisches Schiefergebirge, Harz, Thüringer Wald, Erzgebirge). Der ältere Untergrund ist an einigen Stellen, wie z. B. im Osnabrücker Hügelland bei Ibbenbüren und am Piesberg, durch die tektonische Hebung an die Oberfläche gekommen (s. Exkurs 2.1). Der Harz, als Teil des variszischen Grundgebirges, verdeutlicht die Komplexität der Geologie in diesem Raum (s. Exkurs 2.2).

2.3 Deckgebirge – Perm und das Mesozoikum

In der Periode des Perms und in der nachfolgenden Ära des Mesozoikums (251 bis 65 Mio. Jahre v. h.) war die variszische Gebirgsbildung in Mitteleuropa bereits abgeschlossen. Die Gebirge wurden seit dem Perm abgetragen.

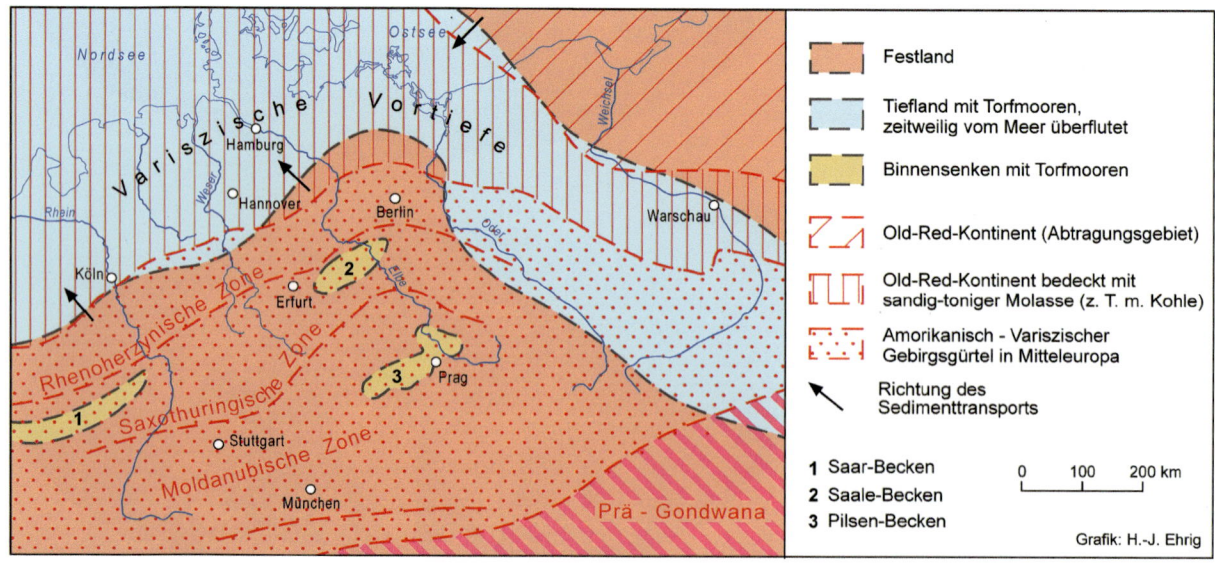

Abb. 2.4 Die Faltungszonen des Grundgebirges und die subvariszische Saumsenke im Karbon. (Quellen: zusammengestellt aus Eberle et al. 2007; Ribbert et al. 2010)

Ibbenbürener Bergplatte – herausgehobenes Karbon in Norddeutschland

Die Ibbenbürener Bergplatte ist ein Höhenzug im Osnabrücker Hügelland mit maximal 176 m Höhe (Abb. 2.5). Hier sind Gesteine des Karbons (Osnabrück-Formation, Obere Ibbenbüren-Formation), wie der Ibbenbürener Sandstein (Abb. 2.6), im Tertiär gehoben worden. Im Bergwerk Ibbenbüren (Abb. 2.5) werden Steinkohlen noch bis 2018 abgebaut. In den Randbereichen des Höhenzuges streichen Schichten des Perm aus. In der Kreidezeit lagerten sich in diesen Schichten durch den Bramscher Pluton hydrothermal mobilisierte Eisenerze und sulfidische Buntmetallerze in den Klüften ab. Diese Erze wurden bis 1921 abgebaut.

Abb. 2.5 a Blick auf den Höhenzug der Ibbenbürener Bergplatte mit dem Kraftwerk Ibbenbüren auf dem Schafberg vom Teutoburger Wald. **b** Steinkohlenbergwerk Ibbenbüren der Ruhrkohle AG. (Fotos: F. Lehmkuhl)

Abb. 2.6 Der Ibbenbürener Sandstein ist ein sehr verwitterungsresistenter Quarzsandstein aus dem Oberkarbon und wird seit Jahrhunderten als Baumaterial verwendet. Abbau in der Nähe von Ibbenbüren (**a**), Osnabrücker Dom (**b**). (Fotos: F. Lehmkuhl.)

Der Harz – ein vielfältiges Mittelgebirge am Südrand der Norddeutschen Tiefebene

Der Harz gehört zum nördlichsten Teil des variszischen Grundgebirges. Die vor allem im Westen und Norden angehobene Pultscholle dacht sich nach Süden und Südosten flach ab und erhebt sich mit dem Brocken (1141 m) fast 1000 m über der Norddeutschen Tiefebene (Abb. 2.7). Die Geologie des Harzes ist komplex und vielfältig (Abb. 2.8): Der Harz ist überwiegend aus metamorphen Sediment-

gesteinen des Paläozoikums (zumeist Tonschiefer und geschieferte Grauwacken sowie Kalke des Devon) aufgebaut und wurde während der variszischen Orogenese gefaltet. Dieser Schichtkomplex wurde von zwei Granitplutonen durchdrungen. Im Norden bildet die Harznordrand-Aufschiebung einen relativ steilen Abfall zum nördlichen Harzvorland mit der subherzynen Kreidemulde. Im Zuge

Abb. 2.7 Der Harz mit Blickrichtung vom nördlichen Harzvorland aus mit der Hauptrumpffläche und dem Brocken. (Foto: V. Reinecke)

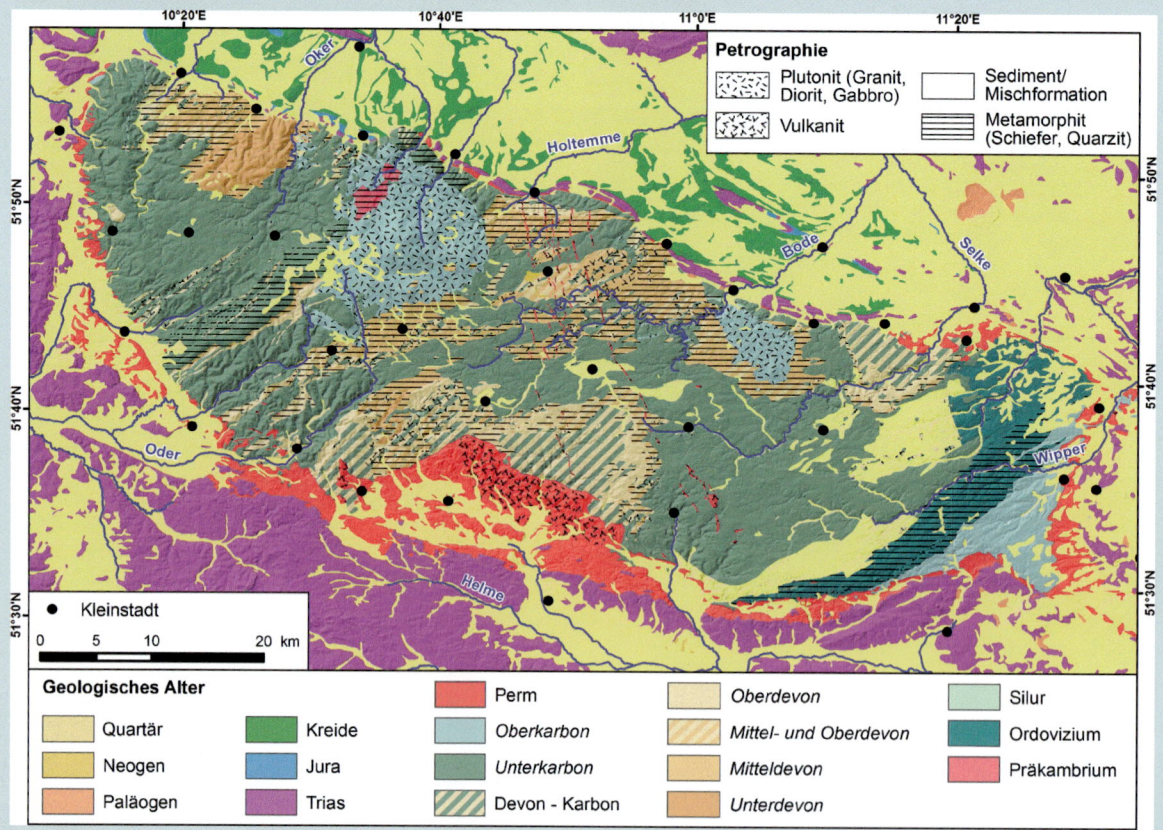

Abb. 2.8 Geologische Übersichtskarte vom Harz mit der Petrographie. (Quelle: BGR 2007a; USGS 2014; Kartographie: J. Walk)

Fortsetzung

Abb. 2.9 Steinbruch Bartolfelde bei Bad Lauterberg im Landkreis Osterode. Flachlagernde Schichten des Zechsteindolomits diskordant über Grauwacken des Grundgebirges. (Foto: F. Lehmkuhl)

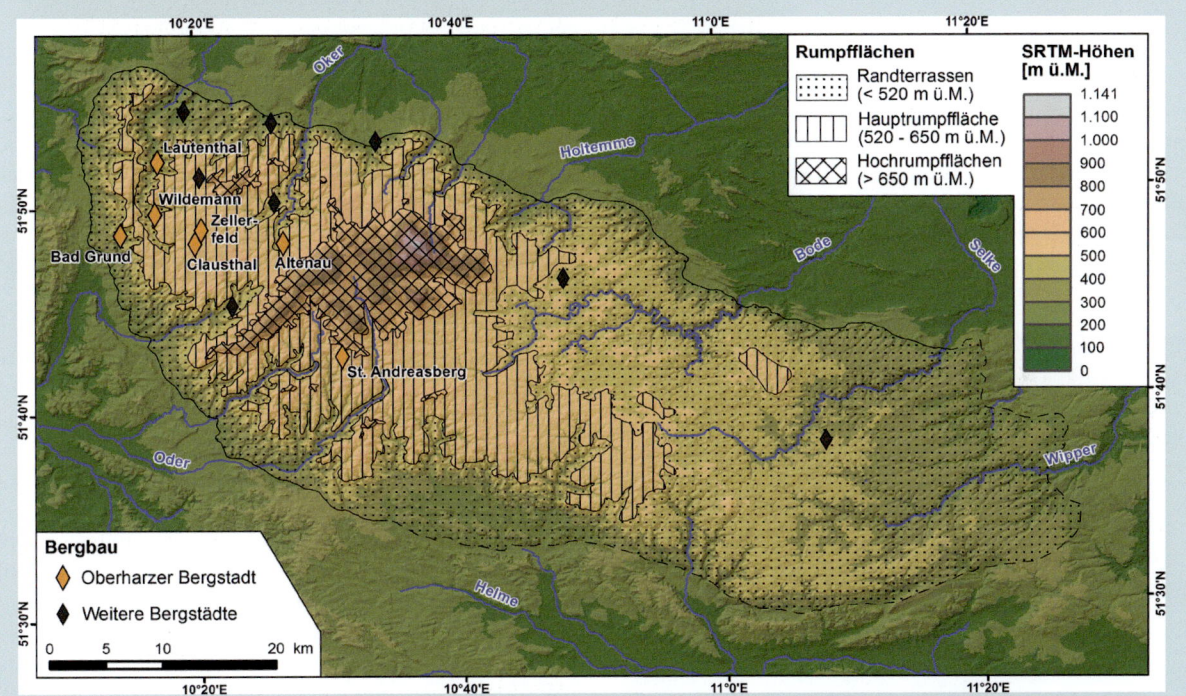

Abb. 2.10 Rumpfflächen und Bergstädte im Harz. (Quelle für die Rumpfflächenstockwerke: Wilhelmy 2002; Kartographie: J. Walk)

Fortsetzung

der sogenannten saxonischen Bruchtektonik hob sich der Harz entlang der Aufschiebung, es kam zu Erosion und damit zu Ablagerung klastischer Sedimente im Vorland, wobei die Ablagerungen gleich wieder an der Aufschiebung „überfahren" wurden und damit der Sedimentstapel schon während der Ablagerung verfaltet wurde. Hier sind auch die mesozoischen Schichten im Harzvorland z. T. senkrecht verstellt und stellenweise überkippt worden (Abschn. 4.1). Daher findet man hier auf kurze Distanz vielfältige Schichten des Mesozoikums und spricht hier von einer „klassischen Quadratmeile der Geologie" (s. Abb. 4.12 und Exkurs 4.3). Im Süden sind flachlagernde Schichten des Perms diskordant über dem Grundgebirge abgelagert worden (Abb. 2.9), und der Harz hebt sich hier nicht so deutlich von seinem Umland ab. Im Känozoikum bildeten sich unter tropisch-subtropischen Klimabedingungen verschiedene Rumpfflächenstockwerke aus (Abb. 2.10). Die weitverbreitete Hauptrumpffläche liegt dabei auf etwa 550–650 m (Abb. 2.7). Weitere Hebung ließ steile Kerbtäler und Kerbsohlentäler entstehen.

Im Pleistozän war der Harz lokal vergletschert. Die Ausdehnung der Vergletscherung ist bis heute nur im Odertal durch Endmoränen und Zungenbecken klar belegt.

Zahlreiche Buntmetalllagerstätten bildeten vom Mittelalter bis zum Ende des 20. Jahrhunderts die Grundlage einer bedeutenden Montanindustrie u. a. mit Silberabbau im Rammelsberg bei Goslar (Silber 968 erstmals urkundlich erwähnt, heute Besucherbergwerk und seit 1992 UNESCO-Weltkulturerbe) und den sieben Oberharzer Bergbaustädten des Hochmittelalters (Abb. 2.10). Um Wasserräder zur Hebung des Wassers aus den Bergwerkstollen und zum Betrieb von Mühlen anzutreiben, entstand bereits zwischen dem 16. und 19. Jahrhundert mit der Anlage von Stauteichen und Bewässerungsgräben und -stollen die Harzer Wasserwirtschaft (seit 2010 als Oberharzer Wasserregal ebenfalls Weltkulturerbe der UNESCO). Im 20. Jahrhundert wurden zahlreiche Talsperren zuerst vor allem zum Hochwasserschutz des Vorlandes angelegt. Diese dienen teilweise heute auch der Trinkwasserversorgung der Norddeutschen Tiefebene, mit Fernwasserleitungen bis Braunschweig und Bremen.

2.3.1 Perm

Im Perm (296 bis 251 Mio. Jahre v. h.) werden der sibirische und der Kasachstan-Kraton an Laurussia angeschlossen (Abb. 2.3; dabei entstand das Uralgebirge). Damit waren alle großen Kontinentmassen zu einem Großkontinent Pangaea (gr.: *pan gaia* = „ganze Erde") vereinigt. Der die

Pangaea umschließende Ozean wird Panthalassa (gr.: *pan thalassa* = „ganzer Ozean") genannt. Das heutige Mitteleuropa lag an einem buchtförmigen Ozean, dem „Urmittelmeer" Tethys. Im Bereich des heutigen Norddeutschlands wurde der Abtragungsschutt des variszischen Gebirges sedimentiert. Das Norddeutsche Becken war Teil des Mitteleuropäischen Beckens, das sich von England bis Polen erstreckte. Über die gesamte Dauer des Perms befand sich das heutige Mitteleuropa in der tropischen Klimazone in unmittelbarer Nähe des Äquators.

Das Perm wird in Deutschland in **Rotliegend** und **Zechstein** eingeteilt. Dies resultiert aus dem markanten Wechsel von festländischer zu mariner Fazies, der an der Grenze zwischen den beiden Gruppen stattgefunden hat (s. Abb. 2.11). Das untere Rotliegende ist durch vulkanische Gesteine mit nur wenigen Sedimentgesteinen gekennzeichnet. Diese bilden Vulkanitkomplexe mit bis zu 2000 m Mächtigkeit (s. Exkurs 2.3). Nach diesen vulkanischen Aktivitäten bildete sich ein großes, relativ einheitliches und über einen langen Zeitraum bis in das Tertiär beständiges Sedimentationsbecken heraus. In dieser Norddeutschen Senke – als Teil der Mitteleuropäischen Senke – wurde zuerst das obere Rotliegende abgelagert. Hier sind bis mehr als 2000 m mächtige Serien von feinklastischen Rotsedimenten, in welche im Zentrum mächtige Steinsalzpakete eingeschaltet sind, vorherrschend. Zum Südrand des Beckens und nach Osten verzahnen sich diese Sedimente – bei einer Abnahme der Mächtigkeit – mit Sandsteinen, die ursprünglich von Flüssen abgelagert oder als Dünen angeweht worden sind.

Abb. 2.11 Grenze Rotliegendes – Zechstein. Aufschluss an der Talflanke des Dippelsbaches bei Ahlsdorf (Landkreis Mansfeld-Südharz). (Foto: F. Lehmkuhl)

Salztonebenen, Meereseinbrüche und Vulkane in Norddeutschland

Die Schichtenfolge des tieferen Untergrundes ist nur aus relativ wenigen Bohrungen bekannt. Weitere Informationen über die Tiefenlage der Schichten des tieferen Untergrundes in Norddeutschland beruhen vor allem auf den Unterlagen für den geotektonischen Atlas von Nordwestdeutschland. Bezüglich Aufbau und der tatsächlichen Mächtigkeit der verschiedenen Ablagerungen ist man auf die Auswertung der Seismik und der wenigen Tiefbohrungen angewiesen (Abb. 2.12). Die Geologische Landessammlung des Landesamtes für Umwelt, Naturschutz und Geologie Mecklenburg-Vorpommern in Sternberg enthält Bohrkerne von mehr als 350 tiefen Bohrungen aus Mecklenburg-Vorpommern, die insgesamt etwa 70.000 Bohrmeter umfassen.

Über die Schichten, die älter sind als das Karbon, gibt es nur wenige Informationen. Über die Lithologie und die Mächtigkeit der Ablagerungen des Karbons liegen mehr Informationen vor. Das liegt vor allem an der wirtschaftlichen Bedeutung dieser Ablagerungen. Die darin eingeschalteten Steinkohleflöze kommen nicht nur im Ruhrgebiet oder im Ibbenbürener Raum vor, sondern sie sind in Norddeutschland flächenhaft verbreitet. Sie sind das Muttergestein der norddeutschen Erdgaslagerstätten (vgl. Abb. 9.36).

Auf das Karbon mit seiner üppigen Vegetation folgte das Rotliegende. Im Unterrotliegenden war Norddeutschland ein vollarides Wüstengebiet mit verbreitetem Vulkanismus. Die vulkanischen Ablagerungen der ältesten Subgruppe des Rotliegenden, der Altmark-Subgruppe, bedecken ein Gebiet von ungefähr 180.000 km^2. Sie sind bis zu 3000 m mächtig. Die Zentren des Vulkanismus lagen an den Kreuzungspunkten von Störungszonen im Untergrund. Die Vulkanite des Rotliegenden sind in den Bohrkernen des Landesamtes für Umwelt, Naturschutz und Geologie Mecklenburg-Vorpommern in Sternberg dokumentiert.

Nach dem Abklingen des Vulkanismus wurden Dünen- und Flusssande abgelagert, zum Teil in nur wenige Kilometer breiten Gräben, die als Wadis fungierten. Dieser sogenannte Schneverdingen-Sandstein ist ein gutes Erdgas-Speichergestein. Er wird überlagert von feinkörnigeren Sedimenten der Salztonebenen, vergleichbar der heutigen Etoscha-Pfanne (Namibia, Abb. 2.13) oder dem Schott Djerid (Tunesien).

Im Zechstein drang das Meer wiederholt in die inzwischen von den Rotliegend-Ablagerungen weitgehend verfüllte Beckenlandschaft Norddeutschlands vor. Vor allem in den Ablagerungen der Staßfurt-Formation sind dabei primär bis zu 600 m mächtige Salze abgelagert worden. Die heutige Mächtigkeit ist vielerorts wesentlich geringer, weil ein erheblicher Teil des Salzes in die Salzstöcke abgewandert ist.

Abb. 2.12 Bohrkerne aus Mecklenburg-Vorpommern im Kernlager. (Foto: J. Ehlers)

Fortsetzung

Abb. 2.13 Rezente Salztonebene in der Etoscha-Pfanne, Namibia. (Foto: D. Kuehn)

Die Begriffe Rotliegendes und Zechstein werden heute nur noch lithostratigraphisch (als Gesteinseinheit) verwendet, da beispielsweise die Grenze vom Zechstein zum Rotliegenden diachron und somit als Zeitmarke ungeeignet ist. Auch die Grenze vom Zechstein zum Buntsandstein liegt zeitlich vor der internationalen Perm-Trias-Grenze.

Diese Sandsteine und Salze sind die ältesten Ablagerungen des Deckgebirges im Norden Deutschlands. Sie befinden sich heute zumeist in 5–10 km Tiefe. Darüber

Abb. 2.14 a Der Gonnaer Stollen bei Sangerhausen im Mansfelder Kupferbergbaurevier als einer der ältesten Stollen in diesem Gebiet. **b** Spitzkegelhalde im Mansfelder Revier bei Volkstedt (Landkreis Mansfeld-Südharz) aus DDR-Zeiten. (Fotos: F. Lehmkuhl)

Exkurs 2.4

Bildung von Salzlagerstätten und deren Auswirkungen an der Oberfläche

Im Perm senkte sich der Boden des tropischen Randmeeres ab und war durch eine Schwelle vom Ozean abgetrennt (s. Barrentheorie in Abb. 2.15). Durch die Verdunstung von Meerwasser in flachen Meeresbecken fielen bei zunehmender Konzentration die gelösten Salze nach ihrer Löslichkeit aus, die Ablagerungen werden als Evaporite bezeichnet. Durch Verdunstung wird mehr Wasser in die Atmosphäre abgegeben, als durch den Wasserzufluss ersetzt werden kann. Wenn das eintrocknende Becken deutlich höhere Salinität aufweist als das Wasser des offenen Ozeans, wird Gips ausgefällt. Eine weitere Zunahme der Salzkonzentration führt zur Ausfällung von Steinsalz. Die Salze des Rotliegenden und Zechsteins, z. T. auch des späteren Mesozoikums, lieferten das Ausgangsmaterial für die später aufgestiegenen, mehr als 200 Salzstrukturen in Norddeutschland (Abb. 2.16).

Die starke Verdunstung und Absenkung führte vor allem im Beckenzentrum im Bereich der unteren Elbe zur Bildung von bis zu 2000 m mächtigen salinen Serien mit einer Zunahme des Anteils von Steinsalz gegenüber den südlich gelegenen Gebieten. Daher sind in Hamburg und dem angrenzenden Westholstein sowie Nordniedersachsen die Salzstrukturen besonders ausgedehnt. Hier sind entlang von NNO-SSW streichenden Störungen im Untergrund Salze aufgestiegen und haben über 50 km lange Salzmauern gebildet. Deren Zahl und Größe nehmen west- und ostwärts ab. In geringem Umfang werden die mächtigen Anhydritvorkommen bzw. der aus ihnen durch Wasseraufnahme hervorgegangene Gips ebenfalls seit Jahrhunderten intensiv genutzt. Tagebaue mit Gipsabbau finden sich besonders im Südharzer Zechsteingürtel, z. B. bei Golmbach, Osterode und Walkenried (Niedersachsen), aber auch in Thüringen bei Nordhausen (Abb. 2.17).

Im Norden (Ostholstein und im nordwestlichen Schleswig) lag eine Schwelle mit wenig oder keiner Salzablagerung und daher gibt es hier auch keine größeren Salzstrukturen. Weiter nach Süden sind einzelne Salzstöcke und Salzkissen verbreitet. Es wird in der Literatur diskutiert, dass die Eisauflast während der Eiszeiten im Norden den Salzaufstieg begünstigt hat. Darüber hinaus werden die Sattel- und Muldenstrukturen der mesozoischen Deckgebirge ebenfalls durch die Salzbewegungen und -tektonik (Halokinese) gefördert (vgl. Abb. 2.16). Wenn die Schichtverstellung dabei in Zusammenhang mit Salzen der Zech

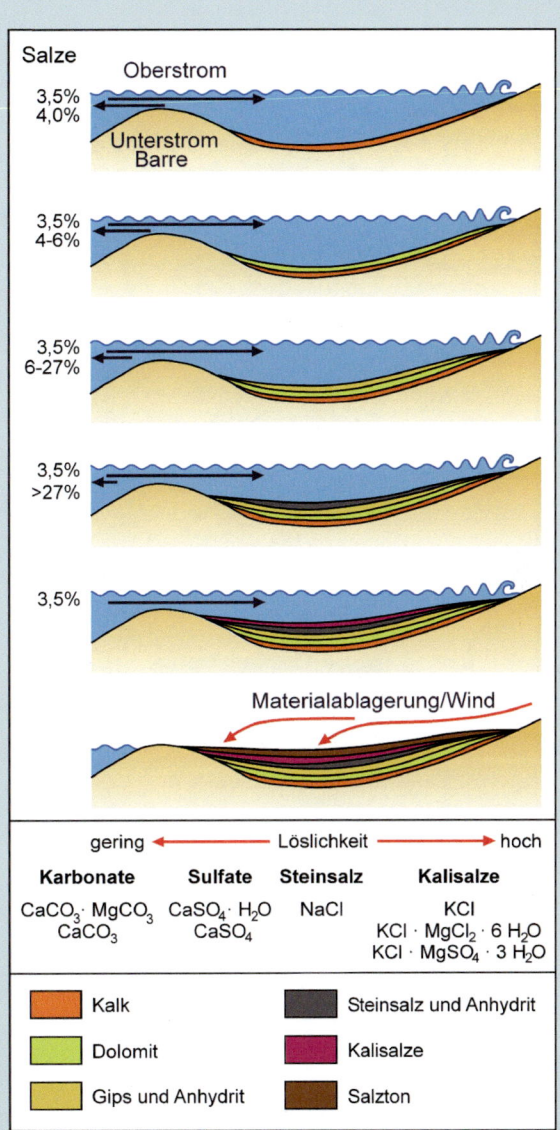

Abb. 2.15 Barrentheorie und Bildung der Salzlagerstätten im germanischen Becken. (Quelle: verändert nach Bauer et al. 2002)

folgen marine und terrestrische Sedimente der nachfolgenden Erdzeitperioden (Trias bis Quartär). Diese mächtigen Beckenfüllungen wurden in mehreren Phasen vom Salz durchdrungen, da das Salz auf die Überlagerung plastisch reagiert (s. Exkurs 2.4).

Nach einer langen Festlandszeit, die im Karbon begann, drang vor etwa 257 Mio. Jahren mit dem Beginn der Zechsteinzeit ein tropisches Flachmeer in einer wahrscheinlich sehr kurzzeitig verlaufenden Transgression

(= Vorrücken des Meeres; Regression = Rückzug des Meeres) nach Nord- und Mitteldeutschland vor. Dieser Wechsel beginnt mit der Ablagerung des Kupferschiefers und ist einer der markantesten Leithorizonte in Deutschland. Der Kupferschiefer hatte als Bodenschatz aufgrund seiner regional verstärkt auftretenden Buntmetallführung mit Kupfer- und Silberlagerstätten (vor allem im Mansfelder Land) seit dem Mittelalter und bis zum Ende des 20. Jahrhunderts große wirtschaftliche Bedeutung (Abb. 2.14).

Fortsetzung

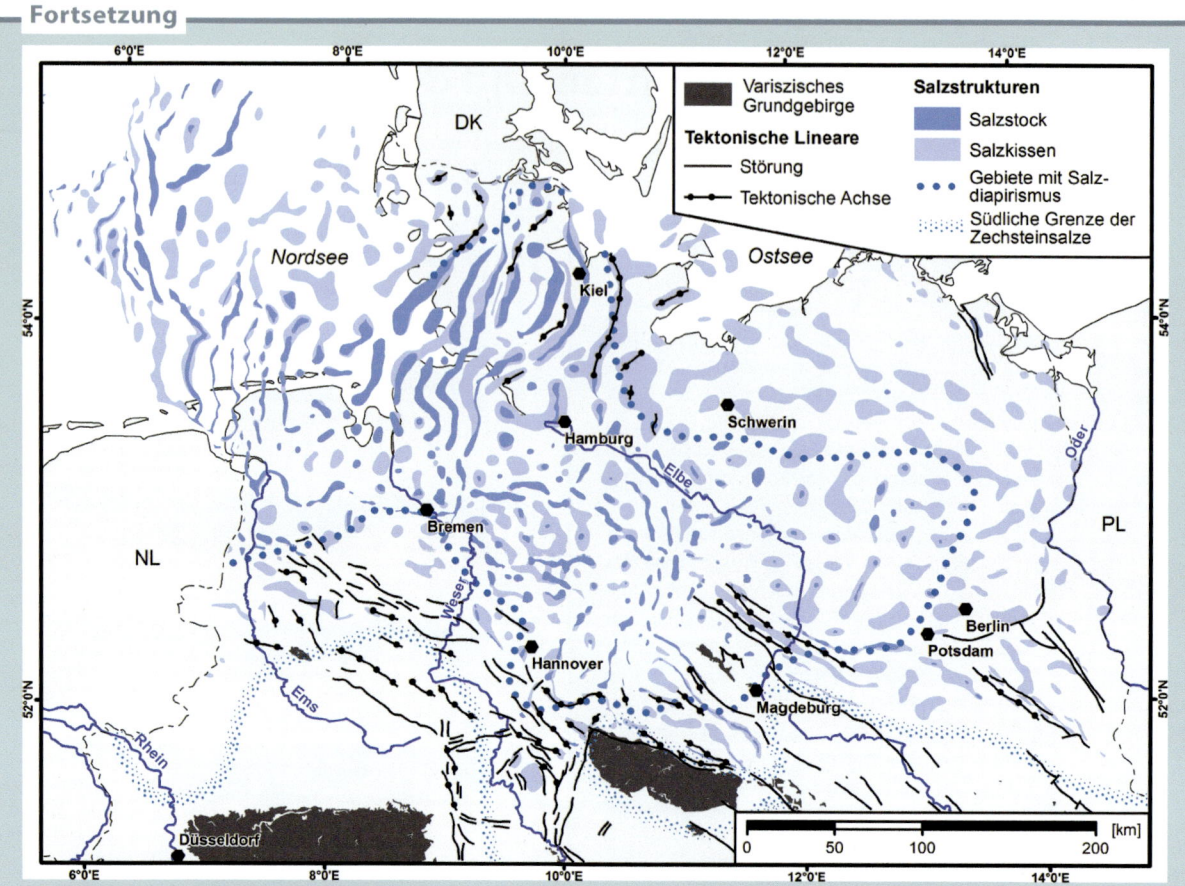

Abb. 2.16 Karte der Salzstrukturen im Untergrund der Norddeutschen Senke. (Quelle: verändert nach BGR 2007b, 2015, 2016; Walter 2007; Kartographie: J. Walk)

Abb. 2.17 Gipsabbau bei Osterode (Harz). *Oben links* eine Dolinenverfüllung. (Foto: F. Lehmkuhl)

Das Zentrum des Zechsteinbeckens lag in Nord- und Mitteldeutschland. Bei den Vorstößen des Zechsteinmeeres von Norden sind bis zu sieben Ablagerungszyklen ausgebildet. Diese zeigen Abfolgen von erosiv-sedimentären bis marin-euxinischen (sauerstoffarmen) Sedimenten (Werra-, Staßfurt-, Leine-, Aller-, Ohre-, Friesland- und Fulda-Folge). Allerdings sind aufgrund des Wandels der Paläogeographie und regionaler Unterschiede in der Morphologie des Grundgebirges an keiner Stelle alle Zyklen vollständig ausgebildet.

Die im Zechstein abgelagerten Stein- und Kalisalze sind bis heute bedeutende Rohstoffvorkommen vor allem in Nord- und Mitteldeutschland. (s. Exkurs 2.4)

2.3.2 Germanische Trias – Buntsandstein, Muschelkalk und Keuper

Auf das Perm und das Zechsteinmeer folgt im Mesozoikum die **Trias** (251 bis 200 Mio. Jahre v. h.). Die auffällige und klassische Dreiteilung in Mitteleuropa in Buntsandstein, Muschelkalk und Keuper ist namensgebend für die (Germanische) Trias. Dieser Begriff wurde 1834 von Friedrich von Alberti (1795–1878) eingeführt. Diese Dreiteilung ist jedoch nur im Germanischen Becken ausgebildet und wurde früher auch als erdgeschichtliche Zeiteinheit oder Zeitintervall aufgefasst. Heute weiß man, dass es sich nur um lithostratigraphische Abfolgen handelt, da

z. B. die Buntsandsteinsedimentation nicht im gesamten Verbreitungsgebiet zur gleichen Zeit begonnen hat. Auch die Buntsandstein-Muschelkalk-Grenze stimmt nicht mit der biostratigraphisch definierten Grenze von der Unter- zur Mitteltrias überein, sondern liegt etwas tiefer, noch innerhalb des jüngsten Abschnittes des Buntsandsteins. Die internationalen chronostratigraphischen Stufen der Trias wurden in der Alpinen Trias definiert.

Der **Buntsandstein** als unterste der drei lithostratigraphischen Gruppen der Germanischen Trias bezeichnet keinen bestimmten Gesteinstyp, also keinen buntgefärbten Sandstein eines beliebigen Alters, sondern eine bis mehrere hundert Meter mächtige kontinentale Gesteinsabfolge der Untertrias, die zumeist aus Sandsteinen, aber auch aus Konglomeraten, Silt- und Tonsteinen sowie bisweilen Kalksteinen und Gipsgestein aufgebaut ist. Im Beckenzentrum in Südniedersachsen und Nordhessen werden Mächtigkeiten von bis zu 1000 m erreicht (Abb. 2.18). Der Obere Buntsandstein besteht in Südniedersachsen aus den Röttonen und -mergeln mit Gipsabscheidungen. In den norddeutschen Erdgasprovinzen ist das Röt-Salinar aus mehrere Zehnermeter mächtigen Evaporiten aufgebaut. Diese zeigen hier einen verbreiteten marinen Einfluss an.

Der **Muschelkalk** wurde früher ebenfalls einerseits als Gesteinsbegriff („Kalk, der Muschelschalen enthält oder aus Muschelschalen aufgebaut ist") und andererseits auch als Zeitbegriff im Sinne einer Stufe benutzt („Muschelkalk-Zeit"). Heute wird der Begriff nur als Gesteinseinheit (in der Lithostratigraphie) verwendet. In Mitteleuropa

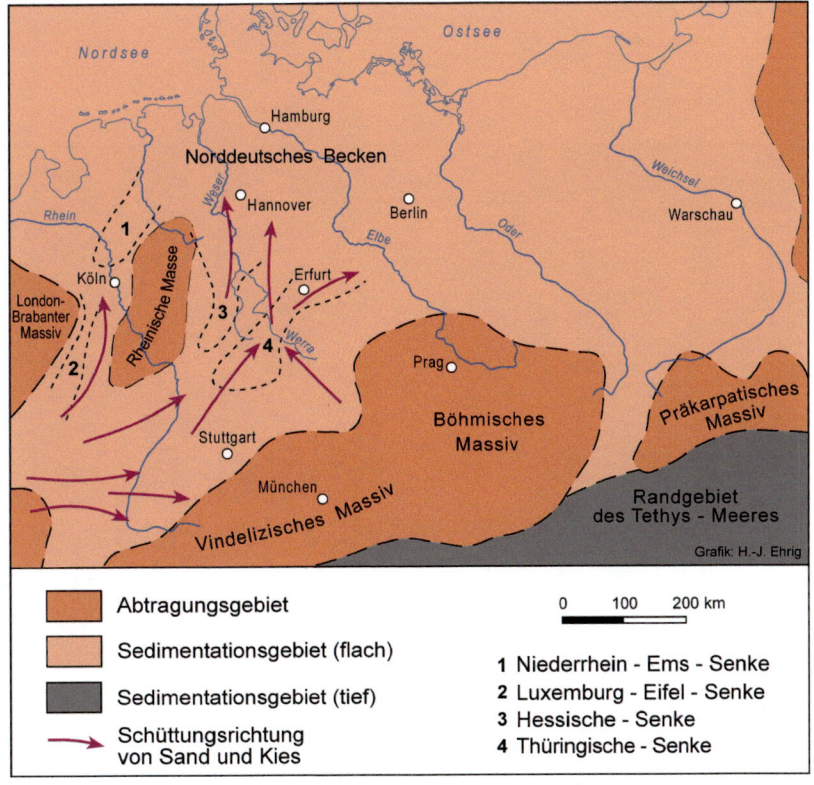

Abb. 2.18 Paläogeographie zur Zeit des Buntsandsteins. (Quellen: verändert nach Eberle et al. 2007; Ribbert et al. 2010)

wurden dabei in einem flachen Meeresbecken der Tethys Fossilien führende, überwiegend kalkige Ablagerungen mit Muscheln, Brachiopoden (Armfüßler) und Trochiten (Stielglieder von Seelilien) sedimentiert und später verfestigt. Die Gesteine des Muschelkalks sind in der Regel durch hellgraue bis beige Farbtöne charakterisiert. Während der Untere Muschelkalk hauptsächlich aus Kalken, Kalkmergeln und Tonmergeln aufgebaut ist, wurden im Mittleren Muschelkalk überwiegend Evaporite (Gips, Anhydrit und Steinsalz) abgelagert. Im Oberen Muschelkalk sind wiederum Kalke vorherrschend. Die harten Kalke des unteren und oberen Muschelkalks sind Stufenbildner für Schichtkämme und Schichtstufen (s. Kap. 4). Die Regionen des Muschelkalks sind oftmals verkarstet.

Der **Keuper** ist die oberste lithostratigraphische Einheit der Germanischen Trias und begann in Norddeutschland mit der Ablagerung der Lettenkohle (=Lettenkeuper-Folge). Im Norddeutschen Becken werden durchschnittliche Keupermächtigkeiten zwischen 300 und 500 m erreicht, lokal sogar bis 1000 m. Es handelt sich um marin beeinflusste Kalk- und Tonsteine, lakustrine (in Seen abgelagert) Kalk- und Tonsteine, fluviale und litorale (in Flüssen und an Meeresküsten abgelagerte) Sand- und Siltsteine, fossile Böden und Wurzelhorizonte und mächtige Salinarfolgen. Dabei wurden im Beckenzentrum in Norddeutschland Steinsalz, in den Randbereichen Anhydrit und Gips abgelagert.

In der Trias lösten sich bereits kleine Terrane (Kleinkontinente) vom Rand von Gondwanas und ein Grabensystem im Zentrum von Pangaea bereitete bereits den späteren Zentralatlantik vor.

2.3.3 Jura

Zu Beginn des Juras (200 bis 142 Mio. Jahre v. h.) transgredierte das Meer von Norden. Dabei erreicht der Untere Jura (Lias) stellenweise Mächtigkeiten von mehr als 300 m. Der Großkontinent Pangaea zerfiel, und die Bruchstücke bildeten Nordamerika, Eurasien und den südlichen Großkontinent Gondwana. Der frühe Atlantik und das Tethysmeer waren jedoch noch schmal. Gondwana zerbrach erst im späten Jura.

In Nordostdeutschland und Ostdeutschland wurden kontinentale Ablagerungen sedimentiert und im Mittleren Jura dehnte sich Ablagerungen des Tethysmeeres als Folge einer Transgression weiter nach Westen aus (Abb. 2.19). Die Schichten des Doggers sind überwiegend sandig-tonig. Eisenanreicherungen, z. B. in der Gegend von Salzgitter und im Wesergebirge, sind in die mächtigen grauen Kalksteine des Korallenooliths (Unteres Malm) eingeschaltet. Weite Teile Skandinaviens und Teile Böhmens und die Rheinische Insel blieben jedoch während des beinahe gesamten Juras Festland. Böhmische Insel und Rheinische Masse wurden bereits während einer Regression im oberen Mitteljura zu einer Insel und trennten den Norddeutschen und Süddeutschen Jura. Am Ende des Juras dominierten in Norddeutschland weiter marine oder brackische Ablagerungen. Am Übergang zwischen den Ablagerungen des Oberen Juras und der Unteren Kreide stehen die tonig-sandigen Schichten der Wealden-Fazies. Diese sind bis etwa 250 m mächtig, und es kommen in diesen Ablagerungen einige bis fast 1 m mächtige Steinkohlenflöze vor.

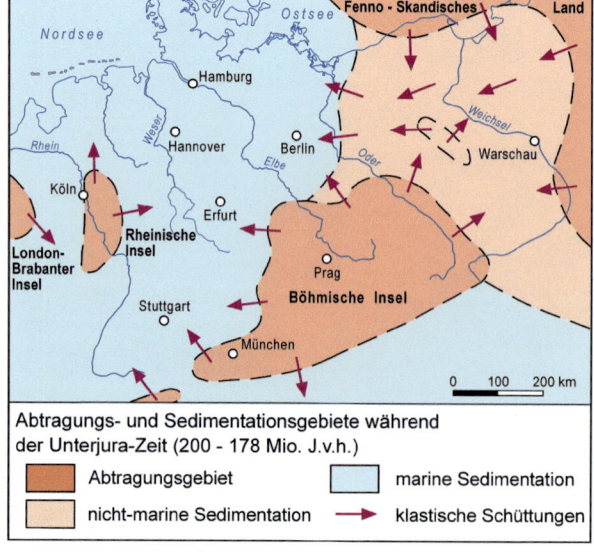

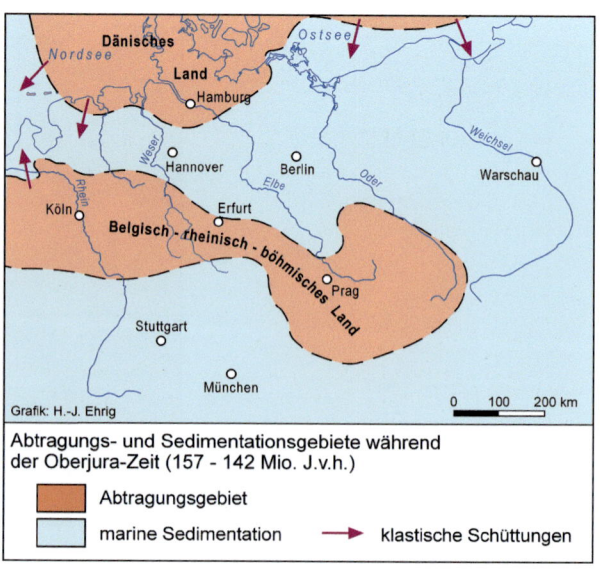

Abb. 2.19 Abtragungs- und Sedimentationsräume während des Juras (200 bis 142 Mio. Jahre v. h.). (Quelle: verändert nach Eberle et al. 2007)

2.3.4 Kreide

In der Kreide (142 bis 65 Mio. Jahre v. h.) setzte sich der Zerfall von Gondwana weiter fort (Abb. 2.20; vgl. Abb. 2.3) und in der Unterkreide begann sich zunächst der südliche Südatlantik zu öffnen. Diese Öffnung setzte sich dann im Laufe der Unterkreide weiter nach Norden fort, und der Nordatlantik entstand. Die Ablagerungen der älteren Kreidezeit bestehen aus Tonsteinen und Sandsteinen, während die Sedimente der Oberkreide meist kalkig entwickelt sind. Hier herrschen die unregelmäßig-

plattig spaltenden Plänerkalke (im Raum Hannover auch Kalkmergel) vor. Kalke und Mergel des Juras und vor allem der Kreidezeit sind eine wichtige Georessource für die Zementindustrie (s. Exkurs 2.5). Gesteine der Kreidezeit stehen im Raum von Lüttich bis Aachen, in der Westfälischen Bucht (Münsterländer Kreidemulde), im Teutoburger Wald an den Externsteinen, im Raum von Hannover und nördlich des Harzes (subherzyne Kreidemulde) an der heutigen Oberfläche an. Bekannt ist auch die Kreidekliffküste auf Rügen im Nationalpark Jasmund. Weiterhin finden sich Ablagerungen aus der Kreidezeit in der Umgebung von Dresden im Elbsandsteingebirge.

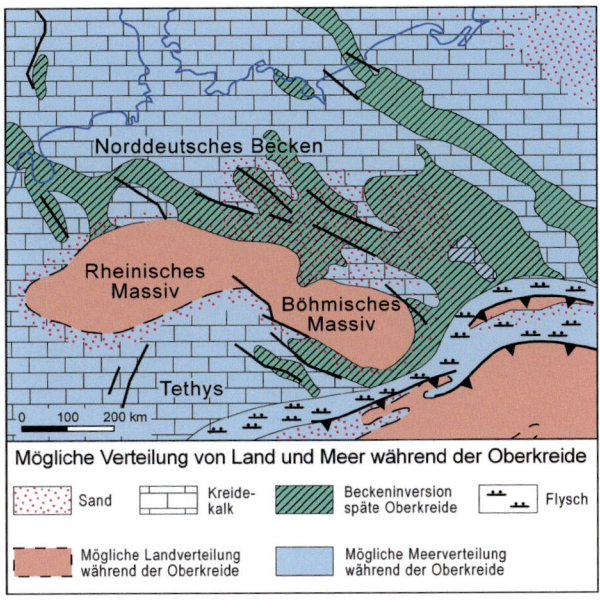
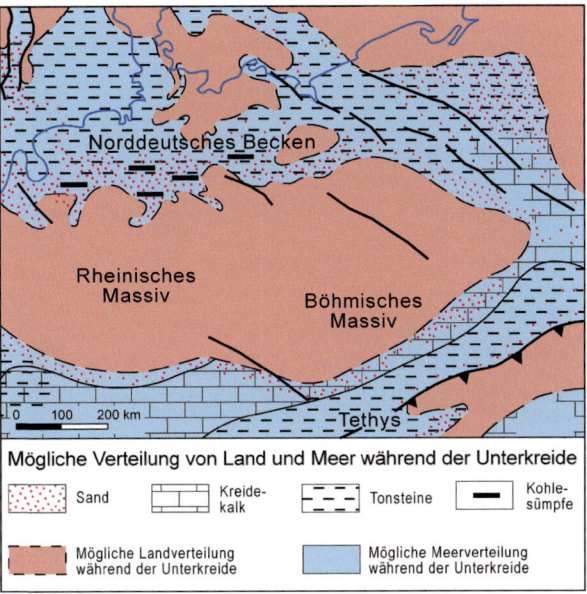

Abb. 2.20 Die Verteilung der Landmassen und des Meeres während der Kreide (142 bis 65 Mio. Jahre v. h.). (Quelle: verändert nach Walter 2014)

Exkurs 2.5

Ablagerungen von Kalkstein und Mergel als Grundlagen für die Zementindustrie

Für die Zementherstellung wird ein Ausgangsstoff verwendet, der zu fast 80 % aus Calciumcarbonat besteht, und dem Tonerde, Kieselsäure und Eisenoxyd beigemengt sind (Kalkstein, Kalkmergel, Mergel, Abb. 2.21). Das Rohmaterial wird gebrochen, zermahlen und in einem Brennofen erhitzt. Dies dient in erster Linie dazu, dem Kalkstein Feuchtigkeit zu entziehen, CO_2 freizusetzen und somit das Carbonat zu Oxiden bzw. mit anderen Komponenten zu Silikaten umzuwandeln. Gleichzeitig geht der Kalkstein mit den Tonkomponenten aus dem Mergel neue chemische Verbindungen ein (Sinterung, bei ca. 1400 bis 1500 °C). In den folgenden Produkti-

onsschritten wird das Material gekühlt und gemahlen. Als Endprodukt entsteht Zement. Durch die Mischung mit verschiedenen Sanden, Aschen oder Gips können unterschiedliche Zementsorten hergestellt werden.

Abb. 2.22 zeigt die Lage von Zementwerken im Münsterländer Kreidebecken und bei Hannover. Die Ablagerungen der Kreide mit ihren Mergel- und Kalksteinvorkommen bilden hier gute Voraussetzungen für diese Industrie. Darüber hinaus wird bei Rüdersdorf (Brandenburg) Muschelkalk abgebaut und es findet sich auch hier ein Zementwerk.

Fortsetzung

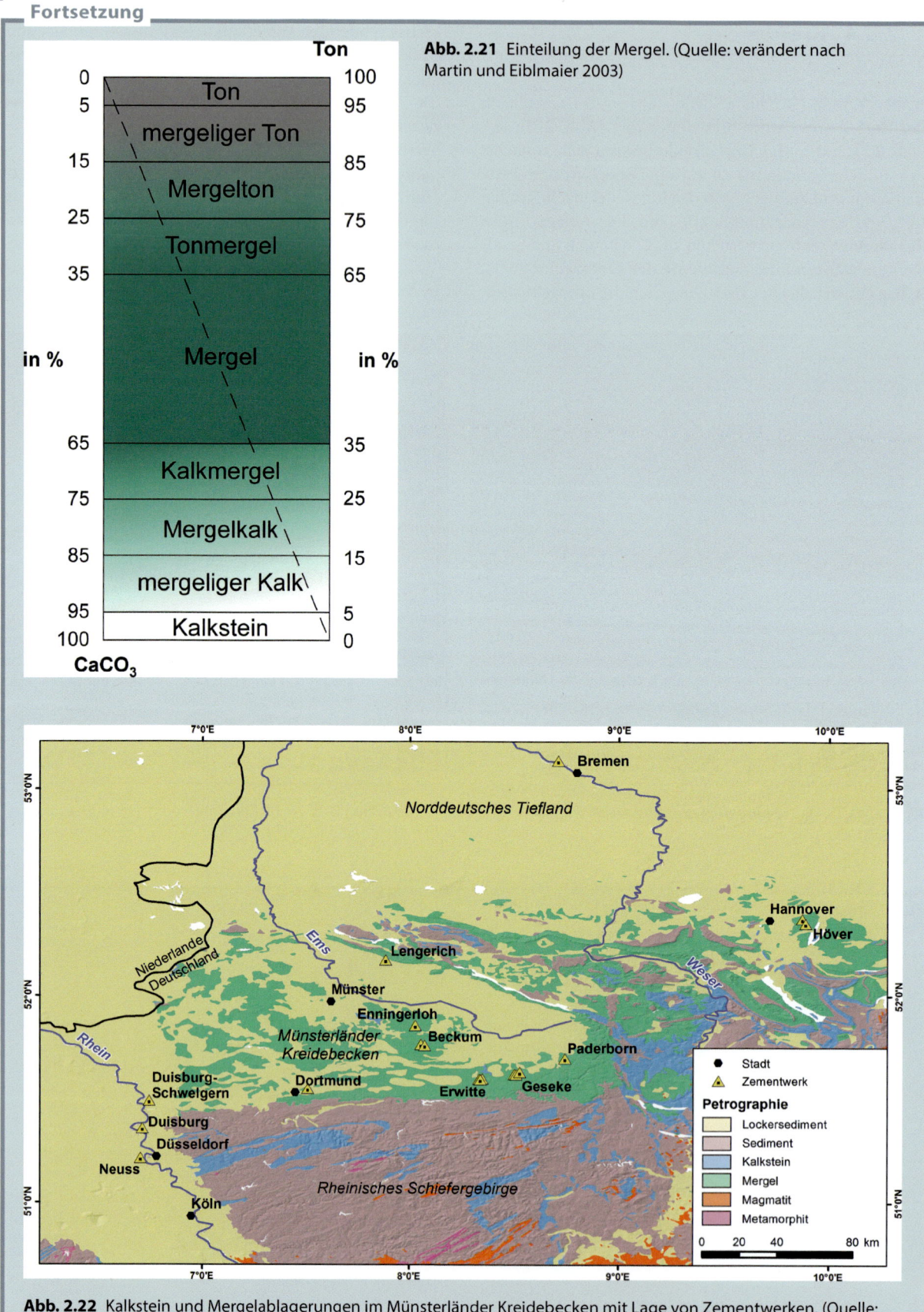

Abb. 2.21 Einteilung der Mergel. (Quelle: verändert nach Martin und Eiblmaier 2003)

Abb. 2.22 Kalkstein und Mergelablagerungen im Münsterländer Kreidebecken mit Lage von Zementwerken. (Quelle: Geologie nach BGR 2006; Zementwerke nach VDZ 2016; Kartographie: J. Walk)

2.4 Lockerdeckgebirge – das Känozoikum

Das Känozoikum, auch als Erdneuzeit bezeichnet, ist das Erdzeitalter, welches auf das Mesozoikum folgt und bis heute andauert. Der Beginn des Känozoikum wird vor etwa 65 Mio. Jahren an der Kreide-Tertiär-Grenze angesetzt, nach dem Massenaussterben in der Kreidezeit, bei dem unter anderem die Dinosaurier ausstarben.

Das Känozoikum umfasst die für die heutige Gestalt der Kontinente maßgebliche jüngere geologische Ent-

wicklung – in Europa beispielsweise mit der Auffaltung der Alpen (alpidische Orogenese) – und die Entwicklung der heutigen Pflanzen- und Tierwelt, insbesondere der Dominanz der Säugetiere. Während das Klima im Paläozän und Paläogen noch sehr warm war (Kap. 3), begann vor rund 2,6 Mio. Jahren mit dem Quartär die jüngste Periode mit dem Eiszeitalter (Kap. 5). Periglaziale (frostdynamische) und glaziale Prozesse haben das Relief in Mitteleuropa maßgeblich beeinflusst. Der Exkurs 2.6 zeigt Beispiele einer Überformung der obersten Horizonte und Schichten von Grundgebirge, Deckgebirge und Lockerdeckgebirge aus dem Raum Aachen und dem Harz.

Exkurs 2.6

Pleistozäne Deckschichten im Raum Aachen und im nördlichen Harzvorland

Abb. 2.23 zeigt ein Landschaftsprofil aus der Umgebung von Aachen vom Grundgebirge im Süden bis in die Jülicher Börde im Norden mit den unterschiedlichen pleistozänen Deckschichten. Über dem Grundgebirge haben sich die typischen periglazialen Lagen gebildet. Die wasserstauende Basislage aus Solifluktionsschutt (Schutt, der während der Kaltzeiten durch frostdynamische Prozesse entstanden ist und hangabwärts verlagert wurde) wird in der Regel von einer darüber liegenden Hauptlage (Solifluktionsschutt in einer Matrix aus Schluff) von 0,4 bis max. 1 m überdeckt.

Über der Kreidetafel des Aachener Waldes liegt ein tertiärer Verwitterungslehm bzw. das Feuersteineluvium; hier sind stellenweise tertiäre Dolinen mit Sandfüllung vorhanden. In der Jülicher Börde im Norden folgen auf die Akkumulation von Hauptterrassenschottern des Altpleistozäns Löss und Lössderivate (Lösslehm, Kolluvien) in unterschiedlicher Mächtigkeit.

Im Holozän bilden sich die Böden in Abhängigkeit vom oberflächennahen Untergrund aus (s. Abb. 4.20).

Fortsetzung

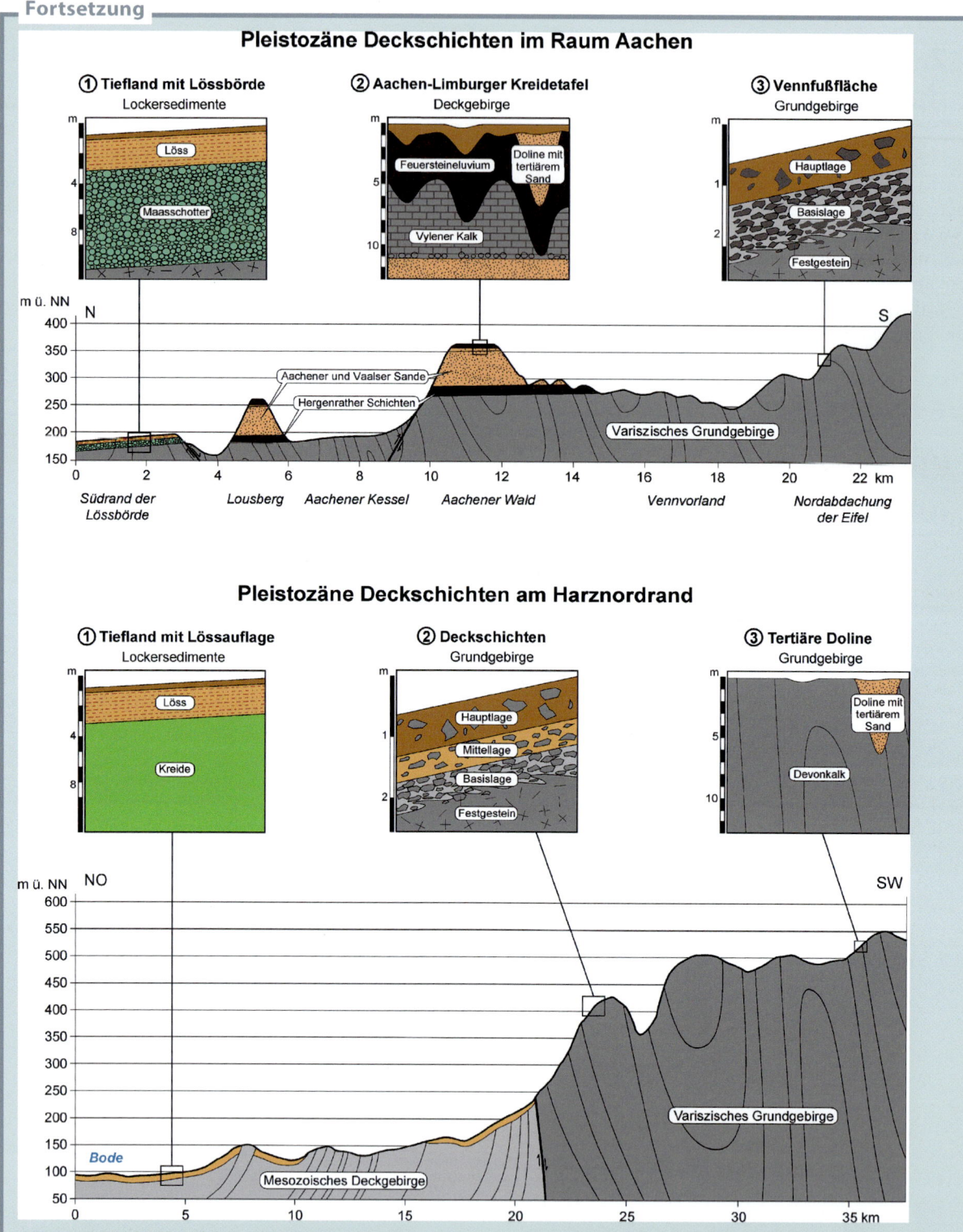

Abb. 2.23 Typische pleistozäne Deckschichten in Abhängigkeit vom geologischen Untergrund (von N nach S):
Oben (nach Lehmkuhl 2016) Stadtgebiet von Aachen: *1* Tieflandsbereich der Lössbörde mit Lockerdeckgebirge im Norden und Löss über Hauptterrassenschottern in wechselnden Mächtigkeiten, *2* Aachen-Limburger Hügelland im Aachener Wald mit tiefgründiger tertiärer Verwitterungsdecke (Feuersteineluvium) und Dolinen mit Füllung aus tertiären (oligozänen) Sanden, *3* Vennfußfläche im Grundgebirge mit periglazialen Lagen (hier: die Basislage als unterstes Glied von periglazialen Lagen und darüber die Hauptlage als oberste periglaziale Lage). *Unten* Nördliches Harzvorland und Harz: *1* Löss über mesozoischem Sediment wie z. B. Mergel der Kreide, *2* Grundgebirge des Harzes mit periglazialen Lagen, *3* Hauptrumpffläche des Harzes im Devonkalk und Dolinen mit Füllung aus tertiären Sanden. (Entwurf: F. Lehmkuhl)

Literatur

Bahlburg, H., Breitkreuz, C. (2004): Grundlagen der Geologie. Spektrum Akademischer Verlag, Berlin, Heidelberg.

Bauer, J., Englert, W., Meier, U., Morgeneyer, F., Waldeck, W. (2002): Physische Geographie kompakt. Spektrum Akademischer Verlag, Berlin Heidelberg.

Bundesanstalt für Geowissenschaften und Rohstoffe (BGR) (2003): Geologische Karte der Bundesrepublik Deutschland 1:1.000.000 (GK1000). http://produktcenter.bgr.de/terraCatalog/Start.do.

Bundesanstalt für Geowissenschaften und Rohstoffe (BGR) (2006): Geologische Karte der Bundesrepublik Deutschland 1:1.000.000 (GK1000). http://produktcenter.bgr.de/terraCatalog/Start.do.

Bundesanstalt für Geowissenschaften und Rohstoffe (BGR) (2007a): Geologische Übersichtskarte der Bundesrepublik Deutschland 1:200.000 (GÜK200) – CC 4726 Goslar, CC 4734 Leipzig. http://produktcenter.bgr.de/terraCatalog/Start.do.

Bundesanstalt für Geowissenschaften und Rohstoffe (BGR) (2007b): Bodenschätze der Bundesrepublik Deutschland 1:1.000.000 (BSK1000). http://produktcenter.bgr.de/terraCatalog/Start.do.

Bundesanstalt für Geowissenschaften und Rohstoffe (BGR) (2015): Salzstrukturen in Norddeutschland (WMS). http://produktcenter.bgr.de/terraCatalog/Start.do.

Bundesanstalt für Geowissenschaften und Rohstoffe (BGR) (2016): Geologische Karte der Bundesrepublik Deutschland 1:1.000.000 OneGeology-Europe (GK1000-1GE). http://produktcenter.bgr.de/terraCatalog/Start.do.

Deutsche Stratigraphische Kommission (Hrsg.) (2002): Stratigraphische Tabelle von Deutschland 2002.

Eberle, J., Eitel, B., Blümel, W.D., Wittmann, P. (2007): Deutschlands Süden vom Erdmittelalter zur Gegenwart. Spektrum Akademischer Verlag, Berlin Heidelberg.

European Environment Agency (EEA) (2013): Digital Elevation Model over Europe (EU-DEM) – EU- DEM-4258. http://www.eea.europa.eu/data-and-maps/data/eu-dem/#tab-original-data.

Faupl, P. (2000): Historische Geologie: eine Einführung. UTB, Stuttgart.

Friedrich, K., Frühauf, M. (2002): Halle und seine Umgebung – Geographischer Exkursionsführer. Mitteldeutscher Verlag, Halle.

Henningsen, D., Katzung, G. (2011): Einführung in die Geologie Deutschlands, korrigierter Nachdruck der 7. Aufl. Spektrum Akademischer Verlag, Berlin Heidelberg.

Hessberger, H. (1957): Die Industrielandschaft des Beckumer Zementreviers. Westfälische Geographische Studien des Geographischen Instituts der Universität Münster 10.

König, W. (2008): Zeitliche und genetische Einordnung von tertiären Sedimentvorkommen im Mittelharz und im Harzvorland: Ein Beitrag zur Reliefentwicklung und zur Karstmorphogenese im Harz. Dissertation Martin-Luther-Universität Halle-Wittenberg.

Lehmkuhl, F. (2016): Geologie, Geomorphologie und quartäre Landschaftsgeschichte im Aachener Wald (Stadtgebiet Aachen). Exkursion L am 2.4.2016. Jahresberichte Mitteilungen Oberrheinischer Geologischer Verein, N.F. 98: 169–198.

Liedtke H., Marcinek, J. (Hrsg.) (2002): Physische Geographie Deutschlands. 3. Aufl. Klett Perthes. Stuttgart.

Martin, C., Eiblmaier, M. (Hrsg.) (2003): Lexikon der Geowissenschaften. Spektrum Akademischer Verlag. Berlin Heidelberg.

Nagel, U., Wunderlich, H.-G. (1976): Geologisches Blockbild der Umgebung von Göttingen, 2. Aufl. Schriften der Wirtschaftswissenschaftlichen Gesellschaft zum Studium Niedersachsens e.V. 91: 6–50.

Natural Earth (2015): 1:10m Cultural Vectors. http://www.naturalearthdata.com/downloads/10m-cultural-vectors/.

Natural Earth (2015): Downloads – Large scale data, 1:10m. http://www.naturalearthdata.com/downloads/.

Ribbert, K-H., Baumgarten, H., Gawlik, A., Richter, F., Schuster, H., Grewe, K., Wegener, W. (2010): Geologie im Rheinischen Schiefergebirge. Geologischer Dienst Nordrhein-Westfalen, Krefeld.

Rothe, P. (2009): Die Geologie Deutschlands, 3. Aufl. Wissenschaftliche Buchgesellschaft, Darmstadt.

Schwab, M. (1997): Geologische Grundlagen. In: Hendl, M., Liedtke, H. (Hrsg.): Lehrbuch der Allgemeinen Physischen Geographie. 3. Auflage. Justus Perthes Verlag, Gotha.

Scotese, C R (o. J.) Paleomap Project – Earth History. www.scotese.com/earth.htm.

U.S. Geological Survey (USGS) (2014): Shuttle Radar Topography Mission (SRTM) 1 Arc-Second Global. http://earthexplorer.usgs.gov/.

Verein Deutscher Zementwerke (VDZ) (2016): Zementwerke in Deutschland. https://www.vdz-online.de/zementindustrie/branchenueberblick/zementwerke-in-deutschland/.

Walter, R. (2007): Geologie von Mitteleuropa. 7. Aufl. E. Schweizerbart'sche Verlagsbuchhandlung, Stuttgart.

Walter, R. (2014): Erdgeschichte – Die Geschichte der Kontinente, der Ozeane und des Lebens. 6. Aufl. E. Schweizerbart'sche Verlagsbuchhandlung, Stuttgart.

Wilhelmy, H. (2002): Geomorphologie in Stichworten – 2. Exogene Morphodynamik : Abtragung – Verwitterung – Tal- und Flächenbildung. 6. Aufl. (überarbeitet von Bauer B, Fischer H) Gebrüder Borntraeger, Stuttgart.

3 Das Tertiär – nicht nur Braunkohle

3.1 Erdklima und Verwitterung

In der Kreidezeit hatte das Meer weltweit seine größte Ausdehnung erreicht. Diese Transgression beruhte auf den erheblichen tektonischen Umbrüchen dieser Periode. In dieser Zeit öffnete sich der Atlantik und die großen Gebirgsblöcke in Europa und Asien wurden gefaltet und gehoben.

Das Tertiär begann vor 66 Mio. Jahren (Ende der Kreidezeit) und dauerte bis zum Beginn des Pleistozäns, des Eiszeitalters, vor 2,588 Mio. Jahren. Das Massenaussterben vieler Tierarten am Ende der Kreidezeit, dem auch die großen Dinosaurier zum Opfer fielen, war möglicherweise die Folge eines Meteoriteneinschlags, des sogenannten KT-Impakts (Kreide-Tertiär-Einschlag). Im Tertiär lösten daraufhin Säugetiere die Reptilien als dominante Tiergruppe ab. Das Klima auf der Erde war im Tertiär etwas wärmer als in der Kreidezeit und wesentlich wärmer als heute. Im Tertiär entwickelte sich unsere heutige Tier- und Pflanzenwelt.

Die Bezeichnung Tertiär gilt als veraltet. Sie soll innerhalb der offiziellen geologischen Zeitskala nicht mehr verwendet werden. Stattdessen wird dieser Zeitabschnitt nach der aktuellen Konvention in zwei Zeitalter untergliedert, und zwar in das Paläogen (66 bis 23,03 Ma) und Neogen (23,03 bis 2,588 Ma) (Abb. 3.1).

Die Anordnung der Ozeane und Kontinente war im frühen Paläogen noch anders als heute. Nord- und Südamerika waren nicht miteinander verbunden, sodass ein ungehinderter Wasseraustausch zwischen Pazifik und Atlantik stattfinden konnte. Die Drake-Straße, die heute Südamerika von der Antarktis trennt, existierte noch nicht. Im Eozän war der CO_2-Gehalt der Atmosphäre wesentlich höher als heute und es gab keine nennenswerte Vergletscherung. Das globale Klima erwärmte sich und die Temperaturen stiegen für etwa 200.000 Jahre auf einen Wert, der um 5–8 °C über den heutigen Temperaturen lagen. Man bezeichnet diese sehr kurze aber extreme Erwärmung der Erde als das Paläozän/Eozän-Temperaturmaximum (PETM). Flora und Fauna wurden nachhaltig beeinflusst. Möglicherweise kann des PETM für die künftige Klimaentwicklung als Vergleich herangezogen werden. Die Geschwindigkeit des damaligen Temperaturanstiegs ist mit der heutigen globalen Erwärmung vergleichbar. Die Ausgangstemperaturen lagen allerdings höher als heute, und die Ursachen des PETM sind bis heute ungeklärt.

Im Tertiär gab es vulkanische Aktivität in Norddeutschland (Abb. 4.1). Der Drachenfels im Siebengebirge wurde aktiv (Abb. 4.3). In der Lausitz lag die Hauptphase des Vulkanismus im Oligozän. Gleichzeitig erreichte die Nordsee in Nordrhein-Westfalen ihre größte Ausdehnung. Bekannt ist der Doberg bei Bünde für seine Ablagerungen aus dieser Zeit. Die Meeresablagerungen enthalten unter anderem Muschelschalen, Seeigel und Haifischzähne. Im Oligozän begann die Vereisung der Antarktis. Im Miozän, bis vor circa 20 Mio. Jahren, war die Antarktis vollständig mit Eis bedeckt. Die nördlichen Kontinente kühlten rasch ab.

Die heutigen Formen der Vögel, Reptilien, Amphibien, Fische und der Wirbellosen waren teils zu Beginn

Gliederung des Känozoikums		
Systeme (alt)	Serien	Systeme
Quartär	Holozän 11.700 BP bis heute	Quartär
Quartär	Pleistozän 2,588 bis 0,0117 Ma	Quartär
Tertiär	Pliozän 5,333 bis 2,588 Ma	Neogen
Tertiär	Miozän 23,03 bis 5,333 Ma	Neogen
Tertiär	Oligozän 33,9 bis 23,03 Ma	Paläogen
Tertiär	Eozän 56 bis 33,9 Ma	Paläogen
Tertiär	Paläozän 66 bis 56 Ma	Paläogen

Abb. 3.1 Die Untergliederung des Känozoikums

© Springer-Verlag Berlin Heidelberg 2018
M. Böse, J. Ehlers, F. Lehmkuhl, *Deutschlands Norden*, https://doi.org/10.1007/978-3-662-55373-2_3

Abb. 3.2 Wollsackverwitterung am Oderteich, Harz. (Foto: M. Böse)

des Tertiärs schon herausgebildet oder entwickelten sich in seinem Verlauf. Die frühesten erkennbaren Vorfahren des Menschen, die Hominoiden *Proconsul* und *Australopithecus*, entwickelten sich im Miozän und Pliozän – al-

Abb. 3.3 Saprolit-Aufschluss in der Kaolingrube Oedingen in der Voreifel, südlich von Bonn. Das Gestein ist chemisch verwittert und mit der Hand zerdrückbar. (Foto: P. Felix-Henningsen)

lerdings nicht in Norddeutschland, sondern in Afrika. In der Endphase des Tertiärs, dem Pliozän, existierte auch schon der für die ursprünglichen mittel- und westeuropäischen Wälder charakteristische Buchenbestand.

Bevor im Neogen generelle Abkühlung einsetzte, kam es im Miozän weltweit noch einmal zu einer deutlichen Wiedererwärmung. In Deutschland stiegen die Jahresmitteltemperaturen auf 13–16 °C. Eine üppige Vegetation breitete sich aus, deren Reste wir heute in den zahlreichen Braunkohlenlagerstätten finden. Tiefgründig verwitterte vulkanische Gesteine aus jener Zeit zeugen von der Intensität der Bodenbildung. Das Klima war warm, allerdings nicht „tropisch", sondern subtropisch. Norddeutschland lag auch damals deutlich nördlich der Wendekreise.

Spuren der tertiären Bodenbildung und Verwitterung sind an verschiedenen Stellen in Norddeutschland sichtbar. Ein herausragendes Beispiel ist die Wollsackverwitterung (Abb. 3.2). Sie tritt vorwiegend bei grobkristallinen, massigen Gesteinen wie Granit, Granodiorit, Diorit und entsprechenden Gneisen auf, aber auch bei dickbankigem Sandstein. Wo das Verwitterungsmaterial abgetragen worden ist, bilden die „Wollsäcke" oft weitgehend vegetationsfreie Felsburgen, wie an den Externsteinen (Abb. 4.8) und an vielen Stellen im Harz zu beobachten sind.

Eine wichtige Voraussetzung für die Wollsackverwitterung ist das Vorhandensein eines Netzes aus mehr oder weniger rechtwinklig zueinander orientierten Trennflächen, die das Gestein in Blöcke gliedern. Dies können Klüfte sein oder Schichtflächen (beispielsweise bei Sandstein). Entlang dieser Schwachstellen kann Regenwasser oder mit Huminsäuren angereichertes Bodenwasser in das Gestein eindringen und damit beginnen, entsprechend anfällige Minerale zu zersetzen. Das dadurch entstandene feinkörnige Lockermaterial wird als Grus und der Entstehungsprozess wird als Abgrusung oder Vergrusung bezeichnet. An der Geländeoberfläche kommt es auch zur Abschuppung zusammenhängender dünner

Abb. 3.4 Saprolit-Aufschluss am Horstkopf bei der Ortschaft Waldesch im nordöstlichen Hunsrück. Der reine Saprolit ist ein sehr nährstoffarmes Ausgangsmaterial für die Bodenbildung. (Foto: P. Felix-Henningsen)

Gesteinsplättchen, der Desquamation. Begünstigt wird die Wollsackverwitterung durch warmes und wechselfeuchtes Klima, wie es in Norddeutschland im Tertiär herrschte.

Bodenrelikte und fossile Böden aus früheren Erdzeitaltern finden sich überall dort, wo Festland war. Im Tertiär gehörte das Rheinische Schiefergebirge zum Festland. Unter den warm-humiden Klimabedingungen des

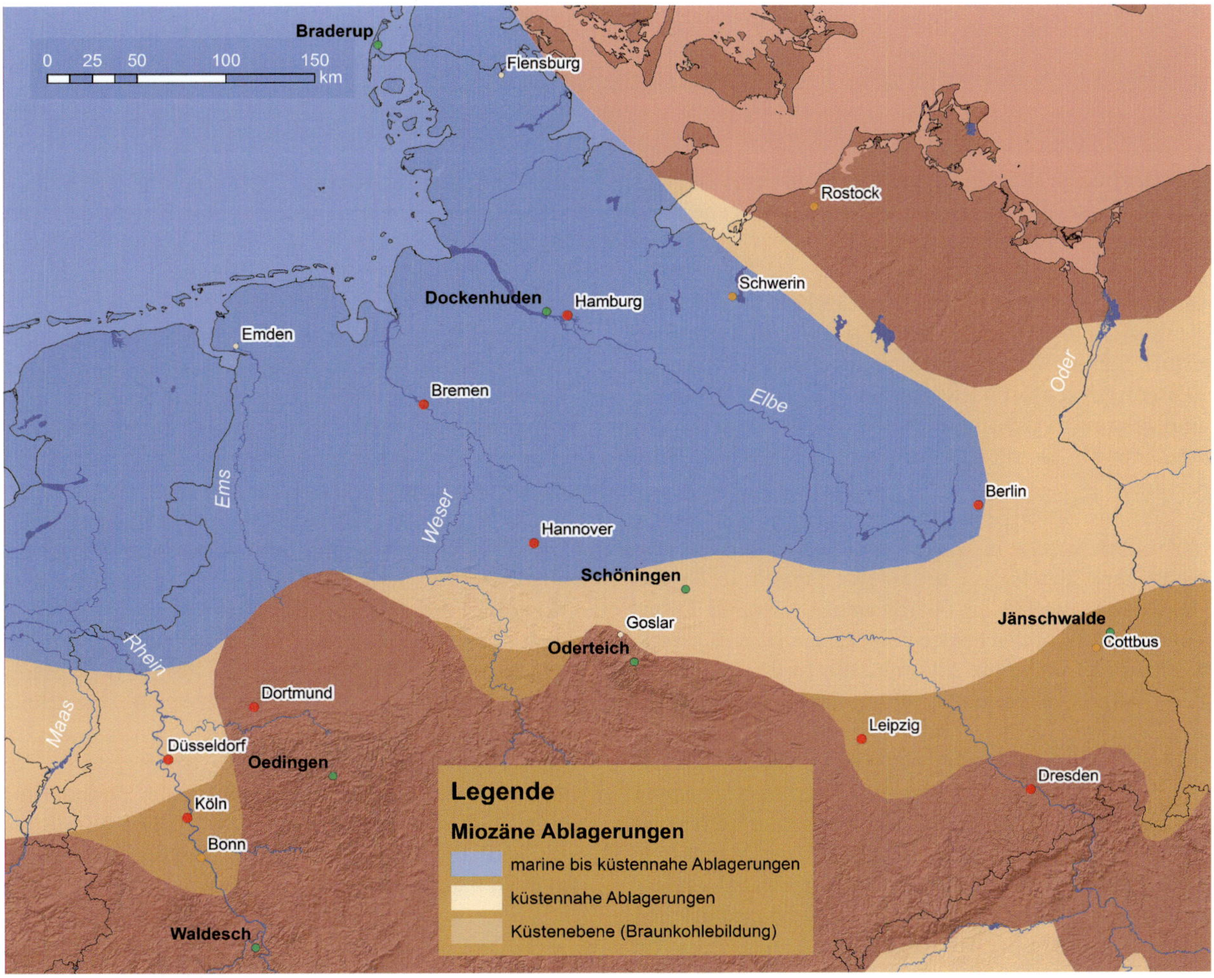

Abb. 3.5 Norddeutschland im Miozän. (Quelle: verändert nach Walter 2006)

a b

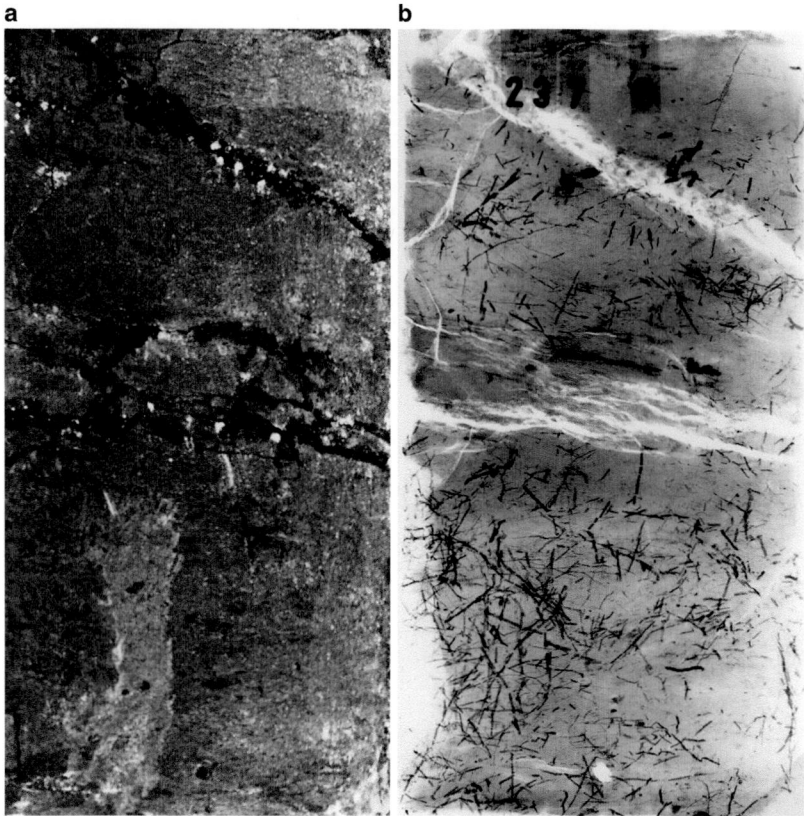

Abb. 3.6 Glimmertonprobe eines Bohrkerns aus Hamburg-Dockenhuden aus 237,8 m Tiefe. In der Probe (**a**) sind außer Brüchen keine Besonderheiten erkennbar. Das Röntgenbild (**b**) zeigt dagegen die Spuren von Organismen, die im Sediment gelebt haben. (Fotos: J. Ehlers)

Tertiärs bildete sich eine bis zu 150 m mächtige Verwitterungsdecke, die sich in zwei verschiedene genetische Einheiten untergliedern lässt.

Das Solum hat sich im Bereich der Landoberfläche durch Bodenbildungsprozesse entwickelt. Es weist Bodenhorizonte und ein eigenes Gefüge auf. Unterhalb dieses Solums findet man den sogenannten Saprolit. Dieser ist durch tief reichende Verwitterung entstanden und zeigt noch die ungestörte Gesteinsstruktur. Solum und Saprolit können zusammen bis zu 150 m mächtig werden.

Die im Alttertiär entstandene Bodendecke wurde vermutlich bereits im Zuge der jungtertiären Erosion weitgehend abgetragen, sodass der Saprolit zu Beginn des Quartärs weitflächig oberflächennah anstand. Es bildeten sich Rumpfflächenstockwerke aus (z. B. im Harz, s. Exkurs 2.1 und Abb. 2.7 und 2.10). In den Kaltzeiten des Quartärs gehörten alle Mittelgebirge, wie das Rheinische Schiefergebirge und der Harz, zum Periglazialgebiet. Unter dem Einfluss der eisrandnahen Klimabedingungen bildeten sich die periglazialen Deckschichten (vgl. Abb. 2.21). Rückschreitende Erosion der Flüsse und Bäche und Solifluktion an den Talhängen hatten eine fortschreitende Abtragung der Verwitterungsdecke sowie Zerschneidung und Aufzehrung der Rumpfflächen von den Rändern her zur Folge. Unter dem Einfluss von Gefrieren und Wiederauftauen wurde der oberflächen-

nahe Boden durchbewegt (Kryoturbation), und Steine wurden durch Frostsprengung zerlegt. So wurden Teile des Saprolits zu einem strukturlosen, lehmigen Substrat umgeformt, das zerspült oder als Fließerde hangabwärts verfrachtet wurde. Reste blieben als „Graulehm" über dem Saprolit zurück. Sie wurden in der Folgezeit durch Bodenfließen (Solifluktion) von einer lößlehmhaltigen Decke überlagert (Abb. 2.21). Darüber folgt ein Vom Wind abgelagertes (äolisches) Decksediment aus bimshaltigem Löss, der in der Jüngeren Tundrenzeit abgelagert worden ist.

Die beiden Fotos Abb. 3.3 und 3.4 zeigen gebleichten Grundwasser-Saprolit aus Ton-Silt-Schiefer in der Eifel. In Abb. 3.3 ist sehr gut die ungestörte Gesteinsstruktur erkennbar, die eine ausschließlich chemische Verwitterung der Gesteine belegt. Durch Auflösung von Mineralen und die Auswaschung der löslichen Elemente ist das Material porös, weich, mit der Hand zerdrückbar und durchwurzelbar. In Abb. 3.4 wird deutlich, dass in unseren Mittelgebirgslandschaften Saprolit, der in den oberen Dezimetern durch periglaziale Umlagerung und z. T. durch Auftrag von Löss überprägt wurde, ein sehr nährstoffarmes Ausgangsmaterial für die heutigen Böden darstellen kann.

3.2 Sande und Meerestone

Im Miozän kam es noch einmal zu einer deutlichen Erwärmung. Die Jahresmitteltemperatur lag in Deutschland bei 13–16 °C (heute: 9–10 °C). Üppige Vegetation breitete sich aus, deren Spuren wir in den Braunkohlenlagerstätten finden. Im Mittelmeer kam es zu extrem starker Verdunstung (Messinische Salinitätskrise) und das Meer trocknete zeitweilig aus. Die Nordsee hatte bereits annähernd ihre heutige Gestalt, reichte in Norddeutschland aber noch bis in das Rheinland und über Hamburg hinaus nach Osten (Abb. 3.5). In der zweiten Hälfte des Miozäns setzte Abkühlung ein, die allmählich zum Klima des Eiszeitalters überleitete.

Zeitweilig verlief die Küstenlinie westlich von Hamburg, und es wurden im Übergangsbereich zwischen Festland und Meer aufgeschüttete (ästuarine) Sande abgelagert, die sogenannten Braunkohlensande. Zeitweilig stieß das Meer weit nach Osten vor. Dabei wurde der schwärzlich-braune, glimmerführende Glimmerton

abgelagert. Seine Molluskenfauna lässt darauf schließen, dass die entsprechenden Sedimente im Hamburger Raum küstenfern und in beträchtlicher Wassertiefe abgelagert worden sind. Der größte Teil des Glimmertons ist fossilleer. Auf Röntgenaufnahmen wird jedoch sichtbar, dass das Sediment von zahlreichen Grabbauten durchzogen ist. Diese erscheinen aufgrund von Pyritausfällungen in der Radiographie als schwarze Linien (Abb. 3.6).

Gegen Ende des Tertiärs zog sich das Meer aus der Niederrheinischen Bucht, aus Sachsen und aus Thüringen zurück. In Flachmuldentälern wurden jetzt fluvial-limnische Sedimente des Miozäns und Pliozäns abgelagert. Im Übergangsbereich zum Norddeutschen Tiefland gingen die Muldentäler in breite Schwemmfächer über. Erste Hinweise auf kühles Klima finden sich in den Raunoer Schichten, die im Übergangsbereich Miozän/Pliozän abgelagert worden sind. Verbrodelungen innerhalb der Schichten, Driftblöcke und kleine Risse innerhalb der Ablagerungen weisen auf winterlichen Frosteinfluss hin. Mittelböhmische Gesteinsblöcke, die sich nördlich von Dresden (Senftenberger Elbelauf) und in der Niederlau-

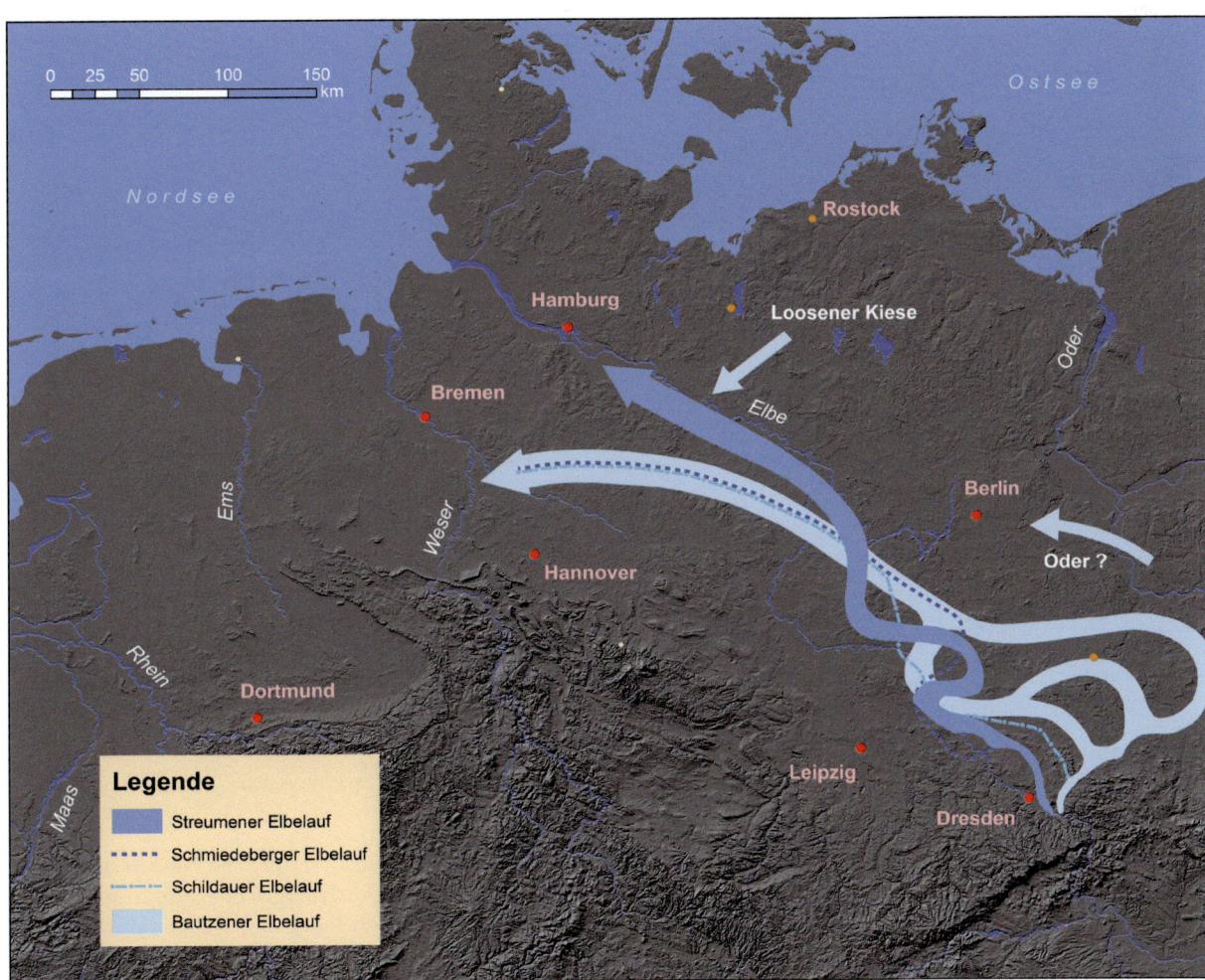

Abb. 3.7 Frühpleistozäne Laufverlegungen der Elbe. (Quelle: Wolf und Schubert 1992)

Wie entstand die Braunkohle?

Hauptentstehungszeit der Braunkohle ist in Deutschland das Tertiär, die erdgeschichtliche Zeit vor etwa 66 bis 2 Mio. Jahren. Die Kohle in der Lausitz und im Rheinland entstand im Miozän vor 5 bis 25 Mio. Jahren, diejenige um Helmstedt und Leipzig vor 50 bis 60 Mio. Jahren. Die Verbreitung dieser Georessource zeigt Abb. 9.28. Braunkohle wird in zahlreichen großen Tagebauen abgebaut. Der Tagebau Jänschwalde (Abb. 3.8) ist 95 m tief und umfasst eine Fläche von über 60 km².

Braunkohle entsteht aus abgestorbenem Pflanzenmaterial oder Torf. Wird dieses Material durch andere Sedimente überdeckt, so ist dieses in Abhängigkeit vom geothermischen Gradienten und der tektonischen Situation einer höheren Temperatur und einem höheren Druck ausgesetzt. Dies führt zu einer Verdichtung des Materials. Der Wasser-

gehalt verringert sich und leicht flüchtige Bestandteile wie zum Beispiel Methan und Kohlendioxid entweichen. Dieser Prozess, der als Inkohlung bezeichnet wird, erhöht den Kohlenstoffgehalt und damit den Heizwert des Materials. Eine mächtigere Überdeckung und eine längere Dauer der Inkohlung führt schließlich zur Entstehung höherwertiger Arten von Kohle bis hin zu Steinkohle und Anthrazit.

Da Braunkohle meist in einem jüngeren Erdzeitalter entstanden ist und dadurch noch nicht die komplette Inkohlungsreihe durchlaufen hat, unterscheidet sie sich qualitativ von der Steinkohle; zum Beispiel durch einen höheren Schwefelgehalt und eine grobere, lockerere und porösere Grundmasse, in der manchmal aber auch große Stubbenhorizonte (mit noch aufrecht stehenden Baumstümpfen) zu finden sind.

Abb. 3.8 Braunkohle-Tagebau Jänschwalde in der Niederlausitz. (Foto: J. Ehlers)

sitz in diesen Sedimenten finden, sind wahrscheinlich mit Eisschollen transportiert worden.

Die Geschichte der Elbe beginnt mit der Ausbildung dieses Senftenberger Elbelaufs im Obermiozän/Pliozän (Abb. 3.7). Im Ältestquartär floss die Elbe ab Pirna über den sogenannten Bautzener Elbelauf nach Nordosten ab. Noch im Frühpleistozän verlegte sie ihren Lauf mehr-

fach und floss jetzt nach Westen bzw. Nordwesten (Schildauer Elbelauf, Schmiedeberger Elbelauf, frühelsterzeitlicher Streumener Elbelauf). Der weitere Verlauf dieser Elbeläufe nach Westen ist unklar. Die Elbe entwässerte zeitweilig durch die Niederlande, wobei Saale, Mulde und Weser zu Nebenflüssen wurden.

Die Entstehung des Oberrheingrabens vor etwa 35 Mio. Jahren, gegen Ende des Eozäns, hatte die Voraussetzungen für die Entwicklung des heutigen Rheins geschaffen. Doch zunächst drang von Süden her das Meer in die frisch entstandene Senke vor. Auch im Norden waren noch große Teile des heutigen Festlands überflutet. Das Meer reichte noch im Mittelmiozän bis etwa zu einer Linie Venlo – Geldern – Wesel. Für diese Zeit lässt sich erstmals ein Fluss nachweisen, den man als Vorläufer des heutigen Rheins bezeichnen könnte. Er querte die Niederrheinische Bucht von Süd nach Nord. Das Meer wich damals allmählich zurück und die bis 135 m mächtigen niederrheinischen Braunkohleflöze wurden abgelagert (s. hierzu Exkurs 3.1 und Abschn. 9.5).

Das Schwermineralspektrum der Rheinablagerungen weist darauf hin, dass sich das Einzugsgebiet jetzt weit nach Süden erstreckte. Das Quellgebiet des Rheins dürfte damals im Bereich des Kaiserstuhls gelegen haben, der vor 19 bis 15 Mio. Jahren entstanden ist. Die weiter südlich gelegenen Gebiete entwässerten damals noch über die Burgundische Pforte in das Einzugsgebiet der Rhône. Im Obermiozän und Pliozän wurden auch am Mittelrhein erstmalig eindeutig identifizierbare Rheinsedimente aufgeschottert. Aufgrund ihres Gehaltes an fossilführenden und petrographisch typischen Kieseloolithen des Muschelkalks und Juras aus Lothringen ist davon auszugehen, dass der Verlauf dieses „Ur-Rheins" weitgehend dem Tal der Mosel folgte. Im Verlauf des heutigen Rheintales

lag damals allenfalls ein Nebenfluss. Zu dieser Zeit hob sich das Rheinische Schiefergebirge. Es entstand eine erste Terrassentreppe aus drei verschiedenen Niveaus. In der Niederrheinischen Bucht hielt dagegen die Senkung weiter an, sodass der Terrassenstapel weiter aufgebaut wurde.

3.3 Es wird kühler

Im jüngsten Pliozän hoben sich der Schweizer Jura und das Molassebecken. Der Abfluss richtete sich jetzt nach Norden und das Einzugsgebiet des Rheins weitete sich bis in das Alpenvorland aus. Dieser Wechsel lässt sich in der Geröll- und Schwermineralführung des Oberrheins nachweisen. Während die älteren Ablagerungen durch stabile Minerale gekennzeichnet waren, nahm jetzt der Anteil der instabilen (Titanit, Epidot, Granat und grüne Hornblende) deutlich zu. In dieser Zeit wurde der heutige Rhein zum Hauptfluss und die Mosel zum Nebenfluss.

Im Spättertiär hatte sich das Meer aus dem Nordwesteuropäischen Becken zurückgezogen und seit dem frühen Miozän herrschte fluviale Ablagerung vor. Die Flüsse des Fennoskandischen Schildes und der Baltischen Plattform im Norden und des Variszischen Gebirges im Süden transportierten klastische Sedimente in das Nord-

Abb. 3.9 Im pliozänen Kaolinsand bei Braderup auf Sylt finden sich Sandschollen, die nur in gefrorenem Zustand transportiert worden sein können. (Foto: J. Ehlers)

Exkurs 3.2

Archäologische Funde in Braunkohletagebauen

In den quartären Deckschichten von Braunkohletagebauen sind immer wieder archäologische Funde angetroffen worden. Menschbedingte holozäne, oberflächennahe Veränderungen sind häufig zu finden, aber hier soll exemplarisch auf deutlich ältere Spuren von Menschen hingewiesen werden. Solche Funde wurden in den Tagebauen Schöningen bei Helmstedt und Jänschwalde, östlich von Cottbus, gemacht.

In Schöningen wurden in Ablagerungen des Randbereiches eines ehemaligen Sees Hinweise auf menschliche Aktivitäten in der Altsteinzeit gefunden. Die Menschen haben dort vor etwas mehr als 300.000 Jahren, also noch deutlich vor der Vereisung der Saale-Eiszeit, Pferde gejagt. Fünf gut erhaltene hölzerne Wurfspeere sowie bearbeitete Pferdeknochen sowie weitere Tierknochen geben über die Jagdtechnik Auskunft (Abb. 3.10). Ferner wurden Steinartefakte, ein Wurfholz und eine Lanze gefunden. Die Menschen, die zur Art *Homo heidelbergensis* gehörten, waren offenbar in Gruppen organisierte Jäger, die die erlegten Pferde auch systematisch zerteilten. Der gute Erhaltungszustand der organischen Funde ist auf deren Ablagerung im feuchten Uferbereich des Sees und deren Einbettung dort zurückzuführen.

Die Funde und die dazugehörigen Forschungsergebnisse, die wegen ihrer Einzigartigkeit von weit überregionaler Bedeutung sind, werden jetzt im Paläon, einem eigens dafür geschaffenen musealen Forschung- und Erlebniszentrum in Schöningen, der Öffentlichkeit zugänglich gemacht.

Im Tagebau Jänschwalde wurden ebenfalls Hinterlassenschaften des *Homo heidelbergensis* als steinzeitlichem Jäger gefunden. Es handelt sich wieder um Funde in der Nähe eines ehemaligen Sees, in diesem Fall um Steinwerkzeuge, mit denen offensichtlich auch hier wieder Pferde zerteilt wurden. Allerdings sind diese Funde deutlich jünger als in Schöningen, sie stammen aus der letzten Phase der Saale-Eiszeit am Übergang in die Eem-Warmzeit und sind rund 130.000 Jahre alt. Zahlreiche paläoökologische Untersuchungen haben auch zu einer Rekonstruktion der damaligen Umwelt und deren Entwicklung von einer Eiszeit zu einer Warmzeit beigetragen.

An den Talrändern von Inde und Rur des Rheinischen Braunkohlenreviers (Tagebau Inden) fanden zwischen 2005 und 2014 intensive Prospektionsmaßnahmen statt, die eine ungewöhnlich hohe Zahl an paläolithischen Fundstellen erbrachte. Besonders hervorzuheben ist dabei das mittelpaläolithische Camp von Inden-Altdorf.

---

westeuropäische und das Ostdeutsch-Polnische Becken. Eine Hebung der umliegenden Hochgebiete führte zu verstärkter Sedimentation innerhalb der Becken. Die Ablagerungen dieses Systems sind hellgraue bis weißlich gefärbte Quarzsande, in die Lagen von Ton und Braunkohle eingeschaltet sind. Der Kiesgehalt dieser Ablagerungen besteht überwiegend aus gut gerundeten Quarzen sowie einzelnen Quarziten und verkieselten Sedimentgesteinen – letztere vor allem ehemalige Kalksteine vom östlichen Fennoskandischen Schild und der Baltischen Plattform. Dieses „Baltische Flusssystem" folgte weitgehend dem Verlauf der heutigen Ostseesenke.

Das Pliozän umspannt eine kritische Periode der Erdgeschichte der Erde, während der das globale Klima einen tief greifenden Übergang von relativ warmem Klima zu dem wesentlich kühleren Klima des Pleistozäns verzeichnete. Dabei darf jedoch nicht übersehen werden, dass selbst innerhalb dieser immer noch global warmen Welt des Pliozäns kurzfristig episodische Vergletscherungen und damit zusammenhängende Meeresspiegelschwankungen aufgetreten sind. Während die terrestrischen Vereisungsspuren sehr fragmentarisch sind, präsentieren die Meeresablagerungen eine komplette Geschichte der pliozänen Vergletscherungen.

Es gibt zwei global nachweisbare glaziale Ereignisse im frühen Pliozän (ca. 4,9 bis 4,8 Ma und ca. 4,0 Ma), ein Ereignis rund um den Übergang vom frühen zum

späten Pliozän (ca. 3,6 Ma) und ein weiteres Ereignis während des Isotopenstadiums M2 (ca. 3,3 Ma, der Begriff Isotopenstadium bezieht sich auf Schwankungen des Verhältnisses der Sauerstoffisotopen in den Sedimenten). Langfristige Klimakühlung, abnehmende Kohlendioxidkonzentrationen in der Atmosphäre und eine hohe Klimasensitivität im Pliozän haben wahrscheinlich die Entstehung von Eiszeiten erleichtert. Hinzu kommen tektonische Veränderungen und die Entstehung von Hochgebirgen.

Eistransport muss für die bis zu 0,5 m großen kantengerundeten Sandsteinblöcke und Hornsteine skandinavischen Ursprungs angenommen werden, die im Kaolinsand auf Sylt gefunden werden. Hier kommen darüber hinaus Sandblöcke vor, die nur in gefrorenem Zustand bewegt worden sein können (Abb. 3.9). Ob die schlecht orientierten Schrammen auf Feuersteinen des Danium (Unterpaläozän) und anderen harten Gesteinen als Gletscherschrammen gedeutet werden können, ist fraglich. Die Kaolinsande von Sylt müssen nach schwermineralanalytischen Untersuchungen in das Untere Pliozän gestellt werden.

Der Mensch taucht erst sehr viel später in Norddeutschland auf. Gerade durch den Abbau der Braunkohle in riesigen Tagebauen sind immer wieder Artefakte entdeckt worden, die Auskunft über die frühe Besiedlung unseres Gebietes gegeben haben (Exkurs 3.2).

Fortsetzung

Abb. 3.10 Schöningen, Fundstelle 13 II-4. Das Bild zeigt den Speer II aus der Grabung 1995. (© Peter Pfarr, Niedersächsisches Landesamt für Denkmalpflege (NLD))

Literatur

Boenigk, W. (1981): Die Gliederung der tertiären Braunkohlendeck-schichten in der Ville (Niederrheinische Bucht). Fortschritte in der Geologie im Rheinland und Westfalen 29: 193–263.

Diffenbaugh, N.S., Field, C.B. (2013): Changes in Ecologically Critical Terrestrial Climate Conditions. Science 341, 6145: 486–492.

Ehlers, J., Hinsch, W. (1992): Stratigraphie und Paläogeographie des Miozan im Raum Hamburg (Nord-Deutschland). Verhand-lungen des Naturwissenschaftlichen Vereins in Hamburg N.F. 33: 263–312.

Eißmann, L. (1975): Das Quartär der Leipziger Tieflandsbucht und angrenzender Gebiete um Saale und Elbe. Modell einer Land-schaftsentwicklung am Rand der europäischen Kontinentalver-eisung. Schriftenreihe für Geologische Wissenschaften 2.

Eißmann, L., Hänsel, C. (1991): Klimate der geologischen Vorzeit. In: Hupfer, P. (Hrsg.): Das Klimasystem der Erde: Diagnose und Modellierung, Schwankungen und Wirkungen. Akademie-Verlag, Berlin: 297–342.

Hagedorn, E.-M., Boenigk, W. (2008): The Pliocene and Quaternary sedimentary and fluvial history in the Upper Rhine Graben based on heavy mineral analyses. Netherlands Journal of Geosciences – Geologie en Mijnbouw 87: 21–32.

Kemna, H.A. (2005): Pliocene and Lower Pleistocene Stratigraphy in the Lower Rhine Embayment, Germany. Kölner Forum für Geo-logie und Paläontologie 14.

Lozán, J.L., Graßl, H., Hupfer, P. (Hrsg.) (1998): Warnsignal Klima. Wissenschaftliche Fakten. Wissenschaftliche Auswertungen, Hamburg.

Pawlik, A., Thissen, J. (2011a): The „Palaeolithic Prospection in the Inde Valley" Project. Eiszeitalter und Gegenwart 60: 66–77.

Pawlik, A., Thissen, J. (2011b): Das mittelpaläolithische Camp von Inden-Altdorf. Bonner Jahrbuch 209, 2009: 33–76.

Ruddiman, W.F., Kutzbach, J.E. (1990): Late Cenozoic plateau uplift and climate change. Transactions of the Royal Society of Edin-burgh, Earth Sciences 81: 301–314.

RWE-Power (ohne Jahr). Klima im Spiegel der Tier- und Pflanzenwelt – Die Fossilfunde aus der rheinischen Braunkohle.

Schäfer, P., Kadolsky, D. (2011): Neuwieder Becken. In: Deutsche Stratigraphische Kommission (Hrsg.): Stratigraphie von Deutsch-land IX. Tertiär, Teil 1. Schriftenreihe der Deutschen Gesellschaft für Geowissenschaften 75: 210–224.

Schnütgen, A. (2003): Die Petrographie und Verbreitung tertiärer Schotter der Vallendar-Fazies im Rheinischen Schiefergebirge, ihre paläoklimatische und -geographische Bedeutung. In: Schirmer, W. (Hrsg.): Landschaftsgeschichte im europäischen Rheinland. GeoArcheoRhein 4: 155–191.

Serangeli, J., Böhner, U., Van Kolfschoten, Th. & Conard, N.J. (2015): Overview and new results from large-scale excavations in Schöningen. Journal of Human Evolution 89: 27–45.

Smith, A.G., Pickering, K.T. (2003): Oceanic gateways as a critical factor to initiate icehouse Earth. Journal of the Geological Society 160: 337–340.

Das Spätsaale-/Eem-Vorkommen und der mittelpaläolithische Fund-platz Jänschwalde. Sonderband 2016, Brandenburgische geo-wissenschaftliche Beiträge, Arbeitsberichte zur Bodendenkmal-pflege in Brandenburg. Hrsg.: Landesamt für Bergbau, Geologie und Rohstoffe Brandenburg, Brandenburgisches Landesamt für Denkmalpflege und Archäologisches Landesmuseum.

Tietz, O., Büchner, J. (2015): The landscape evolution of the Lausitz Block since the Palaeozoic – with special emphasis to the neo-volcanic edifices in the Lausitz Volcanic Field (Eastern Germany). Zeitschrift der Deutschen Gesellschaft für Geowissenschaften (ZDGG) 166,2: 125–147.

Von Hacht, U. (1987): Spuren früher Kaltzeiten im Kaolinsand von Braderup/Sylt. In: Von Hacht, U. (Hrsg.): Fossilien von Sylt II: 269–301.

Walter, R. (2006): Geologie von Mitteleuropa, 7. Aufl. Schweizerbart, Stuttgart.

Westerhoff, W. (2009): Stratigraphy and sedimentary evolution. The lower Rhine-Meuse system during the Late Pliocene and Early Pleistocene (southern North Sea Basin). Dissertation, Vrije Univer-siteit Amsterdam.

Wimmenauer, W. (2003): Geologische Karte von Baden-Württemberg 1:25.000, Erläuterungen zum Blatt Kaiserstuhl, 5. Auflage. Landes-amt für Geologie, Rohstoffe und Bergbau Baden-Württemberg, Freiburg im Breisgau.

Wolf, L. (1980): Die elster- und präelsterzeitlichen Terrassen der Elbe. Zeitschrift für Geologische Wissenschaften 8: 1267–1280.

Wolf, L., Schubert, G. (1992): Die spättertiären bis elsterzeitlichen Terrassen der Elbe und ihrer Nebenflüsse und die Gliederung der Elster-Kaltzeit in Sachsen. Geoprofil 4: 1–43.

Ziegler, P.A. (1982): Geological Atlas of Western and Central Europe. Shell Internationale Petroleum Maatschappij B.V., The Hague.

4 Der Mittelgebirgsrand

4.1 Saxonische Bruchschollentektonik, Neotektonik und Vulkanismus

Während die Ablagerungen des Paläozoikums durch die variszische Gebirgsbildung beeinflusst wurden, sind die Gesteine des Mesozoikums durch Vertikalbewegungen geprägt, die Saxonische (Bruchschollen-)Tektonik genannt wurde. In diese Tektonik wurden teilweise auch die älteren Gesteinspakete mit einbezogen. Die grabenartigen Einbrüche (saxonische Gräben) fanden vor allem in Thüringen und nördlich des Harzes statt. Vor allem

das Deckgebirge wurde dabei in Schollen zerlegt, aufgewölbt, eingemuldet, teilweise schwach gefaltet und gekippt. Diese Entstehung spielte sich hauptsächlich in oberflächennahen Stockwerken ab. In vielen Fällen war Salz im Untergrund als wesentlicher Faktor beteiligt. Salzstrukturen zeichnen oftmals die tektonischen Linien im Untergrund nach, da die aufsteigenden Salze den Schwächezonen im Gestein gefolgt sind (vgl. Exkurs 2.4 zum Salz und Abb. 2.13). Die Bewegungen begannen schon im obersten Jura und sind vor allem in vielen Kreideschichten erkennbar. Dabei ist diese Tektonik unbedingt im Zusammenhang mit der alpidischen Orogenese bzw. der Erweiterung des Atlantiks zu sehen. Einengungsstrukturen (mit Deckenüberschiebungen und Überkippungen) stehen Dehnungsfugen, wie z. B. dem Leinetalgraben, gegenüber. Darüber hinaus werden die

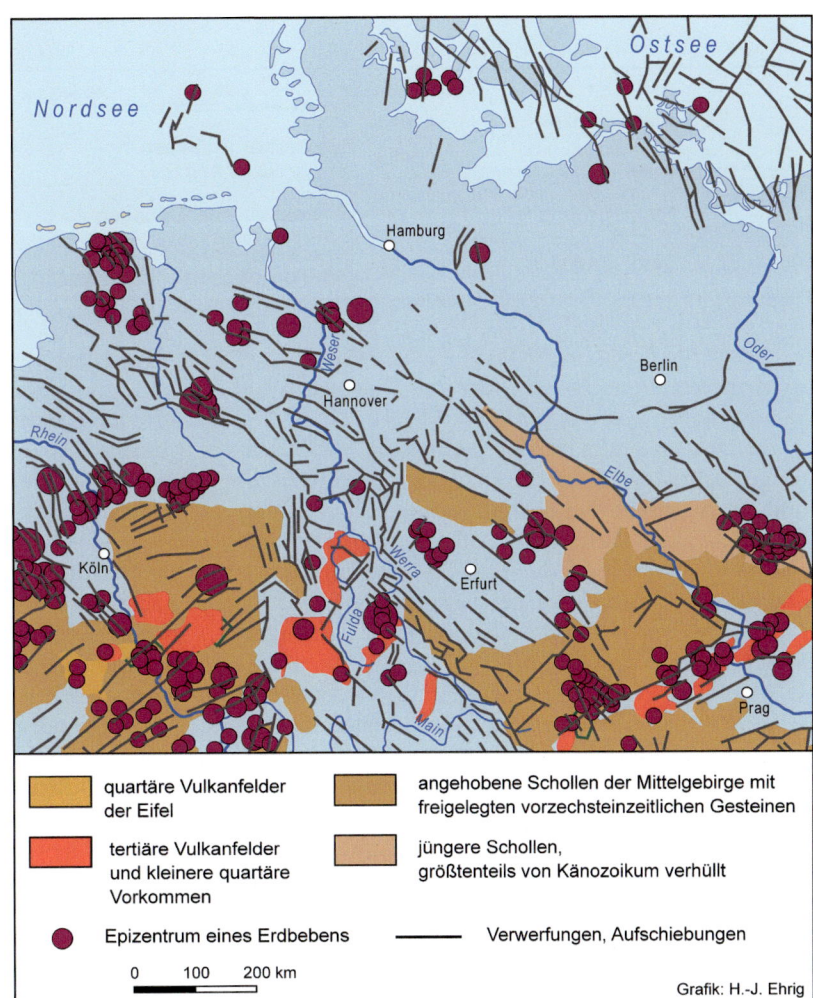

Abb. 4.1 Tektonische Lineamente (Quelle: wichtige Brüche nach Henningsen und Katzung 2011), Vulkangebiete Deutschlands (Quelle: verändert nach Eberle et al. 2007; Schmincke 2009a, 2009b) und Epizentren der Erdbeben in Norddeutschland von Januar 1968 bis September 2016 mit einer Stärke ab Magnitude 2,5. (Quelle: verändert nach BGR 2016; Entwurf: F. Lehmkuhl)

quartäre Vulkanfelder der Eifel

tertiäre Vulkanfelder und kleinere quartäre Vorkommen

Epizentrum eines Erdbebens

0   100   200 km

angehobene Schollen der Mittelgebirge mit freigelegten vorzechsteinzeitlichen Gesteinen

jüngere Schollen, größtenteils von Känozoikum verhüllt

Verwerfungen, Aufschiebungen

Grafik: H.-J. Ehrig

© Springer-Verlag Berlin Heidelberg 2018
M. Böse, J. Ehlers, F. Lehmkuhl, *Deutschlands Norden*, https://doi.org/10.1007/978-3-662-55373-2_4

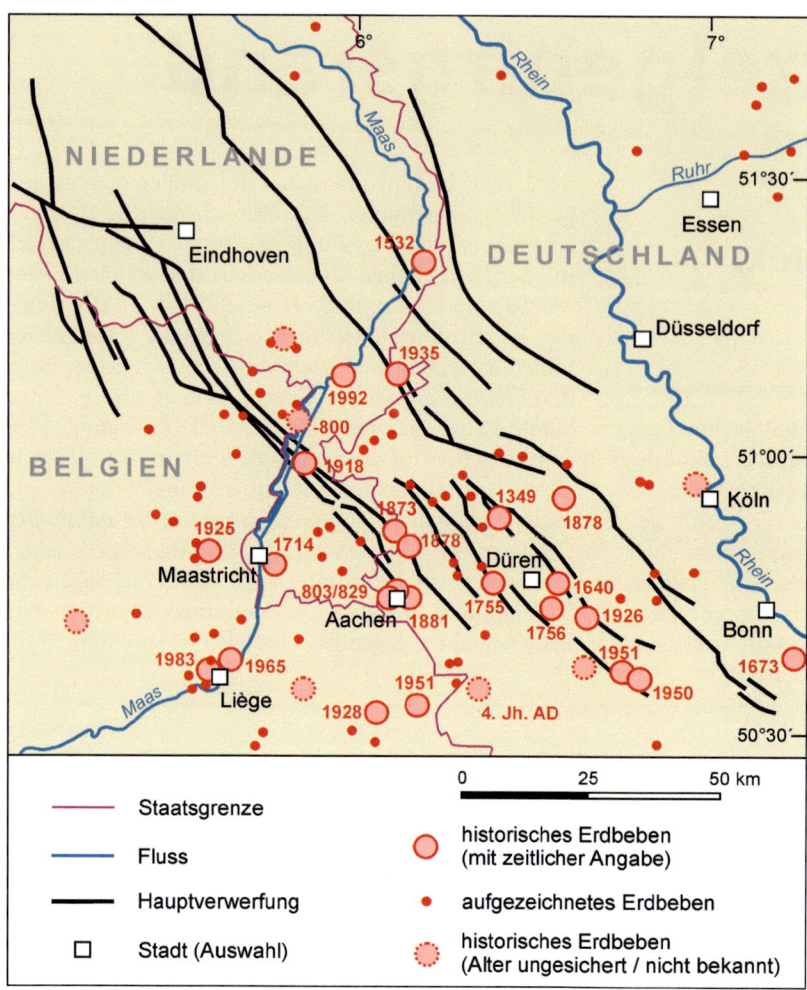

Abb. 4.2 Neotektonik und historische Erdbeben in der Niederrheinischen Bucht. (Quelle: verändert nach Winandy et al. 2011)

sogenannten „Pultschollen" Harz und Thüringer Wald herausgehoben und verkippt.

In Deutschland sind vier geologische Hauptrichtungen (Strukturen) vorherrschend: die variszische und erzgebirgische (Nordost-Südwest), die herzynische (Westnordwest-Ostsüdost, in Anlehnung an die Harznordrandverwerfung), die eggische (Nordnordwest-Südsüdost, Kammverlauf des Eggegebirges) und die rheinische (Nordnordost-Südsüdwest, Oberrheingraben) Richtung.

Die Hebungen und Senkungen im Laufe der Erdgeschichte verliefen meist entlang von Störungen. Rezente Krustenbewegungen sind bis heute spürbar. Das nördliche Mitteleuropa, hierunter Norddeutschland, gehört zu einer aktiven Senkungszone, die aber auch von sich heraushebenden Strukturen begleitet wird. Brandenburg befindet sich fast vollständig in dieser Senkungszone. Hier sind Senkungen von bis zu −1,5 mm/a möglich, ebenso südlich der Elbe. Im küstennahen Bereich an der Elbe nordwestlich von Hamburg können die Vertikalbewegungen sogar bis zu −2 mm/a betragen. Weiter südlich schließt die Hebungszone des *Central European Uplift*

an. Diese Zone hat sowohl die Entwicklung der Grabenstrukturen als auch die neovulkanischen Aktivitäten begünstigt. Die neotektonisch aktiven Störungen nehmen Einfluss auf die Verbreitung der Erdbeben (vgl. Abb. 4.1 und 4.2) und den Neovulkanismus.

Zu den seismisch aktivsten Gebieten Deutschlands gehören die westliche Niederrheinische Bucht zwischen Aachen und Köln und der Niederrheingraben. Sie bestehen aus einem System von Graben- und Horststrukturen und zahlreichen Störungen. Auch sie sind das Ergebnis der Bruchschollentektonik im Zusammenhang mit der alpidischen Orogenese. Dadurch hat sich das Rheinische Schiefergebirge gehoben und die rheinische (Streich-) Richtung hat sich eingestellt. Die Störungen werden nur alle paar tausend Jahre seismisch aktiv. Seismographische Aufzeichnungen gibt es dagegen erst seit ungefähr 100 Jahren. Dies erschwert die Vorhersage in diesem Gebiet erheblich. Anhand historischer Überlieferungen und dank der Paläoseismologie ist es allerdings möglich, auch ältere Beben zu erfassen, zu beurteilen und diese in die Vorhersage mit einzubinden. Das schwerste kontinentale Beben in diesem Bereich war das

Abb. 4.3 Großer Ölberg, Lohrberg und Löwenburg als vulkanische Erhebungen des Siebengebirges vom Drachenfels aus (Blickrichtung Osten). Der Ölberg und die Löwenburg sind aus Basalt bzw. Basaltporphyr aufgebaut, der Lohrberg besteht im Wesentlichen aus Trachyt. (Foto: F. Lehmkuhl)

Dürener Beben von 1756 mit einer Magnitude von 6,3, welches in eine Reihe von Beben in der Niederrheinischen Bucht im Zeitraum von 1755 bis 1756 einzuordnen ist (Abb. 4.2).

Mit den Grabensystemen und den Hebungen, Senkungen und der Dehnung der Kruste geht in den Gebieten südlich des Norddeutschen Tieflands auch der Vulkanismus einher. Der Höhepunkt der vulkanischen Aktivitäten ist im Miozän zu verzeichnen. Vulkanismus ist darüber hinaus vor allem im Oligozän, aber auch im Pliozän und im Quartär zu beobachten. Am Ende des Mesozoikums, während der alpidischen Orogenese, drang Magma auf. Spuren dessen lassen sich in der Eifel, in der hessischen Senke und an der westlichen Flanke des Leinetalgrabens, in der Rhön, im Erz- und Elbsandsteingebirge und im Oberlausitzer Bergland finden (vgl. Abb. 4.1).

Ein weiteres regionales Beispiel für Vulkanismus im Oligozän ist das Siebengebirge bei Bonn (Abb. 4.3). Dort begann vor ca. 28 Mio. Jahren die Ablagerung von Tuffdecken. In diese Tuffdecken drangen Trachyte, Latite

und Alkalibasalte ein und bildeten Quellkuppen, Schlotfüllungen und Gänge. Die stärkste Aktivität endete vor ca. 22 Mio. Jahren, die Förderung basaltischer Magmen setzte sich bis in das Miozän bis vor 15 Mio. Jahren fort.

Die quartären Vulkangebiete der Eifel bestehen aus insgesamt ca. 340 Vulkanen. Die Felder verlaufen von Ormont an der belgischen Grenze bis an die Mosel bzw. bis zum Neuwieder Becken im Nordosten (Abb. 4.1). Die Vulkane der Westeifel haben sich im Wesentlichen auf dem devonischen Untergrund entwickelt. Die Vulkane der Osteifel überlagern überwiegend devonische Siltsteine, Sandsteine und Tonschiefer. Einer der größten Ausbrüche in diesem Gebiet war der des Laacher Sees ca. 13.000 Jahre vor heute, dessen Ablagerungen (Tephra) eine Fläche von 230.000 km^2 bedeckten und noch über weite Distanzen erhalten sind.

Exkurs 4.1

Schichttafel, Schichtstufe, Schichtkamm und Schichtrippe

Überlagert ein verwitterungsresistentes Gestein, beispielsweise ein Kalk, ein Sandstein oder ein Quarzit, ein gering resistentes Gestein, wie z. B. einen Mergel oder einen Tonstein, und liegt die Schichtgrenze zwischen den beiden Gesteinen an der Landoberfläche, dann entwickeln sich je nach dem Einfallen der Schichten verschiedene Arten von schichtabhängigen Strukturformen. Dabei entstehen bei etwa horizontaler Schichtlagerung Schichttafeln, bei leichtem und gleichsinnigem Einfallen der Schichten (bis maximal 5–6°) Schichtstufen und bei noch steilerem Einfallen der Schichten Schichtkämme (vgl. Abb. 4.4) und bei senkrecht stehenden Schichten Schichtrippen. Das resistente Gestein wird dabei als Stufenbildner bzw. Kammbildner bezeichnet, das darunter liegende, in den unteren Hangteilen anstehende, geringresistente Gestein wird Sockelbildner genannt. Durch Quellerosion und durch rückschreitende Erosion werden die Stufen und ihre unterschiedlich resistenten Schichtpakete in geologischen Zeiträumen zurückverlegt und es können aus der Schichtstufe Auslieger und Zeugenberge isoliert werden. Solange noch ein Teil der Schichten in Zusammenhang mit der Stufenfront steht, wird von Ausliegern gesprochen, während isoliert vor der Stufenfront erhalten gebliebene Reste als Zeugenberge bezeichnet werden. Abb. 4.4 zeigt die unterschiedlichen Formen und Begriffe.

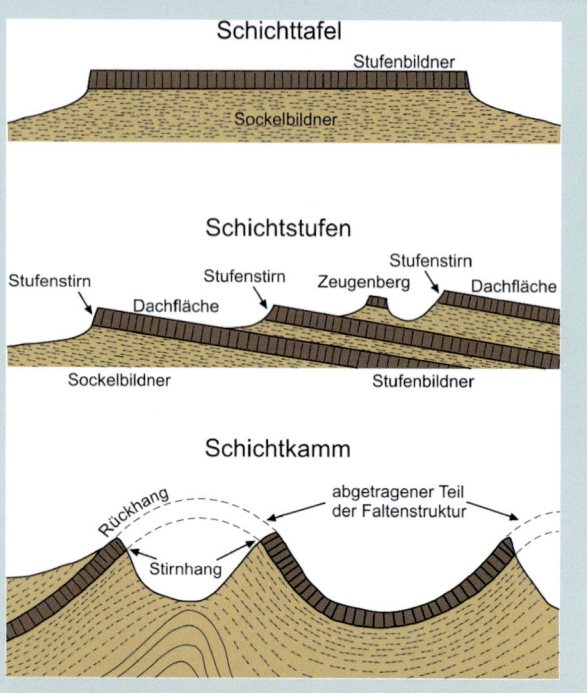

Abb. 4.4 Aufbau von Schichtstufen und Schichtkämmen. (Angelehnt an Ahnert 2015)

4.2 Schichttafeln, Schichtstufen und Schichtkämme des Deckgebirges

Die Norddeutsche Tiefebene wird nach Süden hin durch die Mittelgebirge begrenzt. Dabei handelt es sich nicht nur um gefaltetes Grundgebirge, wie z. B. im Rheinischen Schiefergebirge und im Harz, sondern insbesondere in der Mitte Deutschlands auch um Strukturen, die aus den geologischen Schichten des Deckgebirges hervorgegangen sind. Diese sind durch unterschiedliche geologische Prozesse verstellt worden (s. Abschn. 4.1). Die Deformation der im Gebiet von Niedersachsen und Ost-Westfalen abgelagerten Schichten erfolgte in mehreren Schüben vor allem seit dem Jura und bis in das Känozoikum. Dabei kam es zu einem typischen Schollenbau. Die meist nur wenig verfalteten Gesteine sind durch zahlreiche Störungen und Verwerfungen zerbrochen. Man bezeichnet diesen „Baustil", der im Leine- und Weserbergland in klassischer Weise ausgebildet ist, als Bruchschollentektonik. Wenn Schichtverstellungen dabei in Zusammen-

hang mit Salzen vor allem der Zechsteinzeit stehen, deren Aufstieg teils ruckartig, teils kontinuierlich verlief und sich z. T. bis heute fortsetzt, spricht man von saxonischer Tektonik (vgl. Abschn. 4.1 und Exkurs 2.4).

Das zumeist mesozoische Deckgebirge besteht aus unterschiedlich harten und weichen Gesteinen. Diese Wechsellagerung führt – je nach Einfallen der Schichten (Schrägstellung) – zu Schichttafeln, Schichtstufen und Schichtkämmen (Exkurs 4.1); im Extremfall auch zu Schichtrippen. Diese gesteinsspezifische, räumliche Differenzierung der Oberflächenformen ist durch die unterschiedliche Verwitterung und Abtragung der verschiedenen geologischen Schichten (Materialeigenschaften des Untergrunds wie z. B. Wasserdurchlässigkeit, Gesteinsfestigkeit, Verwitterungsresistenz) bedingt.

Die Mittelgebirge zwischen dem Sauerland im Westen und dem Harz bzw. dem Thüringer Wald im Osten und die dort lokal vorkommenden Schichtstufen, Schichtkämme und Schichtrippen sind in Abb. 4.5 dargestellt. Dabei sind am Südrand der Norddeutschen Tiefebene und in den Beckenlandschaften (Westfälische Bucht = Münsterländer Kreidebecken; Thüringer Becken) Schichtstufen und Schichtkämme weit verbreitet. Schichttafeln sind im Elbsandsteingebirge südlich von

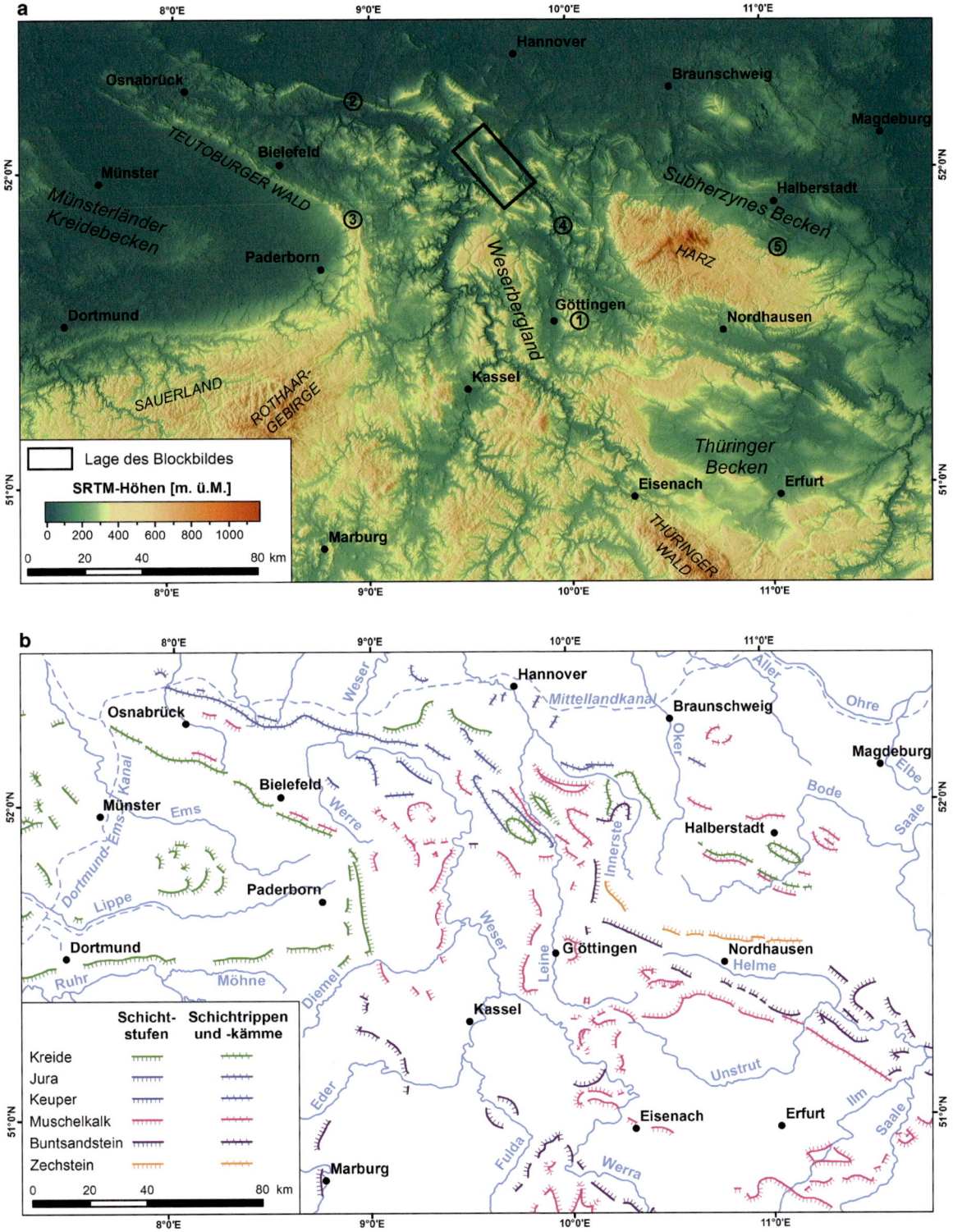

Abb. 4.5 Übersicht der Mittelgebirgsschwelle zwischen Sauerland, Harz und Thüringer Wald. **a** Mit dem Relief und der Lage des Blockbildes der Ith-Hils-Mulde (Abb. 4.10). Die Nummern geben die Ortslage der Fotos an: *1* Schichtstufe des Göttinger Waldes (Abb. 4.6), *2* Schichtkamm bei Minden (Abb. 4.7), *3* Externsteine (Abb. 4.8), *4* Schichtkämme im südniedersächsischen Bergland (Abb. 4.9), *5* Schichtrippe der Teufelsmauer (Abb. 4.11). **b** Schichtstufe, Schichtrippen und -kämme im gleichen Raum. (Quelle: verändert nach Beyer und Schmidt 2003; Kartographie: J. Walk)

Schichtstufe des Göttinger Waldes und Rutschungen an der Mackenröder Spitze

Die flachgeneigten Schichten des Unteren Muschelkalkes bilden im Osten von Göttingen eine deutliche Schichtstufe über den Tonen und Mergeln des Oberen Buntsandsteins (Röt) aus (Abb. 4.6a). Insbesondere nahe der Siedlung Mackenrode sind zahlreiche Rutschkörper zu beobachten. Schichtpakete des Unteren Muschelkalkes zeigen Zugrisse (Abb. 4.6b) und Schollen sind verkippt, stellenweise überkippt. In Abb. 4.6c ist auch zu erkennen, dass die pleistozänen Fließerden aus dem Unteren Muschelkalk durch den Solifluktionsprozess eine noch größere Reichweite als die holozänen Rutschkörper haben.

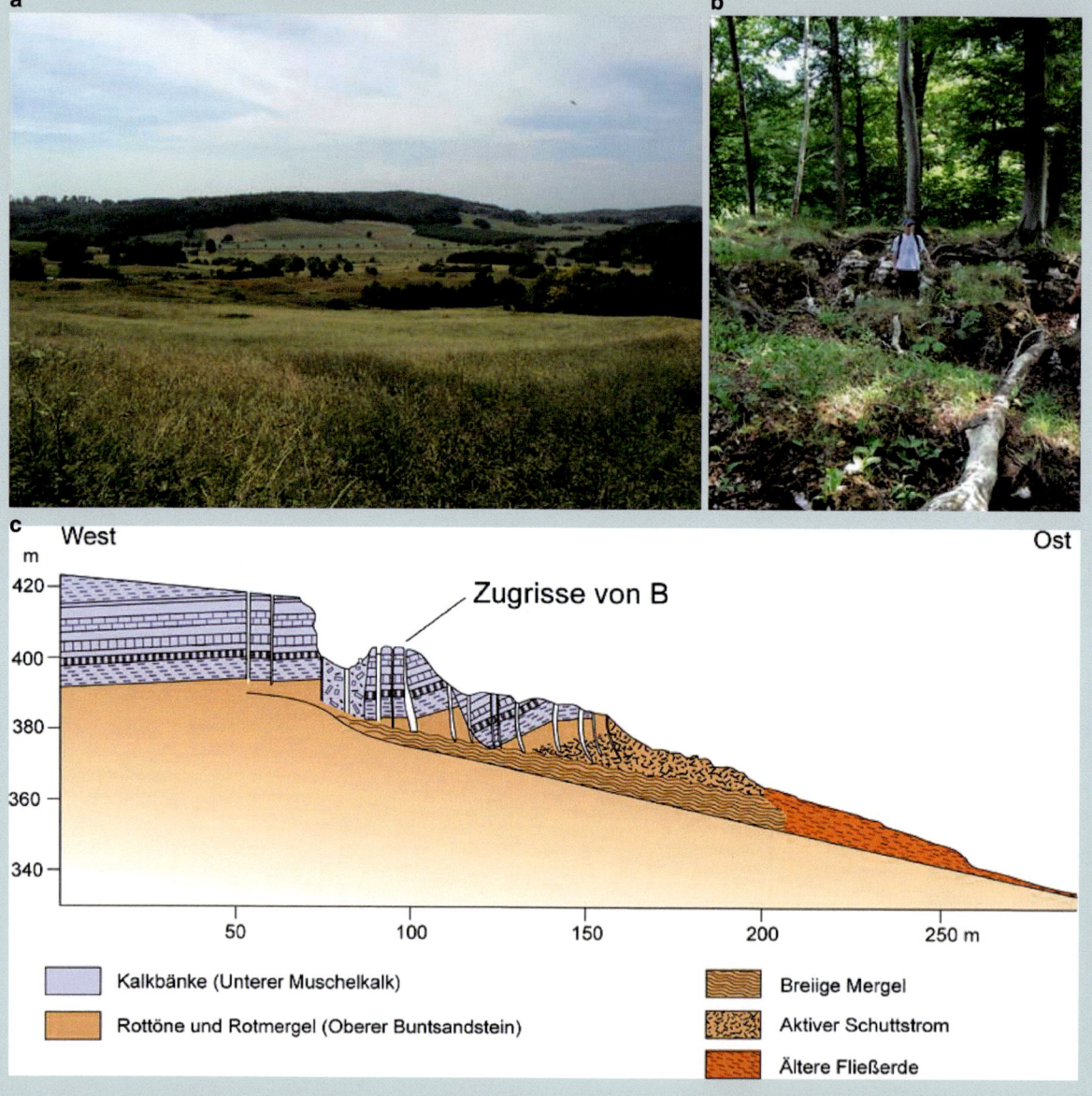

Abb. 4.6 Schichtstufe des Göttinger Waldes. **a** Schichtstufe mit Mackenröder Spitze in westlicher Blickrichtung. Die Wiesen unterhalb des Waldes sind im Sockelbildner der Röttone. **b** Zugrisse der Rutschung am Oberhang. Geologischer Schnitt **c** bei der Mackenröder Spitze. (Quelle: verändert nach Wunderlich 1968; Fotos: F. Lehmkuhl; Grafik: A. Ehrig)

Dresden und Schichtrippen in der Aufrichtungszone am Harznordrand lokalisiert.

An Schichtstufen treten häufig auch Rutschungen auf. Ein Beispiel hierfür ist die Rutschung an der Mackenröder Spitze im Göttinger Wald (s. Exkurs 4.2). Hier rutschen Pakete des Unteren Muschelkalkes über Röttonen (Oberer Buntsandstein) ab (Abb. 4.6). An den Muschelkalkschichtstufen rund um das Thüringer Becken sind ebenfalls zahlreiche Rutschungen zu beobachten.

Schichtkämme bilden sich bei stärker geneigten Schichten und zeigen häufig markante Höhenzüge in der Landschaft. Beispiele hierfür sind der Teutoburger Wald sowie in seiner Verlängerung das Wiehen- und das Wesergebirge. Abb. 4.7a zeigt das Durchbruchstal der Weser durch diesen Schichtkamm, Abb. 4.7b die harten jurassischen Schichten des Porta-Sandsteins an dieser Stelle. In Abb. 4.8 sind die harten verkieselten Sandsteine (Osning-Sandstein der Kreide) der Externsteine zu sehen. Die wollsackartigen Formen in den Externsteinen sind durch die Verwitterung entlang von Klüften zu erklären.

Zahlreiche Schichtkämme finden sich auch im Leine-Weser-Bergland und in der subherzynen Kreidemulde im nördlichen Harzvorland. Insgesamt wird die Vielfalt der geologischen und tektonischen Strukturen hier von zwei verschiedenen Elementen beherrscht: herzynisch gerichteten Bergzügen (westnordwest – ostsüdöstliche Richtung) und rheinisch gerichteten Zerrungsgräben (nördlich-südliche Richtung). Hier sind die Kammbildner zumeist harte jurassische und kretazische Sand- und Kalksteine. Insbesondere in Südniedersachsen bilden diese Schichtkämme auch ein Verkehrshindernis. Die ICE-Neubaustrecke Hannover-Göttingen verläuft daher durch zahlreiche Tunnel und über Brücken (Abb. 4.9).

Abb. 4.7 **a** Weserdurchbruchstal Porta Westfalica bei Minden mit dem Schichtkamm des Wesergebirges. **b** Schichtkamm des Wiehengebirges mit jurassischem Sandstein (Porta-Sandstein) am Kaiser-Wilhelm-Denkmal an der Porta Westfalica. Die Schichten fallen nach Norden ein (*rechts*). *Links* ist der Schichtkopf zu erkennen. (Fotos: F. Lehmkuhl)

Abb. 4.8 Externsteine des Schichtkamms des Teutoburger Waldes. (Foto: F. Lehmkuhl)

Abb. 4.9 Schichtkammlandschaft in Südniedersachsen mit der Brücke der ICE-Neubaustrecke Hannover-Göttingen am Fuß des sogenannten „Harzhorns" (östlicher Teil des Vogelberges, ein in Ost-West-Richtung verlaufender Höhenzug zwischen Bad Gandersheim und Kalefeld). (Foto: F. Lehmkuhl)

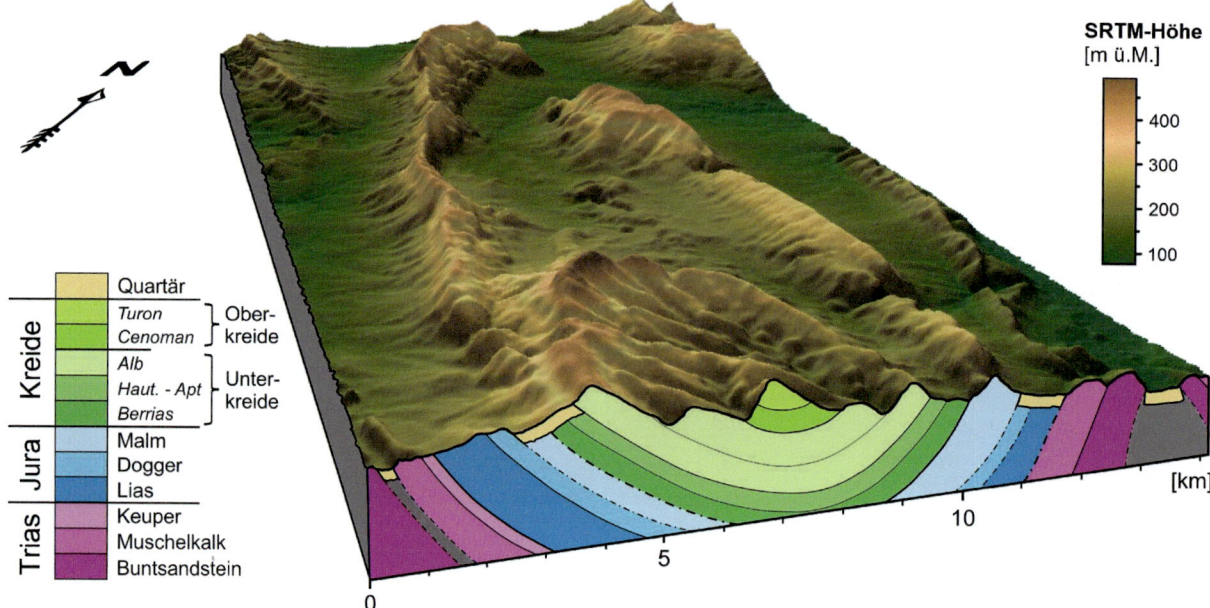

Abb. 4.10 Umlaufendes Streichen von Schichtkämmen (jurassische und kretazische Kalk- und Sandsteine) in der Ith-Hils-Mulde (Südniedersachsen). (Quelle: verändert nach BGR 2007; Kartographie: J. Walk)

Historisch betrachtet stellten diese Strukturen eine schwer überwindbare natürliche Barriere dar. Dies beeinflusste vermutlich die Position des Aufeinandertreffens zwischen Römern und Germanen. Am Fuße des Schichtkamms des Harzhorns (zwischen Bad Gandersheim und Kalefeld) fand im 3. Jahrhundert (235/236 n. Chr.) relativ weit außerhalb des römischen Territoriums eine Schlacht zwischen den beiden Völkern statt. Die berühmte Varusschlacht (9 n. Chr.) am Teutoburger Wald ist inzwischen bei Kalkriese (Osnabrücker Land) lokalisiert. Hier wurde die römische Armee in einer Ebene, die am Fuß des Schichtkamms des Wiehengebirges und vor der Norddeutschen Tiefebene mit Niederungen und Mooren liegt, geschlagen.

Durch die im Zuge der saxonischen Bruchtektonik zu Sattel- und Muldenstrukturen verstellten Schichten kommt es beispielsweise in der geologischen Ith-Hils-Mulde zu einem umlaufenden Streichen der Schichten (Abb. 4.10). Dabei fallen im Profilschnitt die Schichten von beiden Seiten zum Muldentiefsten ein; die Einfallsrichtungen sind entgegengesetzt. Da die Faltenachse geneigt ist, zeigt sich hier ein umlaufendes Streichen. Dabei wird der äußere Schichtkamm des Ith aus harten, teilweise dolomitisierten Korallenoolith-Kalken des Oberen Juras (Malm) aufgebaut. Im Zentrum befindet sich der Hils – überwiegend bestehend aus glaukonitischen Hils-Sandsteinen der Unterkreide.

Bei senkrecht einfallenden, harten Gesteinsschichten kommt es zur Entstehung von Schichtrippen. Die Teufelsmauer im nördlichen Harzvorland (Abb. 4.10, s. Exkurs 4.3) ist ein Beispiel dafür.

Exkurs 4.3

Die Teufelsmauer – eine Schichtrippe am Harznordrand

Eine Schichtrippe mit bis 20 m hohen Felsklippen aus harten Sandsteinen der Oberen Kreide ist die Teufelsmauer im Landkreis Harz in Sachsen-Anhalt im nördlichen Harzvorland (Abb. 4.11). Hier wurden die Gesteinsschichten der Kreide im Zuge der Heraushebung des Harzes nördlich der Harznordrand-Aufschiebung senkrecht gestellt und stellenweise sogar überkippt. Abb. 4.12 zeigt die Verstellung der Schichten und die Harznordrand-Aufschiebung etwas

weiter westlich bei Goslar. An der Teufelsmauer wurden die weicheren Gesteinspartien abgetragen und die zum Teil silifizierten (verkieselten) Sandsteine herauspräpariert. Diese wurden in der Vergangenheit bis zur Unterschutzstellung im 19. Jahrhundert als Baumaterial verwendet. Heute ist die Teufelsmauer größtenteils durch Wanderwege für den Tourismus erschlossen (Teufelsmauer-Stieg bei Blankenburg). Einige Felsen der Mauer sind auch für Kletterer freigegeben.

Abb. 4.11 Schichtrippe der „Teufelsmauer" bei Neinstedt im Harzvorland (bei Thale im Landkreis Harz). (Fotos: F. Lehmkuhl)

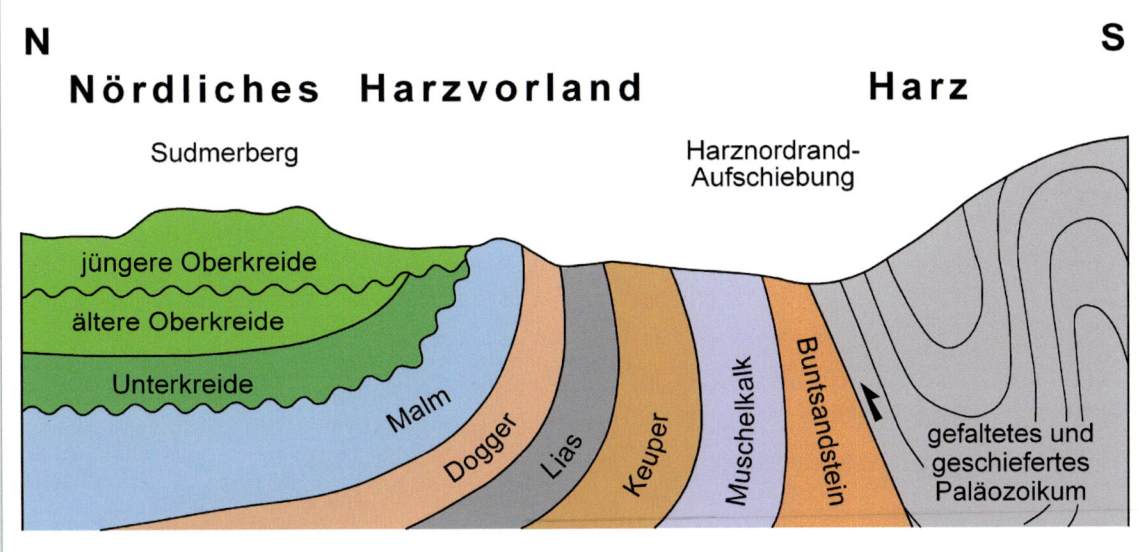

Abb. 4.12 Schematischer geologischer Schnitt durch die steil aufgerichteten Schichten des Harzvorlands und die Harznordrand-Aufschiebung östlich von Goslar. (Quelle: verändert nach Henningsen und Katzung 2011; Grafik: H.-J. Ehrig)

4.3 Flussterrassen

Sämtliche größere Flüsse im Mittelgebirge und auch im Vorland haben deutliche Flussterrassen. Es handelt sich dabei um Reste ehemaliger fluvial geformter Talböden, die nach weiterer Eintiefung des Flusses am Hang zurückbleiben und oft flächenhaft ausgebildet sind. In der Niederrheinischen Bucht sind ältere Terrassenkiese der Maas und des Rheins als Hauptterrassen auch flächenhaft verbreitet. Man unterscheidet in den Gebirgen allgemein Erosionsterrassen (Felsterrassen) von Akkumulationsterrassen (in der Regel Schotterterrassen). In den Mittelgebirgen und deren Vorländern sind Akkumulationsterrassen weit verbreitet. Diese sind vor allem im Pleistozän durch Sedimentation in breiten Schottertälern (*braided river systems*) entstanden. Durch den Wechsel von stärkerer Akkumulation während der Kaltzeiten und Einschneidung bei gleichzeitiger Tieferlegung der Erosionsbasis vor allem an der Wende von den Kalt- zu den Warmzeiten sind markante Terrassentreppen entstanden. Dabei haben die großen Flüsse, allen voran der Rhein, eine differenzierte Abfolge von Terrassen ausgebildet. Man unterteilt diese nach ihrer Position und ihrem relativen Alter zumeist in Nieder-, Mittel- und Oberterrassen (bzw. Hauptterrassen). Die Niederterrassen können immer der letzten Eiszeit (Weichseleiszeit) zugeordnet werden. Sie sind knapp über dem heutigen

Flussniveau entwickelt, stellenweise von Auelehmen überdeckt (s. Exkurs 9.2) und setzen sich aus wenig verwitterten Schottern zusammen. Auf den Niederterrassen sind vor allem in den Mittelgebirgen die Siedlungen und die Verkehrswege konzentriert. Die Mittel- und Oberterrassen (bzw. Hauptterrassen) werden mit den Eiszeiten des Mittel- und Altpleistozän korreliert. Eine genaue stratigraphische Einteilung ist häufig aufgrund fehlender Datierungen schwierig; die ursprüngliche Zuordnung erfolgte im Sinne der glazialen Serie nach Penck und Brückner in einer Verbindung mit Endmoränen verschiedener Vereisungsphasen im Alpenvorland. Des Weiteren kann diese auch über die Verbreitung von Löss (die Niederterrassen sind zumeist lössfrei) und Löss-Paläoboden-Abfolgen erfolgen. Am Mittelrhein und an der Mosel werden noch Höhenterrassen eines sogenannten Trogtales ausgewiesen. Diese stark verwitterten fluvialen Ablagerungen werden zeitlich in das Pliozän gestellt. Es folgte im Rheinischen Schiefergebirge und am Mittelrhein im Quartär eine stärkere Hebung mit Ausbildung eines Engtales und weiterer pleistozänen Terrassenabfolgen (Abb. 4.13). Im Längsprofil der Flüsse überwiegt dann weiter flussabwärts im Unterlauf die Akkumulation und es kommt zu Terrassenkreuzungen, d. h. im Mündungs- und zugleich Senkungsgebiet – am Rhein zwischen Krefeld und Nijmegen – liegen die Ablagerungen der älteren Terrassen unter denen der jüngeren Terrassen (Abb. 4.14).

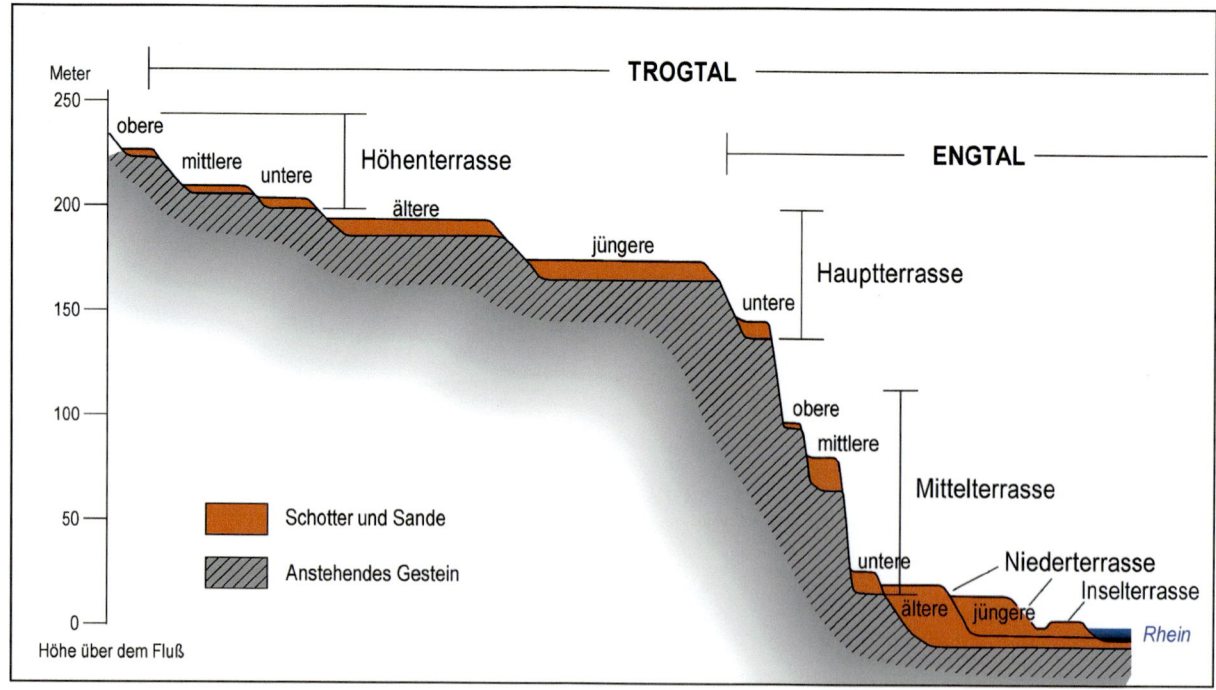

Abb. 4.13 Flussterrassenabfolge des Mittelrheintales, schematisch als Sammelprofil dargestellt. Tatsächlich sind an keinem individuellen Hangprofil alle diese Terrassen übereinander vorhanden. (Quelle: Verändert aus Ahnert 2015; Nomenklatur nach Bibus 1980)

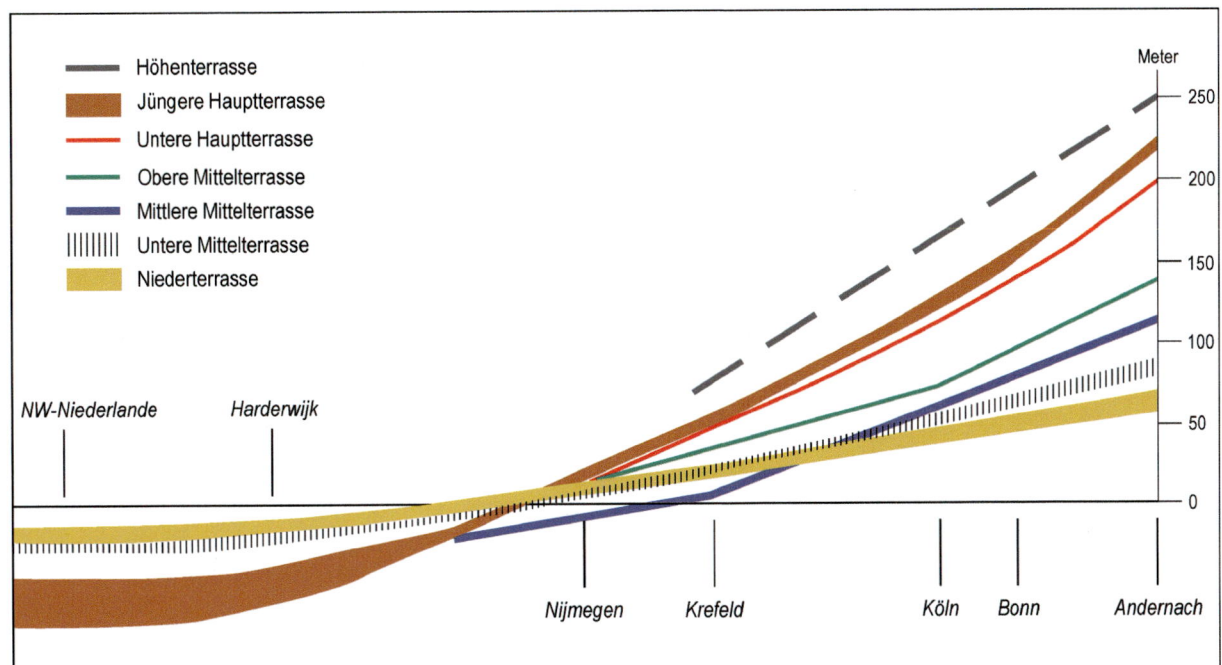

Abb. 4.14 Schematisches Längsprofil der Rheinschotter zwischen Andernach und den nordwestlichen Niederlanden. Die Konvergenzpunkte sind bei Nijmegen in der Bildmitte, südlich davon (*rechts*) hat geologisch junge Hebung stattgefunden, während im Norden (*links*) Senkung überwog. (Quelle: Hantke 1993; nach Zonneveld, aus Woldstedt 1958)

Abb. 4.15 Northeimer Seenplatte: Kiesseen in unterschiedlicher Nutzung: **a** Ehemaliger Kiessee westlich der A7 in einem Naturschutzgebiet, **b** Kiessee für den Segelbootsport und als Badesee östlich der A7, **c** Kiesgewinnung und -aufbereitung östlich der A7. (Fotos: F. Lehmkuhl)

Während im Weserbergland an der Weser auch Oberterrassen vorkommen, sind im Bereich der Leine und des nördlichen Harzvorlandes nur Mittel- und Niederterrassen verbreitet. Dies hängt mit der Ausdehnung des Inlandeises zur Elster- und Saalekaltzeit bis weit nach Süden zusammen (s. Abb. 5.3 und 5.7).

Aufgrund der geringeren Verwitterung sind die Kiese der Niederterrassen für die Rohstoffindustrie besonders begehrt. Auf den Flächen der Niederterrasse finden sich daher zahlreiche aktive und ehemalige Kiesgruben. Diese stehen häufig in einem Nutzungskonflikt zwischen den Interessen der Rohstoffindustrie an einem weiteren Abbau, dem Naturschutz, der Landwirtschaft und einer touristischen Erschließung. Eine Aufteilung hat man bei der sogenannten Northeimer Seenplatte durchgeführt. Ehemalige Kiesgruben westlich der A7 unterliegen dem Naturschutz als Vogelschutzgebiete, während östlich der A7 Freizeitnutzung und Kiesgewinnung und -aufbereitung stattfinden (Abb. 4.15). Auch die Kieslagerstätten am Niederrhein unterliegen diesen Nutzungskonflikten. Deren Wasserflächen haben inzwischen eine landes- bis bundesweite Bedeutung als Brutgebiet für Uferschnepfe, Rotschenkel, Wachtelkönig, Trauer- und Flussseeschwalbe sowie verschiedene Entenarten. Darüber hinaus hat der Untere Niederrhein für überwinternde Gänse eine internationale Bedeutung und wurde 1983 als Ramsar- und EU-Vogelschutzgebiet ausgewiesen. Es ist das zweitgrößte Vogelschutzgebiet in Nordrhein-Westfalen.

4.4 Lösslandschaften in Deutschlands Norden

Nördlich der Mittelgebirge befindet sich der von Westen nach Osten verlaufende mitteleuropäische Lössgürtel (Abb. 4.16). Dieser beginnt in Nordfrankreich an der Kanalküste und erstreckt sich über den Nordrand der

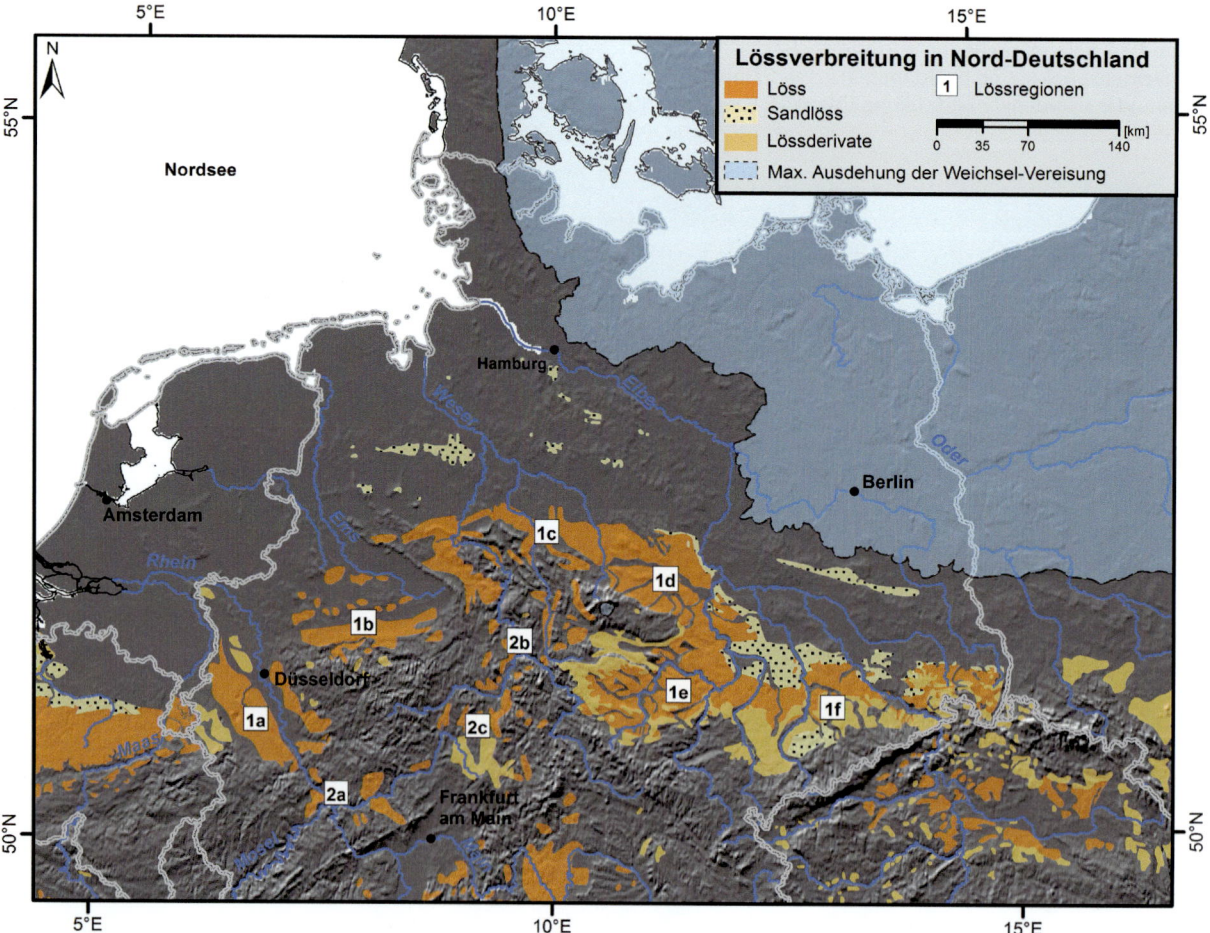

Abb. 4.16 Verbreitung von Löss und Lössderivaten im Norden Deutschlands. Regionen: Mitteleuropäischer Lössgürtel mit folgenden Unterregionen: (*1a*) Niederrheinische Bucht, (*1b*) Westfälische Bucht, (*1c*) Südniedersachsen und Hildesheimer Börde, (*1d*) Magdeburger Börde, (*1e*) Thüringer Becken, (*1f*) Sachsen. Lösse in den Becken der Mittelgebirge: (*2a*) Löss im Mittelrheingebiet, (*2b*) Südniedersachsen, (*2c*) Nord- und Mittelhessen (Hessische Senke). (Quelle: verändert nach Haase et al. 2007, ergänzt mit Daten von Zagwijn und Van Staalduinen 1975; Haesaerts et al. 2016 für die Niederlande und Belgien; Kartographie: J. Zens)

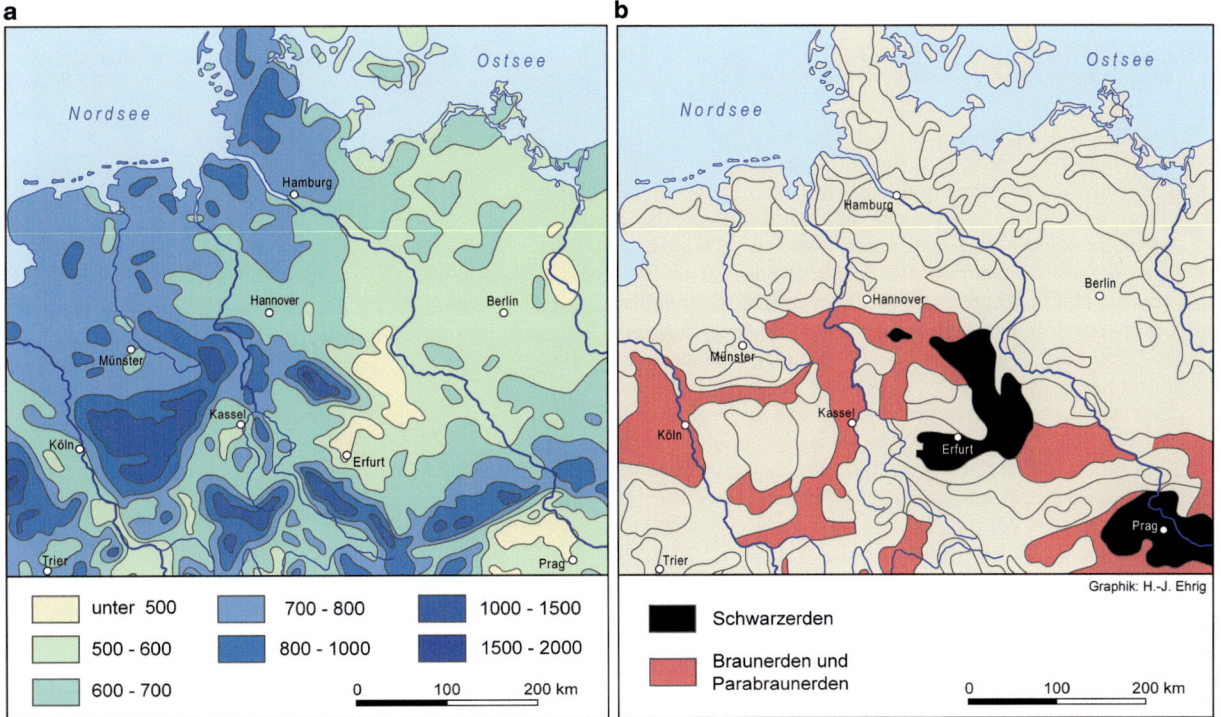

Abb. 4.17 a Jährliche Niederschlagsummen im Norden Deutschlands (Quelle: verändert nach Diercke 2008). **b** Böden auf Löss. (Quelle: verändert nach Scheffer und Schachtschabel 1989)

Mittelgebirge Deutschlands bis nach Südpolen und weiter in die Ukraine. Die Lösse wurden während der Eiszeiten (Glaziale) als äolisches Sediment abgelagert (s. Exkurs 4.4). Die Lössmächtigkeiten betragen im Norden Deutschlands meist nur wenige Meter; lediglich lokal, wie beispielsweise in der Niederrheinischen Bucht, werden Mächtigkeiten von über 10 bis 15 m erreicht.

Löss hat in Deutschland eine deutliche nördliche Verbreitungsgrenze. Sein Nordrand hat im Osten einen Abstand von 150 bis 200 km zur weichselzeitlichen Haupteisrandlage des Brandenburger Stadiums. Neben den Börden am Nordrand der Mittelgebirge (von West nach Ost z. B.: Jülich-Zülpicher Börde, Hellwegbörden einschließlich der Soester Börde, Hildesheimer Börde, Magdeburger Börde) hat sich Löss in den niedrigeren Beckenlandschaften der Mittelgebirge, wie z. B. im Limburger Becken, in der Warburger Börde, im Markoldendorfer Becken bei Einbeck, im Leinetalgraben oder in der Hessischen Senke akkumuliert (vgl. Abb. 4.16). Darüber hinaus sind im Thüringer Becken und in Sachsen weit verbreitet Lösse abgelagert worden.

Nördlich der Lössgrenze kommt noch vereinzelt entkalkter Sandlöss vor. Dieser hat zwar einen hohen Schluffanteil, aber Sandgehalte von über 50 %, und nimmt nach seiner Korngrößenzusammensetzung eine Übergangsstellung zwischen Flugsand und Löss ein. Der Sandlöss, der lokal auch als Flottsand bezeichnet wird, ist beispielsweise bei Cloppenburg und Vechta, in der Umgebung von Bergen (Landkreis Celle) sowie im süd-

westlichen Brandenburg und östlichen Sachsen-Anhalt als Streifen auf dem Fläming lokalisiert.

Lössablagerungen haben offensichtlich in den Mittelgebirgen eine obere Höhengrenze, die im Norden Deutschlands zumeist zwischen 200 und 400 m liegt. In höheren Reliefpositionen ist der Löss durch die periglaziale Morphodynamik aufgrund der stärkeren Hangneigung und fehlender Vegetationsdecke häufig in die obersten (periglazialen) Schichten, der sogenannten Hauptlage mit ihren hohen Schluffgehalten, eingearbeitet (vgl. Abb. 2.23).

Für die Ablagerung von Löss ist nach gängigen Theorien eine hinreichende Vegetationsbedeckung (Lösstundra bzw. Lösssteppe) notwendig. Während der Warmzeiten und Warmphasen (Interglaziale und Interstadiale), wie auch in der jetzigen Warmzeit, dem Holozän, fand und findet Bodenbildung statt. Im niederschlagsreichen ozeanisch geprägten Klimabereich im Westen bis etwa zur Hildesheimer Börde ist der Löss im Holozän größtenteils entkalkt und verlehmt worden. Als Böden sind hier auf primärem Löss Braunerden und Parabraunerden vorherrschend (vgl. Abb. 4.17 und 4.23). Im Osten, vor allem im Regenschatten des Harzes, sind die Böden nicht entkalkt. Hier haben sich echte Schwarzerden (Tschernoseme) gebildet und erhalten (Abb. 4.17 und 4.23).

Die Lösslandschaften bilden somit das Ausgangssubstrat der fruchtbarsten Böden Deutschlands (vgl. Abb. 4.24). Diese werden im Norden Deutschlands als

Exkurs 4.4

Löss und Lössderivate

Löss ist ein hellgelbliches homogenes, unverfestigtes und ungeschichtetes Sediment, welches zum überwiegenden Anteil aus Schluff besteht und gut sortiert ist (s. Abb. 4.18). Es wurde als äolisches Sediment in Mitteleuropa während der Eiszeiten abgelagert. Löss ist porös, was durch die ehemalige Durchwurzelung erklärt wird. Im trockenen Zustand ist der Löss standfest und kann Steilwände ausbilden. Primärer Löss hat einen hohen Anteil von Quarz und geringen Anteil an Feldspäten, Tonmineralen und Glimmern sowie zumeist einen Karbonatanteil von 10–20 %. Im ozeanischen Klima wird das Karbonat ausgewaschen und es entsteht durch Verwitterung Lösslehm. Schwemmlöss hat zumeist eine Schichtung und ist durch Verschwemmungen (fluviale und periglaziale Prozesse) umgelagert worden. Lösssedimente, die umgelagert wurden, ebenso wie auch die entkalkten Lösslehme, werden als Lössderivate bezeichnet.

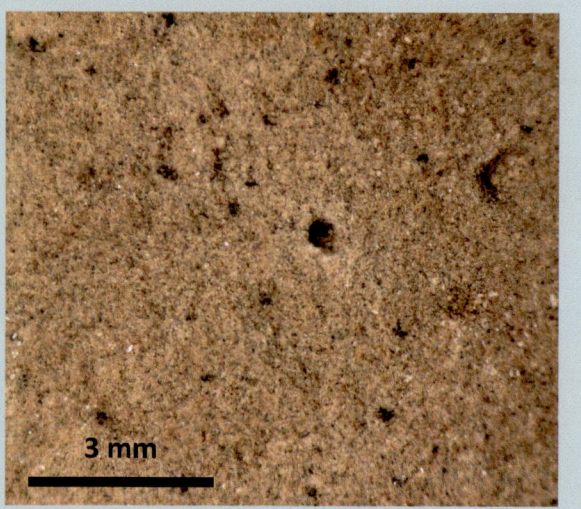

Abb. 4.18 Primärer Löss. Gut erkennbar ist auf dieser lichtmikroskopischen Aufnahme die poröse Struktur. (Foto: P. Schulte)

a Sand-und Sandlössakkumulation mit einem Übergang zu Lössakkumulation

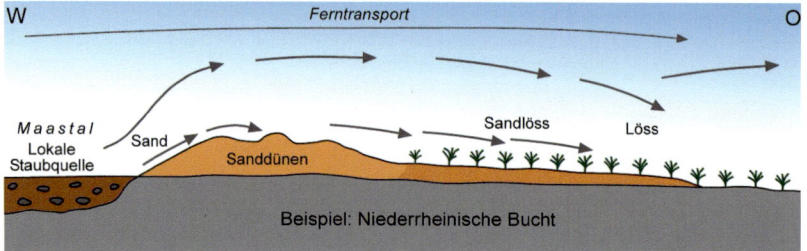

b Sanddünen und Sandlössakkumulation westlich von großen Flusstälern und im Anschluss an glazifluviale Schotterfluren

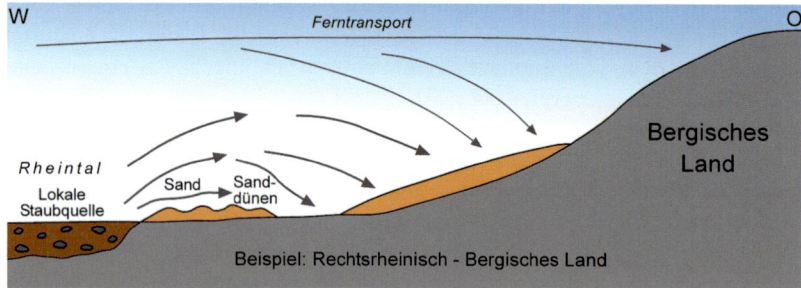

c Lössakkumulation in Beckenlandschaften mit größeren Mächtigkeiten im Lee von Bergrücken

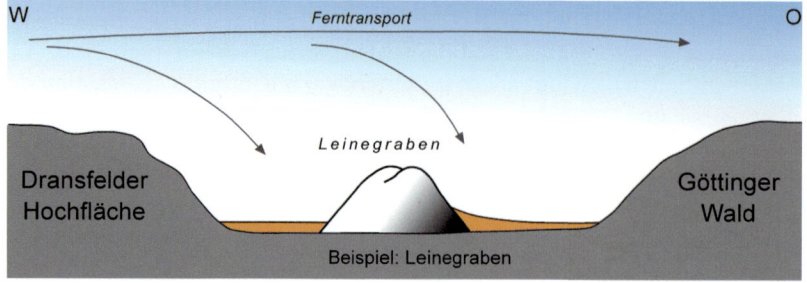

Abb. 4.19 Schemata von drei Akkumulationsbedingungen für Löss. Lokale Fallbeispiele: **a** Westlich der Maas mit einer Abfolge Sand – Sandlöss – Löss. **b** Lokale Dünen östlich des Rheins mit Lössablagerungen an den Hängen des Bergischen Landes. **c** Ablagerung im Leinetalgraben mit größeren Lössmächtigkeiten im Lee kleiner Bergrücken. (Verändert nach Lehmkuhl et al. 2016)

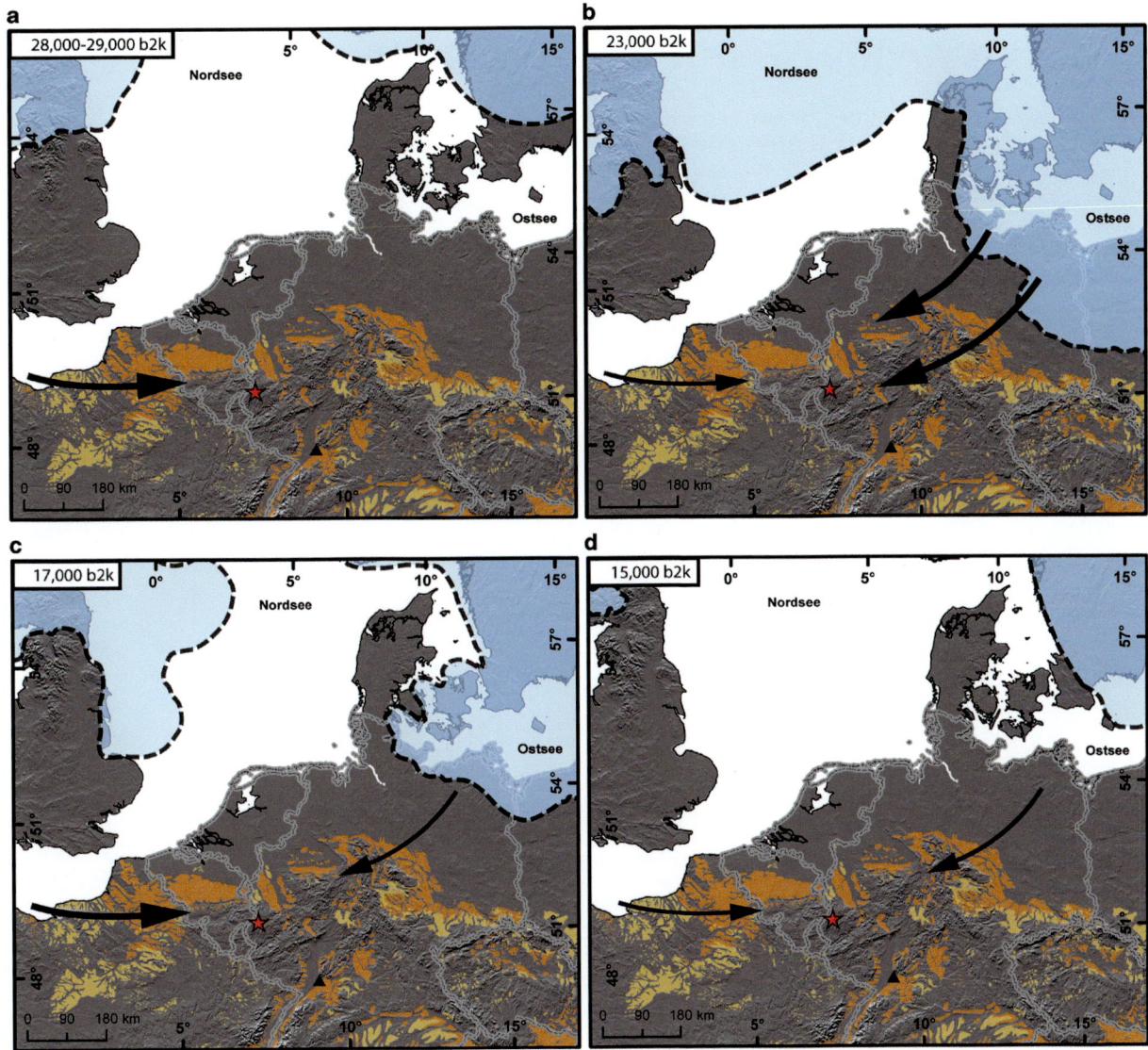

Abb. 4.20 Hauptwindrichtungen zu verschiedenen Zeiten (Angaben in tausend Jahren vor 2000 = b2k) während der letzten Eiszeit, rekonstruiert aus Ablagerungen des Dehner Maars (*Stern*). *Orange* Lössablagerungen, *gelb* Lössderivate, *blau* angenommener Stand des Skandinavischen Inlandeises. (Quelle: verändert aus Römer et al. 2016; Kartographie: J. Zens)

Börden bezeichnet und bilden die Grundlage für den schon seit dem Neolithikum betriebenen Ackerbau. Böden auf Löss sind allerdings aufgrund ihres hohen Schluffanteils besonders anfällig für Bodenerosion durch Wasser (s. Abschn. 9.1). Die schlechteren Böden nördlich der Lössverbreitung bilden gleichzeitig eine Siedlungsgrenze: In den Börden ist in den Altsiedel-Landschaften eine dichte Besiedlung mit Abständen der Dörfer zwischen 2 und 5 km zu finden, während in den nördlich angrenzenden Regionen, vor allem östlich der Weser, auf zumeist sandigeren Böden der Abstand der überwiegend jüngeren Siedlungen deutlich größer (10 bis stellenweise 15 km) ist. Die Städte Minden, Hannover, Braunschweig und Magdeburg liegen an der Verbreitungsgrenze des Lösses.

Während der Ablagerung der mitteleuropäischen Lösse herrschten zumeist Westwinde vor. Als Liefergebiete für den Lössstaub gelten die trockengefallenen Schelfe des Ärmelkanals und der Nordsee sowie lokale Quellen, wie z. B. die großen Flusstäler mit den zu dieser Zeit breiten und verzweigten Flusslandschaften. Abb. 4.19 zeigt die Ablagerung von Lössen in Abhängigkeit vom Liefergebiet und Relief. Die quartären Ablagerungen einschließlich teilweise mächtiger Lösspakete der Niederrheinischen Bucht (1a in Abb. 4.16) bestehen aus glazifluvialen, fluvialen und äolischen Sedimenten, die sich teilweise bereits während der Saale-Eiszeit oder noch früher abgelagert haben, und dort gut erhalten sind. Der Nordrand des Rheinischen Schiefergebirges und das nördliche Harzvorland waren im mittleren Pleistozän mehrfach vom

Exkurs 4.5

Löss als Archiv für frühere Umweltbedingungen

Neben der Rekonstruktion der Paläowindrichtungen aus der räumlichen Verbreitung der Lösse (Abb. 4.19 und 4.20) oder aus der Zusammensetzung von Schwermineralen in den Ablagerungen können aus Löss-Paläoboden-Abfolgen sowie deren Sedimentationsmilieus Rückschlüsse auf die Paläoumweltbedingungen gezogen werden. Darüber hinaus sind paläolithische Steinartefakte und Tierknochen im Löss konserviert. Diese können auch helfen, die Ablagerungsphase in eine bestimmte Zeitphase einzuordnen. Eine zeitliche Einordnung kann ebenfalls über physikalische Al-

tersbestimmungen (Lumineszenz-, Radiokohlenstoff-, Uran-Thorium-Datierung) erfolgen. Eine Korrelation verschiedener Löss-Paläoboden-Sequenzen erfolgt über Markerlagen in den Lössen (z. B. Lohner Boden und die Kesseltlage; Abb. 4.21) oder über Tephren (z. B. die Laacher-See-Tephra oder die Eltville-Tephra, ET, s. Abb. 4.22). Dabei werden dann überregionale Vergleiche mit den Sauerstoffisotopenkurven aus der Tiefsee (*Oxygen Isotope Stages* = OIS) oder mit Eisbohrkernen aus Grönland gezogen (*Greenland Interstadial* = GI 22-2 in Abb. 4.22)

Abb. 4.21 Die lokale Eben-Zone mit der sogenannten Kesseltlage als Markerlage im Talschluss des Elsbachtales (Tagebau Garzweiler zwischen Köln und Mönchengladbach). Die Kesseltlage (*oben*) greift durch periglaziale (frostdynamische) Prozesse zapfenförmig in tiefere Schichten der Eben-Zone ein. (Foto: F. Lehmkuhl)

Skandinavischen Eisschild überdeckt, weshalb hier nur der Löss, der sich nach dem Weichsel-Glazial abgelagert hat, erhalten blieb. Für Sachsen (1f in Abb. 4.16) wurden 35 stratigraphische Einheiten herausgestellt, die sich hauptsächlich unter den klimatischen Bedingungen während der Weichsel-Kaltzeit gebildet haben.

Westlich von Flusstälern kann es, wie beispielsweise in der Niederrheinischen Bucht westlich der Maas, zu einer Abfolge der Ablagerung von Sand – Sandlöss – Löss kommen (Abb. 4.19a). Eine solche Abfolge ist auch am Nordrand der Lössverbreitung in Sachsen vorhanden. Östlich des Rheins oder auch entlang der Urstromtäler

lagerten sich lokal Flugsanddecken oder Dünen ab. Zum Bergischen Land hin gibt es dann wieder einen schmalen Gürtel von Lössen (Abb. 4.19b). In den Talungen außerhalb der Niederterrassen und in Becken des südniedersächsischen Berglandes findet sich unterhalb von 200 m Höhe häufig Löss in Mächtigkeiten von 0,5–3 m. Der Löss kann in Leepositionen, also an ostexponierten Hängen, höhere Mächtigkeiten erreichen (Abb. 4.19c). Nur für bestimmte zeitliche Abschnitte und lokal begrenzt ist ein Einfluss von Ostwinden durch das Inlandeis zu verzeichnen. Solche Ostwindeinflüsse sind für Abschnitte

Fortsetzung

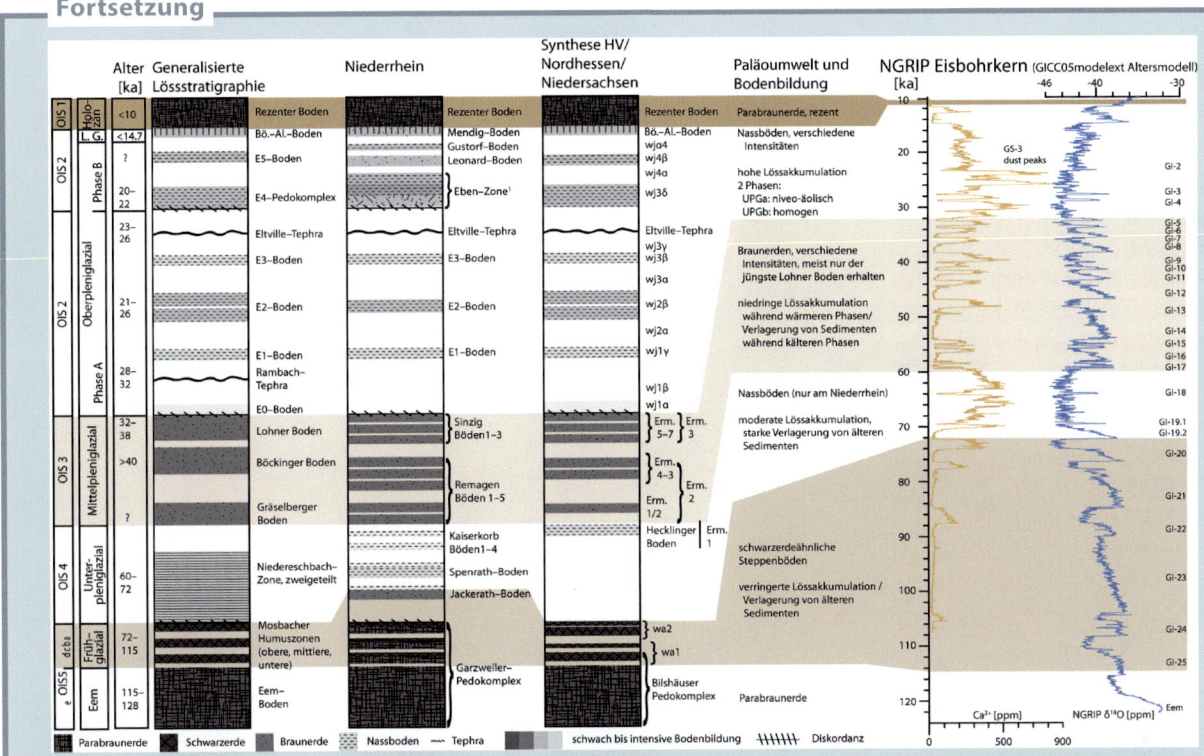

Abb. 4.22 Vereinfachte Lössstratigraphie der Niederrheinischen Bucht im Vergleich zum nördlichen Harzvorland / Nordhessen / Niedersachsen aus Lehmkuhl et al. (2016). Neben den Paläoumweltbedingungen zeigt die Abbildung auch die Korrelation zu den Sauerstoffisotopenstadien (*links*) und zum GRIP-Eisbohrkern (*rechts*, OIS und Ca^{2+}-Gehalt; 60-jährige Mittel nach Rasmussen et al. 2014; Seierstad et al. 2014). Die Alter *links* (in ka = 1000 Jahre vor heute) basieren auf Lumineszenz- und Radiokohlenstoffdatierungen. Die Eben-Zone umfasst die Kesseltlage und die Belmen- und Elfgen-Böden (cf. Schirmer 2016). (Die Daten sind aus verschiedenen Quellen von Lehmkuhl et al. (2016) zusammengefasst worden; Grafik: J. Zens)

im Hochglazial im Dehner Maar und weiter im Osten in Polen belegt (vgl. Abb. 4.20).

Durch die Analyse von Ablagerungszyklen, Mächtigkeiten und Bodenentwicklung können anhand der Lösse und der in ihnen enthaltenen Paläoböden Paläoumweltbedingungen rekonstruiert werden (s. Exkurs 4.5).

Die Lössregionen bilden folglich, wie bereits beschrieben, ein gutes Ausgangssubstrat für fruchtbare Böden in Deutschland. Abb. 4.23 zeigt die Verbreitung und Abb. 4.24 das Ertragspotential der Böden in Deutschlands Norden. Die Lössregionen zeigen sich hierbei deutlich mit Parabraunerden und Tschernosemen sowie hohem Ertragspotential. Ähnlich gute Standorte sind die Parabraunerden in den Jungmoränengebieten Schleswig-Holsteins und Mecklenburg-Vorpommerns. In der Region dazwischen dominieren auf sandigen Standorten nähstoffarme Podsole und vor allem im Nordwesten Niedersachsens Moore. Ertragsreiche Standorte sind darüber hinaus noch die jungen Marschen an der Nordseeküste.

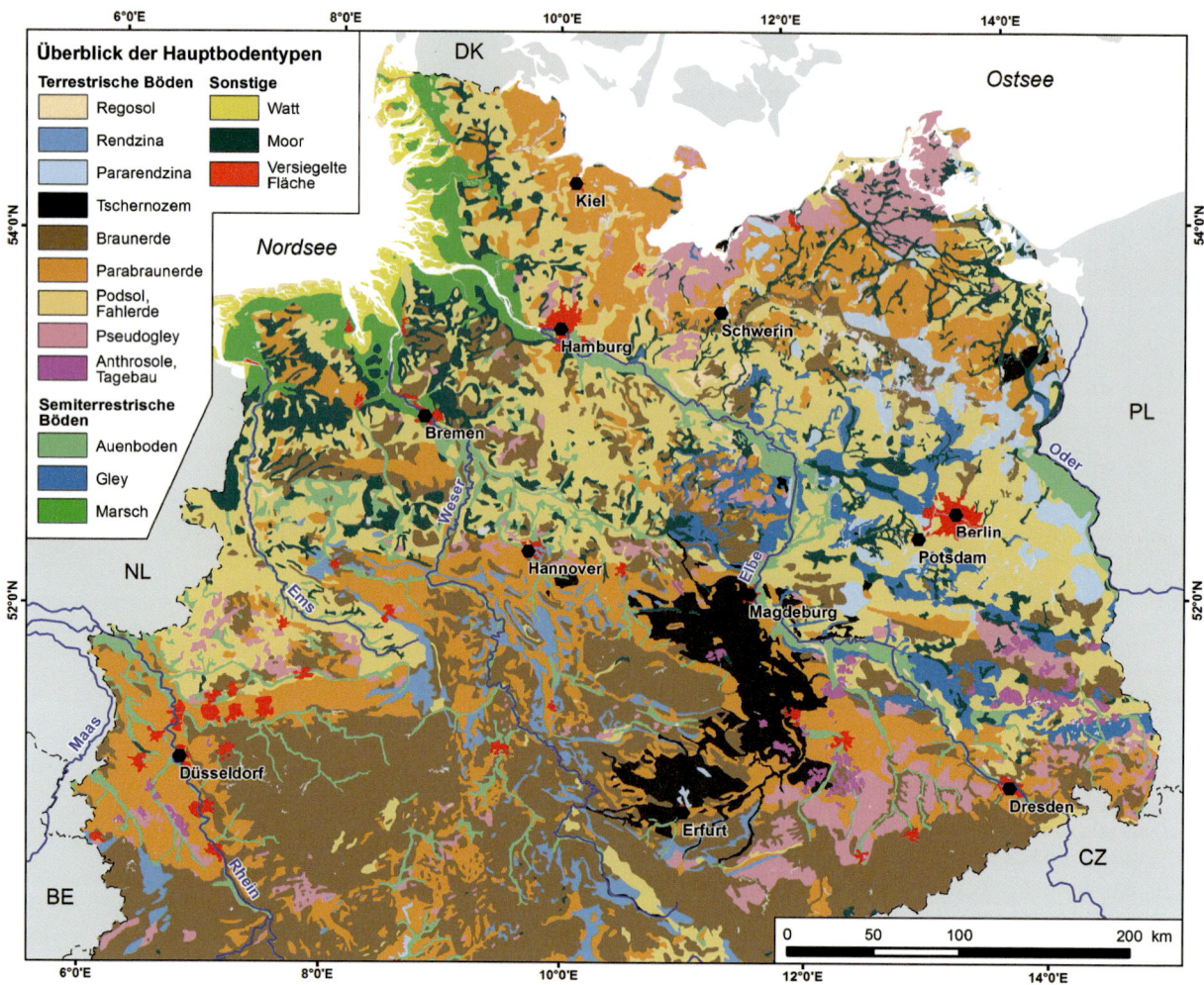

Abb. 4.23 Bodenübersichtskarte – Bodentypen in Deutschlands Norden. (Quelle: BGR 2013a; Kartographie: J. Walk)

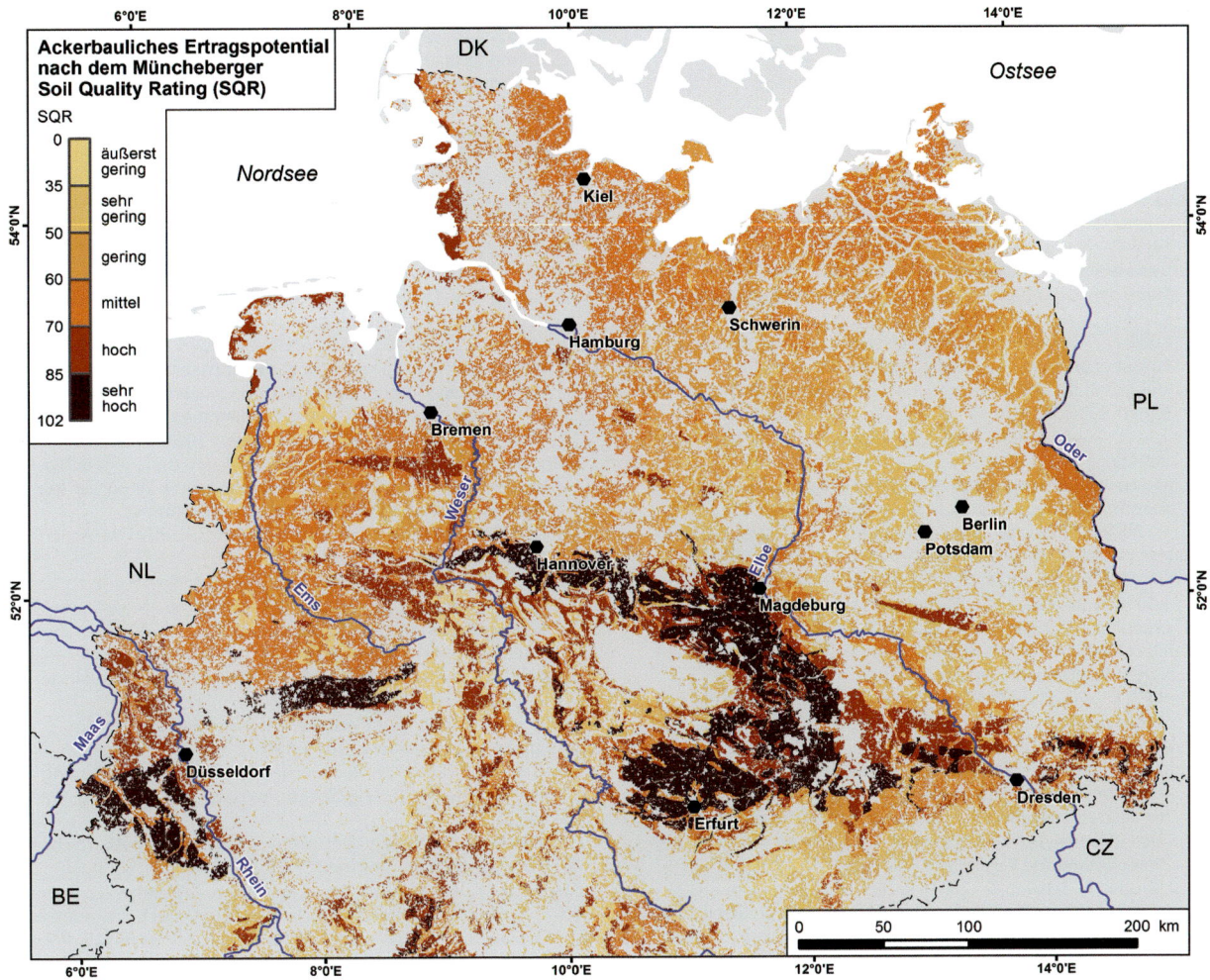

Abb. 4.24 Ackerbauliches Ertragspotential in Deutschlands Norden. (Quelle: BGR 2013b; Kartographie: J. Walk)

Literatur

Ahnert, F. (2015): Einführung in die Geomorphologie. 5. Aufl. Eugen Ulmer KG, Stuttgart.

Beyer, I., Schmidt K.-H. (2003): Schichtstufenlandschaften. In Nationalatlas Bundesrepublik Deutschland – Relief, Boden und Wasser. Institut für Länderkunde, Leipzig.

Bibus, E. (1980): Zur Relief-, Boden- und Sedimententwicklung am unteren Mittelrhein. Frankfurter Geowissenschaftliche Arbeiten, Serie D – Physische Geographie 1.

Bundesanstalt für Geowissenschaften und Rohstoffe (BGR) (2016): Deutscher Erdbebenkatalog 1968 – Gestern, Erdbeben Informations-System (EISY). http://www.bgr.bund.de/DE/Themen/Erdbeben-Gefaehrdungsanalysen/Seismologie/Seismologie/Erdbebenauswertung/D_seit_1968/d_1968_node.html.

Bundesanstalt für Geowissenschaften und Rohstoffe (BGR) (2013a): Bodenübersichtskarte der Bundesrepublik Deutschland 1:1.000.000 (BÜK1000). http://produktcenter.bgr.de/terraCatalog/Start.do.

Bundesanstalt für Geowissenschaften und Rohstoffe (BGR) (2013b): Ackerbauliches Ertragspotential der Böden in Deutschland 1:1.000.000. http://produktcenter.bgr.de/terraCatalog/Start.do.

Bundesanstalt für Geowissenschaften und Rohstoffe (BGR) (2007): Geologische Übersichtskarte der Bundesrepublik Deutschland 1:200.000 (GÜK200) – CC 4726 Goslar, CC 4718 Kassel. http://produktcenter.bgr.de/terraCatalog/Start.do.

Diercke (2008): Weltatlas – Niederschläge im Jahr (im langjährigen Mittel). Westermann, Braunschweig.

Eberle, J., Eitel, B., Blümel, W.D., Wittmann, P. (2007): Deutschlands Süden vom Erdmittelalter zur Gegenwart, 2. Aufl. Spektrum Akademischer Verlag, Heidelberg.

Engels, S., Van Geel, B., Buddelmeijer, N., Brauer, A. (2015): High-resolution palynological evidence for vegetation response to the Laacher See eruption from the varved record of Meerfelder Maar (Germany) and other central European records. Review of Palaeobotany and Palynology 221: 160–170.

Frischbutter, A., Schwab, G. (2001): Recent vertical movements (mm/a). In: Garetzky, R.G., Ludwig, A.O., Schwab, G., Stackebrandt, W. (2001): Neogeodynamics of the Baltic Sea Depression and adjacent areas. Results of IGCP project 346. Abridged version. Brandenburger Geowissenschaftliche Beiträge 8, 1, explanatory notes & neogeodynamic maps 1-8, Kleinmachnow, Map No. 4.

Garetzky, R.G., Aizberg, R.Y., Karabanov, A.K., Kockel, F., Ludwig, A.O., Lyke-Andersen, H., Ostaficzuk, S., Palijenko, V.P., Sim, L.S., Sliaupa, A., Stackebrandt, W. (2001): The neogeodynamic state of the Baltic Sea Depression and adjacent areas – some conclusions from the IGCP-Project 346: "Neogeodynamica Baltica". In: Garetzky, R.G., Ludwig, A.O., Schwab, G., Stackebrandt, W. (2001) Neogeodynamics of the Baltic Sea Depression and adjacent areas. Results of IGCP project 346. Abridged version. Brandenburg. geowiss. Beitr. 8, 1, explanatory notes & neogeodynamic maps 1-8, Kleinmachnow, S.43–47.

Haase, D., Fink, J., Haase, G., Ruske, R., Pécsi, M., Richter, H., Altermann, M., Jäger, K.-D. (2007): Loess in Europe – its spatial distribution based on a European Loess Map, scale 1:2,500,00. Quaternary Science Reviews: 1301–1312.

Haesaerts, P., Damblon, F., Gerasimenko, N., Spagna, P., Pirson, S. (2016): The Late Pleistocene loess-palaeosol sequence of Middle Belgium. Quaternary International 359-360, 347–361.

Hantke, R. (1993): Flußgeschichte Mitteleuropas: Skizzen zu einer Erd-, Vegetations- und Klimageschichte der letzten 40 Millionen Jahre. Ferdinand Enke Verlag, Stuttgart.

Henningsen, D., Katzung, G. (2011): Einführung in die Geologie Deutschlands, korrigierter Nachdruck der 7. Aufl. Spektrum Akademischer Verlag, Berlin Heidelberg.

Hofbauer, G. (2016) Vulkane in Deutschland. Wissenschaftliche Buchgesellschaft, Darmstadt.

Lehmkuhl, F., Zens, J., Krauß, L., Schulte, P., Kels, H. (2016): Loess-paleosol sequences at the northern European loess-belt in Germany: distribution, geomorphology and stratigraphy. Quaternary Science Reviews 153: 11–30.

Liedtke, H., Marcinek, J. (Hrsg.) (2002): Physische Geographie Deutschlands. 3. Aufl. Klett Perthes. Stuttgart.

Meszner, S., Kreutzer, S., Fuchs, M., Faust, D. (2013): Late Pleistocene landscape dynamics in Saxony, Germany: Paleoenvironmental reconstruction using loess-paleosol sequences. Quaternary International 296: 94–107.

Rasmussen, S.O., Bigler, M., Blockley, S.P., Blunier, T., Buchardt, S.L., Clausen, H.B., Cvijanovic, I., Dahl-Jensen, D., Johnsen, S.J., Fischer, H., Gkinis, V., Guillevic, M., Hoek, W.Z., Lowe, J.J., Pedro, J.B., Popp, T., Seierstad, I.K., Steffensen, J.P., Svensson, A.M., Vallelonga, P., Vinther, B.M., Walker, M.J.C., Wheatley, J.J., Winstrup, M. (2014): A stratigraphic framework for abrupt climatic changes during the Last Glacial period based on three synchronized Greenland ice-core records: refining and extending the INTIMATE event stratigraphy. Quaternary Science Review 106: 14–28.

Reinecke, V. (2005): Untersuchungen zur mittel- und jungpleistozänen Reliefentwicklung und Morphodynamik im nördlichen Harzvorland. Aachener Geographische Arbeiten 43.

Rothe, P. (2009): Die Geologie Deutschlands, 3. Aufl. Wissenschaftliche Buchgesellschaft, Darmstadt.

Römer, W., Lehmkuhl, F., Sirocko, F. (2016): Late Pleistocene aeolian dust provenances and wind direction changes reconstructed by heavy mineral analysis of the sediments of the Dehner dry maar (Eifel, Germany). Global and Planetary Change 147: 25–39.

Scheffer, F., Schachtschabel, P. (1989): Lehrbuch der Bodenkunde. Ferdinand Enke Verlag, Stuttgart.

Schirmer, W. (2016): Late Pleistocene loess of the lower Rhine. Quaternary International 411: 44–61.

Schmincke, H.-U. (2009a): Vulkane der Eifel – Aufbau, Entstehung und heutige Bedeutung. Spektrum Akademischer Verlag, Heidelberg.

Schmincke, H.-U. (2009b): Vulkanismus, 2. Aufl. Wissenschaftliche Buchgesellschaft, Darmstadt.

Seierstad, I.K., Abbott, P.M., Bigler, M., Blunier, T., Bourne, A.J., Brook, E., Buchardt, S.L., Buizert, C., Clausen, H.B., Cook, E., Dahl-Jensen, D., Davies, S.M., Guillevic, M., Johnsen, S.J., Pedersen, D.S., Popp, T.J., Rasmussen, S.O., Severinghaus, J.P., Svensson, A., Vinther, B.M. (2014): Consistently dated records from the Greenland GRIP, GISP2 and NGRIP ice cores for the past 104 ka reveal regional millennial-scale d18O gradients with possible Heinrich event imprint. Quaternary Science Review 106: 29–46.

Stackebrandt, W. (2004): Zur Neotektonik in Norddeutschland. Zeitschrift für Geologische Wissenschaften 32, 2-4: 85–95.

Stackebrandt, W. (2005): Neotektonische Aktivitätsgebiete in Brandenburg (Norddeutschland). Brandenburgische Geowissenschaftliche Beiträge 12, 1-2: 165–172.

Vanneste, K., Camelbeeck, T., Verbeeck, K. (2013): A Model of Composite Seismic Sources for the Lower Rhine Graben, Northwest Europe. Bulletin of the Seismological Society of America, 103, 2A: 984–1007.

Walter, R. (1992): Geologie von Mitteleuropa. 5. Aufl. E. Schweizerbart'sche Verlagsbuchhandlung, Stuttgart.

Winandy, J., Grützner, C., Reicherter, K., Wiatr, T., Fischer, P., Ibeling, T. (2011): Is the Rurrand Fault (Lower Rhine Graben, Germany) responsible for the 1756 Düren earthquake series? In: 2nd INQUA-IGCP-567 International Workshop on Active Tectonics, Earthquake Geology, Archaeology and Engineering, Corinth, Greece 2011.

Wunderlich, H.-G. (1968) Einführung in die Geologie – Band 1, Exogene Dynamik. Bibliographisches Institut Wissenschaftsverlag, Mannheim Wien Zürich.

Zagwijn, W.H., Van Staalduinen, C.J. (Hrsg.) (1975): Toelichtingen bij the geologische overzichtskarten van Nederland. Rijks Geologische Dienst, Haarlem.

5 Die Altmoränen-landschaft

5.1 Wann begann das Eiszeitalter?

Im Laufe der Erdgeschichte hat es mehrere Eiszeitalter gegeben: im Präkambrium, im Paläozoikum und im Quartär. Der Begriff Quartär stammt aus einer Zeit, als noch niemand wusste, dass es Eiszeiten gegeben hatte. Er wurde genau wie der Begriff Tertiär 1760 von Giovanni Arduino eingeführt. Er unterschied aufgrund seiner Beobachtungen geologischer Schichten in Oberitalien vier Epochen: das Primär (Basalte, Granite, Schiefer), das Sekundär (fossile Kalkablagerungen), das Tertiär (jüngere Sedimentablagerungen) und das Quartär (jüngste alluviale Ablagerungen). Die Begriffe Primär und Sekundär sind bereits im 19. Jahrhundert aus der stratigraphischen Tabelle verschwunden. Das Tertiär wurde im Jahr 2000 aus der international gültigen, von der Internationalen Kommission für Stratigraphie (*International Commission on Stratigraphy*, ICS) herausgegebenen Geologischen Zeitskala gestrichen. Stattdessen wurde das Känozoikum (die Erdneuzeit) in das Paläogen (früher: Alttertiär) und das Neogen (früher: Jungtertiär) untergliedert. Das Quartär blieb dagegen auf Beschluss der ICS vom 21. Mai 2009 erhalten, und obendrein wurde seine Basis neu definiert (Abb. 5.1).

Die Untergrenze des Quartärs liegt bei 2,58 Mio. Jahren. Sie ist anhand eines Typprofils (GSSP –*Global Boundary Stratotype Section and Point*) an der Küste Kalabriens in Süditalien festgelegt worden. Ausschlaggebend für die Grenzziehung war, dass die Veränderung von sogenannten Biomarkern in der Ablagerungsfolge, hier vor allem von marinem Plankton mit Kalkschalen und Kalkskeletten, das Einsetzen kühlerer Bedingungen im mediterranen Raum bezeugt. Die weltweite Korrelation wird dadurch erleichtert, dass die klimatisch definierte Grenze mit einer Umpolung des Magnetfeldes der Erde zusammenfällt, der Gauss-Matuyama-Grenze.

Der Beginn der jüngsten Vereisungen auf der Erde reicht allerdings viel weiter zurück als das Quartär. Gegen Ende des Eozäns bildete sich ein Eisschild in der Antarktis (vgl. Kap. 3). Aus dem Neogen ist eiszeitlich abgelagerter Gesteinsschutt (IRD – *Ice-rafted detritus*) in den Sedimenten des Nordatlantiks nachgewiesen. Entsprechende Ablagerungen am Meeresboden westlich von Norwegen, in N- und SO-Grönland, bei Island, im nördlichen Nordamerika und im Südpolarmeer nahe der Antarktis zeugen von diesen frühen Vereisungen.

5.2 Spuren früher Vereisungen in Norddeutschland

Die Grundgliederung der norddeutschen Quartärstratigraphie wurde bereits Ende des 19. Jahrhunderts aufgestellt. Man nahm damals an, dass Norddeutschland – wie die Alpen – dreimal vergletschert gewesen sei. Tatsächlich konnten Keilhack (1896) in Berlin und Gottsche (1897a) in Hamburg einen ältesten (dritten) Geschiebemergel in Norddeutschland nachweisen. Wenig später stellte sich allerdings heraus, dass die Alpen nicht dreimal, sondern (mindestens) viermal vergletschert gewesen waren. Diese vierte Eiszeit ließ sich in Norddeutschland nicht nachweisen – bis heute nicht.

Andererseits besteht kein Zweifel daran, dass es viel mehr Kalt- und Warmzeiten gegeben hat, als Penck und Brückner (Penck 1882, 1899; Penck und Brückner 1901) angenommen hatten. Mitte des vorigen Jahrhunderts hat Waldo Zagwijn (1957) durch vegetationskundliche und sedimentologische Untersuchungen in den Niederlanden den bis dahin bekannten klimastratigraphischen Einheiten,

- Weichsel-Kaltzeit,
- Eem-Warmzeit,
- Saale-Kaltzeit,
- Holstein-Warmzeit,
- Elster-Kaltzeit,
- Cromer-Warmzeit,

fünf ältere Abschnitte vorangestellt:
- Menap-Kaltzeit,
- Waal-Warmzeit,
- Eburon-Kaltzeit,
- Tegelen-Warmzeit,
- Prätegelen-Kaltzeit.

Diese Gliederung musste in der Folgezeit weiter ergänzt werden. Während ursprünglich angenommen worden war, dass jede dieser Einheiten eine einheitliche Warm-

© Springer-Verlag Berlin Heidelberg 2018
M. Böse, J. Ehlers, F. Lehmkuhl, *Deutschlands Norden*, https://doi.org/10.1007/978-3-662-55373-2_5

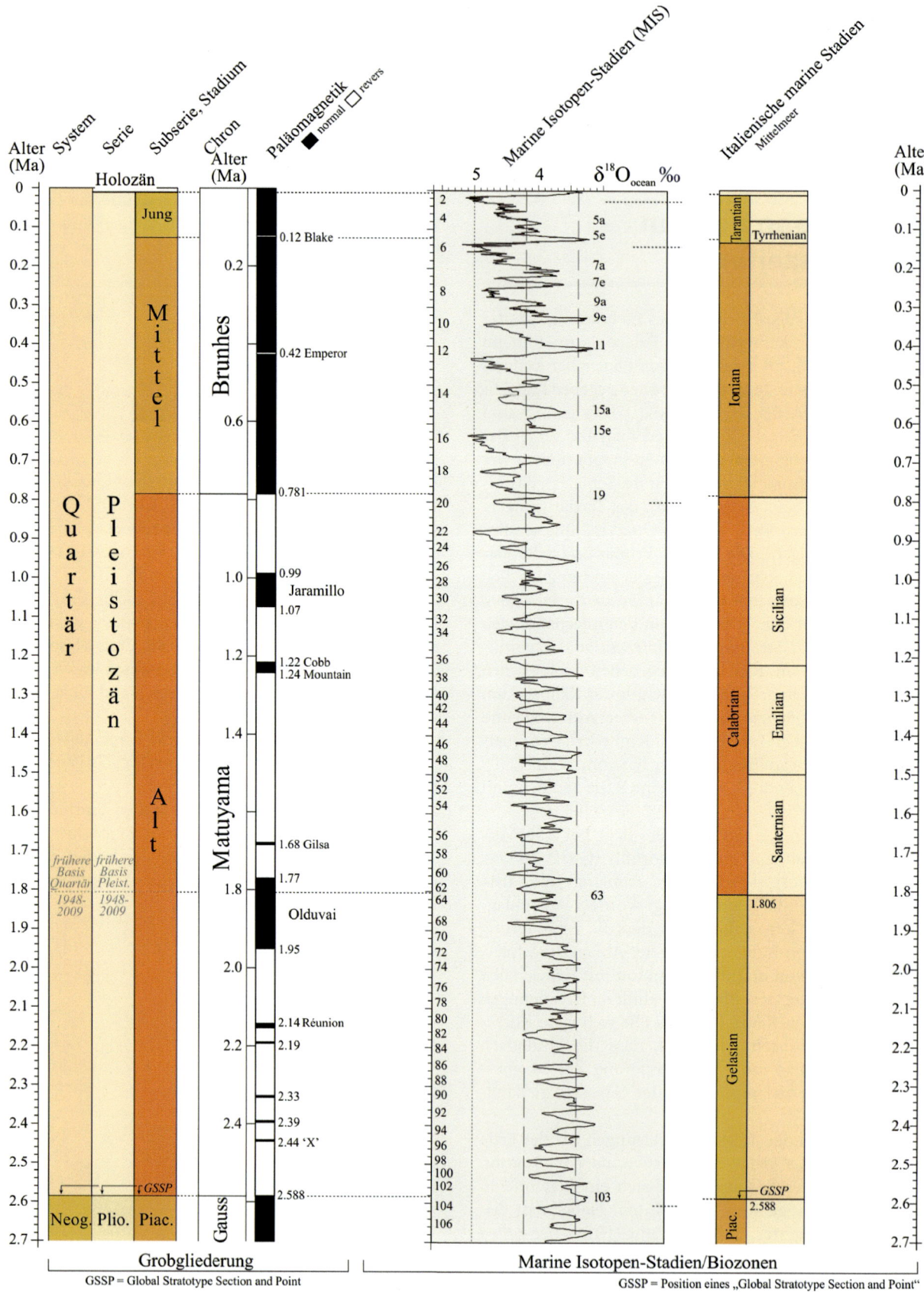

Abb. 5.1 Chronostratigraphische Korrelationstabelle für die letzten 2,7 Mio. Jahre. (Nach Gibbard et al. 2009)

oder Kaltzeit gewesen sei, zeigte sich später, dass innerhalb dieser Perioden wiederholte Wechsel zwischen kalt-gemäßigten (borealen) und warm-gemäßigten Klimabedingungen stattgefunden hatten.

Das Jungpleistozän umfasst die Eem-Warmzeit und die Weichsel-Kaltzeit. Das Mittelpleistozän reicht von der Saale-Kaltzeit bis zum Cromer. Die älteren stratigraphischen Einheiten in Norddeutschland gehören zum Altpleistozän.

Generell ist das Altpleistozän durch das allmähliche Verschwinden tertiärer Pflanzenarten gekennzeichnet. Während die jüngeren Warmzeiten (Holozän, Eem und Holstein) klar voneinander zu unterscheiden sind, gilt das nicht für das Altpleistozän. Man weiß inzwischen, dass es keine einheitliche Cromer-Warmzeit gab, sondern dass das Cromer mehrere Warmzeiten umfasst, die sich per Pollenanalyse schwer unterscheiden lassen. Man fasst sie unter dem Begriff Cromer-Komplex zusammen.

Die am besten erhaltene Abfolge altpleistozäner Ablagerungen in Norddeutschland findet sich in einer Karsthohlform auf dem Salzstock Lieth bei Elmshorn. Hier ist eine Schichtenfolge mit fünf frühpleistozänen Warmzeiten erhalten geblieben, die den Zeitraum vom Tegelen bis über das Menap hinaus umfasst (Abb. 5.2). Es handelt sich um an Ort und Stelle gebildete (autochthone) Torfe und Mudden (organische Seeablagerungen), in denen sich eine echte Vegetationsentwicklung ablesen lässt.

Ältere warmzeitliche Ablagerungen bis hin zum Pliozän sind in einer Bohrung bei Oldenswort (Schleswig-Holstein) angetroffen worden. Der jüngste Teil des Frühpleistozäns (wahrscheinlich Ende Menap bis Frühelster) ist dagegen in Bohrungen im Bereich einer Subrosionssenke auf dem Salzstock Gorleben erbohrt worden.

Doch damit sind nicht alle Probleme gelöst. Im Vergleich zur Tiefseestratigraphie ist die Zahl der in Norddeutschland und in den Niederlanden nachgewiesenen Warmzeiten immer noch viel zu gering.

5.3 Elster-Eiszeit

Die Namen Elster-, Saale- und Weichsel-Eiszeit wurden zuerst (ab 1910) von den kartierenden Geologen der Preußischen Geologischen Landesanstalt verwendet. Allgemein haben sich die Begriffe jedoch erst in den Zwanzigerjahren des vorigen Jahrhunderts durchgesetzt.

In der Elster-Kaltzeit war Norddeutschland zum ersten Mal von einer ausgedehnten Vereisung betroffen, in der das Eis bis an den Rand der Mittelgebirge vorstieß (Abb. 5.3). Es hatte auch davor schon Vereisungen gegeben, vor allem während der marinen Sauerstoffisotopenstadien MIS 24-22 und MIS 16 (der Don-Vereisung), aber jetzt reichten die Eisschilde erstmalig so weit, dass sich

Abb. 5.2 Altpleistozäne Ablagerungen in einer Karsthohlform bei Lieth, Schleswig-Holstein. (Foto: J. Ehlers, 1980)

skandinavisches und britisches Eis in der Nordsee trafen. Da der Abfluss nach Norden versperrt war, bildete sich im Nordseebecken ein riesiger Eisstausee, dessen Wasser schließlich vor etwa 455.000 Jahren die Schwelle im Bereich des heutigen Ärmelkanals durchbrach und damit einen Abfluss in Richtung Golf von Biskaya schuf. Der Ärmelkanal war zunächst nur ein großes Flusssystem, das sich in der nächsten Warmzeit und in den nachfolgenden Kaltzeiten nach und nach zur heutigen Breite erweiterte.

Die Elster-Vereisung (Abb. 5.3) hat die Landschaft in Nordwesteuropa so entscheidend umgestaltet, dass so gut wie alle Spuren älterer Vereisungen ausgelöscht worden sind. Das Ausmaß der vorausgegangenen Eisvorstöße ist daher unbekannt. Auch das Entwässerungssystem wurde im Zuge der Elster-Vereisung umgestaltet. Die norddeutschen Flüsse wurden vom vorrückenden Eis aufgestaut und zum Teil nach Westen abgelenkt.

Die Ausdehnung der elsterzeitlichen Vergletscherung ist in manchen Gebieten noch unklar. Spätere Eisvorstöße haben ihre Ablagerungen großflächig erodiert. Zum Beispiel ist im Emsland (Niedersachsen) der Elster-Till nur noch fleckenhaft vorhanden (zum Begriff „Till" s. Ex-

kurs 5.2). Erst weiter östlich verdichten sich die Vorkommen zu einer geschlossenen Tilldecke, so z. B. nördlich von Bremen, wo Elster-Till in verschiedenen Aufschlüssen sichtbar ist.

Im südlichen Niedersachsen und in Nordrhein-Westfalen wird die Elster-Vereisung in erster Linie aus der Präsenz umgelagerter skandinavischer Geschiebe in der Mittelterrasse abgeleitet. Das Eis ist damals wahrscheinlich nicht bis in die Münsterländer Bucht vorgestoßen. In der Nordsee reichte der Eisschild der Elster-Kaltzeit dagegen weit nach Süden, in England sogar bis in das heutige London. Östlich des Harzes, wo das Elster-Eis weiter als alle späteren Eisschilde nach Süden vorstieß, ist eine genaue Rekonstruktion der Vereisungsgrenze möglich. Hier entspricht die Verbreitungsgrenze der Feuersteine der Maximalausdehnung des Elster-Eises. Die Feuersteinlinie verläuft hier in einer Höhe von 300–480 m.

Die Zusammensetzung des Elster-Tills Norddeutschlands wird stark durch Lokalmaterial beeinflusst, im Wesentlichen durch Sande und Tone des Miozän und Pliozän.

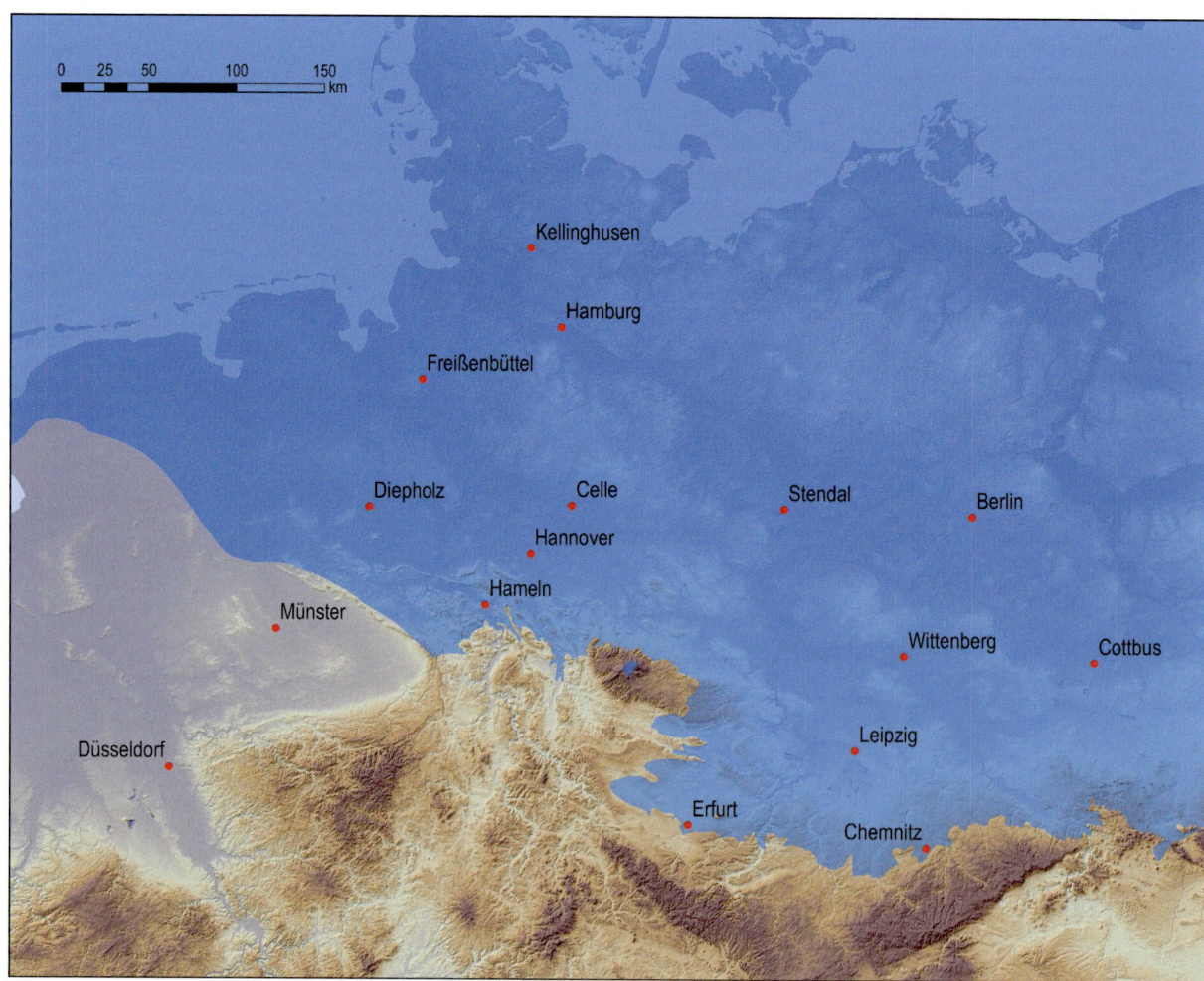

Abb. 5.3 Die Ausdehnung der Elster-Vereisung in Norddeutschland

Abb. 5.4 Sandiger Elster-Till in der Grube der Firma Huxoll bei Wellen, Niedersachsen. (Foto: J. Ehlers)

Im sächsisch-thüringischen Raum, wo die Elster-Ablagerungen im Bereich der großen Braunkohlentagebaue hervorragend aufgeschlossen sind, gibt es zwei Elster-Tills. Diese unterscheiden sich zwar in der Korngrößenzusammensetzung und im Quarzgehalt; die Unterschiede in der Geschiebeführung sind jedoch äußerst gering.

Im Elbe-Weser-Dreieck sind zwei Elster-Tills aufgeschlossen, die eine stark unterschiedliche Korngrößenverteilung aufweisen (Abb. 5.4). In Freißenbüttel (nördlich von Osterholz-Scharmbeck) wurden beide Tills übereinander angetroffen. Während der ältere der beiden Tills als braungrauer, sandiger Geschiebelehm ausgebildet ist (ca. 10 % Ton, 20 % Schluff), muss der jüngere als schluffiger Geschiebesand bezeichnet werden (ca. 6 % Ton, 8 % Schluff). Lediglich das Gefüge weist dieses obere unsortierte Sediment (Diamikton) eindeutig als Gletscherablagerung aus; in einer Bohrprobe wäre dieser Till nicht von Schmelzwassersand zu unterscheiden. Geschiebe-Einregelungsmessungen im Elbe-Weser-Dreieck haben gezeigt, dass sich das Elster-Eis bei der Ablagerung beider Tills im Wesentlichen in nord-südlicher Richtung bewegt hat.

Die ersten Elster-Tills Nordwestdeutschlands enthalten in der Regel relativ hohe Anteile an westskandinavischen Geschieben. Rhombenporphyre (Abb. 5.5) und andere südnorwegische Leitgeschiebe werden häufig zusammen mit Flintkonglomerat vom Boden des Skagerrak gefunden. Die norwegischen Gesteine überwiegen allerdings nirgendwo; ihr Anteil liegt stets unter 10 % der gesamten (kristallinen + sedimentären) Leitgeschiebe.

Die markantesten Spuren, die die Vergletscherung der Elster-Eiszeit in Norddeutschland hinterlassen hat, stammen nicht vom Gletscher selbst, sondern von seinen

Abb. 5.5 Rhombenporphyr aus dem Oslograben. (Foto: J. Ehlers)

Exkurs 5.1

Rinnen der Elster-Eiszeit

In Norddeutschland ist der Rand des elsterzeitlichen Vereisungsgebietes von einem System tiefer Rinnen durchzogen, die vielfach netzartig miteinander verbunden sind (Abb. 5.6). Die tieferen elsterzeitlichen Rinnen reichen im Osten bis über Cottbus hinaus. In Niedersachsen enden sie etwa entlang einer Linie von Diepholz über Nienburg bis Celle. Sie reichen im Westen über die Niederlande hinaus bis in die Nordsee.

Als das Elster-Eis abschmolz, bildeten sich vor dem Eisrand große Eisstauseen, in denen Schluff und Ton abgelagert wurden. In Norddeutschland werden diese Ablagerungen als „Lauenburger Ton" bezeichnet. Die Verbreitung des Lauenburger Tons reicht von den Niederlanden („Potklei" der Provinzen Friesland, Groningen und Drente) bis nach Meck-

lenburg-Vorpommern hinein. Dieses Beckensediment kann eine Mächtigkeit von über 150 m erreichen. Die Zusammensetzung des Lauenburger Tons spiegelt den allmählichen Zerfall des Elster-Eises wider. Während die unteren Partien reich an Kiesen (Dropstones) und mit Sand vermischt sind, nimmt die Sortierung zum Hangenden hin zu. Hier setzt allmählich eine Schichtung ein. Wenn es sich hierbei um Jahresschichten handelt, ist der Lauenburger Ton des Hamburger Raumes in einem Zeitraum von mehr als 2000 Jahren abgelagert worden. Der obere Teil des Lauenburger Tons ist manchmal rot gefärbt. Möglicherweise sind hier die feinsten Bestandteile der Schmelzwässer eines letzten, ostbaltisch geprägten Elster-Eisvorstoßes abgelagert worden.

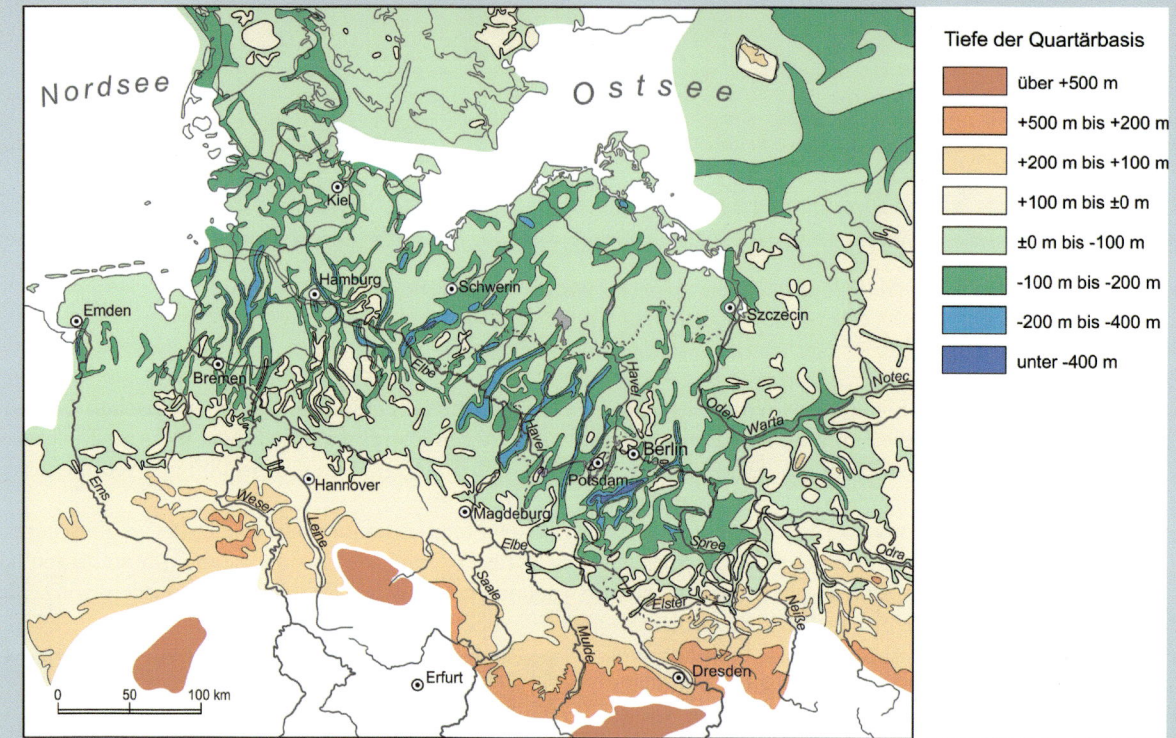

Abb. 5.6 Elsterzeitliche Rinnen im Untergrund von Norddeutschland. (Quelle: Stackebrandt und Franke 2015, www.schweizerbart.de/9783510652952)

Schmelzwässern. Der Untergrund Norddeutschlands ist durchzogen von zahlreichen tiefen Rinnen, die vom Schmelzwasser unter dem Eis gebildet worden sind, und die anschließend überwiegend mit Schmelzwasserablagerungen verfüllt worden sind Exkurs 5.1.

5.4 Die Eisvorstöße der Saale-Kaltzeit

Da es in der Saalezeit mehrere sehr intensive Kälte- und Wärmeschwankungen gegeben hat, handelt es sich um eine komplexe stratigraphische Einheit, die als Saale-Komplex zu bezeichnen ist.

In der frühen Saalezeit, d. h. in der Zeit zwischen dem Ende der Holstein-Warmzeit und dem ersten Eisvorstoß

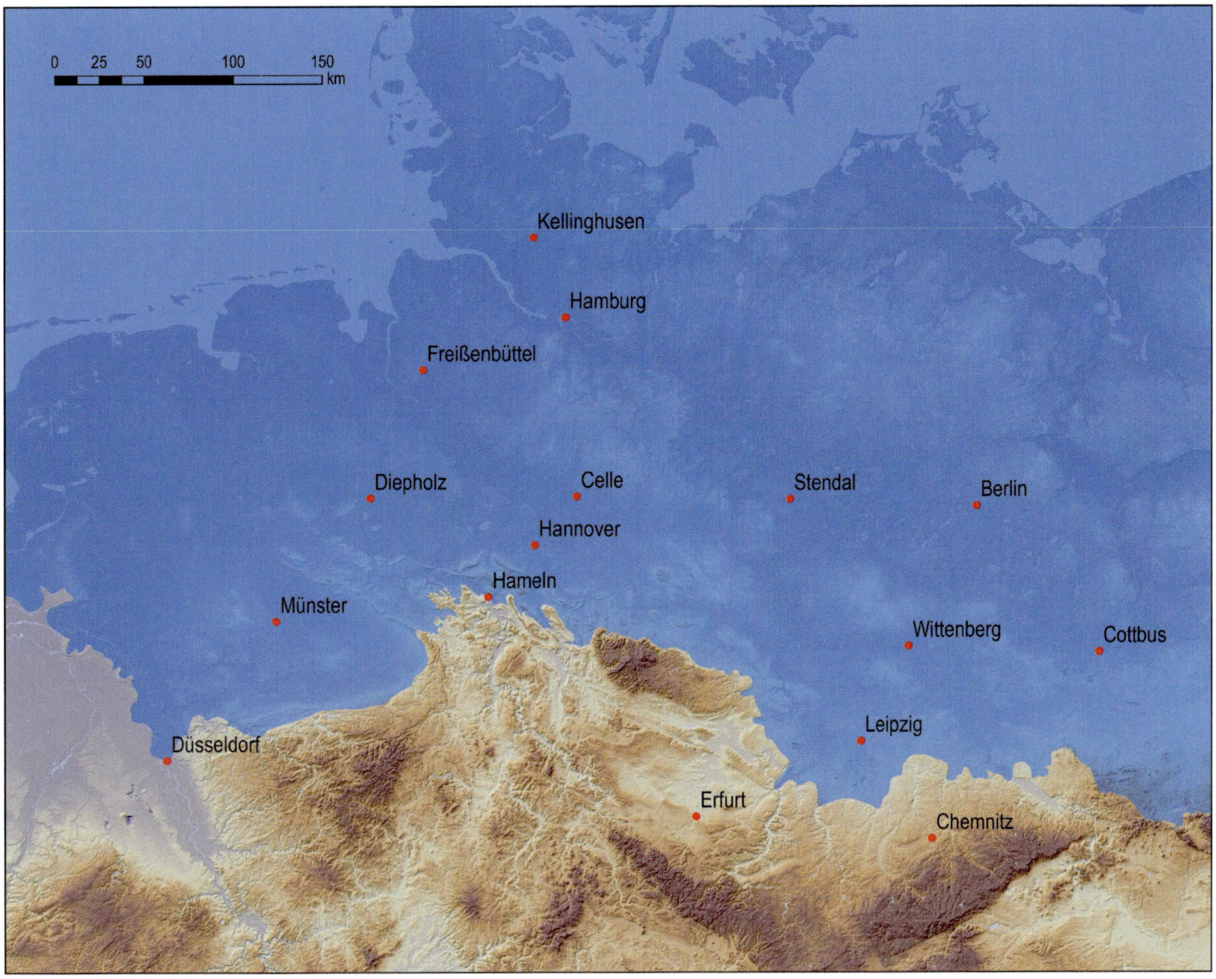

0 25 50 100 150 km

Kellinghusen

Hamburg

Freißenbüttel

Diepholz Celle Stendal Berlin

Hannover

Hameln

Münster Wittenberg Cottbus

Leipzig

Düsseldorf

Erfurt

Chemnitz

Abb. 5.7 Die Ausdehnung der Älteren Saale-Vereisung in Norddeutschland

des Saale-Komplexes, herrschten zunächst periglaziale Bedingungen. Diese Phase wurde jedoch von einer erneuten Warmzeit abgelöst.

Mit der Entdeckung dieser Dömnitz-Warmzeit geriet ein Grundprinzip der Quartärstratigraphie ins Wanken. Bis dahin war man davon ausgegangen, dass auf eine Eiszeit jeweils nur eine Warmzeit gefolgt war. Nun gab

Abb. 5.8 Saalezeitliche Schmelzwassersande des Zeuchfelder Sanders in der Nähe von Freyburg (Unstrut). Das Bild zeigt nur den obersten Teil der Sanderablagerungen (*im unteren Bildteil*), darüber lagern weichselzeitliche Deckschichten (Schwemmlöss, Fließerde) mit Paläoböden. (Foto: S. Wansa)

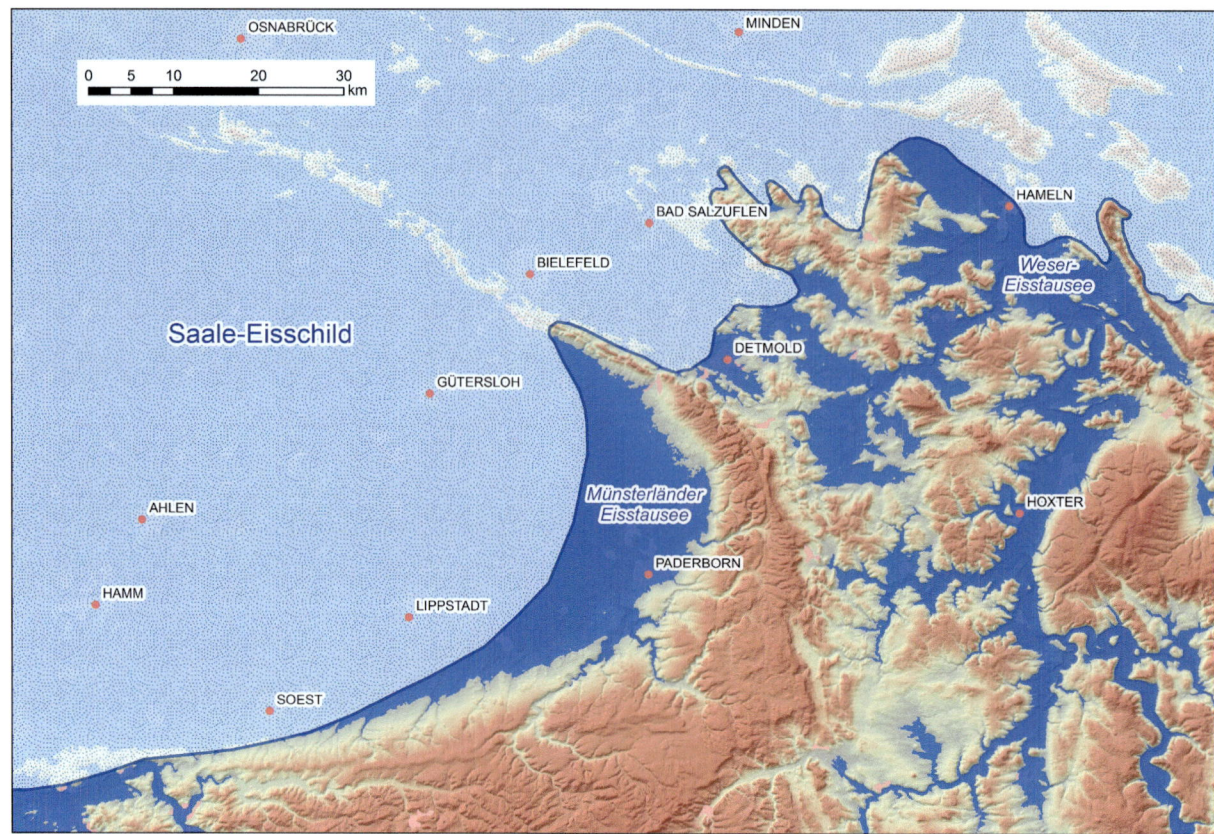

Abb. 5.9 Im östlichen Münsterland und südlich der Porta Westfalica haben sich vor dem Eisrand zwei Eisstauseen gebildet. Die beiden Seen stehen nicht in Kontakt miteinander. (Nach Meinsen et al. 2011)

es eine Ausnahme: Zwischen Elster-Eiszeit und Saale-Eiszeit lagen zwei Warmzeiten. Dass diese zusätzliche Warmzeit erst so spät entdeckt wurde, lag an den ungünstigen Erhaltungsbedingungen. Während im Holstein zahlreiche Toteislöcher aus der Elster-Vergletscherung als Sedimentfallen zur Verfügung standen, waren diese in der Dömnitz-Warmzeit in den meisten Fällen bereits wieder verfüllt.

Man geht traditionell davon aus, dass Norddeutschland in der Saale-Kaltzeit von zwei großen Eisvorstößen betroffen war, dem Drenthe- und dem Warthe-Vorstoß. Der Begriff Warthe für den jüngeren Eisvorstoß geht auf frühe Arbeiten von Paul Woldstedt (z. B. 1927, 1929) zurück, die Bezeichnung „Drenthe" wurde erst viel später in Anlehnung an die niederländische Stratigraphie eingeführt.

Innerhalb des Saale-Komplexes lassen sich in Norddeutschland drei Tills unterscheiden, die jeweils durch Schmelzwasserablagerungen voneinander getrennt sind. Da die verschiedenen Lokalstratigraphien bisher widersprüchlich sind, soll im folgenden Text von Älterer, Mittlerer und Jüngerer Saale-Vereisung gesprochen werden.

Der Ältere Saale-Eisvorstoß hat bis in die Niederlande und an den Rand der deutschen Mittelgebirge gereicht (Abb. 5.7). In den Niederlanden und in Nord-

westdeutschland finden sich im obersten Teil des Tills dieses Eisvorstoßes rötlichbraun gefärbte Partien, die eine andere Zusammensetzung aufweisen als der Rest des Moränenmaterials. Dieser Till ist durch ostbaltische Geschiebe gekennzeichnet. Sein Mangel an Flint und das Vorkommen von relativ viel Dolomit deuten darauf hin, dass er gegen Ende dieser Vereisungsphase von einem aus NNO bis ONO vorstoßenden Eis abgelagert worden ist.

Man nimmt an, dass alle drei saalezeitlichen Tills (Exkurs 5.2), die im Saale-Elbe-Gebiet vorkommen, während der Älteren Saale-Vereisung abgelagert worden sind. Morphologisch lassen sich dort nur zwei Eisvorstöße unterscheiden. Beim ersten Vorstoß, in der sogenannten Zeitz-Phase, erreichte das Eis seine größte Ausdehnung. Der damalige Eisrand verlief vom Rand des Harzes über Eisleben, Freyburg an der Unstrut, Zeitz, Altenburg, Grimma, Döbeln, Kamenz bis nach Görlitz. Während dieses Maximalvorstoßes wurden über den Feinsedimenten von Eisstauseen über 30 m mächtige Talsander aufgeschüttet, wie zum Beispiel der Zeuchfelder Sander (Abb. 5.8).

In der anschließenden Abschmelzphase wich der Eisrand bis in den Bereich Bitterfeld zurück. Der zweite Vorstoß reichte dann nur noch bis in den Raum Halle-Leipzig (Leipziger Phase). Bei diesem Vorstoß wurden

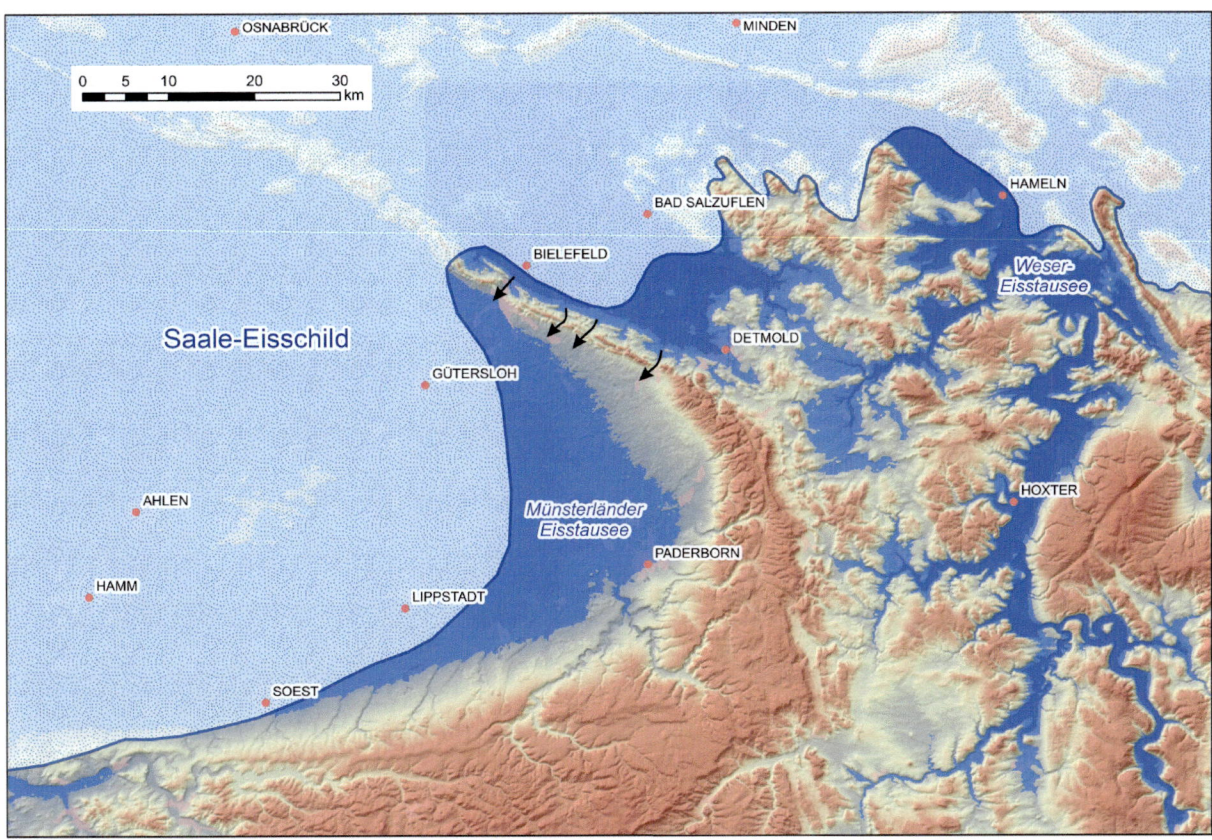

Abb. 5.10 In der Abschmelzphase des Eises werden die Pässe im Teutoburger Wald frei und Wasser aus dem Weser-Eisstausee strömt in den Münsterländer Eisstausee. Nacheinander werden immer tiefere Pässe eisfrei. Der Münsterländer Eisstausee entwässert schließlich in den Rhein. (Nach Meinsen et al. 2011)

Abb. 5.11 Saalezeitliche Schmelzwassersande bei Dibbersen, Niedersachsen. (Foto: J. Ehlers)

Abb. 5.12 Die Schwarzen Berge südlich von Hamburg. Was wie eine Endmoräne aussieht, besteht im Inneren aus ungestört lagernden Schmelzwassersanden. Das bewegte Relief am Nordrand des Höhenrückens ist auf nachträgliche Zerschneidung in der Weichsel-Kaltzeit zurückzuführen. (Foto: J. Ehlers)

die Petersberger Endmoräne und die Endmoränen von Breitenfeld und Taucha gebildet. Im Vorfeld der Petersberger Endmoräne trifft man auf die ältesten erhaltenen Spuren einer Urstrom-Entwässerung. Das Schmelzwasser floss von Staßfurt her durch das heutige Bodetal und den Großen Bruch nach Niedersachsen, von wo es über das Aller-Weser-Urstromtal in Richtung Nordsee entwässerte. Der Vorstoß der Zeitzer Phase erfolgte aus nördlicher bis nordwestlicher Richtung, während das Eis in der anschließenden Leipziger Phase aus Nordosten kam.

Die Entwässerung des Saale-Eisrandes während des Höchststandes der Vereisung war stark eingeschränkt. Karl N. Thome (1980) hat als Erster eine Entwässerung der Weser über die Pässe des Teutoburger Waldes hinweg in das Münsterland und von dort vor dem Eisrand weiter in Richtung Rhein in Erwägung gezogen. Durch neue Auswertung von digitalen Geländemodellen und Bohrdaten haben Meinsen et al. (2011) gezeigt, dass eine derartige eisrandparallele Entwässerung möglich war. Das setzt allerdings einen Ausgangsseespiegel bei etwa 300 m voraus, bei dem sich im Einzugsgebiet der Weser ein riesiger Eisstausee gebildet haben muss (Abb. 5.9).

Dieser könnte sich in einer Reihe von katastrophalen Ausbrüchen durch die Schluchten des Teutoburger Waldes in das Münsterland ergossen haben (Abb. 5.10).

Am Ende der Älteren Saale-Vereisung schmolz das Eis bis in den Bereich der Ostsee ab. Der nachfolgende Eisvorstoß der Mittleren Saale-Vereisung begann in Nordwestdeutschland mit der Aufschüttung mächtiger Schmelzwassersande. Im Gegensatz zu den elsterzeitlichen Schmelzwasserablagerungen, die sich überwiegend in den Rinnen finden, wurden jetzt große Sanderflächen vor dem Eis aufgeschüttet, deren Ablagerungen zum Teil mehrere Dekameter mächtig sind (Abb. 5.11). Das Eis stieß in dieser Phase über das heutige Elbtal hinaus nach Süden vor. Die Entwässerung erfolgte über das Aller-Weser-Urstromtal in Richtung Nordsee. Man nimmt an, dass das Eis im Westen mindestens bis in den Bereich der Altenwalder Geest südlich von Cuxhaven vorgestoßen ist. Während des Vorstoßes der Mittleren Saale-Vereisung sind viele der Stauchmoränen der nördlichen Lüneburger Heide entstanden.

Nicht alle Geländeformen, die wie Endmoränen (Exkurs 5.3) aussehen, sind auch wirklich Endmoränen.

Till

Es besteht im deutschen Sprachraum noch immer große Uneinigkeit darüber, wie die Ablagerungen der eiszeitlichen Vergletscherungen zu bezeichnen sind. Lukas und Rother (2016) haben klargestellt: Glaziale Sedimente sollten zunächst ausschließlich aufgrund ihrer lithofaziellen Eigenschaften und unter Nutzung strikt lithologischer Begriffe (wie Diamikton, schräggeschichtete Sande, laminierte Schluffe etc.) beschrieben werden. Erst im nächsten Schritt, und nach eingehender Untersuchung, sollten genetische Begriffe (wie Till, Schmelzwassersande, glaziolimnische/Warvensedimente etc.) zur Interpretation der zuvor beschriebenen Einheiten genutzt werden.

Die empfohlene Trennung glazialgeomorphologischer und -sedimentärer Begriffe ist bis heute im deutschsprachigen Raum nicht immer gewährleistet. Dies betrifft vor allem den Begriff der „Moräne", der einerseits als Sammelbezeichnung für glaziale Ablagerungen verschiedenster Herkunft dient (z. B. „Moränenmaterial"), anderseits aber auch den durch den Gletscher transportierten Gesteinsschutt beschreibt (z. B. „Obermoräne"). Außerdem wird der Moränenbegriff für die Ansprache glazialer Landformen (z. B. „Endmoräne", s. Exkurs 5.3) und für die Beschreibung von Eigenschaften des Geschiebespektrums genutzt (z. B. „Lokalmoräne"). Diese Praxis führt nicht nur bei Einsteigern zu Verwirrungen, sondern erschwert auch die Verständigung unter Fachleuten, da diese multifunktionale Nutzung des Moränenbegriffs international seit geraumer Zeit nicht mehr üblich ist.

Die Ablagerung eines Gletschers wird als Till bezeichnet. Ein Till besteht in der Regel aus einem schlecht sortierten Gemisch von Ton, Schluff, Sand, Kies und Steinen (Abb. 5.13). Die Korngrößenverteilung der Tills wird zu einem erheblichen Teil durch die Zusammensetzung des jeweiligen lokalen Untergrundes mitbestimmt. Die Tills Norddeutschlands haben zumeist einen Tongehalt um 10–20 %; Ausnahmen bilden lediglich die sandigen Elster-Tills des Elbe-Weser-Dreiecks und einige extrem tonige lokale Till-Fazies.

In Norddeutschland wurde der Till früher als Geschiebemergel bezeichnet. Steine, die vom Gletscher transportiert worden sind, nennt man „Geschiebe". Ein „Mergel" ist eigentlich ein Gemenge aus Ton und Kalk. Der „Geschiebemergel" enthält auch Schluff, Sand und Kies. Er ist kein Mergel im engeren Sinne. Die Zusammensetzung eines Tills hängt davon ab, welche Gesteine der Gletscher auf seinem Weg aufgenommen hat. Er kann kalkfrei sein. Der international übliche Begriff „Till" ist daher vorzuziehen (Ehlers 2011).

Die Korngrößenzusammensetzung kann als ein Kriterium zur Unterscheidung verschiedener Tills mit herangezogen werden. Der Ältere Saale-Till Niedersachsens ist in seiner normalen Ausprägung häufig stark sandig, während der Mittlere Saale-Till oft stark tonig ausgebildet ist. Der Jüngere Saale-Till nimmt – zumindest im Hamburger Raum – eine Mittelstellung ein. Der Verwendung der Korngrößenverteilung für stratigraphische Korrelationen sind jedoch enge Grenzen gesetzt. Jeder größere Eisvorstoß hat neben einer weit verbreiteten Lithofazies mehrere andere Fazies abgelagert, deren jeweilige Zusammensetzung teils auf Unterschiede im lokalen Untergrund, teils auf Unterschiede in der Gletscherdynamik zurückzuführen ist. So gibt es innerhalb der Älteren Saale-Moräne Norddeutschlands z. B. eine rote Fazies, die stärker tonig ist. Da diese meist in geringer Mächtigkeit vorkommt, wird sie oft übersehen. Sie kommt zum Beispiel als eine 10 cm mächtige Lage auf Sylt vor, am heute verbauten Südende des Roten Kliffs. An der Basis der Mittleren Saale-Moräne tritt darüber hinaus im Hamburger Raum häufig eine stark sandige Fazies auf, die in ihrer Korngrößenverteilung dem Älteren Saale-Till ähnelt. Und im Jüngeren Saale-Till kommt neben einer stärker sandigen Fazies ein roter, toniger Till vor (Vastorf-Typ).

Der Gesteinsinhalt der Tills kann verwendet werden, um das Herkunftsgebiet der jeweiligen Till-Fazies zu bestimmen. Dies kann mithilfe einer Leitgeschiebezählung (üblicherweise von Kristallingesteinen von 2–6 cm Größe) durchgeführt werden oder – vor allem bei Bohrproben – durch eine Untersuchung der Feinkiesfraktion. Eine Leitgeschiebezählung gibt ein genaueres Ergebnis. Sie ist allerdings nicht so bequem durchzuführen, wie es auf dem Foto den Anschein hat (Abb. 5.14). Um ein aussagekräftiges Ergebnis zu bekommen, sollte man über 100 Leitgeschiebe pro Probe identifizieren. Dazu benötigt man etwa 1000 Steine. Die Geschiebe müssen direkt aus dem anstehenden Till entnommen und anschließend gewaschen werden, bevor man die Gesteine bestimmen kann.

Abb. 5.13 Till der Älteren Saale-Vereisung im Roten Kliff auf Sylt. (Foto: J. Ehlers)

Abb. 5.14 Demonstration einer Geschiebezählung auf einer Studentenexkursion. (Foto: J. Ehlers)

Exkurs 5.3

Endmoränen

Der Gesteinsschutt, den ein Gletscher auf seinem Weg aufnimmt, wird, soweit er nicht unterwegs als Till abgelagert wird, zum Eisrand transportiert. Verharrt der Eisrand über längere Zeit an einem Ort, so wird durch den austauenden Gesteinsschutt ein Endmoränenwall angehäuft – es entsteht eine Satzendmoräne. Bei einem zurückweichenden Gletscher kann dieser Vorgang zur Ausbildung von Jahresmoränen führen. Der Gesteinsschutt, der am Rande der Gletscher aufgehäuft wird, wird je nach seiner Position zum Gletscher entweder als Seiten- bzw. Ufermoräne oder als Stirn- bzw. Endmoräne bezeichnet. Der Begriff Endmoräne stammt aus dem Bereich der alpinen Vergletscherung. Frühe Bearbeiter der Endmoränen Norddeutschlands orientierten sich zunächst an diesen aus dem Bereich der Gebirgsvergletscherungen bekannten Erscheinungen. So kartierte Gottsche (1897b) die Endmoränen Schleswig-Holsteins als Ansammlungen groben Gesteinsschutts. Heute wissen wir, dass ein erheblicher Teil der damals erfassten Blockpackungen in Wirklichkeit das Ergebnis von Schmelzwassertätigkeit darstellen, d. h. es sind Sedimente, die unmittelbar am Eisrand (z. B. im Bereich eines Gletschertores) abgelagert worden sind.

Endmoränenwälle, wie man sie aus dem Gebiet der Alpenvereisung kannte, sucht man in Norddeutschland vergebens. In vielen Fällen ist der ehemalige Eisrand lediglich dadurch gekennzeichnet, dass eine tiefer gelegene Grundmoränenfläche gegen eine höher gelegene Sanderfläche grenzt.

Stauchmoränen

Nicht überall werden am Eisrand ungestörte Sedimente abgelagert. Bei Gletschervorstößen kommt es vielfach zu Lagerungsstörungen und zur Ausbildung von Stauchmoränen. Befindet sich die Basis des Gletschers nicht am Druckschmelzpunkt, so friert der Untergrund am Gletschereis fest. Da das Eis aber weiterhin in Bewegung ist, ergibt sich ein Scherdruck, der zur Abscherung des Materials führen kann. Bei tief reichendem Bodenfrost werden diejenigen Schichten am ehesten abgeschert, die eine Gleitung begünstigen. Da Tone später gefrieren als Sande, werden sie bevorzugt abgeschert. Tone finden sich dementsprechend häufig an der Unterkante von Stauchschuppen.

Bodenfrost ist jedoch nicht zwingend erforderlich, um die Abscherung von Sedimentpaketen am Eisrand hervorzurufen. Ein rascher Eisvorstoß erleichtert die Abscherung, da er einen hohen Porenwasserdruck erzeugt. In den feinkörnigen Sedimenten kann dieser Druck nicht kurzfristig abgebaut werden. Wenn ein wassergesättigter Ton von einem schnell vorstoßenden Gletscher überfahren wird, führt die plötzliche Belastung dazu, dass die überlagernden Sedimente und der Gletscher ganz oder zum Teil vom Porenwasser getragen werden, sodass die Abscherung begünstigt wird.

Nicht alle Endmoränen sind bei Oszillationen des Eisrandes in der Rückzugsphase der letzten Vereisung entstanden. Ältere Stauchmoränen, die von einem erneuten Eisvorstoß überfahren werden, können möglicherweise als Oberflächenform erhalten bleiben. So geht man heute davon aus, dass die Dammer Berge bereits während der Vorstoßphase der Älteren Saale-Vereisung gebildet worden sind. Wäre das Eis zunächst bis an den Rand der Mittelgebirge vorgestoßen und hätte die Stauchmoräne erst bei einer Oszillation des Eisrandes während der Abschmelzphase erzeugt, dann wäre der Till des Älteren Saale-Eisvorstoßes von der Stauchung erfasst worden. Die gestauchten Schichten enthalten jedoch keinen Till, vielmehr werden sie an einigen Stellen von Diamikton überlagert. Die Lagerungsverhältnisse sprechen daher für eine nachträgliche Überfahrung der Dammer Berge. Die Endmoränen der Rehburger Phase stehen damit einzigartig dar. Die abschmelzenden Gletscher Islands, Grönlands oder der Alpen haben bisher bei ihrem Rückzug keine älteren, überfahrenen Endmoränen dieser Größenordnung preisgegeben.

Untersuchungen in den Dammer Bergen und in der Uelsener Stauchmoräne haben gezeigt, dass hier kein einfacher Schuppenbau vorliegt, sondern dass zum Teil annähernd horizontal lagernde Überschiebungsdecken vorherrschen.

Ähnlich wie bei der Gebirgsbildung ist es in der Glazialtektonik nicht leicht, die Gleitbewegung relativ dünner Decken über größere Entfernung zu erklären. Dies ist nur möglich, wenn man annimmt, dass die Reibung erheblich herabgesetzt gewesen ist. Für die Entstehung der Decken musste sich eine Gleitfläche ausbilden, auf der sich die Sedimentpakete mit minimaler Reibung bewegen konnten. Hierfür kommen nur die feinkörnigen Sedimente (Tone und Schluffe) in Frage, die an der Basis vieler Stauchzonen zu finden sind. In diesem Zusammenhang muss auch die Lage der Endmoränen der Rehburger Phase vor dem Nordrand der deutschen Mittelgebirge gesehen werden. Sie liegen in dem Bereich, wo tertiäre und ältere Tone dicht unter der Geländeoberfläche liegen und damit für die glazitektonische Beanspruchung erreichbar waren.

Das Vorkommen geeigneter Sedimente im Untergrund ist zwar eine Voraussetzung für die Bildung von Stauchmoränen, reicht jedoch allein zur Auslösung des Stauchvorganges nicht aus. So bilden fast im gesamten Hamburger Raum miozäne Tone den präquartären Untergrund, ohne dass es zu auffällig vielen Stauchungen gekommen ist. Zusätzlich ist offenbar ein rascher Gletschervorstoß erforderlich, bei dem ein hoher Porenwasserdruck die Abscherung der Sedimente begünstigt.

Exkurs 5.4

Muskauer Faltenbogen

In der Elster-Eiszeit sind zahlreiche Stauchmoränen ent-standen. Dazu gehören der Südteil der Dübener Heide, die Dahlener Heide und der Muskauer Faltenbogen. Im nörd-lichen Norddeutschland sind elsterzeitliche Ablagerungen unter zum Teil mächtigen jüngeren Ablagerungen begra-ben. Hier zieht sich ein breiter Gürtel von saalezeitlichen Stauchmoränen von südlich Berlin bis in die Niederlande.

Der Muskauer Faltenbogen (Abb. 5.15) erstreckt sich etwa 22 km in ost-westlicher und 20 km in nord-südlicher Richtung. Bei der Stauchung ist miozäne Braunkohle mit an die Geländeoberfläche gepresst worden. Im deutschen Teil des Stauchmoränenbogens ist die Braunkohle seit 1830 in über 50 kleinen Tagebauen abgebaut worden. Der Abbau endete 1970. Viele der alten Gruben sind heute mit Wasser gefüllt, wodurch die Stauchmoräne im Satellitenbild klar in Erscheinung tritt (Abb. 5.16).

Die meisten Stauchschuppen sind nur über eine kurze Entfernung verfrachtet worden. Im Norden reichen die gla-zitektonischen Störungen bis in eine Tiefe von über 200 m, während sie am südlichen Rand des Bogens teils nur 2–10 m tief reichen. An Großformen lassen sich Schuppen, Diapire und Biegefließfalten unterscheiden. Die Schuppen haben quer zum Streichen meist eine Länge von 100–250 m. Der Muskauer Faltenbogen ist während eines elsterzeitlichen Eisvorstoßes gebildet worden. Diese Stauchmoräne ist während des Warthe-Vorstoßes der Saale-Kaltzeit erneut überprägt worden, sodass zwei Generationen von Stauch-moränen sich überlagern (Abb. 5.17). Eine der größten Attraktionen für Besucher im Faltenbogen sind die sauren Eisen-Sulfat-Quellen mit ihren farbigen Wässern.

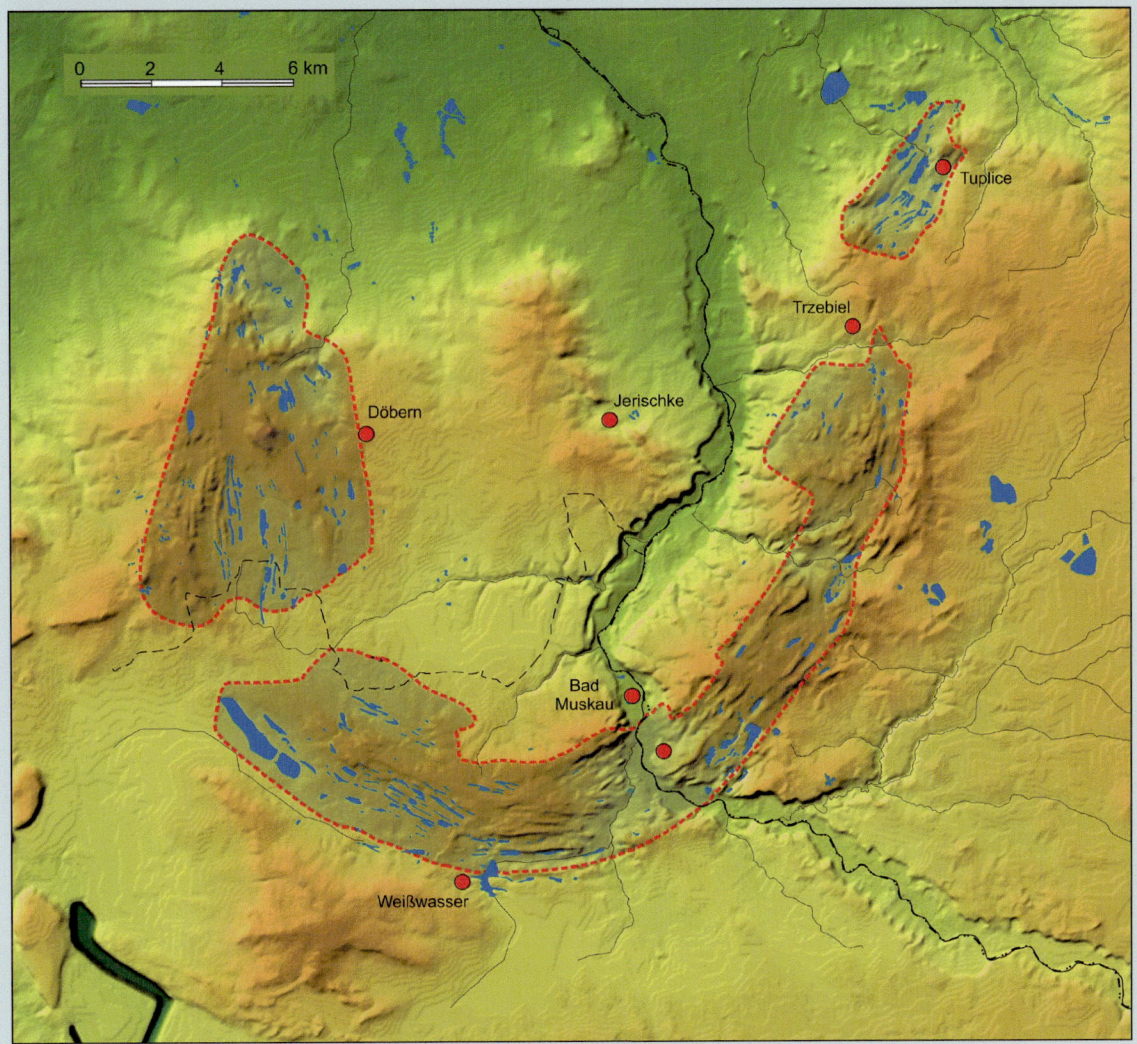

Abb. 5.15 Die Stauchmoräne des Muskauer Faltenbogens. (Autor: J. Koźma)

Fortsetzung

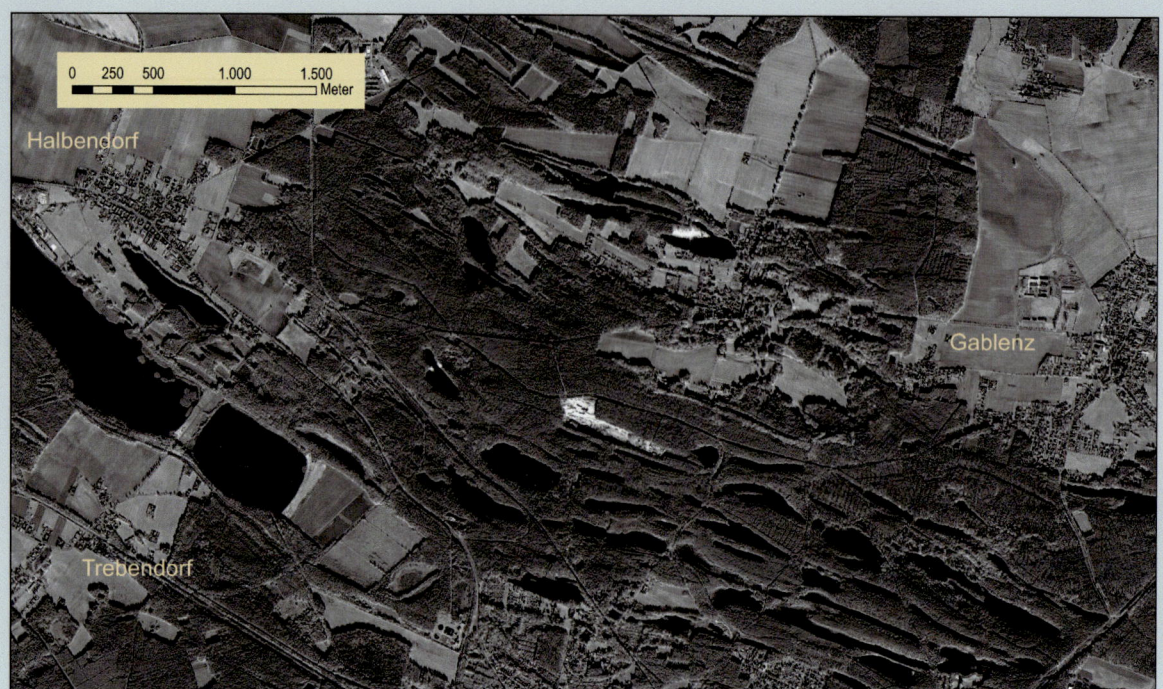

Abb. 5.16 Der südwestliche Teil des Muskauer Faltenbogens. Der Verlauf der Stauchone ist durch die zahlreichen Seen in den ehemaligen Tagebauen deutlich sichtbar. (Bilddaten: Google, DigitalGlobe. Aufnahmedatum: 21.10.2008)

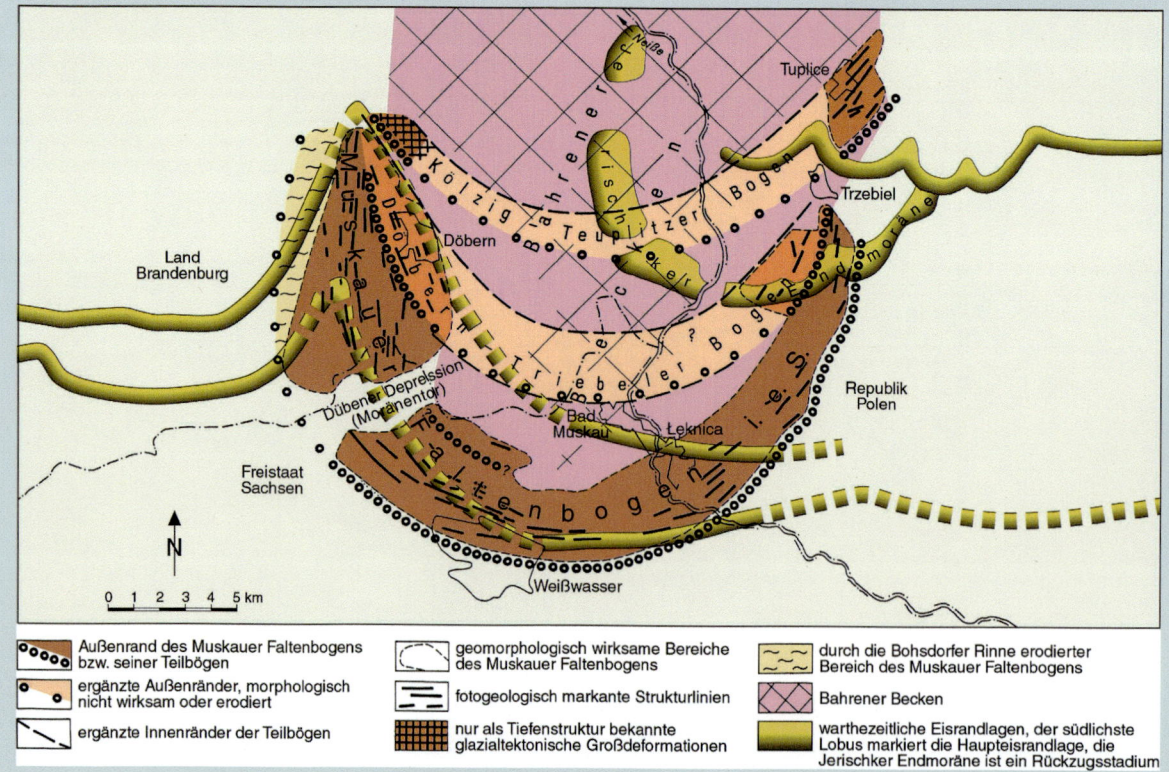

Abb. 5.17 Die Reliefelemente des Muskauer Faltenbogens. Die drei elsterzeitlichen Stauchmoränen sind im Warthe-Vorstoß der Saale-Kaltzeit erneut überprägt worden. (Koźma, Bearbeitung 2006, aus Kupetz und Kupetz 2009)

Ein Musterbeispiel sind die Schwarzen Berge südlich von Hamburg. Der Bau der Autobahn A7 lieferte einen Profilschnitt durch den Höhenzug. Aufgeschlossen waren ungestört lagernde Schmelzwassersande. Die Schwarzen Berge sind eine hoch gelegene Sanderfläche, in die sich nachträglich in der Weichsel-Kaltzeit zahlreiche Täler tief eingeschnitten haben (Abb. 5.12).

Nach dem Ende der Mittleren Saalevereisung schmolz das Eis wahrscheinlich wieder bis in den Bereich der Ostsee-Senke ab. Große Mengen von Toteis blieben zurück, die beim nachfolgenden Jüngeren Saale-Eisvorstoß von Schmelzwassersanden überdeckt wurden. Geschiebekundliche Untersuchungen aus Brandenburg legen nahe, dass dieser jüngste Saale-Eisvorstoß weiter im Westen den beiden jüngeren Saale-Eisvorstößen entspricht (mittlerer und jüngerer Saale-Eisvorstoß). Zu den Randlagen dieses Eisvorstoßes gehören der Fläming, der Niederlausitzer Grenzwall und der Muskauer Faltenbogen (siehe Exkurs 5.4). Es wird angenommen, dass das Eis über die Elbe hinweg bis zur Schmiedeberger Endmoräne vorstieß. Der jüngste Till der Saale-Eiszeit ist der „rote Altmark-Till", der im östlichen Niedersachsen und in der Altmark verbreitet angetroffen wird. Er ist durch eine ostbaltische Geschiebegemeinschaft gekennzeichnet. Das Eis ist zu dieser Zeit aus NO bis ONO nach Norddeutschland vorgestoßen. Im Hamburger Raum erfolgte der Vorstoß sogar direkt aus Osten.

5.5 Was geschah zwischen den Eisvorstößen?

Die Klimaschwankungen der Vergangenheit sind nicht unmittelbar erfassbar, sondern müssen anhand der erhalten gebliebenen Ablagerungen rekonstruiert werden. Ein besonders günstiger Indikator ist dabei die Vegetation. Besser als pflanzliche Makroreste sind die in großer Zahl abgelagerten Pollen und Sporen geeignet, um die Vegetationsentwicklung der Warm- und Kaltzeiten (Interglaziale und Glaziale) zu rekonstruieren. Zwar sind Pollenkörner sehr widerstandsfähig; in den meisten Substraten werden sie jedoch durch Oxidation zerstört. Günstige Erhaltungsbedingungen liegen lediglich in Torfen und Seeablagerungen vor.

Bei der Pollenanalyse werden nach Möglichkeit keine Einzelproben untersucht, sondern jeweils ganze Profile. Auf diese Weise werden nicht nur die vorkommenden Pflanzensippen erfasst, sondern auch die Abfolge ihres Auftretens und Verschwindens. Im Idealfall reicht diese von der baumlosen Tundra eines ausgehenden Glazials über die allmähliche Wiederbewaldung zur optimalen Ausbreitung wärmeliebender Bäume, und weiter zum Ende der Warmzeit hin über die Entwicklung zum Nadelwald zurück zur Tundra. Die einzelnen Schritte dieser Vegetationsentwicklung, die durch das Vorherrschen bestimmter Pflanzengesellschaften gekennzeichnet sind, werden im Pollendiagramm als Pollenzonen bezeichnet. Die typische Vegetationsabfolge der Eem-Warmzeit zeigt Abb. 5.18.

Die Waldgeschichte der Warmzeiten in Norddeutschland verlief sehr unterschiedlich. Im Holstein-Interglazial sind Tanne und Fichte relativ früh nach Norddeutschland vorgedrungen. Im Eem kommt die Fichte erst später vor, und nördlich der Elbe tritt die Tanne nur untergeordnet und erst am Ende des Interglazials auf. Im Holozän dagegen ist die Tanne gar nicht nach Norddeutschland gelangt (Ausnahme: Thüringer Wald). Die Fichte kommt auch im Harz und Harzvorland sowie in der Lüneburger Heide vor; in den übrigen Gebieten ist sie erst in neuerer Zeit durch die Forstwirtschaft eingeführt worden. Die Rotbuche kommt in der Holstein-Warmzeit in Norddeutschland nur untergeordnet vor und im Eem fehlt sie ganz. In der zweiten Hälfte des Holozäns ist sie dagegen weit verbreitet.

Bei den Warmphasen des Eiszeitalters unterscheidet man zwischen Interglazialen und Interstadialen. Während der Interglaziale herrschte ein dem heutigen vergleichbares oder noch wärmeres Klima; während der Interstadiale war die Erwärmung schwächer. In Mitteleuropa werden alle Warmphasen als Interstadiale (im Gegensatz zu den Interglazialen) bezeichnet, in denen die Vegetations- und Klimabedingungen des Holozäns nicht erreicht worden sind. Nach dieser Definition sind auch die kräftigen Warmphasen der Frühweichsel-Kaltzeit als Interstadiale anzusprechen (vgl. Kap. 6). Das obere Bodenprofil in Schalkholz ist der Boden des Brörup-Interstadials, das untere Profil ist der Boden des Eem-Interglazials (Abb. 5.19).

Klimaveränderungen haben auch Einfluss auf die Gesteinsverwitterung und die Böden. Vegetation und Bodenbildung beeinflussen sich gegenseitig, wobei die übergeordneten Klimafaktoren in den Hintergrund treten können – z. B. bei der Bodenversauerung. Die Entwicklung der Böden während der Warmzeiten ist ein irreversibler Prozess, der zu einer fortschreitenden Nährstoffverarmung des Substrats führt. Die periglaziale Durchmischung des oberflächennahen Lockermaterials bringt frisches Ausgangsgestein an die Erdoberfläche und die Bodenbildung kann in der nächsten Warmzeit neu beginnen. Insbesondere auf eiszeitlichen Löss (siehe Abschn. 4.3) bildeten sich während der Warmzeiten und Warmphasen teilweise kräftige Böden.

Mit jedem Wechsel von Kalt- und Warmzeiten veränderte sich auch die Zusammensetzung der Tierwelt. Zu Beginn einer Kaltzeit drangen arktische Formen aus dem Nordosten nach Mitteleuropa vor, während die wärmeliebenden Tiere abwanderten oder lokal ausstarben. In der nächsten Warmzeit rückten die wärmeliebenden Arten aus dem Mittelmeerraum erneut nach Norden vor. Der weite Weg um die Alpen herum hat dazu geführt, dass die Faunen der einzelnen Warmzeiten sich deutlich unterscheiden. Im Holozän fehlt z. B. der Damhirsch, der in

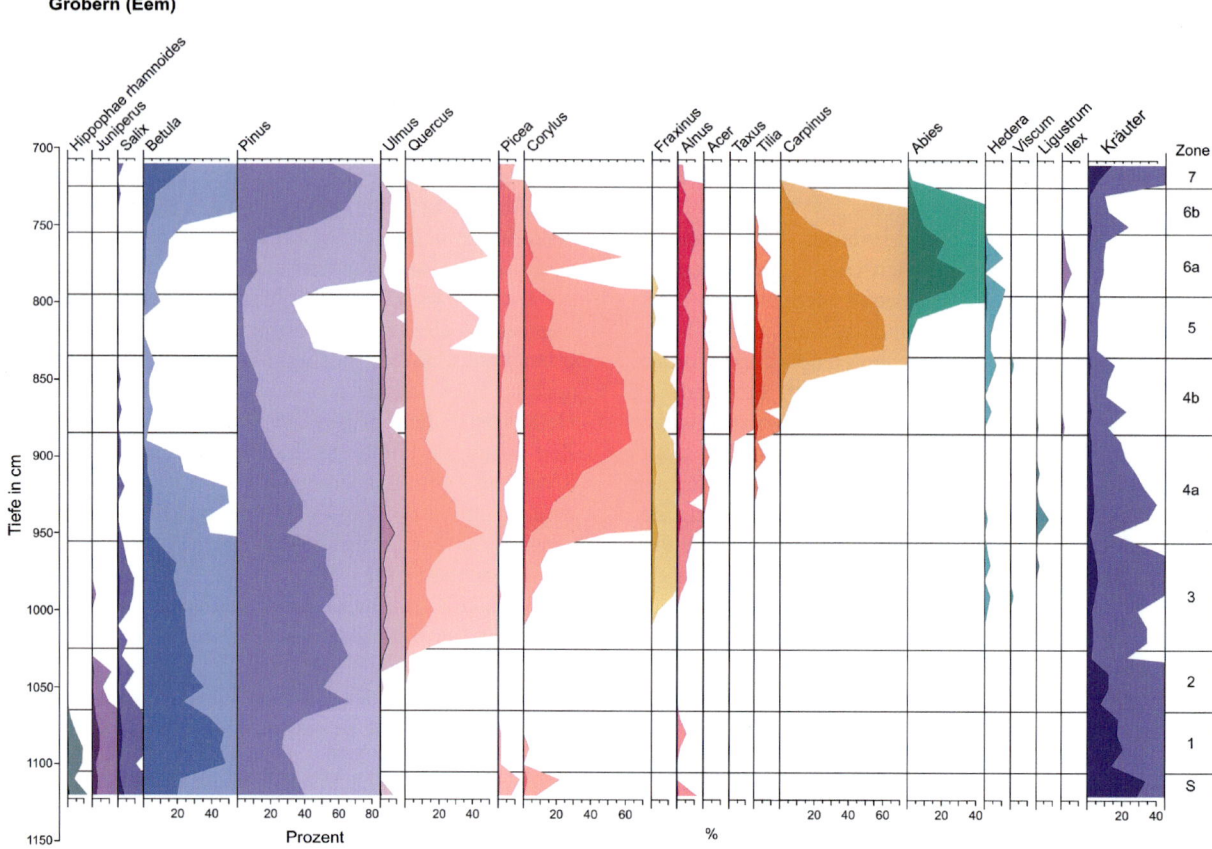

Abb. 5.18 Pollendiagramm des Eem-Vorkommens von Gröbern. (Quelle: Litt 1994)

Abb. 5.19 Burkhard Menke erläutert das Eem und Brörup in Schalkholz, Schleswig-Holstein. (Foto: J. Ehlers, 1980)

Abb. 5.20 Das Mammut. (Foto: J. Ehlers)

den früheren Warmzeiten regelmäßig nach Mitteleuropa vorgedrungen war.

Das Mammut (Abb. 5.20), das das Emblem der Deutschen Quartärvereinigung (DEUQUA) ziert, ist geradezu ein Symbol des Eiszeitalters geworden. Das erste Mammutskelett in Deutschland wurde 1903 in einer Tongrube südlich der Bahnlinie Cottbus – Forst entdeckt. Ein vollständiges Mammutskelett ist sehr selten. Das Mammut von Klinge (östlich von Cottbus) ist eines von insgesamt nur acht vollständigen Mammutskeletten, die in Deutschland gefunden worden sind. Es steht heute im Naturkundemuseum in Berlin.

Zur den charakteristischen Arten der Kaltzeiten gehören neben dem Mammut das Wollnashorn, das Rentier und gelegentlich auch der Moschusochse. Bei den Kleinsäugern gelten die Lemminge als Anzeiger für einen Dauerfrostboden.

Abb. 5.21 Knochenfunde aus der Nassbaggerei Neuland bei Hamburg-Harburg, Elbe-Urstromtal. (Foto: J. Ehlers)

Zur Fauna der Warmzeiten gehören dagegen Wildschwein und Reh, aber auch der Waldelefant und das Waldnashorn. Ein besonderer Einwanderer aus dem Mittelmeergebiet ist das Flusspferd. Das Flusspferd drang gelegentlich entlang der Flüsse bis nach Norddeutschland vor. Im Altpleistozän erreichte es sogar einmal Thüringen. Seine Reste wurden aber auch in den Ablagerungen des letzten Interglazials, der Eem-Warmzeit, am Rhein und in England gefunden. Wir verbinden Flusspferde meist mit sehr warmem Klima. Das Klima der Eem-Warmzeit war in Norddeutschland aber nicht viel wärmer als heute. Entscheidend für die Verbreitung der Flusspferde sind nicht die Sommer-, sondern die Wintertemperaturen. Deshalb finden wir das Flusspferd in der Eem-Warmzeit nur im Westen, nicht aber weiter im Osten, weil der atlantische Einfluss nach Osten abnahm.

Raubtiere sind weniger an bestimmte Klimaverhältnisse gebunden, deswegen kommen in Warm- wie Kaltzeiten Löwe und Hyäne vor, deren nächste Verwandte heute in Afrika leben.

Zur Untergliederung des Quartärs werden nicht nur die Großsäuger, sondern auch Kleinsäuger herangezogen. Die Kleinsäuger, z. B. Wühlmäuse, haben den Vorteil, dass ihre Knochen oft in großer Zahl gefunden werden. Damit sind statistische Auswertungen an Kleinsäugern wesentlich leichter durchzuführen. Andererseits sind die kleinen Zähne der Wühlmäuse sehr viel leichter zu übersehen als ein Mammutknochen. So kommt es, dass an manchen Fundplätzen, wie zum Beispiel der Nassbaggerei Neuland bei Hamburg, ausschließlich Großsäugerreste geborgen worden sind. Von den 457 untersuchten Knochen aus Neuland, Glüsingen und benachbarten Kiesgruben stammen 160 vom Steppenwisent, 137 vom Mammut sowie 57 von Rentieren und anderen Großsäugern (Abb. 5.21).

Abb. 5.22 Torf aus der Eem-Warmzeit in einer geschlossenen Hohlform am Elbufer bei Lauenburg. (Foto: J. Ehlers)

5.6 Moore in der Altmoränenlandschaft

Die Vereisungen Norddeutschlands haben nicht nur zur Aufschüttung mächtiger Sedimente geführt, sondern bei ihrem Abschmelzen auch im Boden begrabenes und von Sedimenten bedecktes Toteis hinterlassen. Dessen Abschmelzen, das sich nicht selten über Jahrtausende hingezogen hat, hat im ehemaligen Vereisungsgebiet eine Vielzahl abflussloser Hohlformen hinterlassen, die in der Folgezeit als Sedimentfallen gedient haben. In wassergefüllten Senken wurden zunächst Mudden abgelagert; später setzte Torfbildung ein. Im Idealfall findet sich in solchen Senken eine vollständige Schichtenfolge vom Ende der jeweils letzten Vergletscherung bis heute. Häufig ist dies jedoch nicht der Fall, da die Hohlform vorzeitig verfüllt worden ist. In vielen Fällen sind jedoch zumindest die Ablagerungen der auf die Vereisung folgenden Warmzeit erhalten geblieben.

Im Idealfall geben diese Ablagerungen Auskunft darüber, wie weit die Gletscher der nächstjüngeren Eiszeit vorgestoßen sind. Am Elbufer bei Lauenburg, am sogenannten Kuhgrund, sind Torfe der Eem-Warmzeit aufgeschlossen (Abb. 5.22). Der Aufschluss ist durch Quellaustritte ständig offen und ein beliebter Exkursionspunkt. Der Torf ist nach modernen Methoden pollenanalytisch untersucht worden. Interessant ist jedoch nicht so sehr die Vegetationsabfolge, die sich nicht wesentlich von anderen Eem-Vorkommen unterscheidet, sondern die Tatsache, dass der Torf nicht von jüngeren Gletscherablagerungen überdeckt ist. Das zeigt, dass die Gletscher der Weichsel-Eiszeit die Elbe nicht überschritten haben.

Literatur

Behre, K.-E. (1989): Biostratigraphy of the Last Glacial Period in Europe. Quaternary Science Reviews 8: 25–44.

Cita M.B., Capraro L., Ciaranfi N., Di Stefano E., Lirer F., Maiorano P., Marino M., Raffi I., Rio D., Sprovieri R., Stefanelli S., Vai G.B. (2008): The Calabrian Stage redefined. Episodes 31: 418–429.

De Schepper, S., Gibbard, P.L., Salzmann, U., Ehlers, J. (2014): A global synthesis of the marine and terrestrial evidence for glaciation during the Pliocene Epoch. Earth-Science Reviews 135: 83–102.

Ehlers, J. (1978): Die quartäre Morphogenese der Harburger Berge und ihrer Umgebung. Mitteilungen der Geographischen Gesellschaft in Hamburg 68.

Ehlers, J. (2011): Das Eiszeitalter. Spektrum, Heidelberg.

Eißmann, L. (1990): Die Eemwarmzeit und die frühe Weichseleiszeit im Saale-Elbe-Gebiet: Geologie, Paläontologie, Paläoökologie. Ein Beitrag zum jüngeren Quartär in Mitteleuropa. Altenburger Naturwissenschaftliche Forschungen 5: 11–48.

Fischer, K. (2008): Die Säugetierfunde aus dem Eem-Interglazial von Klinge bei Cottbus (Brandenburg). Natur und Landschaft in der Niederlausitz 27: 140–166.

Gottsche, C. (1897a): Die tiefsten Glacialablagerungen der Gegend von Hamburg. Vorläufige Mittheilung. Mittheilungen der Geographischen Gesellschaft in Hamburg XIII: 131–140.

Gottsche, C. (1897b): Die Endmoränen und das marine Diluvium Schleswig-Holstein's, im Auftrage der Geographischen Gesellschaft in Hamburg untersucht, Theil I: Die Endmoränen. Mittheilungen der Geographischen Gesellschaft in Hamburg XIII: 1–57.

Gripp, K. (1929): Glaciologische und geologische Ergebnisse der Hamburgischen Spitzbergen-Expedition 1927. Abhandlungen aus dem Gebiete der Naturwissenschaften, herausgegeben vom Naturwissenschaftlichen Verein in Hamburg XXII (3/4): 145–249.

Höfle, H.-C. (1980): Klassifikation von Grundmoränen in Niedersachsen. Verhandlungen des Naturwissenschaftlichen Vereins in Hamburg (NF) 23: 81–92.

Höfle, H.-C. (1983): Strukturmessungen und Geschiebeanalysen an eiszeitlichen Ablagerungen auf der Osterholz-Scharmbecker Geest. Abhandlungen des Naturwissenschaftlichen Vereins zu Bremen 40: 39–53.

Hughes, A.L.C., Gyllencreutz, R., Lohne, Ø.S., Mangerud, J., Svendsen, J.I. (2016): The last Eurasian ice sheets – a chronological database and time-slice reconstruction, DATED-1. Boreas 45: 1–45.

Janszen, A. (2012): Tunnel valleys – genetic models, sedimentary infill and 3D architecture. Dissertation, Delft.

Kabel, C. (1982): Geschiebestratigraphische Untersuchungen im Pleistozän Schleswig-Holsteins und angrenzender Gebiete. Dissertation, Kiel.

Kahlke, R.-D. (1997–2001): Das Pleistozän von Untermaßfeld bei Meiningen (Thüringen); Monographien des Römisch-Germanischen Zentralmuseums 40, Teil 1 (1997): Herausgegeben in Verbindung mit dem Bereich Quartärpaläontologie Weimar, Institut für Geowissenschaften der Friedrich-Schiller-Universität Jena. Teil 2 (2001), Teil 3 (2001). Herausgegeben in Verbindung mit der Senckenbergischen Naturforschenden Gesellschaft, Forschungsstation für Quartärpaläontologie Weimar.

Keilhack, K. (1896): Die Geikiessche Gliederung der nordeuropäischen Glazialablagerungen. Jahrbuch der Königlich Preußischen Geologischen Landesanstalt für 1895, XV: 111–124.

Keilhack, K. (1910): Geologische Karte von Preußen 1:25.000, Erläuterungen zu Blatt Charlottenburg, 2. Auflage, Königlich Preußische Geologische Landesanstalt, Berlin.

Kopp, G. (2000): Evolution und Lücke. Potenziale der historischen Geo- und Biowissenschaften für die Umweltbildung. Dissertation, Kiel.

von Koenigswald, W. (2007): Mammalian Faunas from the interglacial periods in Central Europe and their stratigraphic correlation. in: Sirocko, F., Claussen, M., Sanchez Goñi, M.F., Litt, T. (Hrsg.): The climate of past interglacials. Elsevier, Amsterdam: 445–454.

von Koenigswald, W. (2010): Lebendige Eiszeit: Klima und Tierwelt im Wandel, 2. Aufl. Primus, Darmstadt.

von Koenigswald, W., Löscher, M. (1982): Jungpleistozäne Hippopotamus-Funde aus der Oberrheinebene und ihre biogeographische Bedeutung. Neues Jahrbuch für Geologie und Paläontologie Abhandlungen 163: 331–348.

Kupetz, M. (1997): Geologischer Bau und Genese der Stauchendmoräne Muskauer Faltenbogen. Brandenburgische Geowissenschaftliche Beiträge 4 (2): 1–20.

Kupetz, A., Kupetz, M. (Hrsg.) (2009): Der Muskauer Faltenbogen. Verlag Dr. Friedrich Pfeil, München.

Kupetz, A., Kupetz, M., Koźma, J., Bożęcki, P. (2012): Quellen und Eisenhydroxidminerale im polnischen Teil des Geoparks Muskauer Faltenbogen. Der Aufschluss 63: 101–114.

Litt, T. (1994): Paläoökologie, Paläobotanik und Stratigraphie des Jungquartärs im nordmitteleuropäischen Tiefland. Dissertationes Botanicae 227, Cramer, Berlin Stuttgart, 185 S.

Litt, T., Behre, K.-E., Meyer, K.-D., Stephan, H.-J., Wansa, S. (2007): Stratigraphische Begriffe für das Quartär des norddeutschen Vereisungsgebietes. Eiszeitalter und Gegenwart 56 (1/2): 7–65.

Lukas, S., Rother, H. (2016): Moränen versus Till: Empfehlungen für die Beschreibung, Interpretation und Klassifikation glazialer Landformen und Sedimente. E&G Quaternary Science Journal 65, 2: 95–112.

Lutz, R., Kalka, S., Gaedicke, C., Reinhardt, L., Winsemann, J. (2009): Pleistocene tunnel valleys in the German North Sea: spatial distribution and morphology. Zeitschrift der Deutschen Gesellschaft für Geowissenschaften 160: 225–235.

Meinsen, J., Winsemann, J., Weitkamp, A., Landmeyer, N., Lenz, A., Dölling, M. (2011): Middle Pleistocene (Saalian) lake outburst floods in the Münsterland Embayment (NW Germany): impacts and magnitudes. Quaternary Science Reviews 30: 2597–2625.

Menke, B. (1969): Vegetationsgeschichtliche Untersuchungen an altpleistozänen Ablagerungen aus Lieth bei Elmshorn. Eiszeitalter und Gegenwart 20: 76–83.

Menke, B. (1975): Vegetationsgeschichte und Florenstratigraphie Nordwestdeutschlands im Pliozän und Frühquartär. Mit einem Beitrag zur Biostratigraphie des Weichsel-Frühglazials. Geologisches Jahrbuch A 26: 3–151.

Menke, B. (1992): Eeminterglaziale und nacheiszeitliche Wälder in Schleswig-Holstein. Berichte des Geologischen Landesamtes Schleswig-Holstein 1: 28–101.

Meyer, K.-D. (1970): Zur Geschiebeführung des Oldenburgisch-Ostfriesischen Geestrückens. Abhandlungen des Naturwissenschaftlichen Vereins zu Bremen 37: 227–246.

Meyer, K.-D. (1980): Zur Geologie der Dammer und Fürstenauer Stauchendmoränen (Rehburger Phase des Drenthe-Stadiums). In: Festschrift G. Keller: 83–104. Wenner, Osnabrück.

Meyer, K.-D. (2016): Die ostbaltischen roten Geschiebemergel in Norddeutschland – Ablagerungen von Eisströmen? Geologisches Jahrbuch A 161: 7–86.

Moran, K., Backman, J., Brinkhuis, H., Clemens, S.C., Cronin, T., Dickens, G.R., Eynaud, F., Gattacceca, J., Jakobsson, M, Jordan, R.W., Kaminski, M., King, J., Koc, N., Krylov, A., Martinez, N., Matthiessen, J., McInroy, D., Moore, T.C., Onodera, J., O'Regan, A.M., Pälike, H., Rea, B., Rio, D., Sakamoto, T., Smith, D.C., Stein, R., St. John, K., Suto, I., Suzuki, N., Takahashi, K., Watanabe, M., Yamamoto, M., Farrell, J., Frank, M., Kubik, P., Jokat, W., Kristoffersen, Y. (2006): The Cenozoic palaeoenvironment of the Arctic Ocean. Nature 441: 601–605.

Müller, H. (1992): Climate changes during and at the end of the interglacials of the Cromerian Complex. In: Kukla, G., Went, E. (Hrsg.): Start of a glacial. NATO ASI Series I, 3: 51–69.

Overbeck, F. (1975): Botanisch-geologische Moorkunde unter besonderer Berücksichtigung der Moore Nordwestdeutschlands als Quellen zur Vegetations-, Klima- und Siedlungsgeschichte. Wachholtz, Neumünster.

Penck, A. (1882): Die Vergletscherung der deutschen Alpen, ihre Ursachen, periodische Wiederkehr und ihr Einfluß auf die Bodengestaltung. Barth, Leipzig.

Penck, A. (1899): Die vierte Eiszeit im Bereich der Alpen. Schriften der Vereinigung zur Verbreitung naturwissenschaftlicher Kenntnisse 39, 1–20.

Penck, A., Brückner, E. (1901/1909): Die Alpen im Eiszeitalter, 3 Bände. Tauchnitz, Leipzig.

Piotrowski, J.A. (1992): Was ist ein Till? – Faziesstudien an glazialen Sedimenten. Die Geowissenschaften 10 (4): 100–108.

Stackebrandt, W., Franke, D. (2015): Geologie von Brandenburg. Schweizerbart, Stuttgart.

Stephan, H.-J. (1987): Moraine stratigraphy in Schleswig-Holstein and adjacent areas. In: Van der Meer, J.J.M. (Hrsg.): Tills and Glaciotectonics: 23–30. Balkema, Rotterdam, Boston.

Thome, K.N. (1980): Der Vorstoß des nordeuropäischen Inlandeises in das Münsterland in der Elster- und Saale-Eiszeit – Strukturelle, mechanische und morphologische Zusammenhänge. Westfälische Geographische Studien 36: 21–40.

Wagenbreth, O. (1978): Die Feuersteinlinie in der DDR, ihre Geschichte und Popularisierung. Schriftenreihe für Geologische Wissenschaften 9: 339–368.

Wansa, S. (1994): Zur Lithologie und Genese der Elster-Grundmoränen und der Haupt-Drenthe-Grundmoräne im westlichen Elbe-Weser-Dreieck. Mitteilungen aus dem Geologischen Institut der Universität Hannover 34.

Van der Wateren, F.M. (1987): Structural geology and sedimentology of the Dammer Berge push moraine, FRG. In: van der Meer, J.J.M. (Hrsg.): Tills and Glaciotectonics: 157–182. Balkema, Rotterdam.

Van der Wateren, F.M. (1992): Structural Geology and Sedimentology of Push Moraines. Processes of soft sediment deformation in a glacial environment and the distribution of glaciotectonic styles. Dissertation, Amsterdam.

Woldstedt, P. (1927): Die Gliederung des Jüngeren Diluviums in Norddeutschland und seine Parallelisierung mit anderen Glazialgebieten. Zeitschrift der Deutschen Geologischen Gesellschaft, Monatsberichte, 1927 (3/4): 51–52.

Woldstedt, P. (1929): Die Gliederung des nordeuropäischen Diluviums. Compte rendu de la Réunion Géologique International Copenhagen 1928.

Woldstedt, P. (1954): Saaleeiszeit, Warthestadium und Weichseleiszeit in Norddeutschland. Eiszeitalter und Gegenwart 4/5: 34–48.

Zagwijn, W.H. (1957): Vegetation, climate and time-correlations in the Early Pleistocene of Europe. Geologie en Mijnbouw 19: 233–244.

6 Die Jungmoränen-landschaft

Als Jungmoränenlandschaft wird das Gebiet Norddeutschlands bezeichnet, dessen Relief durch die letzte große Inlandvereisung, die Weichsel-Vereisung, gestaltet worden ist. Das betrifft den Norden und Nordosten Deutschlands mit Teilen der Bundesländer Brandenburg, Mecklenburg-Vorpommern und Schleswig-Holstein (Abb. 6.1). Die letzte Vereisung erreichte nicht mehr die Ausdehnung der vorangegangenen, die das Altmoränengebiet geprägt haben. Das Relief der Jungmoränenlandschaft zeigt deutliche Geländeformen mit Höhen bis 179 m am Helpter Berg im mecklenburgisch-brandenburgischen Seengebiet und dem 168 m hohen Bungsberg in Schleswig-Holstein. Morphologisch lässt sich eine Unterscheidung in Jungmoränen- und Altmoränengebiet vor allem durch die Verbreitung von Seen und kleinen Toteishohlformen vornehmen, die der Jungmoränenlandschaft einen besonderen Reiz verleihen.

6.1 Die klimatischen Voraussetzungen im Weichsel-Glazial

Nach dem Ende der letzten Warmzeit, dem Eem-Interglazial, das von 127.000 bis 115.000 v. h. dauerte, fanden etliche Klimaschwankungen statt. Aufgrund der klimatischen Entwicklung lässt sich die rund 103.400 Jahre (115.000 bis 11.600 v. h.) dauernde Weichsel-Kaltzeit in Unter-, Mittel- und Ober-Weichsel unterteilen (Abb. 6.2). Während des Unteren Weichsel-Glazials (von 115.000 bis 74.000 v. h.; Isotopenstadien 5a bis d) gab es mehrere Kälte- und Wärmephasen (Stadiale und Interstadiale). In den wärmeren Interstadialen (Isotopenstadien 5c und 5a) waren durchaus noch boreale Wälder vorhanden, während die kälteren Stadiale durch eine Auflichtung der Vegetation und durch vom Wind verdriftete Sande gekennzeichnet sind. Die Vegetationszusammensetzung ist durch Pollenanalysen und Untersuchungen von Makroresten aus organischen Ablagerungen, meist Torfen, gut belegt. In den kälteren Abschnitten herrschten periglaziale Bedingungen mit offener Vegetation und Sandverwehungen, frostbodengesteuertem Bodenfließen (Gelisolifluktion) und Bildung von Frostrissen vor (Isotopenstadien 5b und 5d).

Danach kam es im Isotopenstadium 4 (ca. 74.000 bis 60.000 v. h.), dem Beginn des Mittel-Weichsels, zu einem ersten großen Kälteeinbruch mit einem weitgehenden Eisaufbau in Skandinavien und einer Ausdehnung des Inlandeisschildes möglicherweise bis Schleswig-Holstein, in das nördliche Mecklenburg und das nordwestlichste Brandenburg. Dieser mittelweichselzeitliche Vorstoß wird aus dem Vorkommen eines Tills in Mecklenburg geschlossen (qw0-Moräne), der älter ist als die bisher bekannten weichselzeitlichen Eisvorstöße. Das Alter ist jedoch bisher nicht genau bestimmt. Datierungen glazifluvialer Sande in Schleswig-Holstein deuten auf diesen mittelweichselzeitlichen Eisvorstoß um 50.000 v. h. hin. Deutliche Reliefformen aus dieser Zeit sind nicht bekannt, zumal das potentielle Gebiet später nochmals vom Inlandeis vollständig überfahren wurde. Nach dieser deutlichen, länger andauernden Kälteschwankung wurde es etwas milder, und es folgten wieder Wechsel von Stadialen und Interstadialen, die jedoch insgesamt kühler waren als die vor dem Isotopenstadium 4. Während des Isotopenstadiums 2 (24.000 bis 11.600 v. h.) erfolgten dann die „klassischen" Eisvorstöße der Weichsel-Eiszeit, die die heutige Jungmoränenlandschaft geprägt haben.

6.2 Die Eisausdehnung

Die Eisvorstöße des Ober-Weichsels, traditionell auch als Hochglazial bezeichnet, sind ursprünglich morphostratigraphisch definiert worden, das heißt, auf der Basis von Geländeformen bestimmter Eisvorstöße in Nordostdeutschland (Brandenburger, Frankfurter und Pommersches Stadium, s. Abb. 6.1). Auf den traditionellen Übersichtskarten wird das Jungmoränengebiet durch eine maximale Eisrandlage begrenzt. Innerhalb dieser maximalen Eisausdehnung sind Eisrandlagen von Rückzugsstaffeln und -stadien ebenfalls linienhaft dargestellt. Rückzugsstaffeln bezeichnen eine stationäre Eisrandlage während des Abschmelzprozesses, während die Eisrandlagen der Stadien während eines Wiedervorstoßes des Eises gebildet wurden. Ein Stadium ist demzufolge durch die Ausbildung eines eigenen Tills charakterisiert. Die großen klassischen Eisrandlagen werden traditionell folgendermaßen gegliedert:

- Brandenburger Stadium (maximaler Vorstoß),
- Frankfurter Eisrandlage (oder Staffel),
- Pommersches Stadium,
- Mecklenburger Vorstoß.

M. Böse, J. Ehlers, F. Lehmkuhl, *Deutschlands Norden*, https://doi.org/10.1007/978-3-662-55373-2_6

Abb. 6.1 Rekonstruierte morphologische Eisrandlagen im Jungmoränengebiet. (Nach Liedtke 1981). Nach neueren Untersuchungen ist ihre Bildung nicht synchron über größere Entfernungen erfolgt.

Norddeutschland
Gliederung der Weichseleiszeit

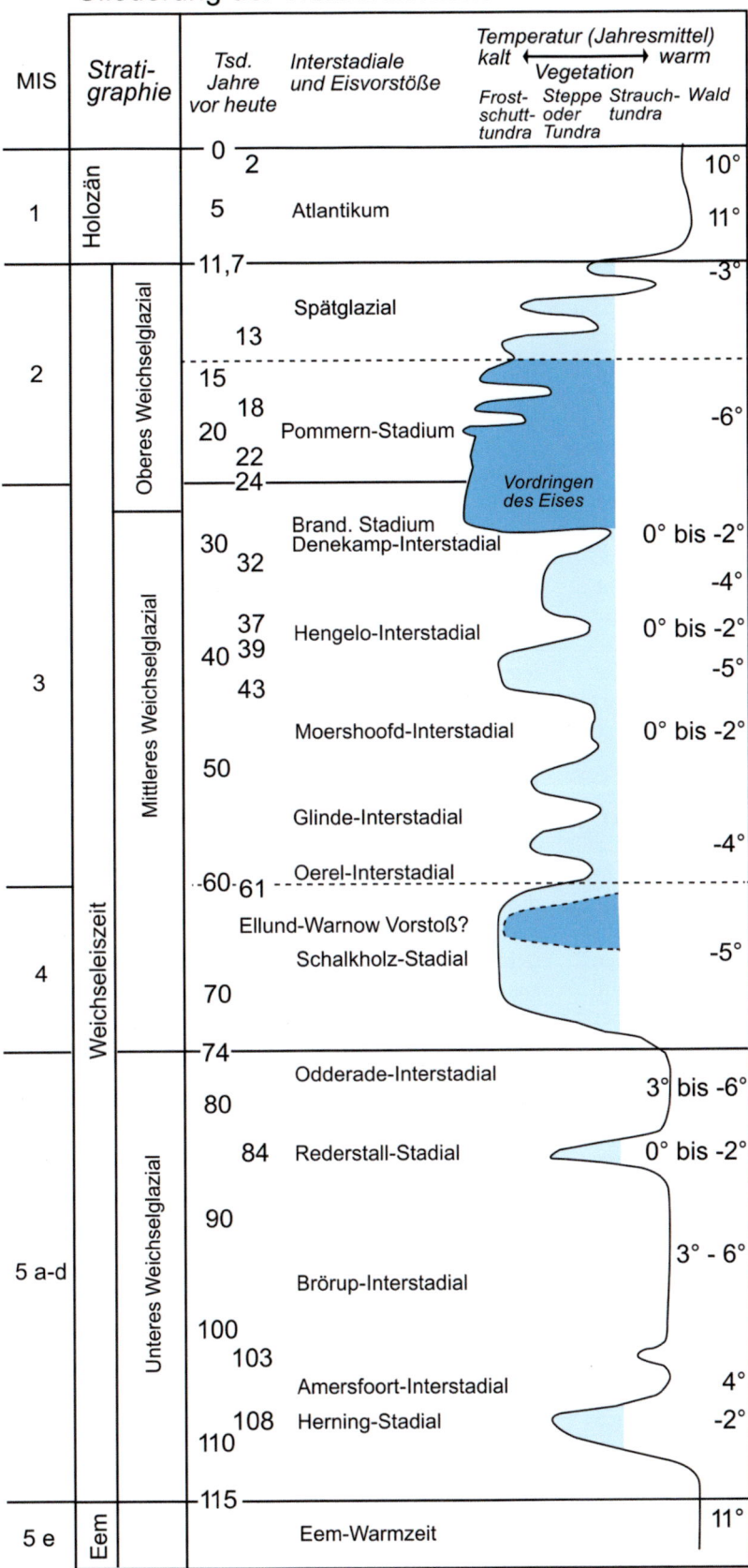

Abb. 6.2 Die letzte Eiszeit mit ihren Warmphasen (Interstadialen) und Kaltphasen (Stadialen) sowie den Eisvorstößen. (Verändert nach: Institut für Länderkunde 2003, Beitrag H. Liedtke)

Abb. 6.3 Findlinge vor und im Aufschluss Sperlingsherberge in der Pommerschen Eisrandlage, Geopark Eiszeitland am Oderrand. Hier wurden vornehmlich im 19. Jahrhundert Findlinge für Bauzwecke abgebaut und zugeschlagen. (Foto: M. Böse)

Dazwischen liegen kleinere Eisrandlagen mit geringerer morphologischer Ausprägung.

Die Darstellung auf den Karten suggeriert zwei Tatbestände: (1.) dass der Eisrand sich morphologisch überall gut erkennen lässt und (2.) dass der Eisrand zeitgleich entlang dieser jeweiligen Linien gelegen hat. Tatsache ist, dass es diese Linien in der Landschaft nicht gibt, sodass häufig über längere Strecken kleine, vereinzelte Erhebungen zur Rekonstruktion einer potentiellen Eisrandlage verwendet werden. Diese Methode führt durchaus zu unterschiedlichen Geländeinterpretationen.

Die Auffassung über die Synchronität dieser Eisrandlagen entlang der Linien lässt sich durch neuere Untersuchungen mit modernen Datierungsmethoden und Erkenntnissen bezüglich der Gletscherdynamik nicht mehr aufrechterhalten. Eine Inlandvereisung ist ein hochdynamisches Gebilde, dessen Eisrand abschnittsweise differenzierte Vorstoß- und Abschmelzbedingungen haben kann. Diese hängen von dem präexistierenden Relief und den regional unterschiedlichen Klimabedingungen über dem Inlandeis ab, vor allem der Niederschlagsmenge.

Zu den großen steuernden Reliefelementen gehören das Ostseebecken und der tiefliegende Bereich der heutigen unteren Oder, weshalb Eisströme Richtung Schleswig-Holstein einer anderen Dynamik unterliegen als diejenigen Richtung Mecklenburg-Vorpommern und Brandenburg. Folglich ist nicht von völliger Gleichzeitigkeit der Bildung der maximalen Eisrandlagen westlich und südlich der Ostsee auszugehen und eine Betrachtung muss regional kleinräumiger erfolgen. Diese Unterschiede werden auf der Basis einer umfangreichen Datenauswertung deutlich, wonach in Polen und im äußersten Nordosten Deutschlands der weiteste Vorstoß bereits gegen 30.000 v. h. erfolgte, während weiter westlich in Mecklenburg und Schleswig-Holstein der maximale Eisrand frühestens um 24.000 v. h. erreicht wurde, als das von Nordosten, den Ostseetrog entlang vorstoßende Eis schließlich auch den südwestlichen Ostseetrog ausgefüllt hatte.

Während in Mecklenburg-Vorpommern und Brandenburg die Haupteisrandlagen in gewisser Entfernung zueinander liegen, sind die Eisrandlagen in Schleswig-Holstein dicht ineinander verschachtelt, da das Eis mehrfach ungefähr die gleiche Ausdehnung erreichte.

Toteishohlformen und auch die zahlreichen Seen entstehen mit deutlicher zeitlicher Verzögerung nach dem flächenhaften Abschmelzen des Inlandeises. Verschüttete Gletschereisreste können unter den anschließenden periglazialen Klimabedingungen lange Zeit im Boden erhalten bleiben und sind z. T. erst einige tausend Jahre später ausgetaut. Auf diese Weise entstanden dann frische Hohlformen.

Findlinge (erratische Blöcke, s. Abb. 6.3) und Geschiebe wurden in den Grund- und Endmoränen abgelagert und stammen aus den Festgesteinsgebieten Skandinaviens und vom heutigen Ostseegrund. Sie geben Hinweise auf die Herkunftsgebiete und die Transportrichtungen der Eisströme. Viele dieser Blöcke sind heute aus der Landschaft verschwunden, da der Mensch sie über lange Zeiträume intensiv als Baumaterial genutzt hat. Hier einige Beispiele: Megalithgräber, Häuser, Kirchen, Straßenpflasterung, Einfriedungen, Gedenksteine, Parkgestaltungen (s. Exkurs 9.6).

6.3 Das Jungmoränengebiet Schleswig-Holsteins

Schleswig-Holstein lässt sich von Ost nach West in verschiedene Landschaftseinheiten gliedern (Abb. 6.4). Der östliche Landesteil mit seiner Förden- und Buchtenküste, kuppigen Grundmoränengebieten sowie der seenreichen Holsteinischen Schweiz gehört zur Jungmoränenlandschaft. Westlich schließt sich die Niedere Geest an, die aus weichselzeitlichen Schmelzwasserablagerungen besteht. Das Schmelzwasser floss nach Westen zur trockenliegenden Senke der Nordsee und in das darin eingetiefte

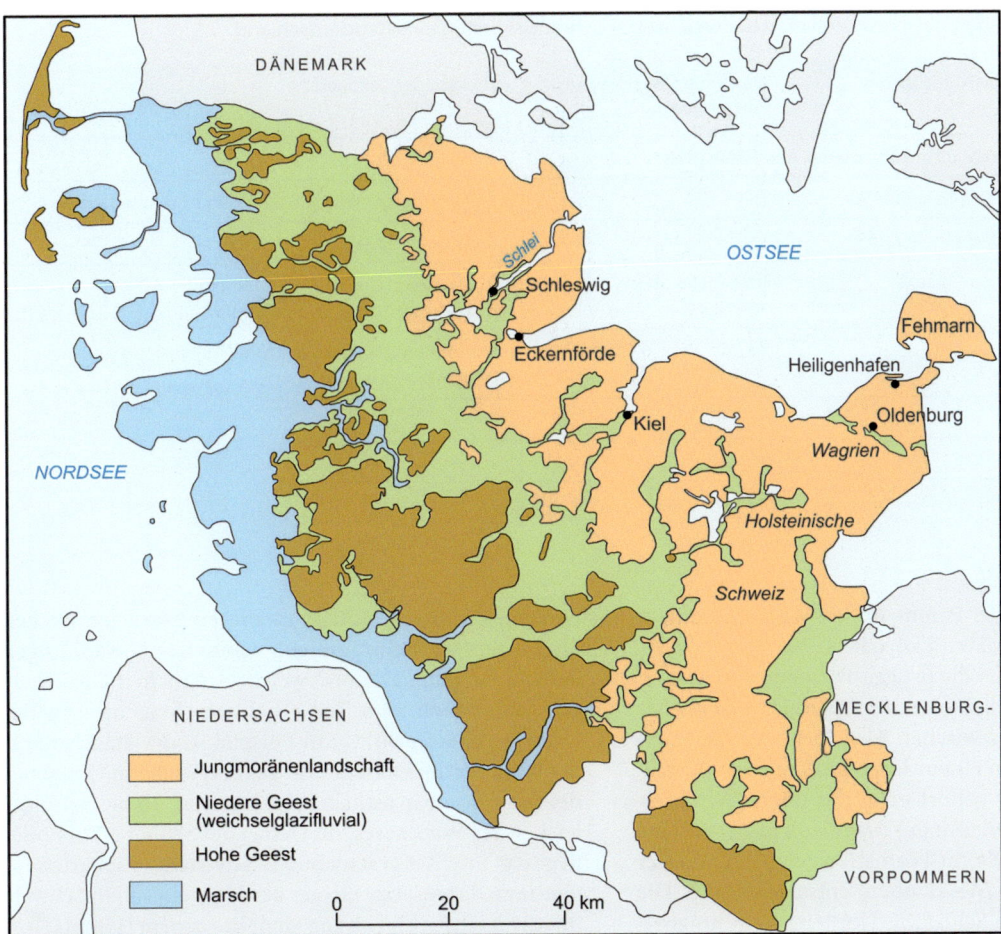

Abb. 6.4 Die landschaftliche Gliederung von Schleswig-Holstein mit dem östlichen Jungmoränengebiet, den glazifluvialen Abflußbahnen (Niedere Geest), den Altmoränenresten (Hohe Geest) und der holozänen Marsch. (Verändert nach: Geologische Karte von Schleswig-Holstein, 1:250.000, Erläuterungsheft)

Urstromtal der Paläo-Elbe ab. Dabei umflossen sie hochliegende Grundmoränenplatten und Endmoränenzüge der Saale-Eiszeit, die heute die Landschaftselemente der Hohen Geest bilden und zur Altmoränenlandschaft gehören. Im Westen wurden die Schmelzwassersande dann bei der nacheiszeitlichen Meerestransgression von holozänen Marschsedimenten der Nordsee überlagert.

Letzteiszeitliche Eisrandlagen sind in Schleswig-Holstein oft morphologisch deutlich ausgebildet, allerdings ist die Rekonstruktion der Verläufe der Eisränder verschiedener Staffeln kompliziert, da offensichtlich das Inlandeis wiederholt etwa gleich weit vorgestoßen ist. Daher gibt es für die Eisvorstöße eine Anzahl von Regionalnamen, die zum Teil nach morphologischen Eisrandlagen, aber vor allem nach den zugehörigen Tills benannt sind, da sie sich in der Geschiebeführung, der lithologischen Zusammensetzung, unterscheiden. Kleinräumig sind Eem-interglaziale Ablagerungen angetroffen worden, die die glazial-sedimentologischen Befunde stützen.

Altersdatierungen von weichselzeitlichen glazigenen Sedimente deuten darauf hin, dass es bereits im Mittel-

Weichsel (Isotopenstadium 4) einen ersten Eisvorstoß bis Schleswig-Holstein gegeben haben könnte (Ellund-Phase, s. Abb. 6.2 und 6.6). Das Eis des sogenannten altbaltischen Vorstoßes soll sich von Osten durch die Senke der Ostsee ausgebreitet haben und Kreidekalke und Flint mitgebracht haben. Da dem Eisvorstoß keine Vorschüttsande zuzuordnen sind und der Untergrund wenig beansprucht wurde, ist von einem Eisvorrücken unter sehr kalten Klimabedingungen über gefrorenen Untergrund auszugehen. Der Eisvorstoß, der aufgrund der Funde von Tills im Norden Schleswig-Holsteins und im Gebiet nordöstlich von Hamburg wohl weiter vorstieß als die hochglaziale Vergletscherung, hat keine erkennbaren Oberflächenformen hinterlassen.

Ein eindeutiges Äquivalent zum Brandenburger Stadium in Nordostdeutschland lässt sich in Schleswig-Holstein nicht fassen (Tab. 6.1). Es werden hier lediglich die älteren baltischen und die jungbaltischen Eisvorstöße unterschieden. Die älteren Randlagen vollziehen im südlichen Schleswig-Holstein den Schwenk in mehr östliche Richtung und werden dort dann traditionell mit

Tab. 6.1 Mögliche stratigraphische Korrelation der weichselzeitlichen Eisvorstöße in Norddeutschland

Tausend Jahre vor heute	Schleswig-Holstein	Westliches Mecklenburg-Vorpommern	Nordostdeutschland	
< 14	Übergang zum Spätglazial, Abschmelzphase			
– 15	Sehberg-Fehmarn-Vorstoß		Mecklenburger Stadium inkl. Velgaster Randlage	
– 20	Bordesholm-Vorstoß		Pommersches Stadium (Vorstoß)	
– 25	Brügge-Vorstoß	Frankfurter Staffel	Abschmelzphase (Frankfurter Staffel)	Rügen (glazi-)fluvial und limnisch
– 30		Brandenburger Stadium (?)	Brandenburger Stadium (Vorstoß)	
– 40				
– 50				
– 60	Ellund-Vorstoß	Warnow-Vorstoß (qw0)		

der Frankfurter und der Pommerschen Maximalrandlage im westlichen Mecklenburg korreliert.

Der Eisvorstoß, der die Brügge-Formation abgelagert hat, wurde ursprünglich als ein mittelweichselzeitlicher Vorstoß diskutiert, inzwischen wird aber aufgrund neuerer Datierungen von einem Eisvorstoß um 24.000 v. h. ausgegangen. Damit gehört er in das obere Weichsel-Glazial. Es wird angenommen, dass die Brügge- und die etwas jüngere Bordesholm-Formation zeitgleich mit der Frankfurter Phase in Mecklenburg entstanden sind. Die jüngeren Vorstöße in Schleswig-Holstein, auch jungbaltische Vorstöße genannt, sind der Fehmarn-Vorstoß und der unmittelbar nachfolgende Sehberg-Vorstoß, deren genaue Altersstellung nicht bekannt ist. Ihre Eisrandlagen lassen sich besser mit dem jungbaltischen Vorstoß in Dänemark korrelieren, als mit Eisrandlagen in Mecklenburg-Vorpommern.

Die Jungmoränenmorphologie ist in Schleswig-Holstein deutlich ausgebildet. Die Förden sind von Endmorä-

nenzügen umrandet, die in mehreren parallelen Rücken als Folge von kleinräumigen Gletscherschwankungen entstanden sind. Die oberweichselzeitlichen Gletschervorstöße haben zum Teil erhebliche Stauchungen des Untergrundes bewirkt. Ein Beispiel ist der Stauchmoränenkomplex der Hüttener Berge (bis gut 105 m Höhe) mit dem unmittelbar östlich vorgelagerten Ausschürfungsbecken des Wittensees. Im Gebiet des Sehberg-Vorstoßes liegt das intensiv gestauchte, relativ stark reliefierte und von Seen durchsetzte Gebiet der Holsteinischen Schweiz mit der höchsten Erhebung, dem Bungsberg (168 m). Toteissenken und ein Oszug (s. Exkurs 6.1), das Arenholzer Os, westlich außerhalb der Endmoränen bei Schleswig gelegen, deuten darauf hin, dass der erste oberweichselzeitliche Eisvorstoß keine Endmoränen hinterlassen hat, sondern lediglich subglaziale Formen.

Auch im südöstlichen Holstein und in vielen Kliffs der Ostsee sind zahlreiche weitere glazitektonische Störungen beobachtet worden (Abb. 6.5). Ausgeprägte Stau-

Abb. 6.5 Durch Eisdruck glazitektonisch verstellte Sedimente. (Foto: M. Böse)

chungen, Faltungen und Überschiebungen lassen auf einen weitgehend ungefrorenen Untergrund während ihrer Entstehung schließen. Sie sind genetisch nicht zwingend an Eisrandlagen gebunden, obwohl entsprechende Hochlagen früher morphostratigraphisch überwiegend als Teile von Endmoränen gedeutet wurden, entlang derer dann irrtümlich durchgehende Eisrandlagen konstruiert wurden. Erst bei einer längeren Eisbedeckung ist bedingt durch den Schutz vor starker atmosphärischer Frosteinwirkung mit dem Austauen des Permafrostbodens zu rechnen, sodass auch Stauchungen beim weiteren Vorrücken des Gletschers unter dem sich bewegenden Eis entstanden sein können.

Ein weiteres Charakteristikum sind die subglazial entstandenen Schmelzwasserrinnen, in Schleswig-Holstein und Hamburg auch Tunneltäler genannt. Sie durchziehen heute als Tiefenlinien in der ehemaligen Eisfließrichtung die Landschaft und sind häufig im Holozän vermoort oder enthalten Ablagerungen kleiner verlandeter Seen. Vor allem das Tunneltal von Stellmoor-Ahrensburg ist bekannt wegen seiner archäologischen Funde, die auf die Anwesenheit spät-paläolithischer Rentierjäger im Spätglazial hinweisen. Der Mensch war also sehr bald in dem eisfrei gewordenen Gelände aktiv.

Der Oldenburger Graben, der Wagrien von Westnordwest nach Ostsüdost durchzieht, ist ebenfalls eine eiszeitlich angelegte Rinne, die durch natürliche Prozesse an der beidseitigen Ostseeküste abgedämmt wurde. Sie ist seit der prähistorischen Zeit auch durch menschlichen Einfluss überprägt und seit dem Mittelalter durch Siedlungen und nicht zuletzt durch Trockenlegungsmaßnahmen verändert worden.

6.4 Das Gebiet südlich der Ostsee: Mecklenburg-Vorpommern und Brandenburg

Die sich in südwestliche Richtung erstreckende Lübecker Bucht war für das Inlandeis eine gute Leitbahn, allerdings stellt sie auch morphostratigraphisch einen Grenzbereich dar. Der Eisrand verlief östlich von hier weniger in Nord-Süd-Richtung als vielmehr in Westnordwest-Ostsüdost-Richtung.

Südlich der Ostseesenke stellt sich die Eisdynamik der letzten Vereisung anders dar als in Schleswig-Holstein. Die Eisvorstöße lassen sich, je weiter man nach Osten kommt, geologisch und vor allem morphologisch besser trennen, da ihre Randlagen räumlich weiter auseinanderliegen. Die ältesten Randlagen liegen im Süden, die jüngsten im Norden. Hier haben vor allem präexistente Hochlagen und weite Flussniederungen wie beispielsweise das untere Odertal steuernd auf die Eisausbreitung gewirkt.

Auf der Karte der Eisrandlagen (Abb. 6.1) wird deutlich, dass auch im nordwestlichen Mecklenburg weichselzeitliche Eisvorstöße die Elbe nicht überschritten und wohl auch die saalezeitliche Hochlage der Prignitz nicht bedeckt haben. Es gibt nordöstlich der Prignitz einen deutlichen Sandersaum, von dem aus dieses Gebiet über schmalere Rinnensander Richtung Elbe-Urstromtal entwässerte. Hier werden die Brandenburger und die Frankfurter Eisrandlage als dicht zusammenliegend interpretiert.

6.4.1 Ein früher weichselzeitlicher Eisvorstoß in Mecklenburg?

Die stratigraphische Situation von weichselzeitlichen Sedimenten ist immer eindeutig, wenn sie über Ablagerungen der Eem-Warmzeit bzw. über dem jüngsten saalezeitlichen Till angetroffen werden. Bei den Eem-Ablagerungen handelt es sich im nördlichen Mecklenburg in der Regel um marine Sedimente der Ostsee, die vor allem in Buchten abgelagert wurden. Ein Till, der sich keiner morphologisch erkennbaren Eisrandlage zuordnen lässt, wurde wiederholt in Bohrungen im Warnowtal, in der Umrandung der Wismarbucht und bei Laage angetroffen (Abb. 6.6). Er unterscheidet sich in der Geschiebeführung von der jüngsten Saale-Moräne durch weniger paläozoische Kalke und mehr Flint, Kreide, Sandstein und Nordisches Kristallin. Der hochglaziale Till enthält im Unterschied zu dieser Ablagerung mehr paläozoische Schiefer und Sandstein. Dieser älteste Weichsel-Till mit der Abkürzung qw0 (Quartär-Weichsel-0) ist nachträglich in das stratigraphische Schema eingepasst worden, qw1 bis qw3 entsprechen den klassischen hochglazialen Vorstößen der Brandenburger, Pommerschen und Mecklenburger Stadien. Im Hangenden des qw0-Tills wurde wiederholt ein interstadialer Horizont gefunden, der auf einen Wasserspiegelanstieg in der Ostsee mit der Ausbildung von marinen und limnischen Ablagerungen sowie auf eine arktisch-boreale Interstadial-Vegetation hinweist.

Im Raum Schwerin wurde der qw0-Till südwestlich der morphologischen hochglazialen Eisrandlage angetroffen; er unterlagert dort den hochglazialen Sander. Generell wird der Till des qw0-Vorstoßes als geringmächtiger als der der hochglazialen Eisvorstöße beschrieben.

Auch neue stratigraphische Deutungen von Geschiebemergelbänken an der Kliffküste Stoltera bei Warnemünde und bei Kap Arkona auf Rügen, ergeben lithostratigraphische Befunde für einen qw0-Vorstoß. Allerdings ist die Geschiebezusammensetzung hier etwas abweichend; der qw0-Till enthält weiter östlich zunehmend paläozoische Schiefer und weniger Flint und Sandstein. Eine zeitliche Parallelisierung mit dem altbaltischen (Ellund-)Vorstoß in Schleswig-Holstein wird angenommen.

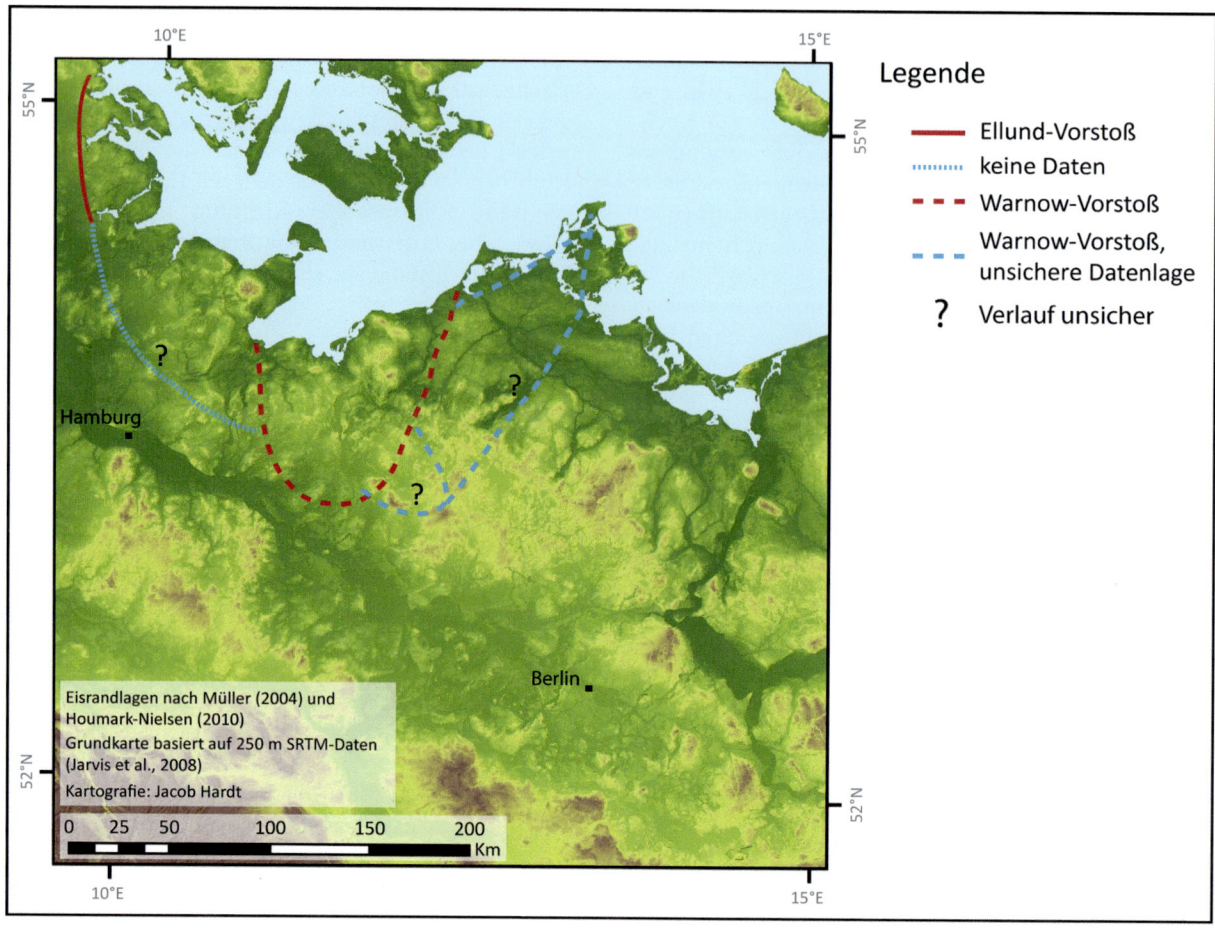

Abb. 6.6 Bisher bekannte Ausdehnungen eines mittelweichselzeitlichen Eisvorstoßes nach Norddeutschland (Warnow-Ellund-Vorstoß). (Nach Müller 2004 und Houmark-Nielsen 2010)

Im östlichen Rügen, im unteren Odertal und im Raum nördlich von Berlin gibt es bisher keine Hinweise auf eine Eisbedeckung zwischen 56 und 46 ka. Akzeptiert man diese eisdynamische und zeitliche Zweiteilung, so fällt die maximale Eisrandlage in Mecklenburg zeitlich mit dem mittelweichselzeitlichen Eisvorstoß in Schleswig-Holstein zusammen und entspricht der dortigen Ellund-Phase (Abb. 6.6).

6.4.2 Das Brandenburger Stadium

Die Landschaft des Jungmoränengebietes wird gegliedert durch die Grundmoränenplatten, Endmoränenzüge und Schmelzwasserablagerungen einschließlich der Urstromtäler (s. Exkurs 6.3).

Der erste, sicher nachgewiesene Eisvorstoß ist im späten Mittel-Weichsel-Glazial erfolgt und beinhaltet den Vorstoß in Nordostdeutschland bis zur maximalen Eisrandlage, dem Brandenburger Stadium. Nach neuesten Datierungen hat dieser Vorstoß bereits gegen

31.000 v. h. das Gebiet nördlich von Berlin erreicht und hat gegen 30.000 v. h. seine maximale Ausdehnung erreicht. Wahrscheinlich handelte es sich um einen raschen, mit viel Schmelzwasser verbundenen Vorstoß, durch den ältere Reliefformen nur geringfügig überprägt wurden. So sind beispielsweise die Höhen westlich von Bad Freienwalde und die Rauenschen Berge südlich von Fürstenwalde saalezeitliche Stauchmoränenkomplexe. Der weichselzeitliche Till ist meist nur 1–3 m mächtig und die äußerste Eisrandlage weist kaum Endmoränen auf. Stattdessen markieren Sanderinnenkanten und Sanderansätze wie beispielsweise am Beelitzer Sander, am Krausnicker Sander oder am Taubendorfer Sander die Lage des Eisrandes. Lokal kann das Eis auch über diese Position hinaus nach Süden vorgestoßen sein. Das Schmelzwasser hat großenteils die Landschaft stärker beeinflusst als das Eis selbst. Es sammelte sich in dem nach Westnordwest verlaufenden Baruther Urstromtal (s. Exkurs 6.3), das im Süden durch den Fläming begrenzt wird, einem Geländerücken aus der Saale-Kaltzeit. Es gab mehrere Abflussphasen, die zu Terrassenbildung geführt haben, ferner bildeten sich auch beim

Abschmelzen des Eises bald im Rückland erste jüngere Rinnen, wie beispielsweise die Nutheniederung.

Durch den Verlust des Kontaktes zum aktiven Inlandeis entstand weitflächig Toteis, das langsam niedertaute, und es kam zu zahlreichen Kamesbildungen (Exkurs 6.1). Besonders häufig sind sie im Raum westlich und südlich von Potsdam, aber auch an der Ostseite der Havel und des Schwielowsees anzutreffen. Die sandigen Schmelzwasserablagerungen haben dazu geführt, dass die Mark Brandenburg früher als „Streusandbüchse des Heiligen Römischen Reiches" bezeichnet wurde. Das Abtauen des Toteises dauerte mehrere Jahrtausende, flächenhaft verschwand es zwischen 29.000 und 22.000 v. h.

Allerdings konservierte begrabenes Toteis die subglazial angelegten Rinnen bis in das Spätglazial, sodass sich erst dann ein seenreiches Jungmoränengebiet entwickelte. Häufig werden Seen auch von Flüssen als Durchlaufseen genutzt, wie zum Beispiel die Havelseen in Berlin und Potsdam oder der von der Spree durchflossene Müggelsee (s. Abb. 6.19). In der Regel beginnt die limnische Sedimentation frühestens mit dem Bölling-Interstadial des Spätglazials (s. Abb. 6.15). Neben den Rinnenseen und Seenrinnen, die als Schmelzwasserrinnen unter dem Eis angelegt wurden und die überwiegend Nordnordost-Südsüdwest ausgerichtet sind, gibt es vor allem auf den Grundmoränenplatten des Barnim noch zahlreiche kleine Toteissenken und -seen, genannt Pfuhle oder Sölle. Allerdings hat ihre Anzahl durch die menschliche Nutzung abgenommen, da sie als unwillkommene Hindernisse zugepflügt oder zugeschüttet wurden. Gelegentlich werden sie als Dorfteiche genutzt oder im städtischen Umfeld in Grünflächen mit eingebunden.

Exkurs 6.1

Oser und Kames

Kames und Oser sind Reliefformen, die durch Schmelzwasser in unmittelbarem Kontakt mit dem Eis geschaffen wurden. In der Regel bestehen sie aus geschichtetem und lagenweise sortiertem Material.

Oser können durch Abflüsse in Spalten und Hohlräumen unter, in oder auf dem Eis gebildet werden (Abb. 6.7a).

Vor allem die unter dem Eis in Abflusskanälen abgelagerten Oser bilden häufig kilometerlange Rücken von bis zu 10 m Höhe. Manche verlaufen parallel zu subglazial angelegten Rinnen. Da das Entwässerungssystem unter dem Inlandeis in der Regel auf den Eisrand ausgerichtet war, verlaufen sie perpendikular auf ihn zu.

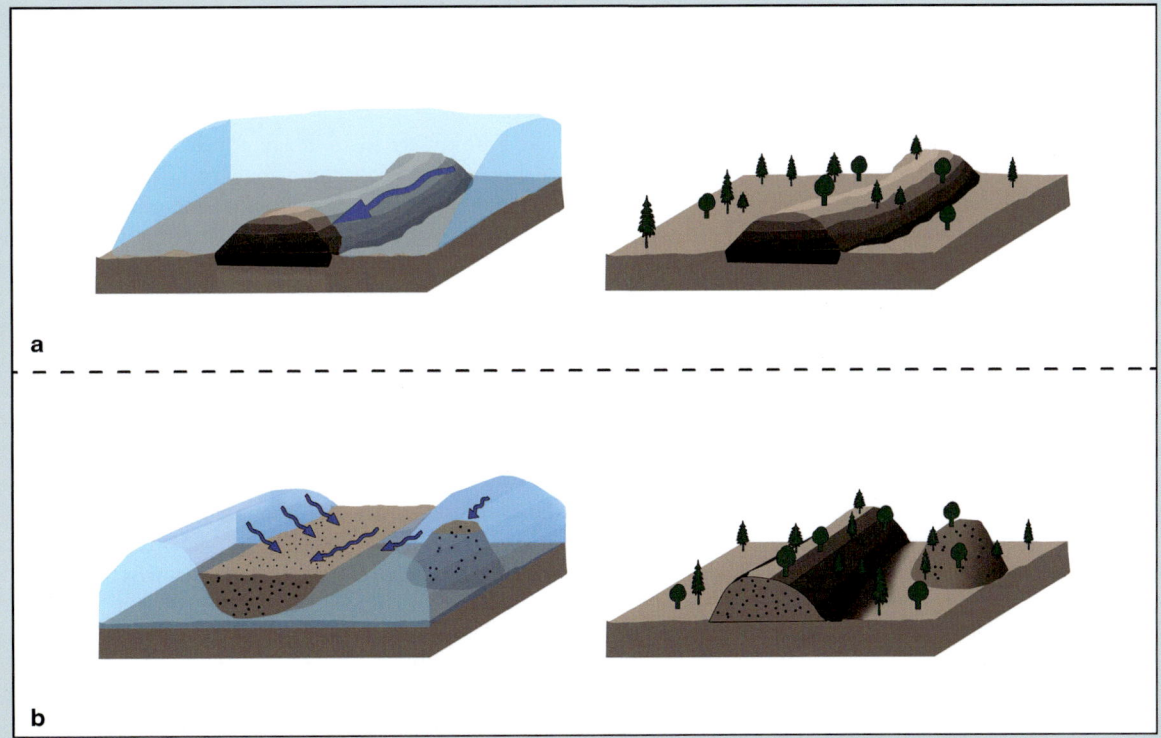

Abb. 6.7 a Schematische Darstellung der Bildung eines Os durch Schmelzwasser unter dem Eis und dessen Reliefform in der heutigen Landschaft. **b** Bildung von Kames beim Abtauen des Gletschers und heutige Reliefformen in der Landschaft

---

Fortsetzung

Kames entstehen in der Regel beim flächenhaften Niedertauen des Inlandeises (Abb. 6.7b). Zwischen Toteisblöcken wird Material durch Schmelzwasser angehäuft, das dann beim völligen Niedertauen als Vollformen in der Landschaft erhalten bleibt. Es kann sich um längliche Formen oder aber auch um unregelmäßige Hügel handeln (Abb. 6.8 und 6.9). Ihre Genese erschließt sich durch die sortierten und geschichteten Ablagerungen des Sedimentkörpers.

In der Landschaft Mecklenburg-Vorpommerns ist das verbreitete Vorkommen von Osern auffällig. Oser dokumen-

tieren Schmelzwasserströme in Tunneln in oder vor allem unter dem Eis, die dort Sedimente abgelagert haben, die heute als sandige und kiesige Rücken die Landschaft durchziehen. Gelegentlich verlaufen sie parallel zu eingeschnittenen Schmelzwasserrinnen. Diese Osrücken stehen heute in Norddeutschland unter Schutz, da sie einprägsame Landschaftselemente sind. Früher sind sie oft einem leichten, über dem Grundwasser durchgeführten Baumaterialabbau zum Opfer gefallen. So kommt es, dass viele von ihnen nicht mehr vollständig erhalten sind.

Abb. 6.8 Plateau-Kame (*links*) beim Gutshof Groß Zecher am Schaalsee, Schleswig-Holstein. (Foto: J. Ehlers)

Abb. 6.9 Blick von dem Standort von Abb. 6.8 auf einen anderen Kame am gegenüberliegenden Seeufer. (Foto: J. Ehlers)

Eine Besonderheit in diesem Jungmoränengürtel stellen Gebiete bei Sperenberg (südlich von Berlin) und bei Rüdersdorf (östlich von Berlin) dar, da dort durch salztektonische Bewegungen mesozoische Schichten bis unmittelbar unter die Oberfläche gedrückt wurden. Die mesozoischen Deckschichten wurden hier in Kalksteinbrüchen seit dem Mittelalter abgebaut. Aber auch kleinere morphologische Formen können auf junge Salzbewegungen zurückzuführen sein (Exkurs 6.2).

Nordöstlich der Einmündung der Havel in die Elbe biegt der Eisrand nach Nordosten um (s. Abb. 6.1 und 6.19). Das weichselzeitliche Eis hat die Prignitz nicht überflossen, sondern der Eisrand verläuft nördlich dieses hoch gelegenen Altmoränengebietes nach Nordwesten. Auf der *Geologischen Karte von Mecklenburg-Vorpommern* ist in Mecklenburg die Frankfurter Eisrandlage als die südlichste Eisrandlage angegeben, die Brandenburger ist dort nur südöstlich von Schwerin lückenhaft dokumentiert. In die Prignitz sind allerdings breite Tiefenlinien eingeschnitten, die weichselzeitliche, auf das Elbtal ausgerichtete Sander beinhalten. Südlich Schwerin gibt es ineinander verschachtelte, durch Geländeunterscheidungskanten erkennbare Sandergenerationen, die auf die unterschiedlichen Eisrandlagen eingestellt sind. Erst nordöstlich von Hamburg biegen die Eisrandlagen dann in Schleswig-Holstein in die mehr nördliche Richtung um.

6.4.3 Gibt es die Frankfurter Staffel als einheitliche Eisrandlage?

Die Frankfurter Eisrandlage nördlich von Berlin wurde bisher als ein Rückschmelzhalt von der Brandenburger Eisrandlage interpretiert. Es gibt Sanderansätze vor allem auf der Barnim-Platte, die auf einen möglichen stationären Eisrand hindeuten. Allerdings haben neuere Untersuchungen in Kiesgruben und Kartierungen ergeben, dass die sogenannte Frankfurter Eisrandlage sich offensichtlich aus unterschiedlich alten Geländeformen zusammensetzt und damit die einfache Interpretation als Rückzugshalt zunehmend an Gültigkeit verliert (Abb. 6.11). Vielmehr deuten Geländeformen auf einen Eiszerfall mit viel Schmelzwasserablagerungen zwischen Toteisblöcken hin. Ferner wurde auf dem Barnim eine Abfolge bogenförmiger flacher Rücken aus Geschiebemergel mit glazifluvialen Sanden in den dazwischenliegenden Senken gefunden, die als Haltepositionen beim Rückschmelzen des Eisrandes gedeutet werden. Im westlichen Barnim pausen sie sich durch einen Schleier von Sanderablagerungen durch. Die tiefe Senke des Gorinsees mit 16 m erbohrten liminischen Sedimenten belegt, dass zur Formungszeit beider sich überlagernder Reliefelemente Toteis im Untergrund lag, das erst deutlich später aus-

Junge Salzbewegung in der Schorfheide

Randsenken, die sich an den Rändern von Salzstrukturen ausbilden, sind wiederholt in Norddeutschland nachgewiesen worden (Exkurs 2.4). In der Schorfheide wurde jedoch jüngst eine morphologische Besonderheit mithilfe von hochaufgelösten Geländedaten entdeckt, die nach dem derzeitigen Kenntnisstand ebenfalls auf Bewegungen des in rund 2250 m unter der Oberfläche liegenden Salzkissens von Großschönebeck zurückzuführen ist. Es gibt hier bis zu

19 m tiefe „Risse", die die Landschaft durchschneiden und auch kleine, glazifluvial angelegte Tälchen durchtrennen (Abb. 6.10). Es handelt sich dabei offensichtlich um eine Aufpressung der Sedimente und um Dehnungsstrukturen, die jünger sind als die nördlich liegende Pommersche Eisrandlage und wahrscheinlich älter als die Dünen der Jüngeren Dryas (s. Abb. 6.15).

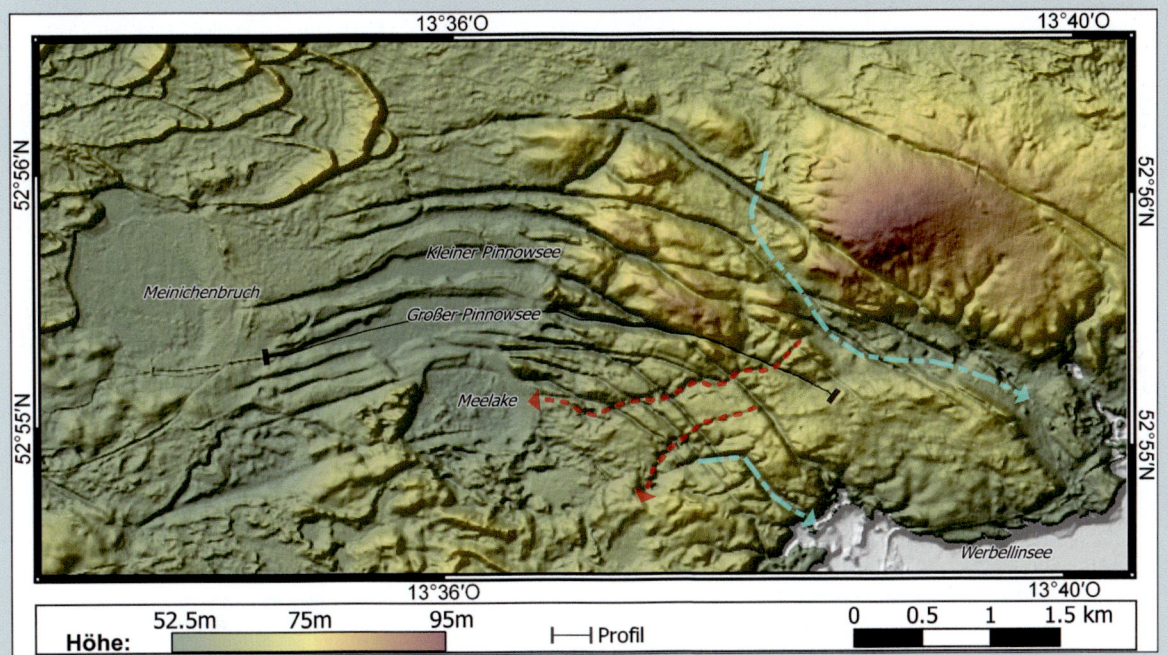

Abb. 6.10 Riss-Strukturen an der Nordflanke des unterlagernden Salzkissens von Großschönebeck, westlich des Werbellinsees. Die *roten* und *blauen* Linien markieren Abflussbahnen, die durch die Risse unterbrochen worden sind. In der Nordwestecke des Kartenausschnittes sind Parabeldünen erkennbar, die randlich die Risse überdecken. (Abbildung verändert aus: Krambach et al. 2016)

geschmolzen ist. Der Müncheberger Sander südlich der Märkischen Schweiz, auf der Platte Lebus gelegen, ist hingegen nach neuesten Datierungen als Vorschüttsediment des zum Brandenburger Stadium vorrückenden Eises zu sehen.

Das Berliner Urstromtal (s. Exkurs 6.3), das in süd-ost-nordwestlicher Richtung südlich der Barnim-Platte und des Landes Lebus verläuft, wird als Schmelzwassersammelader des von Norden – von der Frankfurter Eisrandlage – kommenden Schmelzwassers gedeutet. Es ist ebenfalls eine Tiefenlinie, die bereits präweichselzeitlich angelegt ist. Im Urstromtal sind Terrassen ausgebildet, die darauf zurückzuführen sind, dass vor allem über die Rinne Rotes Luch Schmelzwasser der jüngeren Pommerschen Eisrandlage dem Urstromtal zugeführt wurde. Ferner nahm das Urstromtal das Wasser der von

Süden kommenden Flüsse (z. B. der Oder) auf, die wegen der Blockade durch das Inlandeis nicht nach Norden abfließen konnten.

Im westlichen Mecklenburg wird die Frankfurter Eisrandlage hingegen als ein deutlicher Eisrandhalt ausgewiesen. Zu den markanten morphologischen Zeugnissen der Erosionskraft des Eises gehört auch die Mecklenburgische Seenplatte, entstanden aus Ausschürfungssenken des Inlandeises. Das Relief ist hier viel deutlicher ausgeprägt als in den entsprechenden Gebieten in Brandenburg. Eine Zeitgleichheit der beiden Eisrandabschnitte ist allerdings bisher nicht nachgewiesen.

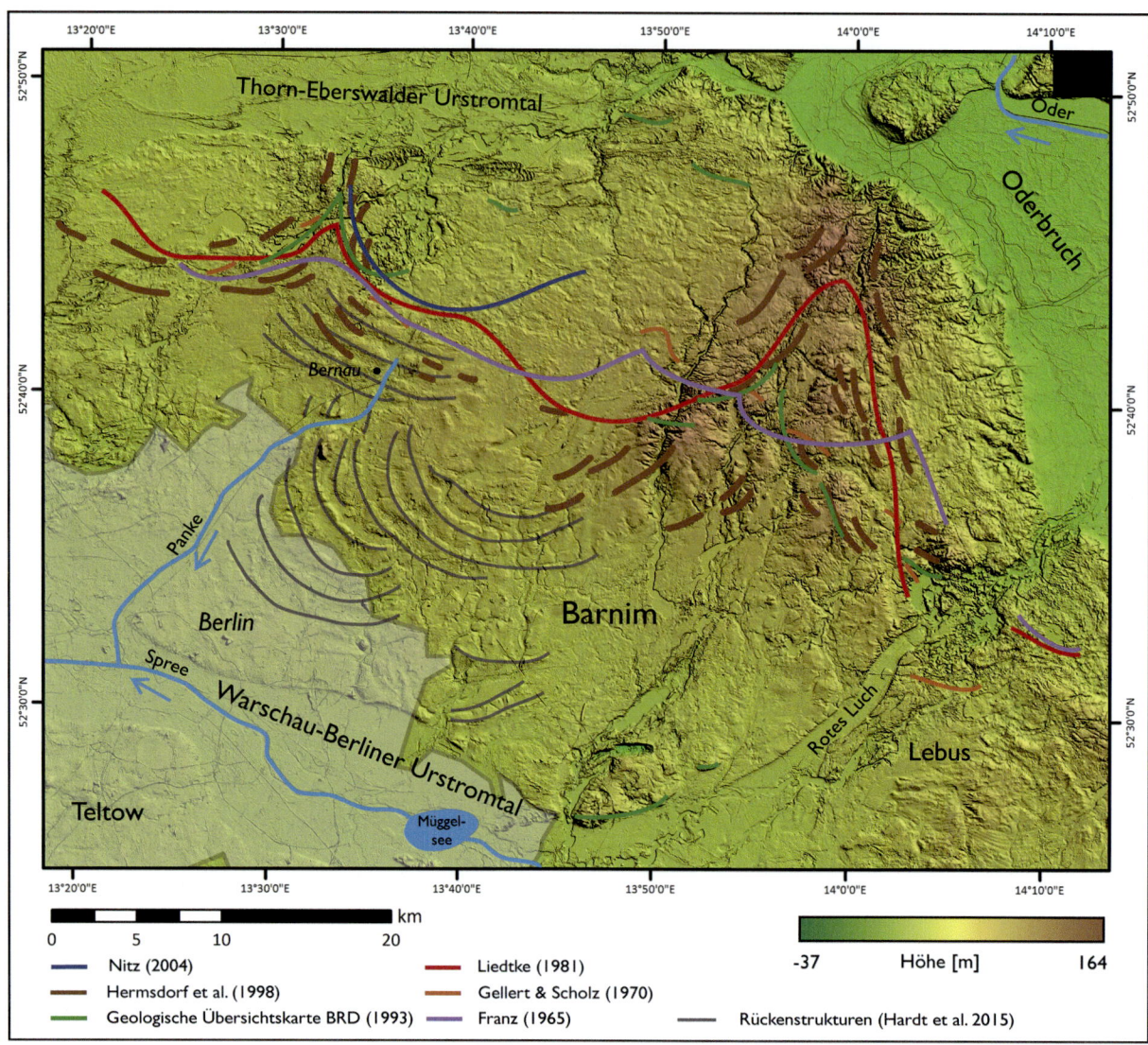

Abb. 6.11 Die Kartierung der konstruierten Frankfurter Eisrandlage durch verschiedene Autoren (Nitz 2004; Hermsdorf et al. 1998; Bundesanstalt für Geowissenschaften und Rohstoffe 1993; Liedtke 1981; Gellert und Scholz 1970; Franz 1965). Die LIDAR-Daten zeigen deutlich die Bögen, die beim sukzessiven Abschmelzen des Eises entstanden sind. (Kartographie: J. Hardt)

6.5 Pommersche Eisrandlage

Die Bildung der Pommerschen Eisrandlage geht auf einen eigenständigen Eisvorstoß aus der Ostseesenke zurück, der flächenhaft auch einen eigenen Till ausgebildet hat. Die Endmoränen sind im Gelände deutlich sichtbar. Sie bestehen aus Stauchmoränen und Blockpackungen (s. Abb. 6.2). Die Landschaft nördlich davon ist charakterisiert durch eine große Anzahl an Seen, deren Hohlformen sowohl durch Eisausschurf als auch durch Schmelzwassererosion subglazial angelegt worden sind. Zu den markanten morphologischen Zeugnissen der Erosionskraft gehört die Mecklenburgische Seenplatte.

Neueste Untersuchungsergebnisse zur Zeitstellung der Pommerschen Eisrandlage haben ergeben, dass dieser kräftige Eisvorstoß offensichtlich dem Kältemaximum des MIS 2 entspricht und um 20.000 v. h. stattfand. Die bisherigen Altersabschätzungen (um 16.000 v. h.) sind demnach als zu jung anzusehen und die Eisdynamik des Inlandeises muss neu bewertet werden. Auch eine Neuinterpretation der Geländeformen zwischen der Pommerschen Endmoräne bei Chorin und Eberswalde wird derzeit vorgenommen (Exkurs 6.4).

Das ebenfalls bereits präweichselzeitlich angelegte Eberswalder Urstromtal wird häufig fälschlich als Schmelzwasserabflussbahn des Pommerschen Eisrandes beschrieben. Der westliche Teil des Urstromtales war jedoch zum Pommerschen Maximalstand nicht in

Funktion, da das Schmelzwasser vom Oderbruch aus über Rinnen zum Berliner Urstromtal abfloss (s. Exkurs 6.3). Erst beim Rückschmelzen zur nächstjüngeren Parsteiner Staffel wurde das Urstromtal durchgängig in westliche Richtung genutzt und es wurden dabei mehrere Terrassen ausgebildet. Es gab während des Abschmelzens mehrere Stillstandslagen des Eisrandes: auf die dreiphasige Parsteiner Staffel folgt weiter nördlich die Angermünder Staffel. Nachdem auch Teile des

unteren Odertales wieder eisfrei wurden, schufen sich die Fluten der Oder und die Schmelzwasserströme Abflussbahnen wie das Randowtal und andere kleinere Schmelzwassertäler.

Ein auffälliges Reliefelement stellt der fast 130 m hoch aufragende Stauchmoränenkomplex der Kühlung bei Bad Doberan westlich von Rostock dar. Neben quartären Schichten ist dort auch eozänes Material aufgetaucht. Die wesentliche Gestaltung des heute stark in sich geglie-

Exkurs 6.3

Urstromtäler

Ein Urstromtal ist ein eiszeitlicher Abflussweg von Schmelzwasser, der mehr oder weniger parallel zum Rand einer früheren Eisrandlage verläuft; es beginnt an der europäischen Hauptwasserscheide und hat seinerzeit den gesamten zugehörigen Sektor des Inlandeises entwässert. Das Vorkommen von Urstromtälern ist auf das nordeuropäische Vereisungsgebiet beschränkt. In Nordamerika blieb während aller Vereisungen die Hauptentwässerung nach Süden gerichtet, zum Mississippi hin, sodass sich keine neuen, eisrandparallelen Entwässerungsbahnen entwickeln konnten. Bereits gegen Ende des vorigen Jahrhunderts waren vier große nach Westen gerichtete Urstromtäler erkannt worden:
- Breslau-(Magdeburg-)Bremer Urstromtal,
- Glogau-Baruther Urstromtal,
- Warschau-Berliner Urstromtal,
- Thorn-Eberswalder Urstromtal.

Während das Breslau-(Magdeburg-)Bremer Urstromtal über die Weser entwässerte, münden die übrigen drei Urstromtäler in die untere Elbe.
Die Urstromtäler sind trotz der kurzen Dauer ihrer aktiven Phase nicht in einem Zug entstanden, sondern in mehreren Schritten. Hiervon zeugen Terrassen der Urstromtäler. Die Talzüge der Urstromtäler weisen heute kein durchgehendes Gefälle mehr auf. Eingehende Untersuchungen der Lagerungsverhältnisse haben jedoch gezeigt, dass sie unzweifelhaft in ganzer Länge durchströmt worden sind.
Die bekannten Urstromtäler sind relativ junge Gebilde (Abb. 6.12). Für die älteren Vereisungen konnten bisher keine Urstromtäler rekonstruiert werden, obwohl sie vermutlich existiert haben. Die Oberflächenformen sind durch nachträgliche Überfahrung umgestaltet und durch periglaziale Überprägung verwischt worden.
Auch eine eisrandparallele Entwässerung vor dem Nordrand der Mittelgebirge ist morphologisch heute nicht mehr erkennbar. Entsprechende Sedimente belegen jedoch die frühere Existenz solcher Abflusswege. So ist durch geologische Kartierungen nachgewiesen worden, dass sich die Mittelterrasse der Weser als ein maximal über 30 m mächtiger und mehrere Kilometer breiter Sedimentkörper am Nordrand des Teutoburger Waldes entlang in Richtung Westen verfolgen lässt. Die Entwässerung der mitteldeutschen Flüsse (Elbe, Saale, Weser) über die Niederlande zur Nordsee lässt sich erstmals im Menap nachweisen. In der

Saale-Kaltzeit ist der Zusammenhang mit dem Inlandeisvorstoß eindeutig.
Das älteste in Nordwestdeutschland nachweisbare Urstromtal ist das Aller-Weser-Urstromtal. Es ist während der Mittleren Saale-Vereisung entstanden. Nach Osten lässt sich sein Einzugsgebiet bis zum Südrand der Letzlinger Heide (nördlich von Haldensleben) nachweisen. Ob sich während der jüngeren Saale-Vereisung ein durchgehendes Breslau-Magdeburg-Bremer Urstromtal ausbilden konnte, ist umstritten.
Während der Weichsel-Eiszeit stand das untere Elbtal zwischen der Havelmündung und der Nordsee ständig als eisrandparalleler Vorfluter zur Verfügung, sodass hier keine Laufverlegungen erfolgen mussten. Weiter östlich lassen sich dagegen vier bis fünf große Hauptentwässerungsbahnen unterscheiden, die nacheinander die Entwässerung des Weichsel-Eisrandes übernommen haben. In der Weichsel-Eiszeit lag die Hauptwasserscheide wesentlich weiter im Osten als in der Saale-Vereisung. Der Anfang des Glogau-Baruther Urstromtales, des ältesten der vier weichselzeitlichen Urstromtäler, liegt in der Gegend von Minsk. Weiter östlich erfolgte die Entwässerung des Eisrandes über Nebenflüsse des Dnjepr in Richtung Osten und Süden zum Schwarzen Meer. Die östlichen Abschnitte des Urstromtales, über das Schmelzwasser des Brandenburger Stadiums abfloss, liegen in einer Höhe von etwa 190 m.
Das Warschau-Berliner Urstromtal ist mit der Frankfurter Eisrandlage verbunden. Dieses und die weiteren weichselzeitlichen Urstromtäler sind wesentlich kürzer als das Glogau-Baruther Urstromtal, beginnen aber immer noch im Gebiet zwischen Vilnius (Litauen) und Molodechno (Belarus). Während der Pommerschen Haupteisrandlage hat sich zunächst ein Thorn-Berliner-Urstromtal ausgebildet, bei dem zwar im Osten bereits der Abfluss über Netze, Warthe und Oderbruch frei gewesen sei, im Westen jedoch wegen des relativ weit südlich gelegenen Eisrandes die Entwässerung durch die Buckower Pforte in das Berliner Urstromtal erfolgt ist. Beim weiteren Eisabbau erfolgte der Abfluss zunächst über das Thorn-Eberswalder Urstromtal, das bis nach der Bildung der Rosenthaler Staffel in Funktion war. Während der Entstehung der Velgaster Staffel war das Eis bereits soweit abgeschmolzen, dass die Entwässerung im Westen über das Mecklenburger Grenztal in die Ostsee-Senke und über den Belt zur Nordsee erfolgen konnte.

Fortsetzung

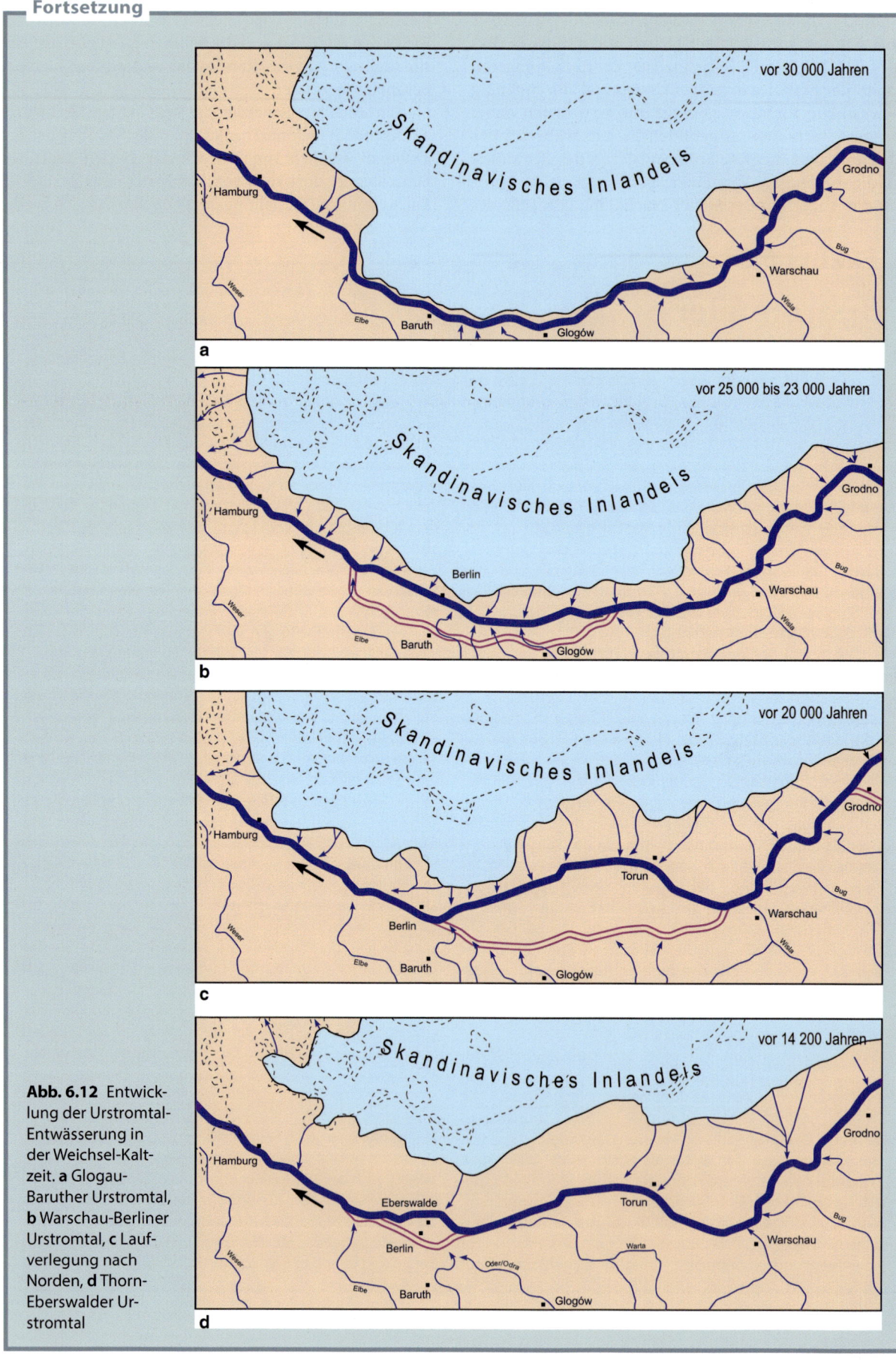

Abb. 6.12 Entwicklung der Urstromtal-Entwässerung in der Weichsel-Kaltzeit. **a** Glogau-Baruther Urstromtal, **b** Warschau-Berliner Urstromtal, **c** Laufverlegung nach Norden, **d** Thorn-Eberswalder Urstromtal

Neuinterpretation einer klassischen glazialen Serie

Eine morphologisch fast klassische glaziale Serie ist südlich von Chorin ausgebildet. Die glaziale Serie besteht modellhaft aus einer Grundmoräne, einer Endmoräne als Eisrandlage, einem Sander, bestehend aus Schmelzwassersedimenten vor dem Eisrand, und einem eisrandparallelen Urstromtal (s. Exkurs 6.3). In dem Durchbruchstal liegen heute die Ruinen des Klosters Chorin, südlich schließen sich Sandergebiete wie beispielsweise der Britzer Forst, der Amtswegsander und der kleinere, seitlich aufgesetzte Klosterbrücke-Sander an (Abb. 6.13). Bei dem Britzer Forst

ist es jedoch nach neusten geomorphologischen Studien mithilfe hochauflösender LIDAR-Daten fraglich, ob es sich um einen Sander handelt, da die Oberfläche in Ost-West-Richtung gebogene Parallelstrukturen aufweist. Damit wird eine Neuinterpretation der Geländeformen und des zeitlichen Ablaufes der Bildungsprozesse in diesem Gebiet notwendig. Der Klosterbrücke-Sander, der auf den Nordrand dieser fluvialen Formen geschüttet wurde, ist auf 19.000 bis 20.000 v. h. datiert worden.

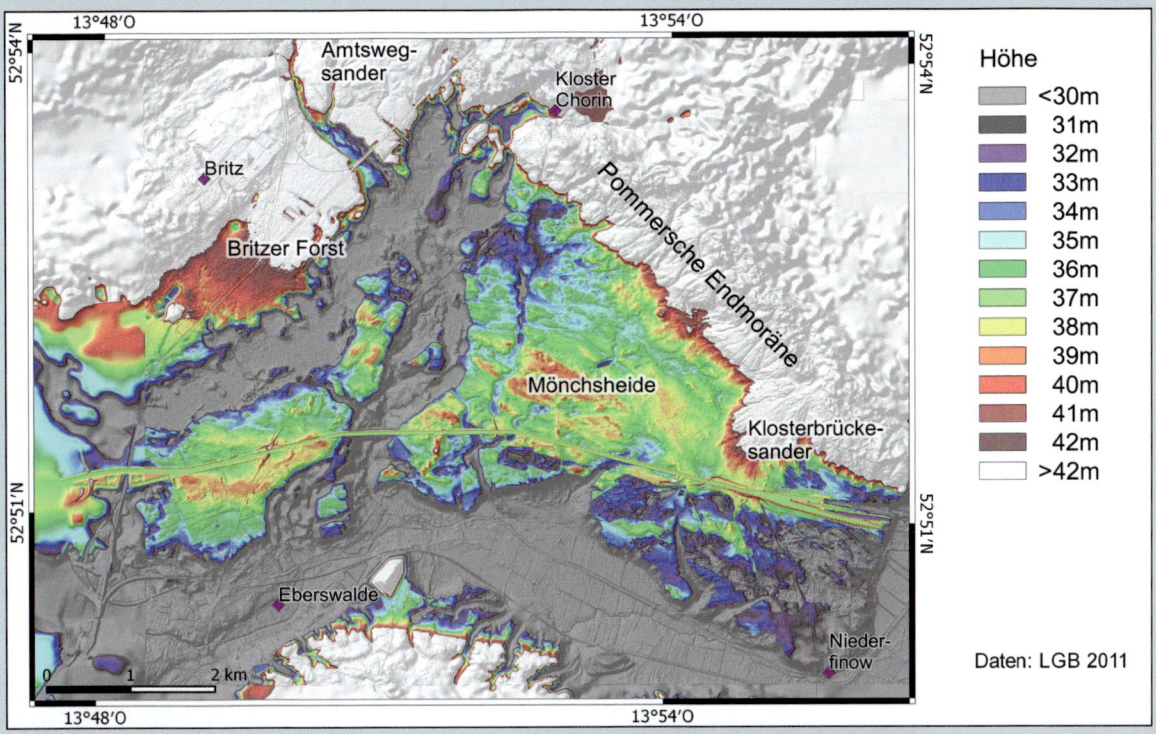

Abb. 6.13 Die Reliefformen zwischen der Pommerschen Eisrandlage am Kloster Chorin und dem Eberswalder Urstromtal. Die Oberflächenstruktur der Mönchsheide und der westlichen Platten deutet auf einen Abfluss im Urstromtal hin. (Daten: LGB 2011; Kartographie: M. Krambach)

derten Höhenrückens wird dem Pommerschen Stadium der Weichseleiszeit zugeschrieben, jedoch ist die Anlage der Stauchungen wahrscheinlich schon im vorhergehenden Saale-Glazial erfolgt.

Nach dem Abschmelzen des Eises bis in den Ostseeraum wird ein erneuter Eisvorstoß postuliert, der Mecklenburger Eisvorstoß, erkennbar an einem eigenen, allerdings geringmächtigen Till. Endmoränen sind nur lückenhaft an Abschmelzhalten vorhanden und werden teils der Rosenthaler Staffel zugeordnet, die Teile von Usedom und den küstennahen Bereich südöstlich von Wolgast prägt, und teils der Velgaster Staffel südlich und westlich von Stralsund (s. Abb. 6.1).

6.6 Das Spätglazial

Die Urstromtäler nahmen während des Abschmelzens des Inlandeises große Wassermassen auf, denn nicht nur Schmelzwasser, sondern auch die von Süden kommenden Flüsse wurden durch die Urstromtäler geleitet, solange der Abfluss nach Norden zur Ostsee blockiert war. Da die Wasserstände im Laufe des Jahres stark schwankten, konnten aus den trockenfallenden Sandbänken immer wieder Sande ausgeweht werden, sodass vor allem auf den oberen Urstromtalterrassen Dünen entstanden (Abb. 6.14). Teilweise wurden auch Dünen an der West-

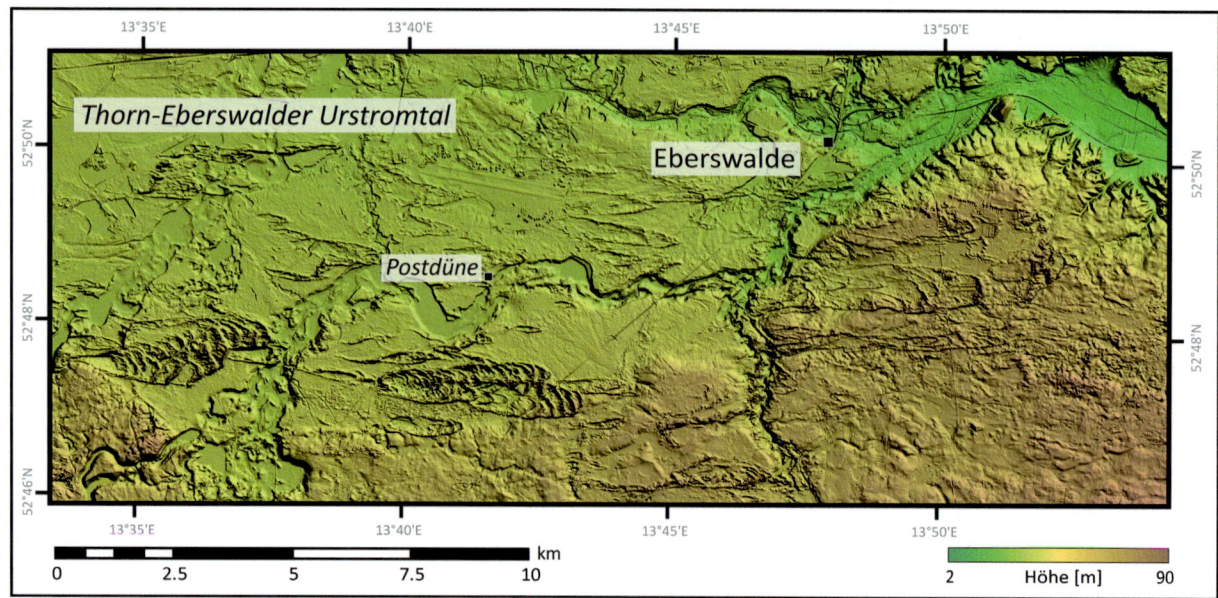

Abb. 6.14 Das Dünengebiet am Südrand des Thorn-Eberswalder Urstromtales. Es zeigt deutlich auf den Terrassen des Urstromtales die durch Westwinde gebildeten Parabeldünen: offen nach Westen und geschlossener Bogen nach Osten. (Quelle: Geobasisdaten © GeoBasis-DE/LGB 2017, GB-D 04/17)

a

Klimaphasen	Kalenderjahre vor heute (B.P.)	Dauer in Jahren	Prozesse
Jüngere Dryaszeit	11.590 - 12.680	1090	Reaktivierung von äolischem Sandtransport
Allerödzeit	12.680 - 13.350	670	Laacher Tuff 12.900 v.h.
Ältere Dryaszeit	13.350 - 13.530	180	
Böllingzeit	13.530 - 13.780	250	Beginn des Austauens von Toteis, See- und Moorbildung
Älteste Dryaszeit	13.780 - 13.910	130	
Meiendorfer Interstadial	13.910 - 14.560	650	Flugsande und Dünen

b

Abb. 6.15 a Die Gliederung des Spätglazials, *blau*: kühle Phasen, *rosa*: wärmere Phasen. **b** *Dryas octopetala*, die namengebende Pflanze für die Dryas-Zeiten (Tundren-Zeiten). (Foto: M. Böse)

seite von Grundmoränenplatten aus den Talungen aufgeweht. Es handelt sich dabei um Parabeldünen, entstanden durch Winde aus westlichen Richtungen.

Nach dem flächenhaften Abschmelzen des Inlandeises, das mit dem Meiendorf-Interstadial (Abb. 6.15) abgeschlossen war, blieben jedoch noch begrabene Eisblöcke im Boden als Toteis erhalten. Im Spätglazial herrschten zunächst in der Ältesten Dryas noch Dauerfrostbedingungen (Permafrost), sodass es neben den äolischen Prozessen auch Bodenfließen gab und die Bildung von Eis- und Sandkeilen stattfand. Eiskeile bilden sich, indem Risse, die im Herbst und Winter bei sehr starkem

Temperaturgefälle gebildet werden (Thermokontraktion), entweder mit Eis oder mit eingewehtem Sand gefüllt werden (Abb. 6.16 und 6.17). Diese Strukturen sind eindeutige Hinweise auf Permafrost, da ihre Bildungsdauer mehrere Jahre beträgt. Während die Sandkeile nach dem Auftauen des Permafrostes sich nicht mehr wesentlich verändern, rutscht bei den Eiskeilen Material von oben und von den Seiten nach und es entstehen Eiskeilpseudomorphosen. Außerdem wurden in der Zeit des Dauerfrostbodens wegen des verstärkten Oberflächenabflusses viele kleine Täler gebildet, die heute als Trockentäler in der Landschaft erhalten sind.

Abb. 6.16 Eiskeilpseudomorphose in der Sandgrube Albrechtshof bei Bernau (Barnim). Die geschichteten glazifluvialen Sande sind beim Austauen des Eises in den Keil hingerutscht. (Foto: E. Runge)

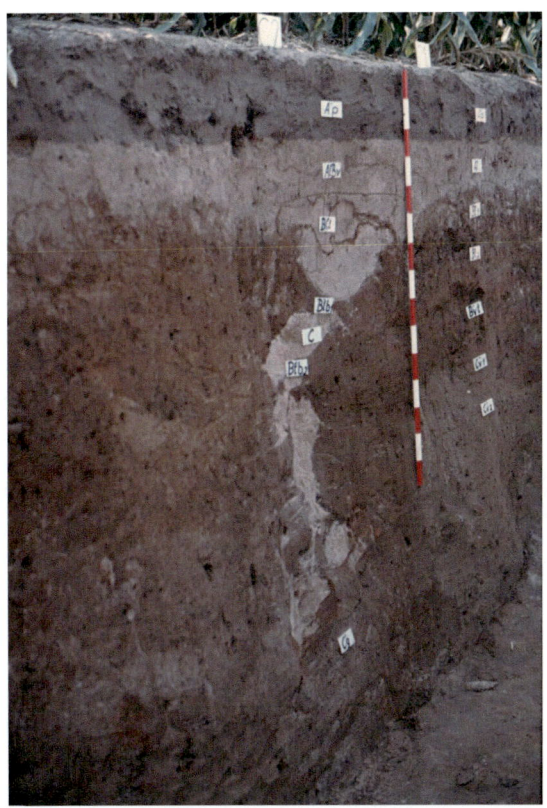

Abb. 6.17 Sandkeil mit primärer äolischer Füllung in weichselzeitlichem Till in Berlin-Rudow. Braunerdebildung mit Pflughorizont und im Sandkeil Auflösung des Bt-Horizontes in Bänder. (Foto: M. Böse)

Während des Spätglazials gab es einen Interstadial-Komplex, bestehend aus dem Bölling und dem Alleröd, unterbrochen von einer kurzen Kaltphase, der älteren Dryaszeit. In dieser Zeit setzte das Tieftauen des Toteises ein und es entstanden dadurch viele Senken und kleine Depressionen (Abb. 6.18). Seen und die ersten Moore bildeten sich (s. Exkurs 9.1). Die Flüsse entwickelten sich zu dem heutigen Gewässernetz. Das nicht immer an das Relief angepasste, unreife Gewässernetz zeigt sich bereits beispielhaft am Übergang vom Alt- zum Jungmoränengebiet (Abb. 6.19). Die Neiße als Nebenfluss der Oder durchbricht von Süden kommend den Muskauer Faltenbogen (s. Exkurs 5.4), fließt aber weiter direkt nach Norden, wobei sie das Glogau-Baruther Urstromtal quert. Die Spree fließt ebenfalls von Süden kommend durch die Höhenrücken der Niederlausitz, folgt dann ein kurzes Stück dem Urstromtal, in das sie Schwemmkegel geschüttet hat, bildet im flachen Urstromtal das weitverzweigte Gewässernetz des Spreewaldes aus, um dann in nördlicher Richtung durch die Grundmoränenplatten der Weichselvereisung Richtung Berliner Urstromtal zu fließen. Weiter westlich queren die Nuthe und die Plane ebenfalls das Baruther Urstromtal mit einer generell nördlichen Abflussrichtung. Auch das Berliner Urstromtal wird nur zwischen dem Eintreten der Spree östlich von Fürstenwalde und ihrer Einmündung in die Havel in Berlin-Spandau von einem natürlichen Gewässer durchflossen, östlich und westlich davon gibt es keine durch-

gehenden Flussläufe im Urstromtal. Die Havel fließt hingegen strikt in südliche Richtung, das Eberswalder und das Berliner Urstromtal querend. Dabei nutzt sie im Berliner Stadtgebiet eine Seenkette als Durchlaufseen, dann fließt sie bei Caputh in den sich bis zum Rand des Beelitzer Sanders erstreckenden Schwielowsee. Diesen verlässt die Havel jedoch bereits im nördlichen Teile im spitzen Winkel nach Nordwesten in Richtung Werder.

Der Bölling-Alleröd-Komplex ist in den See- und Moorablagerungen vielfach gut identifizierbar durch die Einwehung des Laacher Tuffs, der durch einen Vulkanausbruch in der Eifel vor rund 12.900 Jahren abgelagert wurde. Außerdem kam es zu einer ersten deutlichen Bodenbildung, dem sogenannten Finow-Boden (Abb. 6.20).

Dieser Boden bildete sich unter einer ersten Waldbedeckung, die im Wesentlichen aus Kiefern und Birken bestand. Er ist vor allem in Dünen angetroffen worden. Während der letzten großen Kälteschwankung, der Jüngeren Dryas, mit sehr kalten Wintern und lokalem Permafrost, kam es nochmals zu einer Vegetationsauflichtung, was Sandumlagerungen zur Folge hatte und damit eine Überformung der Dünen. In einigen Senken des Jungmoränengebietes kam es erst nach der Jüngeren Dryas, d.h. im frühen Holozän, zu einem vollständigen Austauen des Toteises im Untergrund.

Abb. 6.18 Wassergefülltes Toteisloch auf einem Acker in der Schorfheide. Im Hintergrund die bewaldeten Höhen der Pommerschen Eisrandlage. (Foto: M. Böse)

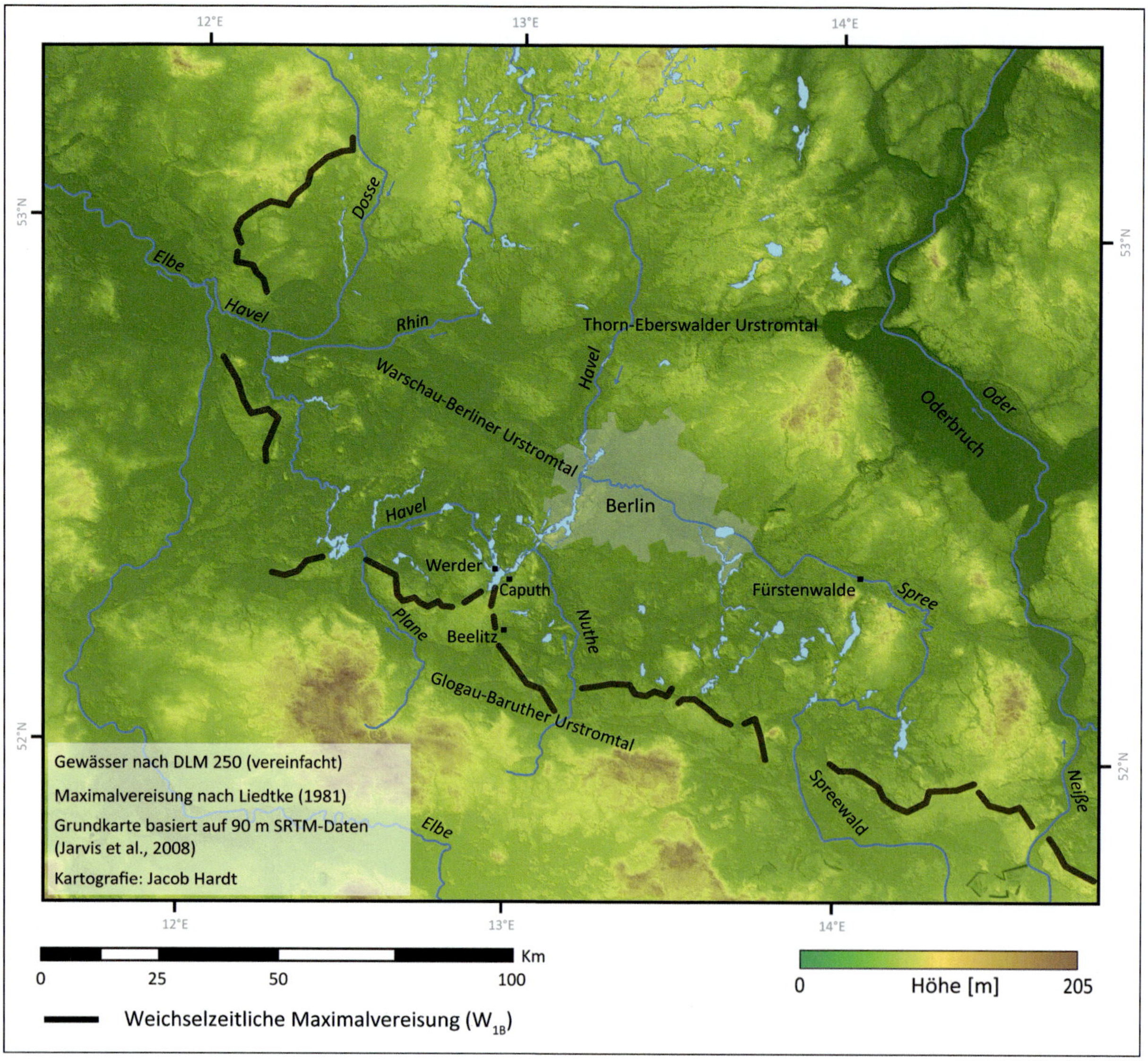

Gewässer nach DLM 250 (vereinfacht)

Maximalvereisung nach Liedtke (1981)

Grundkarte basiert auf 90 m SRTM-Daten (Jarvis et al., 2008)

Kartografie: Jacob Hardt

Km

0   25   50   100

0   Höhe [m]   205

Weichselzeitliche Maximalvereisung (W$_{1B}$)

Abb. 6.19 Das holozäne Flusssystem im Jungmoränengebiet zwischen Brandenburger (Maximalvereisung nach Liedtke 1981) und Pommerscher Eisrandlage. Deutlich wird auch der Seenreichtum im Gebiet der letzten Vereisung

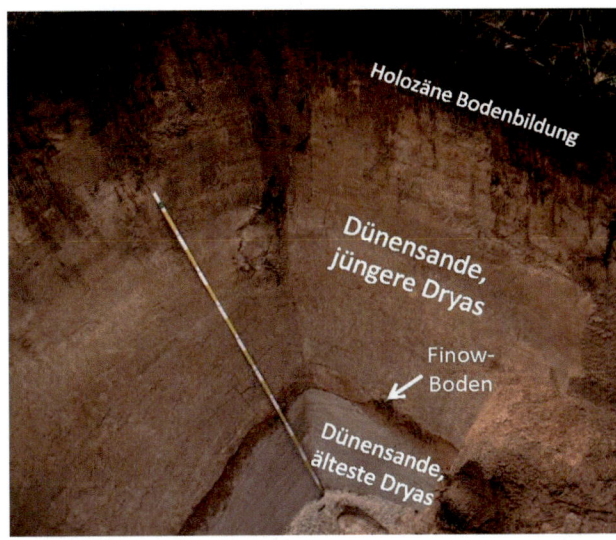

Holozäne Bodenbildung

Dünensande, jüngere Dryas

Finow-Boden

Dünensande, älteste Dryas

Abb. 6.20 Der aus dem Bölling-Alleröd-Interstadial stammende Finow-Boden in der Postdüne im Eberswalder Urstromtal (vgl. Abb. 6.14 und 6.15). (Foto: M. Böse)

Literatur

Behre, K.-E., Lade, U. (1986): Eine Folge von Eem und 4 Weichsel-Interstadialen in Oerel/Niedersachsen und ihr Vegetationsablauf. Eiszeitalter u. Gegenwart 36: 11–36.

Börner, A. (2007): Vergleich der quartärstratigraphischen Gliederungen von Nordost-Deutschland und Polen. Brandenburger geowissenschaftliche Beiträge 14 (1): 15–24.

Böse, M. (1989): Methodisch-stratigraphische Studien und paläomorphologische Untersuchungen zum Pleistozän südlich der Ostsee. Berliner Geographische Abhandlungen 51.

Böse, M. (2005): The Last Glaciation and Geomorphology. In: Koster, E. (Hrsg.): The Physical Geography of Western Europe: 61–74; Oxford University Press.

Bremer, F. (2004): Glaziale Morphologie. In: Katzung, G. (Hrsg.): Geologie von Mecklenburg-Vorpommern. E. Schweizerbart'sche Verlagsbuchhandlung, Stuttgart.

Brose, F. (1978): Weichselglaziale Rückzugsstaffeln im Hinterland der Eisrandlage des Pommerschen Stadiums südlich von Angermünde. Wissenschaftliche Zeitschrift der Ernst-Moritz-Arndt-Universität Greifswald, Math.-Nat. Reihe 27, 1/2: 17–19.

Bussemer, S., Michel, J. (2006): Die Hirschfelder Heide als typische Niedertaulandschaft des nordöstlichen Barnims (NE Brandenburg). Brandenburger Geowissenschaftliche Beiträge 13: 27–34.

De Boer, W.M. (2015): Eisrandlagen und Abflussbahnen aus der Weichselkaltzeit in der östlichen Uckermark (Brandenburg / Mecklenburg-Vorpommern). In: Lutze, G.W., Domnick, H. (Hrsg.): Streifzüge (I) – durch den Nordosten Brandenburgs. Beiträge zur Landschaftsentwicklung und -geschichte des Barnim und der Uckermark. Entdeckungen entlang der Märkischen Eiszeitstrasse. Gesellschaft zur Erforschung und Förderung der Märkischen Eiszeitstrasse e.V., Eberswalde, Heft 16: 5–19.

Franz, H.-J. (1965): Weichseleiszeitliche Eisrandlagen auf dem Territorium der Deutschen Demokratischen Republik. In: Gellert, J.F. (Hrsg.): Die Weichsel-Eiszeit im Gebiet der Deutschen Demokratischen Republik. Akademie-Verlag, Berlin.

Gellert, J.F., Scholz, E. (Hrsg.) (1970): Geomorphologische Übersichtskarte 1:200 000 Berlin-Potsdam und Frankfurt-Eberswalde. Haack, Gotha.

Geobasisdaten ©GeoBasis-DE/LGB 2017, GB-D 04/17.

Geologische Karte der Bundesrepublik Deutschland (1993). Bundesanstalt für Geowissenschaften und Rohstoffe (Hrsg.), Hannover.

Geologische Karte von Mecklenburg-Vorpommern 1:500 000 – Oberfläche -. Hrsg.: Landesamt für Umwelt, Naturschutz und Geologie Mecklenburg-Vorpommern.

Geologische Übersichtskarte von Schleswig-Holstein 1: 250 000 (2012): Landesamt für Landwirtschaft, Umwelt und ländliche Räume Schleswig-Holstein – Geologischer Dienst, Flintbek. https://www.google.de/?gws_rd=ssl#q=geologische+karte+von+schleswig+holstein (21.2.2017)

Gripp, K. (1949): Glazialmorphologie und geologische Kartierung. Zugleich eine Deutung der Oberflächenformen Ost-Holsteins. Zeitschrift der Deutschen Geologischen Gesellschaft 99: 190–205.

Hardt, J., Böse, M. (2016): The timing of the Weichselian Pomeranian ice marginal position south of the Baltic Sea: A critical review of morphological and geochronological results. Quaternary International. http://dx.doi.org/10.1016/j.quaint.2016.07.044

Hardt, J., Hebenstreit, R., Lüthgens, C., Böse, M. (2015): High-resolution mapping of ice-marginal landforms in the Barnim region, northeast Germany. Geomorphology 250: 41–52.

Hardt, J., Lüthgens, C., Hebenstreit, R., Böse, M. (2016): Geochronological(OSL) and geomorphological investigations at the presumed Frankfurt ice marginal position in northeast Germany. Quaternary Science Reviews 154: 85–99.

Heerdt, S. (1966): Struktur und Entstehung der Stauchmoräne Kühlung. Geologie 15: 1169–1213.

Hermsdorf, N., Lippstreu, L., Sonntag, A. (1998): Geologische Übersichtskarte 1: 200,000, CC 3942 Berlin. Bundesanstalt für Geowissenschaften und Rohstoffe, Hannover.

Houmark-Nielsen, M. (2008): Testing OSL failures against a regional Weichselian glaciation chronology from southern Scandinavia. Boreas 37: 660–677.

Houmark-Nielsen, M. (2010): Extent, age and dynamics of Marine Isotope Stage 3 glaciations in the southwestern Baltic Basin. Boreas 39: 343–359.

Hughes, A.L.C., Gyllencreutz, R., Lohne, Ø.S., Mangerud, J., Svendsen, J.I. (2016): The last Eurasian ice sheets – a chronological database and time-slice reconstruction, DATED-1. Boreas 45: 1–45.

Jarvis, A., Reuter, H.I., Nelson, A., Guevara, E. (2008): Hole-filled Seamless SRTM Data V4. International Centre for Tropical Agriculture (CIAT) available from: http://srtm.csi.cgiar.org. (Zugriff: 12.01.2017)

Juschus, O. (2001): Das Jungmoränenland südlich von Berlin – Untersuchungen zur jungquartären Landschaftsentwicklung zwischen Unterspreewald und Nuthe. Dissertation HU Berlin. http://edoc.hu-berlin.de/dissertationen/juschus-olaf-2001-05-04/HTML/

Kaiser, K., Lorenz, S., Germer, S., Juschus, O., Küster, M., Libra, J., Bens, O., Hüttl, R.F. (2012): Late Quaternary evolution of rivers, lakes and peatlands in northeast Germany reflecting past climatic and human impact – an overview. E&G Quaternary Science Journal 61, 2: 103–32.

Kenzler, M., Tsukamoto, S, Meng, S., Thiel, Chr., Frechen, M., Hüneke, H. (2015): Luminescence dating of Weichselian interstadial sediments from the German Baltic Sea coast. Quaternary Geochronology 50: 251–256.

Krambach, M., Runge, E., Toelle, O. (2016): Discussing surface crack structures in the Schorfheide region, NE Germany. Express Report. E&G Quaternary Science Journal 65, 2: er1-5.

Krambach, M., Böse, M. (2017): The morphological units between the Pomeranian end moraine at Chorin and the Eberswalde ice-marginal valley (Urstromtal) – a critical examination by means of a high-resolution DEM. E&G Quaternary Science Journal 66,1: 44–56.

Lampe, R., Lorenz, S. (Hrsg.) (2010): Eiszeitlandschaften in Mecklenburg-Vorpommern. DEUQUA-Exkursionen. Greifswald.

LGB – Landesvermessung und Geobasisinformation Brandenburg. – LIDAR data 2011.

Liedtke, H. (1956/57): Beiträge zur geomorphologischen Entwicklung des Thorn-Eberswalder Urstromtales zwischen Oder und Havel. Wissenschaftliche Zeitschrift der Humboldt-Universität Berlin, Math.-nat. Reihe 6: 3–49.

Liedtke, H. (1981): Die nordischen Vereisungen in Mitteleuropa, 2. Aufl. Forschungen zur deutschen Landeskunde 204; Trier.

Liedtke, H. (2003): Deutschland zur letzten Eiszeit. In: Institut für Länderkunde (Hrsg.): Bundesrepublik Deutschland Nationalatlas – Relief, Boden, Wasser. S. 66 (Abb. 1). Spektrum Akademischer Verlag, Heidelberg.

Lippstreu, L. (1995): Brandenburg. In: Benda, L. (Hrsg.): Das Quartär Deutschlands; Gebrüder Borntraeger, Berlin, Stuttgart

Lippstreu, L., Hermsdorf, N., Sonntag, A., Strahl, J. (2015): Pleistozän. In: Stackebrandt, W., Franke, D.: Geologie von Brandenburg: 333–418. Schweizerbart, Stuttgart.

Lüthgens, C. (2011): The age of Weichselian main ice marginal positions in north-eastern Germany inferred from Optically Stimulated Luminescence (OSL) dating. Dissertation am Fachbereich Geowissenschaften der Freien Universität Berlin. http://www.diss.fu-berlin.de/diss/servlets/MCRSearchServlet?mode=-results&id=-m9ypf4b50itaiyy4t7ij&numPerPage=10

Lüthgens, C., Böse, M. (2012): From Morphostratigraphy to Geochronology – on the dating of ice marginal positions. Quaternary Science Reviews 44: 26–36.

Lüthgens, C., Böse, M., Krbetschek, M.R. (2010): On the age of the young morainic morphology in the area ascribed to the maximum extent of the Weichselian glaciation in north-eastern Germany. Quaternary International 222: 72–79.

Lüthgens, C., Böse, M., Preusser, F. (2011): Age of the Pomeranian ice marginal position in north-eastern Germany determined by Optically Stimulated Luminescence (OSL) dating of glaciofluvial (sandur) sediments. Boreas 40: 598–615.

Marks, L., Piotrowski, J.A., Stephan, H.-J., Federowicz, S., Butrym, J. (1995): Thermoluminescence indications of the Middle Weichselian (Vistulian) glaciation in Northwest Germany. Meyniana 47: 69–82.

Menke, B. (1970): Ergebnisse der Pollenanalyse zur Pleistozän-Stratigraphie und zur Pliozän-Pleistozän-Grenze in Schleswig-Holstein. Eiszeitalter u. Gegenwart 21: 5–21.

Menke, B. (1991). Zur stratigraphischen Stellung der ältesten Weichsel-Moränen in Schleswig-Holstein, in B. Frenzel: Klimageschichtliche Probleme der letzten 130 000 Jahre: 343–351; Gustav Fischer Verlag, Stuttgart, Jena, New York.

Meyer, K.-D. (1983): Zur Anlage der Urstromtäler in Niedersachsen. Zeitschrift für Geomorphologie N.F. 27:147–160.

Müller, U. (2004): Weichsel-Frühglazial in Nordwest-Mecklenburg. Meyniana 56: 81–115.

Müller, U. (2007): Warnow-Formation. In: LithoLex [Online-Datenbank].Hannover BGR. Freigabe am: 8.11.2007, Änderung Datensatz: 05.12.2007, ID 1006014. http//www.bgr.bund.de/litholex . (Zugriff: 06.01.2017)

Müller, U. (2007): Die Kühlung – ein Eiszeit-Phänomen. Neubrandenburger Geologische Beitrage 5: 42–47, Neubrandenburg.

Nitz, B. (2004): Biesenthaler Becken. In: Schroeder, J.H. (Hrsg.), Nordwestlicher Barnim – Eberswalder Urstromtal: Führer zur Geologie von Berlin und Brandenburg: 146–195. Selbstverlag Geowissenschaftler in Berlin und Brandenburg e.V., Berlin.

Preusser, F. (1999): Lumineszenzdatierung fluviatiler Sedimente; Fallbeispiele aus der Schweiz und Norddeutschland. Kölner Forum für Geologie und Paläontologie 3: 1–62.

Schlaak, N. (2002): Geologie und Oberflächenformen. In: Gränitz, F., Grundmann, L. (Hrsg.): Um Eberswalde, Chorin und den Werbellinsee. Landschaften in Deutschland. Werte der deutschen Heimat. Band 64, Böhlau Verlag, Köln, Weimar, Wien.

Schwarzer, K., Themann, S. (2003): Sediment distribution and geological buildup of Kiel Fjord (Western Baltic Sea). Meyniana 55: 91–115.

Stephan, H.-J. (1995): Schleswig-Holstein. In: Benda, L. (Hrsg.): Das Quartär Deutschlands: 1–13. Gebrüder Borntraeger, Berlin, Stuttgart.

Stephan, H.-J. (2004): Karte der Stauchgebiete und Haupt-Gletscherrandlagen in Schleswig-Holstein 1:500.000. (Map of glacio-tectonics and main glacier-margin lines in Schleswig-Holstein 1:500,000). Meyniana 56: 149–154.

Stephan, H.-J. (2007): Ellund-Formation. In: LithoLex [Online-Datenbank]. Hannover: BGR. Freigabe am: 11.05.2011, Änderung Datensatz: 17.05.2011, ID: 1006002. http//www.bgr.bund.de/litholex . (Zugriff: 14.12. 2016)

Stephan, H.-J. (2011): Litholex: Lithostratigraphische Einheiten Deutschlands Name der Einheit: Ellund-Formation. https://litholex.bgr.de/gesamt_ausgabe_neu.php?id=1006002 (Zugriff: 06.01.2017)

Stephan, H.-J. (2014): Climato-stratigraphic subdivision of the Pleistocene in Schleswig-Holstein, Germany and adjoining areas. E&G Quaternary Science Journal 63, 1: 3–18.

Stephan, H.-J., Müller, U. (2007): Brandenburg-Formation. In: LithoLex [Online-Datenbank]. Hannover: BGR. Last updated 06.09.2011 [cited 24.10.2012]. Record No. 1006010. Available from: http//www.bgr. bund.de/litholex. (Zugriff: 06.01.2017)

Streif, H., Caspers, G., Freund, H., Geyh, M.A., Kleinmann, A., Merkt, J., Meyer, K.-D., Müller, H., Rohde, P., Schwarz, C. (2007): Das Quartär in Niedersachsen – Gliederung, geologische Prozesse, Ablagerungen und Landschaftsformen. http://www.lbeg.niedersachsen. de/karten_daten_publikationen/publikationen/einzelveroeffentlichungen/quartaerstratigraphie/723.html (Zugriff: 12.01.2017)

Weiße, R. (2001): In: Führer zur Geologie von Berlin und Brandenburg (Hrsg. J.H. Schroeder), Nr. 4: Potsdam und Umgebung, 2. erw. Aufl., Selbstverlag Geowissenschaftler in Berlin und Brandenburg, Berlin.

Woldstedt, P. (1929): Das Eiszeitalter. Verlag Ferdinand Enke, Stuttgart.

Zandstra, J.G. (1983): Fine gravel, heavy mineral and grain-size analyses of Pleistocene, mainly glacigenic deposits in the Netherlands. In: Ehlers, J. (Hrsg.): Glacial Deposits in North-West Europe: 361–377. Balkema, Rotterdam.

7 Die Ostseeküste

Die deutsche Ostseeküste hat sich in der Nacheiszeit im Jungmoränengebiet der Weichsel-Vereisung entwickelt (Abb. 6.1). Sie liegt daher in einem aus Lockermaterial, Sanden, Kiesen und Till aufgebauten Gebiet (s. Exkurs 5.2), eine Ausnahme bilden die Kreidefelsen auf Rügen (s. Exkurs 2.5).

7.1 Kurze Geschichte der Ostsee

Das Becken der heutigen Ostsee war im Hochglazial der Weichsel-Vereisung mit Inlandeis gefüllt und wurde durch die Gletscherbewegung weiter ausgeschürft, wie Gesteine vom heutigen Boden der Ostsee zeigen, die als Geschiebe und Findlinge im Jungmoränengebiet weiter südlich zu finden sind.

Das Becken der nördlichen Ostsee ist tiefer als das der südlichen Ostsee und lag auch während des Abschmelzens des Inlandeises noch tiefer als heute, da die isostatische Landhebung als Folge der Eisentlastung erst im Spätglazial langsam einsetzte und bis heute anhält. Die südliche Ostsee im Bereich der deutschen Küste ist jedoch weitgehend ein Gebiet, das als Ausgleich zur Landhebung in Skandinavien sich langsam senkt (s. Exkurs 8.2).

Während des Abschmelzens des Inlandeises bildete sich zunächst vor dem Eisrand, der von Finnland quer durch den heutigen Bottnischen Meerbusen nach Schweden verlief, im mittleren Ostseebecken ein Schmelzwassersee mit einem fluvialen Abfluss über den Öresund – der sogenannte **Baltische Eissee** (Abb. 7.1). Da der Wasserspiegel ständig anstieg und schließlich rund 25 m über dem damaligen Meeresspiegelniveau lag, bahnte sich schließlich das Wasser mit einem katastrophalen Ereignis um 11.200 v. h. ein Ausbruchstal in der Gegend des Mount Billingen, zwischen den heutigen Vänern- und Vättern-Seen, nach Westen Richtung Atlantik. Dessen Wasserspiegel lag noch ca. 60 bis 70 m tiefer als heute. Über diesen Durchbruch bahnte sich später salzhaltiges Meerwasser einen Weg nach Osten und es entstand das **Yoldia-Meer**, benannt nach der im Brackwasser lebenden Muschel *Yoldia arctica* (jetzt: *Portlandia arctica*) (Abb. 7.2). Der Bereich der heutigen deutschen Ostseeküste war damals Festland, durchzogen von Flüssen und kleinen Seen – man hätte also zu Fuß zum heutigen Schweden gelangen können.

Dann setzte gewissermaßen ein Wettlauf zwischen der isostatischen Landhebung Skandinaviens und dem eustatischen Meeresspiegelanstieg ein, bedingt durch das Abschmelzen der großen Inlandeisschilde auf der Nordhalbkugel (s. Exkurs 8.2). Das Land hob sich schneller und die mittelschwedische Wasserstraße zwischen dem Atlantik und dem Ostseebecken wurde um 9500 v. h. wieder Festland. Damit entwickelte sich der **Ancylus-See** (Abb. 7.1), gespeist durch die Flüsse und benannt nach der süßwasserliebenden Napfschnecke *Ancylus fluviatilis* (Abb. 7.2). Der Abfluss erfolgte durch ein Flusssystem über das Kattegat in Richtung Nordsee.

Schließlich drang bei weiter steigendem Meeresspiegel gegen ca. 8000 v. h. das Meereswasser über das Kattegat, den Öresund sowie den Großen und Kleinen Belt nach Süden vor und überflutete den Bereich der südlichen Ostsee. Damit entstand das **Littorina-Meer**, ein Randmeer mit brackischem Wasser (Abb. 7.1). Namengebend für diese Zeit ist die Strandschnecke *Littorina littorea* (Abb. 7.2). Damit setzte dann die Küstenbildung an der südlichen Ostsee, somit auch in Schleswig-Holstein und Mecklenburg-Vorpommern, ein. Die jüngste, seit rund 1500 Jahren andauernde Phase der Ostsee, die einen etwas geringeren Salzwassereinfluss aufweist, da die Landhebung im Verbindungsgebiet zur Nordsee anhält, wird auch **Mya-Phase** genannt, nach der Sandklaffmuschel *Mya arenaria* (Abb. 7.2).

Während der Littorina-Transgression lag der Meeresspiegel noch ca. 13–14 m tiefer als heute und stieg danach recht schnell weiter an. Erst gegen 5000 v. h. verlangsamte sich der Anstieg, sodass die meisten heute sichtbaren Küstenformen sich erst nach dieser Zeit gebildet haben (s. Abb. 7.5). Hinzu kommt, dass der größte Teil der norddeutschen Ostseeküste in einem glazialisostatischen Senkungsgebiet liegt, das heißt, dass das Gebiet als Ausgleich zu der Hebung Skandinaviens langsam und dabei räumlich differenziert absinkt. Die Null-Linie, an der weder Hebung noch Senkung stattfindet, verläuft durch das südliche Fischland und dann nach Ostsüdost. Die Insel Rügen und die Küste bei Stralsund liegen bereits im Hebungsgebiet, wobei die Hebungsrate hier gering ist und graduell nach Norden zunimmt. Somit unterliegen nicht alle Küstenprozesse nur dem eustatischen Meeresspiegelanstieg, sondern auch einem weiteren Transgressionsfaktor, dem sich absenkenden Festland. Das bedeutet, dass Küstenprozesse wie der Transport von Sand und Geröllen durch die Brandung zur Bildung der heutigen Küstenformen bereits bei einem rund 2 m tieferen Wasserspiegel eingesetzt haben. Die Küsten haben sich immer dem langsam und diskontinuierlich ansteigenden Wasserstand angepasst.

© Springer-Verlag Berlin Heidelberg 2018
M. Böse, J. Ehlers, F. Lehmkuhl, *Deutschlands Norden*, https://doi.org/10.1007/978-3-662-55373-2_7

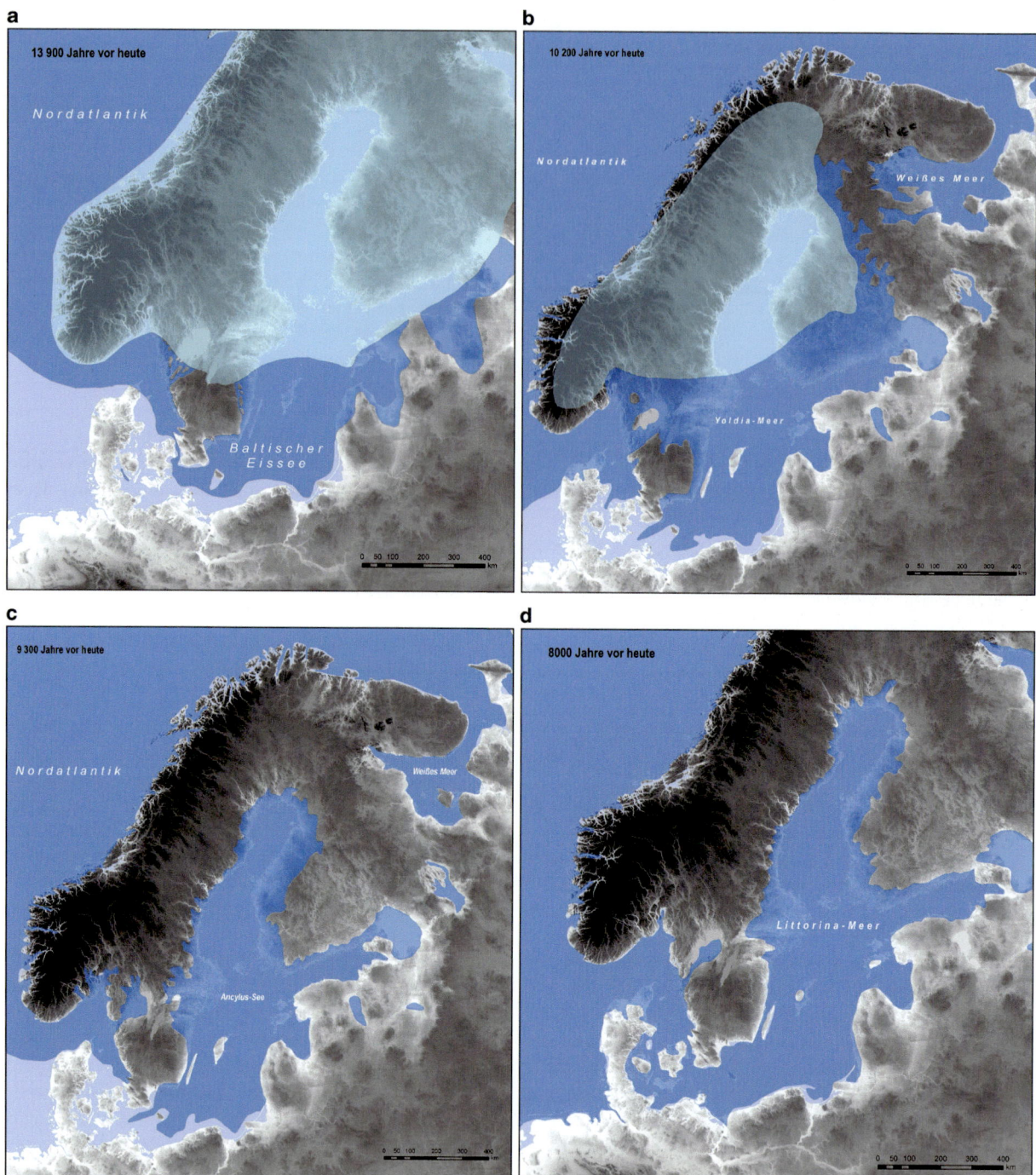

Abb. 7.1 Die Entwicklungsstadien der Ostsee im Spätglazial und Holozän. Diese hängen von dem Wechselspiel zwischen dem eustatischen Meeresspiegelanstieg durch das weltweite Abschmelzen von Eisschilden und der isostatischen Landhebung nach der Eisentlastung Skandinaviens ab (s. Exkurs 8.2). (Verändert nach Ehlers 2011)

Abb. 7.2 Die Schalen und Gehäuse der für die Ostseestadien namengebenden Fossilien: *1* die Muschel *Portlandia arctica* (früher: *Yoldia arctica*), *2* die Napfschnecke *Ancylus fluviatilis*, *3* die Schnecke *Littorina littorea*, *4* die Muschel *Mya arenaria*. (Foto: S. Meng)

7.2 Kliffs und Ausgleichsküsten

Die Küstenlinie Schleswig-Holsteins beträgt 399 km einschließlich der 71 km der Insel Fehmarn. Hinzu kommen 137 km an der weit ins Inland ragenden Schlei (s. Abb. 6.4). 122 km der gesamten Küste sind Steilufer, an denen Erosionsprozesse ablaufen.

Die äußere Küste von Mecklenburg-Vorpommern hat eine Länge von 377 km, wovon 245 km Erosions- und Küstenrückgangsprozessen ausgesetzt sind. Unter Einbeziehung der landseitigen Buchten- und Boddenküsten sind es sogar insgesamt 1945 km Küstenlinie. Diese Zahl verdeutlicht das Ausmaß der Zerlappung der Küste durch Buchten und Bodden. In den Bodden laufen nur geringfügige Abtragungsprozesse ab, denn der Angriff durch Brandung ist gering.

Durch die Küstenprozesse findet tendenziell eine Begradigung der Küsten statt, einerseits durch Abtrag an Kliffs und andererseits durch die Bildung von Nehrungshaken (siehe Exkurs 7.1).

7.2.1 Spuren der Eiszeit und ihre Folgen

In der Jungmoränenlandschaft wurden bei der Littorina-Transgression (Abb. 7.1) die tiefer liegenden Geländeteile überflutet. Die höher gelegenen ragen als Inseln oder Halbinseln heraus. Die Überflutung der Glaziallandschaft erklärt auch den unregelmäßigen Küstenverlauf, der erst zum Teil durch die nachfolgenden Küstenprozesse mit Sedimentverlagerungen begradigt worden ist. Entsprechend den heutigen Küstenformen und den sie verändernden Prozessen wird die deutsche Ostseeküste in vier Abschnitte unterteilt: die Fördenküste, die Buchtenküste, die Ausgleichsküste und die Boddenausgleichsküste (Abb. 7.5).

In Schleswig-Holstein sind die Förden ein Charakteristikum der Landschaft (Abb. 7.5). Hierbei handelt es sich um überflutete, durch subglaziale Schmelzwässer angelegte Rinnen, die in westliche bis südwestliche Richtung auf den ehemaligen Eisrand zulaufen. Die Flensburger Förde, die Eckernförder Bucht und die Kieler Förde sind zusätzlich durch die Erosion des Gletschers ausgeweitet worden, während bei der Schlei die sehr schmale Rinnenform einer unter dem Eis angelegten Schmelzwasserrinne weitgehend erhalten geblieben ist. Die Gestalt der heutigen Förden ist im Zuge der nacheiszeitlichen Transgression modifiziert worden. An höheren Reliefelementen konnten sich auch in den Förden Steilküsten bilden. Am seewärtigen Ende der Förden sind zum Teil Nehrungshaken ausgebildet. Die Schlei wäre heute von der Ostsee abgetrennt, würde der Mensch nicht eine Schiffsdurchfahrt künstlich offenhalten. Durch die Abriegelung ehemaliger Buchten durch Nehrungsbildung haben sich etliche Seen entwickelt, die dicht hinter der heutigen Küstenlinie liegen (s. Exkurs 7.1).

Gut historisch dokumentiert ist die jüngere Entwicklung der Nehrungshaken Steinwarder und Graswarder

Exkurs 7.1

Nehrungsbildung

Küstenprozesse, gesteuert durch Winde, vor allem durch die an der Ostseeküste vorherrschenden Westwinde, und die daraus resultierende Brandung sind generell darauf ausgerichtet, einen geschwungenen oder zerlappten Küstenverlauf zu begradigen.

Höher aufragende Teile des Reliefs leisten der Abtragung größeren Widerstand als Flachküsten. Aus der Erosion der Kliffs resultiert das Material für den küstenparallelen Sandtransport, der in flachen Küstenabschnitten zur Ausbildung von Sandhaken und Nehrungen führt, die im Endstadium Buchten abschnüren können (Abb. 7.3).

Bei der Bildung von Nehrungen spielt auch die Aufwehung von Dünen eine weitere entscheidende Rolle. Der Sand entstammt dem zeitweise trockenfallenden Strand. Durch die Dünen können die Nehrungen deutlich über den Meeresspiegel aufwachsen. An der landwärtigen Seite der Nehrung entsteht ein Haff, das nur noch über einen schmalen Zugang mit dem offenen Meer in Verbindung steht. Bei der völligen Abriegelung eines Haffs kommt es zur Bildung eines Strandsees, der dann Süßwasser enthält (Abb. 7.3 und 7.4). Diese Prozesse, die an der leicht erodierbaren Lockermaterialküste der südlichen Ostsee die heutige Küstenlinie gestaltet haben, dauern weiter an.

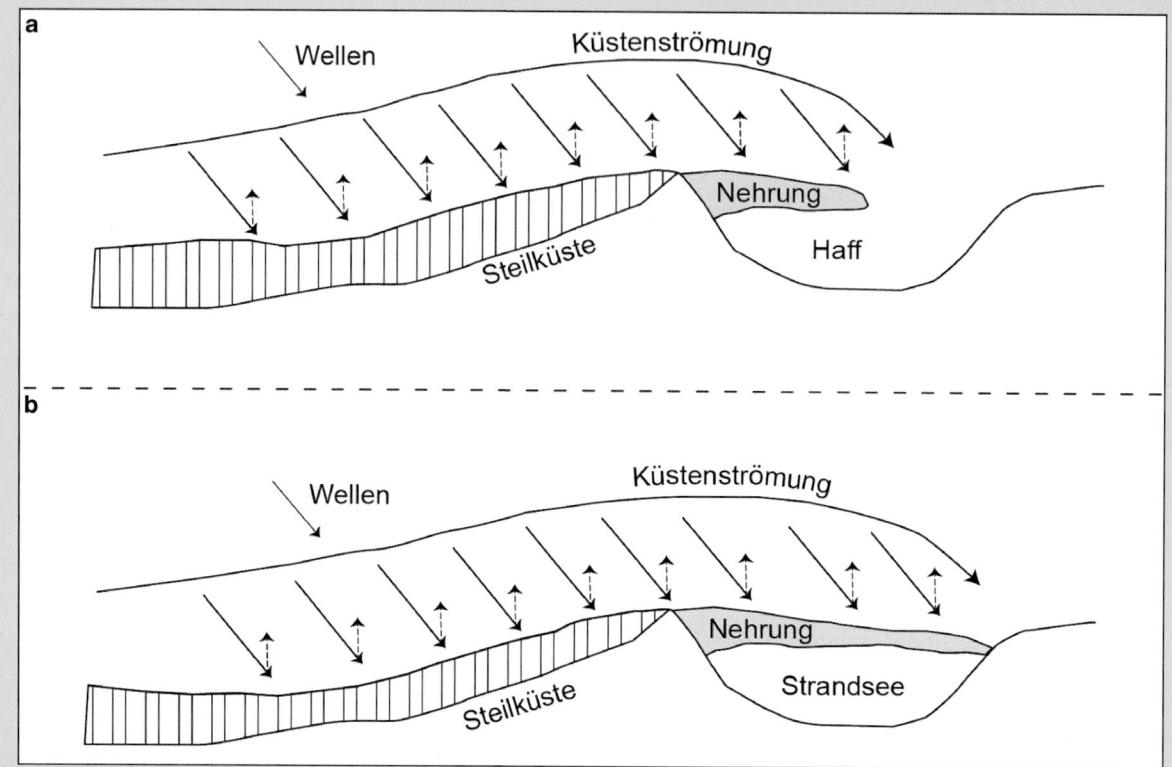

Abb. 7.3 a Prozesse bei der Bildung eines Nehrungshakens. Die schräg auf den Strand auflaufenden Wellen transportieren Sand in Richtung Strand. Das Ablaufen erfolgt senkrecht zur Küstenlinie, dem Gefälle folgend. Dabei nimmt das Wasser wieder etwas Sand mit. So wandert Material durch den Strandversatz die Küste entlang. Beim Beginn einer Bucht wird Sand vor dieser abgelagert und es "wächst" eine Nehrung. Dahinter entwickelt sich ein geschützter Bereich, ein Haff. **b** Wenn die Nehrung schließlich die Bucht komplett abschließt, bildet sich dahinter ein Strandsee, der Süßwasser enthält.

bei Heiligenhafen, die sich in den letzten rund 600 Jahren weiter nach Süden verlagert und nach Osten verlängert haben, während ein starker Rückgang der Material liefernden Kliffküste direkt westlich zu verzeichnen ist (Abb. 7.6).

Östlich der Kieler Förde schließt sich an die Fördenküste die Buchtenküste an (Abb. 7.5). Die Hohwachter Bucht wird im Osten begrenzt durch die Halbinsel Wagrien. Vorgelagert ist die Insel Fehmarn, eine flache, 185 km^2 große Grundmoränenlandschaft, deren Küsten durch Nehrungshakenbildung im Norden, Westen und Südosten modifiziert wurden. Das Material stammt zum Teil von Untiefen westlich von Fehmarn, die von der Brandung abradiert werden.

1963 erfolgte der Brückenschlag zwischen Wagrien und Fehmarn als Teilausbau der Verkehrstrasse „Vogelfluglinie" zwischen Kopenhagen und Hamburg. Derzeit ist ein Tunnel unter dem Fehmarnbelt zur dänischen Insel Lolland in Planung.

Fortsetzung

Abb. 7.4 Der Fastensee auf Fehmarn ist ein durch einen Nehrungshaken vollständig abgeriegelter Strandsee. Binnenseitig wird das Land durch einen Deich geschützt. (Google Earth, Aufnahme 01.07.2015)

Südlich von Fehmarn öffnet sich dann die nach Südwesten ausgreifende Lübecker Bucht. Die Buchtenküste setzt sich bis zur Wismarbucht in Mecklenburg fort (Abb. 7.5). Bei den Buchten handelt es sich um vom Inlandeis ausgeschürfte, breite Becken, die in der Regel im festländischen Bereich von Endmoränenzügen umrahmt werden. In der Wismarbucht liegt die flache Insel Poel mit einem von Süden her eingreifenden, flachen Meeresarm, der durch die Überflutung einer subglazialen Rinne entstanden ist. Die Insel wird an ihrem Westkliff um durchschnittlich 0,5 m pro Jahr zurückgeschnitten, ein Teil des Materials ist an der Bildung des Rustwerders, eines Nehrungshakens im Süden der Insel, beteiligt.

Östlich an die Wismarbucht schließt sich eine Ausgleichsküste an, an der die Prozesse der Küstenbegradigung besonders effektiv gewirkt haben. Dieser Küstentyp

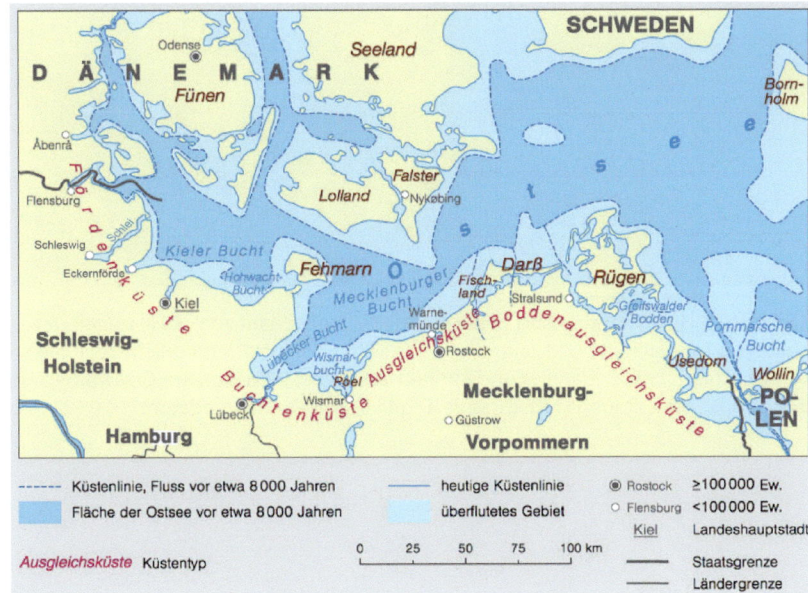

Abb. 7.5 Die deutsche Ostseeküste kann man entsprechend ihrer morphologischen Eigenheiten und der ablaufenden Prozesse in vier Küstentypen unterteilen. Deutlich wird, welche Bereiche zwischen 8000 und 6000 Jahren zusätzlich überflutet worden sind. (Verändert nach: Nationalatlas Bundesrepublik Deutschland 2003, S. 82, Abb. 2)

a

b

Abb. 7.6 a Die Ausschnitte aus den Messtischblättern Heiligenhafen und Großenbrode (Küstenverlauf von 1879) zeigen den damaligen, in zwei Teile geteilten Nehrungshaken. **b** Das Satellitenbild zeigt die heutige Situation und verdeutlicht auch die menschlichen Eingriffe. Der Steinwarder ist durch Straßenbau, Bebauung und Buhnen am Strand befestigt. Am Graswarder, einem Naturschutzgebiet, findet weiterhin Nehrungshakenbildung statt. (Google, DigitalGlobe. Aufnahmedatum: 10.05.2014)

Exkurs 7.2

Fischland – Darß – Zingst und Hiddensee

Einen komplexen Aufbau zeigen Fischland – Darß – Zingst. Hierbei handelt es sich um eine zusammengewachsene Inselkette. Der zeitliche Ablauf der Entwicklung lässt sich anhand von Datierungen junger Aufschüttungs- und Aufwehungsbereiche bestimmen.

Das Fischland besteht zwischen Wustrow und Ahrenshoop aus gestauchten eiszeitlichen Ablagerungen, die sich deutlich über das Niveau der heutigen Ostsee erheben. An der Westseite ist eine Steilküste ausgebildet, während die Ostseite flach in den Saaler Bodden überleitet. Dieser Inselkern ist nach Süden durch Strandsande, also eine Nehrung, mit dem Festland verbunden (Abb. 7.7). Nach Norden erstreckt sich ebenfalls ein Gebiet mariner und äolischer Sande, die eine Verbindung zu dem zweiten Inselkern herstellen. Dabei handelt es sich um den Alt-Darß, ein Gebiet aus glazilimnischen Ablagerungen, den sogenannten Beckensanden. Dieses grenzte nach der Littorina-Transgression an seiner Nordwestseite unmittelbar an das Meer, wo sich ein heute fossiles Kliff ausgebildet hat, das vor ca. 3500 Jahren aktiv war. Danach setzte durch den Abtrag von Fischland

und vorgelagerten Untiefen eine Nehrungsbildung ein, durch die sukzessive der Neu-Darß entstand. Dort sind auch heute noch, inzwischen von Buchenwäldern bewachsen, zahlreiche parallele Nehrungshaken zu erkennen. Der Ansatz dieser Haken lag ursprünglich weiter westlich und wird heute durch eine Steilküste an der Westseite um durchschnittlich knapp 1,7 m pro Jahr abgetragen. Lediglich bei Darßer Ort findet derzeit eine Hakenbildung statt.

Die fast im rechten Winkel anschließende Halbinsel Zingst wird im Wesentlichen durch Material aufgebaut, das am nahen Meeresboden aus Untiefen erodiert wird. Zingst hat sich in den letzten rund 2000 Jahren aus mehreren flachen Sandinseln entwickelt. Bis 1874 war Zingst durch ein schmales Seegatt, den Prerow-Strom, vom Darß getrennt. Die Nehrungshaken wurden und werden durch Dünen aufgehöht, deren Sand aus trockenfallenden Stränden ausgeweht wird. Die Niederungen sind vermoort, sofern nicht der Torf abgebaut wurde. Auch der Übergang zu den binnenseitigen Bodden ist ein versumpftes Gebiet mit häufig ausgedehnten Schilfflächen. Die flache, der Küstendynamik

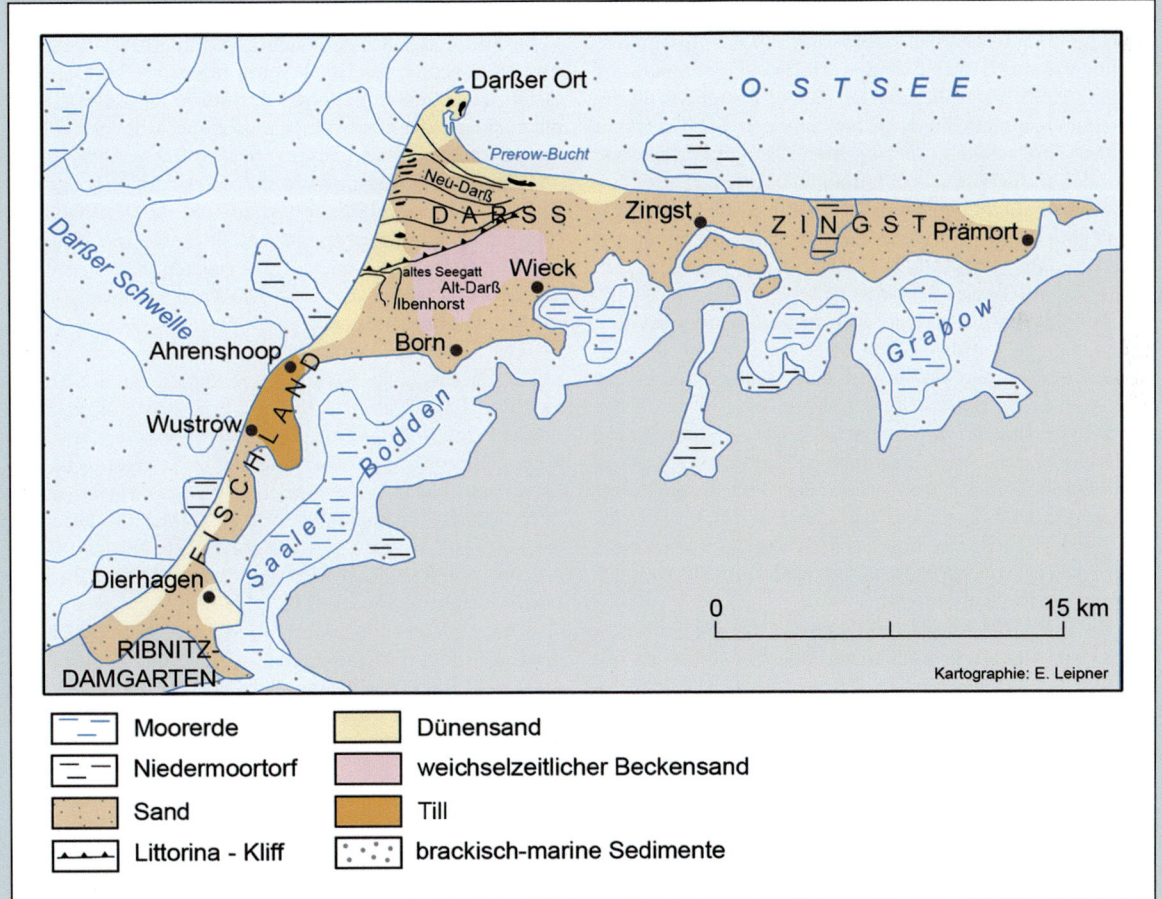

Abb. 7.7 Der sedimentologische Aufbau der Halbinsel Fischland – Darß – Zingst. (Quelle: Geologische Karte des Norddeutschen Flachlandes. Maßstab 1:100.000. Einheitsblatt 10, Stralsund – Bergen a.R.)

Fortsetzung

stark unterworfene Halbinsel wird in ihrer heutigen Form durch intensive Küstenschutzmaßnahmen stabilisiert.

Die Insel Hiddensee, 5 km westlich von Rügen gelegen, nimmt mit ihrer Nord-Süd-Erstreckung eine ungewöhnliche Position ein (s. Abb. 7.8). Anhand einer Karte vom Beginn des 17. Jahrhunderts kann die starke Veränderung und der erhebliche Landverlust im Laufe der letzten Jahrhunderte nachvollzogen werden. Der Norden besteht aus einer pleistozänen Stauchmoräne im Gebiet des heutigen Dornbuschs. Der aktuelle Küstenrückgang an der Nordwestseite wird auf 0,2 bis 0,6 m pro Jahr beziffert. An der Nordostseite des Dornbuschs hat sich dagegen ein Haken-

system aufgebaut. Der langgestreckte südliche Teil der Insel besteht aus marinen Ablagerungen, Hakenbildungen und aufgesetzten Dünensanden. Umfangreiche Küstenschutzmaßnahmen sollen vor allem den nach Westen ausgerichteten Küstenabschnitt stabilisieren. Im Süden findet auch submarin Ablagerung von Sanden statt, die Untiefen hervorrufen, was ständige Baggerarbeiten zur Freihaltung der Fahrrinne nach Stralsund notwendig macht. Aus diesem Baggergut ist ganz wesentlich die heutige Insel Bock zwischen Hiddensee und Darß aufgebaut (s. Abb. 7.8)

Auch die Küsten der Insel Rügen bestehen aus einer ausgeprägten Boddenlandschaft (s. Exkurs 7.3).

Exkurs 7.3

Rügen, die besondere Insel

Rügen ist mit 926 km^2 die größte Insel Deutschlands (Abb. 7.8). Sie ist heute für den Autoverkehr über eine 2007 eingeweihte neue Brücke über den Strelasund mit dem Festland verbunden. Die alte Verbindung, die 1937 vollständig fertig wurde, führt über den Rügendamm: zunächst über einen Damm und eine Brücke zur zu Stralsund gehörenden Insel Dänholm und von dort über einen Damm und eine Brücke über den Strelasund (der Meerenge bei Stralsund) nach Rügen. Die Brücke besteht in ihrem Mittelteil aus einer Klappbrücke, um den Schiffsverkehr auf dem Strelasund zu ermöglichen. Der Rügendamm ist freigegeben für Autos, Fahrradfahrer und Fußgänger, ferner verläuft auf ihm eine einspurige Bahnlinie. Sie schaffte damit eine Verkehrsanbindung vom Festland an den Hafen Sassnitz, dem bedeutenden Fährhafen mit Verbindungen in die anderen Ostsee-Anrainerstaaten.

Auffällig ist die zerlappte Form von Rügen mit den zahlreichen gegen das offene Meer geschützten Bodden (Abb. 7.8). Der zentrale Teil der Insel besteht aus einem kuppigen Grundmoränengebiet, die höheren Geländeteile nördlich und südlich von Bergen sind auf eine Endmoräne mit Stauchungen im Untergrund zurückzuführen. Diese Endmoräne setzt sich am Westufer des Großen Jasmunder Boddens fort. Das ansonsten typische Grundmoränenrelief, durchzogen von Seen und Schmelzwasserabflussrinnen, die ursprünglich vermoort waren, bietet gute Voraussetzungen für die Landwirtschaft.

Die Halbinsel Jasmund mit dem gleichnamigen Nationalpark (s. Abschn. 9.6) mit seinen Buchenwäldern ist mit bis zu 150 m NN der höchste Teil der Insel und weist eine geologische Besonderheit auf: die weißen Kreidefelsen. Es liegt hier eine Hochlage der oberkretazischen Schreibkreide vor. Hierbei handelt es sich um eine nur mäßig verfestigte Kalkschlammablagerung, die überwiegend aus Organismenresten (Coccolithen) von einzelligen Kalkalgen als Meeresablagerung im Oberen Mesozoikum entstanden ist (Abb. 7.9).

Die Kreidefelsen auf Rügen (Abb. 7.10) sind durch ein gleichnamiges Gemälde von Caspar David Friedrich (1818) dokumentiert, jedoch haben sich durch die starke Erosion am Kliff seither die Kreideformationen stark verändert.

Rügen war dem von Nordosten vorstoßenden Inlandeis ein Pfeiler im Weg, sodass die Kräfte hier besonders stark auf den Untergrund gewirkt haben. Das Gebiet wurde aus verschiedenen Richtungen intensiv gestaucht und der innere geologische Bau besteht heute aus Falten- und Schuppenstrukturen.

In Falten des Kreidegesteins sind quartäre Ablagerungen eingepresst, die Gegenstand intensiver quartärstratigraphischer Untersuchungen sind (Abb. 7.11). Der Küstenabbruch gewährt immer wieder neue Einblicke in den inneren Bau der Stauchzone.

Leider ist die Kreideküste sehr stark rutschungsgefährdet, vor allem nach Starkregen, sodass der Strand wiederholt für Fußgänger gesperrt werden muss, um Unglücke zu vermeiden. 2011 war auf der benachbarten Halbinsel Wittow ein Mädchen von einer Schlammlawine am Kliff begraben und getötet worden.

Die nördliche Halbinsel Wittow hat am Kap Arkona (Abb. 7.8) eine über 40 m hohe Kliffküste, die aus Kreidekalk und Till aufgebaut ist. Hier ist der Küstenabtrag sehr deutlich dokumentiert, da sich an dieser exponierten Stelle vom 9. bis zum 12. Jahrhundert die Jaromarsburg befand. Es war ein burgartig befestigtes und von Wällen umgebenes slawisches Heiligtum (Abb. 7.12). Von der gesamten Fläche dieser Kultstätte ist lediglich noch rund ein Drittel erhalten, der Rest fiel seither der Küstenerosion zum Opfer und ist damit verschwunden.

Der Kliffabtrag gewährt aber auch Einblicke in die jüngste Erdgeschichte seit dem Abschmelzen des Inlandeises. Bei Glowe, an der Nordküste von Jasmund (Abb. 7.8), wurde eine Senke angeschnitten, in der sich im Spätglazial seit dem Alleröd-Interstadial (s. Abschn. 6.6) ein See gebildet hatte, der bereits zu Beginn des Holozän verlandete und zeitweise zu einem Moor wurde (Abb. 7.13). Diese Sedimente erlauben es, mittels Radiokohlenstoffdatierungen und Pollenanalysen sowie Untersuchungen an Schnecken- und Muschelschalen (s. Abschn. 1.3) die Geschichte des Sees und der umgebenden Vegetation zu rekonstruieren, was Aussagen über die Klimageschichte möglich macht. Ferner wurden in den Torfablagerungen archäologische Fundstücke aus der Bronzezeit geborgen.

Fortsetzung

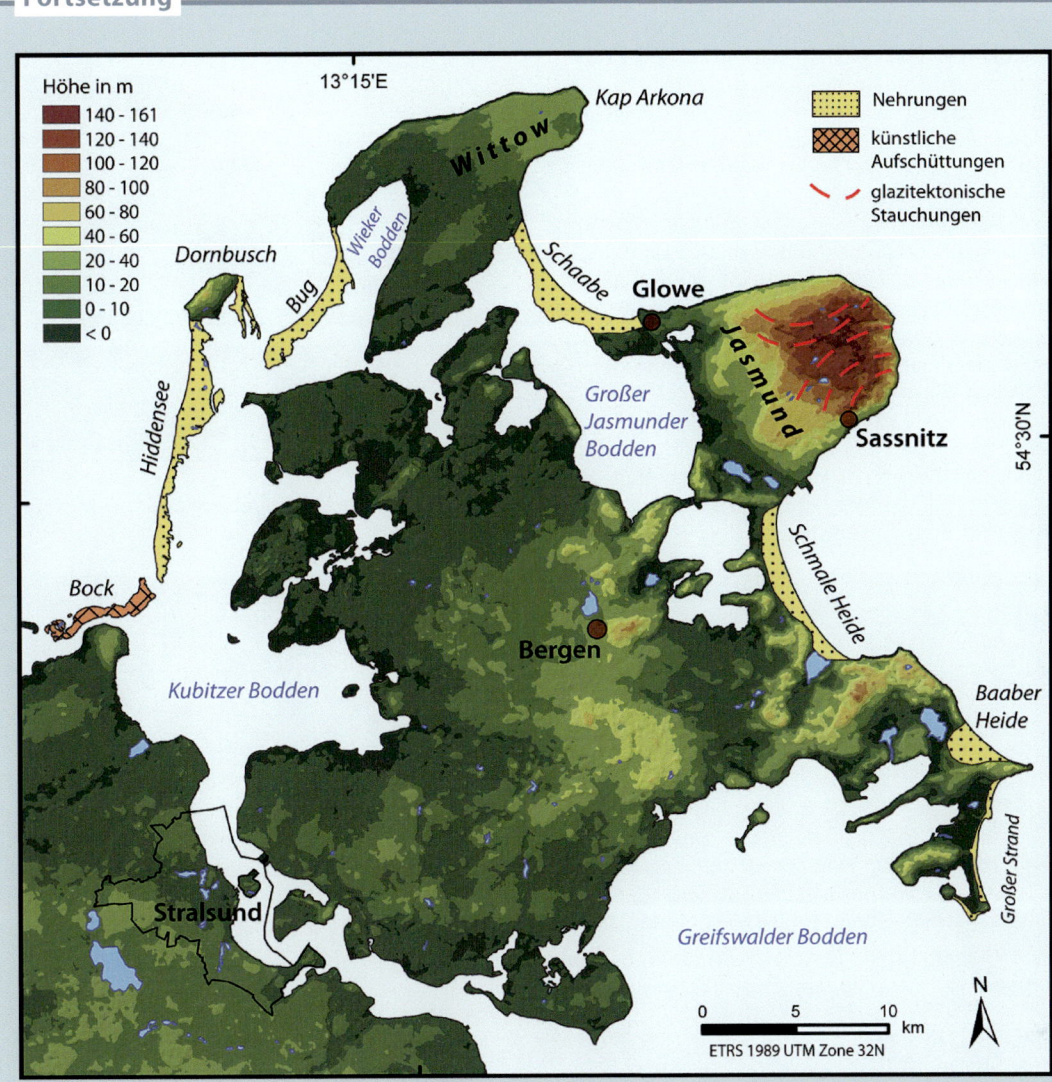

Abb. 7.8 Karte der Insel Rügen mit ihrem zerlappten Umriss. Nehrungshaken verbinden die einzelnen Inselteile miteinander und haben die Bodden abgeriegelt. (Quellen: DLM 250, © GeoBasis-DE/BKG und EU-DEM, 30 m; Kartographie: R. Hebenstreit)

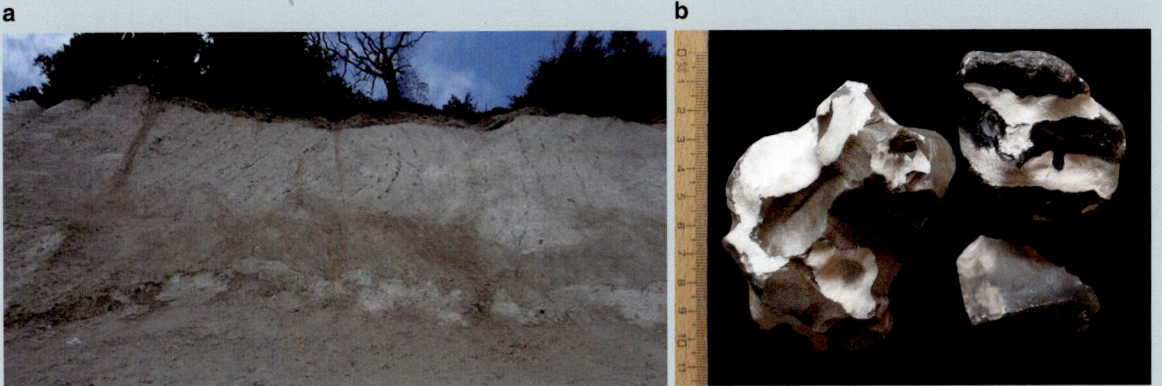

Abb. 7.9 a Durch Eisdruck während der Eiszeit schräg bis senkrecht gestellte Kreideschichten. Diese Lagerung wird deutlich durch die dunklen Bänder aus Feuerstein (Flint) nachgezeichnet (Foto: M. Böse); **b** Feuerstein (Flint) aus der Schreibkreide Rügens. Feuerstein diente in der Steinzeit als ein begehrtes Material für Werkzeuge, da er scharfe Bruchkanten bildet, wie der Abschlag *rechts unten* im Bild, der einen muscheligen Bruch aufweist. (Foto: T. Böse)

Die starke Küstenerosion stellt Material für den Aufbau von Nehrungen (s. Exkurs 7.1) zur Verfügung. So sind Wittow und Jasmund durch den aus Strandwällen und Dünen aufgebauten Nehrungshaken Schaabe miteinander verbunden. Er riegelt die Jasmunder Bodden nach Nordosten hin vollständig von der Ostsee ab (Abb. 7.8).

Südlich von Jasmund gibt es vor allem im Bereich der Schmalen Heide einen deutlichen Landgewinn, der die Küste hier begradigt hat. Auch die Baber Heide ist eine mit Strandsanden aufgefüllte Bucht. Weiter südlich ist ebenfalls am Großen Strand eine positive Sandbilanz festzustellen.

In allen Fällen sieht man sehr deutlich, dass die Küstenprozesse auf die Begradigung der Küste ausgerichtet sind. Aber auch an der Westseite der Insel Rügen transportieren küstenparallele Strömungen Sand in südliche Richtung, was zum Aufbau des Bug, eines weiteren großen Nehrungshakens, geführt hat. Dadurch ist der Wieker Bodden in seiner heutigen Buchtenform entstanden.

Abb. 7.10 Die Steilküste aus Schreibkreide am Königsstuhl im Nationalpark Jasmund. (Foto: M. Böse)

Abb. 7.11 Kreidekliff von Jasmund mit eingeschuppten eiszeitlichen Sedimenten. (Foto: M. Böse)

endet am Darß (Exkurs 7.2), wo die Boddenküste beginnt (Abb. 7.5). Diese schließt die Insel Rügen mit ein (s. Exkurs 7.3) und reicht bis Usedom. Bodden sind flache bis kuppige, überflutete Grundmoränenlandschaften, in denen die überfluteten Niederungsbereiche Ursache für einen unregelmäßigen Küstenverlauf waren. Die Buchten sind teilweise durch die rasch wachsenden Nehrungshaken vom Meer abgetrennt worden. Hier haben die Küstenformungsprozesse der letzten Jahrtausende die deutsche Ostseeküste am nachhaltigsten verändert. Aber auch der Darß hat einen alten Inselkern (s. Exkurs 7.2) und Usedom enthält ebenfalls Teile aus glazialen Sedimenten.

Fortsetzung

Abb. 7.12 Kap Arkona mit dem noch erhaltenen Teil des Walles (*gestrichelte Linie*) des slawischen Heiligtums Jaromarsburg, das bis zum 12. Jahrhundert genutzt wurde. Zwei Drittel der ursprünglichen Fläche sind durch den Abtrag am Kliff verschwunden. (Foto: M. Böse)

Abb. 7.13 Eine an der Steilküste bei Glowe, nördliches Jasmund, angeschnittene ehemalige Geländesenke, verfüllt mit Seeablagerung aus dem Spätglazial sowie Torfen und Kolluvien aus dem Holozän. Dieses Archiv erlaubt die Rekonstruktion der klimatischen und ökologischen Entwicklung seit dem Ende der letzten Eiszeit. Aus den oberen Abschnitten der Schichtenfolge sind zusätzlich archäologische Funde geborgen worden. Die Seeablagerung begann rund 13.700 v. h., ging dann über in eine Torfbildung (schwarze Schicht), die jedoch vom frühen bis zum mittleren Holozän (Atlantikum; s. Kap. 9) unterbrochen war. Die jüngsten Ablagerungen stammen von etwa 3000 v. h. Sie werden von einem Kolluvium (s. Abschn. 9.1) überdeckt. (Foto: M. Böse)

Abb. 7.14 Das heute inaktive, bewachsene Kliff des Streckelsbergs auf Usedom. Im Vordergrund sind Buhnen zu sehen, die den küstenparallelen Sandtransport hemmen. (Foto: M. Böse)

Usedom (Abb. 7.5) und das benachbarte, in Polen gelegene Wollin bestehen aus Gebieten mit eiszeitlichen Sedimenten, an denen sich Kliffs gebildet haben. Diese alten Inselkerne sind seit rund 6600 Jahren durch Nehrungen miteinander verbunden. Datierungen der Dünenrücken geben die Entwicklung des Hakensystems und der aufgesetzten Dünen wieder.

Ein Küstenrückgang von bis zu 90 m pro Jahrhundert wird für den mittleren Teil von Usedom am Streckelsberg (Abb. 7.14) angenommen. Seit dem Ende des 19. Jahrhunderts wird jedoch der Buchenforst auf dem Streckelsberg geschützt und damit auch das Kliff (vgl. Abschn. 7.3).

Landseitig entstanden das Achterwasser und das Kleine Haff (der westliche Teil des Stettiner Haffs), die heute noch durch den Peenestrom – eine Engstelle bei Wolgast – mit der Ostsee verbunden sind (s. Abschn. 7.4). Ferner entwickelten sich großflächig Niedermoorgebiete, vor allem auf den flachen Beckensedimenten eines spätglazialen Eisstausees, der zwischen dem nördlichen Eisrand und der südlichen Hochlage der Rosenthaler Endmoräne lag (s. Abb. 6.1). Aufgrund

des heute oberflächennahen Grundwassers wuchsen darauf Niedermoore, heute häufig mit Schilfbestand.

Zusammenfassend kann festgestellt werden, dass an den Kliffküsten in der Regel quartäre Sedimente aufgeschlossen sind: verschieden alte Tills (Abb. 7.15), Schmelzwasserablagerungen und Seesedimente. Gelegentlich sind interglaziale oder interstadiale organische Ablagerungen anzutreffen (vgl. Abschn. 6.1). Wo Gebiete angeschnitten sind, in denen das Eis zuvor Material stark gestaucht hat, können auch tertiäre Ablagerungen angetroffen werden.

Die Erosion der Kliffküsten ist kein kontinuierlicher Prozess, sondern verläuft in Schüben bei Sturmlagen mit hohem Wasserstand und verstärkter Brandung. Sturmfluthereignisse in der Ostsee, die vor allem bei West- und Nordweststürmen auftreten, tragen zu einem erheblichen Abtrag an der Küste bei. Durch den Abtrag von Till können auch steinreiche Strände entstehen, da das grobe Material direkt am Kliff liegen bleibt (Abb. 7.15).

Durch die Übersteilung des Kliffs durch Abtragung am Übergang vom Strand zum Klifffuß können Schollen abrutschen (Abb. 7.16). Häufig kann man an der Oberkante des Kliffs Dehnungsrisse beobachten, die bereits

Abb. 7.15 Typische Situation an einem Kliff mit anstehendem Till. Bei der Erosion des Kliffs wird das Feinmaterial durch den Strandversatz abtransportiert (s. Abb. 7.3). Die Steine und Findlinge bleiben liegen, sie können allenfalls durch Eisgang im Winter einige Dezimeter bis Meter verrückt werden. (Foto: M. Böse)

eine Lockerung des Materials anzeigen (Abb. 7.17). Kliffabbrüche können aber auch durch Porenwasserdruck im Sediment nach Starkregen oder durch Grundwasseraustritte ausgelöst werden und durch Sedimentfließen das Kliff verändern.

Die Instabilität der Steilküsten hat immer wieder vorsorgliche Sperrungen von Küstenabschnitten für Besucher zur Folge, damit Personen- und Sachschäden bei plötzlichen Hangrutschungen vermieden werden (Abb. 7.18).

7.3 Küstenschutz

Sturmfluten sind in den letzten Jahrhunderten von der Ostseeküste bekannt und dokumentiert – zum Beispiel am 5. Januar 2017. Die höchsten Wasserstände, an denen sich auch heute noch die Küstenschutzmaßnahmen orientieren, wurden am 12./13. November 1872 gemessen. Das Hochwasser hatte einen Scheitelpunkt von rund 3 m über Mittelwasser und betraf die ganze westliche Ostsee. Klimagesteuert steigt der mittlere Wasserstand in der Ostsee seit 1900 um etwa 1,5 mm pro Jahr an.

Beim Küstenschutz muss neben den bekannten Sturmflutereignissen, die sich jederzeit bei entsprechenden Windlagen wiederholen können, auch der klimagesteuerte Meeresspiegelanstieg berücksichtigt werden. Zusätzlich muss auch die jeweilige lokale Situation bezüglich der isostatischen Hebung und – in den größeren Küstenabschnitten Norddeutschlands – der isostatischen Senkung einbezogen werden (s. Exkurs 8.2), sodass die potentielle Küstengefährdung nicht einheitlich zu bewerten ist.

Abb. 7.16 Kliff Brodtener Ufer nördlich von Travemünde mit abgerutschten Schollen (*links oben*) und Sedimentfließen im Fußbereich. (Foto: F. Lehmkuhl)

An der Ostsee ist Küstenschutz notwendig, auch wenn er nicht die gesamte Küste betrifft wie an der Nordsee. Die Ostseeküste ist ständigen Veränderungen durch natürliche Prozesse ausgesetzt. Der Abtragung von Kliffs wird nur punktuell durch Buhnen oder Wellenbrecher vorgebeugt (s. Abb. 7.14). Das kann einerseits dem Schutz von Bauwerken dienen, die zu nahe an der Kliffkante errichtet wurden, oder aber auch dem Erhalt von Naturschutzgebieten, vor allem bei geschütztem Waldbestand (s. Abb. 7.19). Allerdings werden durch jeden künstlichen Eingriff die natürliche Gestalt der Küste und die dort ablaufenden Prozesse gestört. Der Abtrag an Steilküsten kann nur sehr lokal unterbunden werden, da sonst der Sedimenthaushalt entlang der Küste gefährdet ist: Erosion und küstenparalleler Sedimenttransport sind notwendig, um an anderen Stellen Strandverluste wegen Sandmangels zu verhindern.

Zusätzlich werden an ausgewählten Stellen, wie beispielsweise auf Hiddensee, Fischland, Zingst und Usedom, Sandaufspülungen durchgeführt, vor allem um die Abtragung der Haken- und Dünengebiete zu verhindern, aber auch vor Steilküsten, um der Abrasion Material zum Abtransport „zur Verfügung zu stellen" und den Kliffabtrag einzudämmen. Dieser Sand wird am Meeresboden entnommen, eine Prozedur, die nur rund alle

6 Jahre durchgeführt werden sollte, da sie aufwendig ist und auch zu Störungen im marinen System beiträgt. Die Anzahl der Entnahmestellen für geeignetes Material ist räumlich begrenzt. Auch die Stabilisierung von Dünensystemen durch Bewuchs oder Befestigungen dienen dem Küstenschutz.

An den niedrig gelegenen Flachküstenabschnitten verhindern Deiche die Überflutung des Hinterlandes bei Sturmlagen (s. Abb. 7.4). Besonders erwähnt sei hier die Eindeichung des Oldenburger Grabens in Schleswig-Holstein, der das Gebiet von Dahme bis zur Hohwachter Bucht durchzieht (s. Abb. 6.4). Das Gebiet liegt teilweise unter dem Meeresspiegel, was auch der Trockenlegung von Mooren und Seen – wie dem Gruber See im Jahr 1861 – und der anschließenden Bodensetzung geschuldet ist. Als Folge der Littorina-Transgression hatte es sowohl von Nordwesten als auch von Nordosten Meereseinbrüche in den Oldenburger Graben gegeben, wodurch Seen entstanden. Die Sturmflut von 1872 hat letztmalig die gesamte Senke überflutet.

Moderne Deiche schützen in der Regel nur besiedeltes Gebiet, während landwirtschaftlich genutzte Bereiche ungeschützt gelassen werden. Stellenweise hat sogar Deichrückbau, so bei Schmoel im Kreis Plön (Schleswig-Holstein), zur Schaffung von Biotopen stattgefunden, wo-

Abb. 7.17 Dehnungsriss an der Kliffoberkante des Brodtener Ufers bei Travemünde, der auf eine bevorstehende Rutschung hindeutet. (Foto: J. Ehlers)

bei eine potentielle Überflutung in Kauf genommen wird. In Schleswig-Holstein gibt es insgesamt 121 km Deiche, in Mecklenburg-Vorpommern sind es 120 km.

7.4 Häfen

Auf der Ostsee wird seit alters her Schifffahrt für den Handel betrieben, sodass sich entlang der Küsten eine Vielzahl bedeutender Hafenstädte entwickelt hat. Häfen wurden in der Regel an Flussmündungen oder in geschützten Buchten angelegt. Dafür eigneten sich im heutigen Schleswig-Holstein vor allem die inneren Enden der Förden. So hat Schleswig seinen Vorläufer in dem Wikinger-Handels- und Hafenplatz Haithabu, an einer Ausbuchtung der Schlei, dem Haddebyer Noor (Abb. 7.20). Der Hafen war zwischen 770 und 1066 von großer Bedeutung im europäischen Handel, wie zahlreiche archäologische Funde belegen. Haithabu, an der Schmalstelle der Kimbrischen Halbinsel gelegen, ermöglichte eine Verbindung von der Ostsee zur Nordsee über

den nahe gelegenen Fluss Treene. Bei Hollingstedt wurde ein entsprechender Flusshafen nachgewiesen. Nach Plünderung und Zerstörung von Haithabu (1066) verlagerte sich das Handelszentrum nach Schleswig an das Nordufer der Schlei.

Auch die Häfen von Flensburg, Eckernförde und Kiel liegen in ähnlich geschützten Positionen an den binnenseitigen Fördenenden.

Eine bedeutende Entwicklung bei der spätmittelalterlichen-frühneuzeitlichen Entwicklung der Häfen spielte die Hanse. Kiel, Lübeck, Wismar, Rostock, Stralsund und Greifswald gehörten dem Kaufmannsbund an und entwickelten sich zu bedeutenden Hafenstädten. Lübeck verdankte seinen Reichtum vor allem dem Salzhandel zwischen Lüneburg, wo das Salz gewonnen wurde, und der schwedischen Küste, wo es keine Salzvorkommen gibt (s. Abschn. 9.3). Die dortige Fischerei benötigte Salz für die Haltbarmachung der Fische, vor allem des Handelsgutes Hering. Angelegt ist Lübeck am Südende der Lübecker Bucht, wo sich von Süden kommend die untere Trave erweitert und damit einen geschützten Hafen bot. Allerdings ist das Gebiet um den engsten Stadtkern von Lübeck, der auf einer Lehminsel gelegen und von sa-

Abb. 7.18 Brodtener Ufer; durch eine Rutschung am Kliff zerstörter und verlegter Wanderweg. (Foto: J. Ehlers)

ckungsfähigen feinkörnigen Beckenablagerungen der Eiszeit mit darüber aufgewachsenen Torfen umgeben ist, erst durch viele Aufschüttungen und Stützkonstruktionen im Untergrund zu Bauland geworden. Exemplarisch gut sichtbar sind diese Bauprobleme an dem Schiefstand des Holstentores (Abb. 7.21).

Wismar liegt ebenfalls an einer Bucht. Ein weiterer frühmittelalterlicher Hafen, Reric, lag an der Nordostseite der Wismarbucht. Er wurde jedoch um 808 durch einen Krieg zwischen Dänen und den slawischen Obrotriten zerstört. Der ehemalige Hafenbereich wurde später durch die weitere Transgression von der Ostsee überflutet. Reste des Handelsplatzes und das Gräberfeld bei Groß-Strömkendorf sind erhalten. Der Ort ist nicht zu verwechseln mit dem heutigen, weiter nördlich gelegenen Rerik.

Rostock entwickelte sich in einiger Entfernung von der Außenküste an der erweiterten unteren Warnow, einem von Süden kommenden Fluss. Die Unterwarnow ist ein glazial angelegtes, überflutetes Tal und schiffbar. Der moderne Hafen liegt in einer durch eine Nehrung mit dem Namen Hohe Düne fast abgeriegelten ehemaligen Bucht, dem Breitling. Von Breitling und Unterwarnow führt eine schmale, heute künstlich befestigte Durchfahrt bei Warnemünde zum offenen Meer. Die vollstän-

dige Abriegelung durch natürliche Küstenprozesse wird unterbunden.

Die Hansestadt Stralsund liegt an der Meerenge zwischen Rügen und dem Festland, dem Strelasund (Abb. 7.8). Dieser ist eine schmale Passage zwischen dem Kubitzer Bodden im Nordwesten und dem Greifswalder Bodden im Südosten (s. Abb. 7.8). Damit die Schifffahrt von Nordwesten her möglich bleibt, muss die Durchfahrt zwischen Hiddensee und der sich südlich anschließenden Sandplatte Bock durch Baggern offen gehalten werden. Anderenfalls würde der ständig entlang von Hiddensee nach Süden gerichtete Sandtransport zu einer vollständigen Abriegelung des Kubitzer Boddens führen. Das Baggergut wird großteils auf die Insel Bock aufgespült, die damit erhöht wird und Voraussetzungen für einen befestigenden Pflanzenwuchs bietet.

Greifswald, die östlichste Hansestadt in Vorpommern, liegt in einer Bucht an der Südseite des Greifswalder Boddens. Diese Bucht entstand durch die Überflutung des unteren Ziesetales, einer West-Ost verlaufenden glazialen Schmelzwasserrinne, die an ihrer Ostseite in den Peenestrom einmündet. Der Peenestrom, ein marines Flachwasser, trennt Usedom vom Festland. An der westlichen Ausfahrt vom Stettiner Haff in die Ostsee diesem

Abb. 7.19 Wellenbrecher vor dem Streckelsberg auf Usedom. Die Wellen werden gebremst und somit die Erosion am Kliff verhindert. (Foto: M. Böse)

liegt Wolgast, das ebenfalls zur Hanse gehörte, aber kein bedeutender Hafen war. Es war vor allem eine Residenzstadt und im 18. Jahrhundert, nachdem der Swinestrom zwischen Usedom und Wollin nicht mehr schiffbar war, Zollstation für Schiffe, die aus dem Stettiner Haff kommend zur Ostsee fuhren.

Abb. 7.20 Schrägluftaufnahme des Areals von Haithabu am Haddebyer Noor. Der Ringwall wird durch Buschwerk nach-gezeichnet. Im Hintergrund liegt die Stadt Schleswig an der Schlei. (Foto: Wikinger Museum Haithabu © Archäologisches Landesamt Schleswig)

Abb. 7.21 Das Holstentor in Lübeck, das wegen des eingeschränkt tragfähigen Untergrundes zur Mitte hin nachgesackt ist. (Foto: F. Lehmkuhl)

Literatur

Bundesamt für Kartographie und Geodäsie (2017): Digitales Land-schaftsmodell 1:250000. www.bkg.bund.de

Ehlers, J. (2011): Das Eiszeitalter. Spektrum Akademischer Verlag, Heidelberg.

European Environment Agency (2013): Digital Elevation Model over Europe, produced using Copernicus data and information funded by the European Union – EU-DEM layers.

Geologische Karte des Norddeutschen Flachlandes. Maßstab 1: 100.000. Einheitsblatt 10, Stralsund – Bergen a. R. – Barth. Be-arbeitet und herausgegeben von der Staatlichen Geologischen Kommission der Deutschen Demokratischen Republik. Be-arbeitet von H.-L. Heck et al., 1957. Berlin.

Geologische Karte von Mecklenburg-Vorpommern, Übersichtskarte 1: 500.000 (2000): Hrsg.: Landesamt für Umwelt, Naturschutz und Geologie Mecklenburg-Vorpommern, Güstrow.

Geologische Übersichtskarte 1:200.000, CC 2342 Stralsund; Hrsg.: Bundesanstalt für Geowissenschaften und Rohstoffe, Hannover 2001.

Geologische Übersichtskarte von Schleswig-Holstein 1:250 000. Hrsg.: Landesamt für Landwirtschaft, Umwelt und ländliche Räume, Flintbek 2012.

Hardt, J. (2017): Weichselian phases and ice dynamics of the Scandi-navian Ice Sheet in Northeast Germany – A reassessment based on geochronological and geomorphological investigations in Brandenburg. Dissertation am Fachbereich Geowissenschaften der Freien Universität Berlin. http://www.diss.fu-berlin.de/diss/receive/FUDISS_thesis_000000104286

Jankuhn, H., Schietzel, K., Reichstein, H. (Hrsg.) (1984): Archäologi-sche und naturwissenschaftliche Untersuchungen an ländlichen und frühstädtischen Siedlungen im deutschen Küstengebiet vom 5. Jahrhundert v. Chr. bis zum 11. Jahrhundert n. Chr., Band 2 Handelsplätze des frühen und hohen Mittelalters. Deutsche Forschungsgemeinschaft, Acta humaniora. Weinheim.

Küstenschutz in Mecklenburg-Vorpommern. Staatliche Ämter für Landwirtschaft und Umwelt Mecklenburg-Vorpommern: http://www.stalu-mv.de/cms2/StALU_prod/StALU/de/mm/Themen/Kuestenschutz/Kuestenschutz_in_Mecklenburg-Vorpommern/index.jsp (Zugriff: 25.08.2016)

Lampe, R. (2003): Küstentypen der Ostsee. In: Nationalatlas Bundes-republik Deutschland – Relief, Boden und Wasser, Bd. 2: 82–83. Institut für Länderkunde, Leipzig.

Lampe, R., Lorenz, S. (Hrsg.) 2010: Eiszeitlandschaften in Mecklen-burg-Vorpommern. DEUQUA-Exkursionen 2010. Verlag Geozon, Greifswald.

Lampe, R., Endtmann, E., Janke, W., Meyer, H. (2010): Relative sea-level development and isostasy along the NE German Baltic Sea coast during the past 9 ka. E&G Quaternary Science Journal 59,1–2: 3–20.

Ministerium für Energiewende, Landwirtschaft, Umwelt und ländliche Räume (2013): Generalplan Küstenschutz des Landes Schleswig-Holstein, Fortschreibung 2012.

Ministerium für Landwirtschaft, Umwelt und Verbraucherschutz (2009): Regelwerk Küstenschutz Mecklenburg-Vorpommern. Übersichtsheft Grundlagen, Grundsätze, Standortbestimmung und Ausblick , 1. Aufl. März 2009.

Niedermeyer, R.-O., Schumacher, W. (2004): Gliederung, Vorgänge und Sedimente an der Küste. In: Katzung, G.: Geologie von Meck-lenburg-Vorpommern: 333–346. E. Schweizerbart'sche Verlags-buchhandlung, Stuttgart.

Niedermeyer, R.-O., Lampe, R., Janke, W., Schwarzer, K., Duphorn, K., Kliewe, H., Werner, F. (2011): Die deutsche Ostseeküste. 2. Aufl., Sammlung Geologischer Führer, Bd. 105. Gebrüder Borntraeger, Stuttgart.

Reimann, T., Tsukamoto, S., Harff, J., Osadczuk, K., Frechen, M. (2011): Reconstruction of Holocene coastal foredune progradation using luminescence dating – An example from the Świna barrier (southern Baltic Sea, NW Poland). Geomorphology 132: 1–16.

Schietzel, K. (2014): Spurensuche Haithabu. Archäologische Spurensuche in der frühmittelalterlichen Ansiedlung Haithabu. Dokumentation und Chronik 1963–2013.

Strahl, J. (2005): Zur Pollenstratigraphie des Weichselspätglazials von Berlin-Brandenburg. Brandenburgische Geowissenschaftliche Beiträge 12, 1-2: 87–112.

Tikkanen, M., Oksanen, J. (2002): Late Weichselian and Holocene shore displacement history of the Baltic Sea in Finland. Fennia 180, 1-2: 9–20.

Topographischer Atlas Schleswig-Holstein (1966). Hrsg.: Landes-vermessungsamt Schleswig-Holstein, 3. Aufl.; Wachholtz, Neumünster.

Zhang, W., Harff, J., Schneider, R., Meyer, M., Zorita, E., Hünicke, B. (2014): Holocene morphogenesis at the southern Baltic Sea: Simulation of multi-scale processes and their interactions for the Darss-Zingst peninsula. Journal of Marine Systems 129: 4–18.

8 Die Nordsee

8.1 Die Entstehung der Nordsee

Die Nordsee ist ein Randmeer des Nordatlantiks; sie gehört zum europäischen Schelf. Während der Nordatlantik fast 4000 m tief ist, hat die Nordsee eine maximale Wassertiefe von 120 m. Ihr Boden ist – mit wenigen Ausnahmen – von quartären und holozänen Ablagerungen bedeckt. Der präquartäre Untergrund ist in Abb. 8.1 dargestellt.

Die Nordsee hat sich aus zwei großen Teilbecken entwickelt. Das südliche und das nördliche Becken sind durch das Ringkøbing-Fünen-Hoch voneinander getrennt. Beide Becken sind mit mehrere Tausend Meter mächtigen Sedimenten gefüllt. Im Miozän verlor das Ringkøbing-Fünen-Hoch seinen dominierenden Ein-

fluss, und das gesamte Nordseebecken begann, sich stark abzusenken. Diese Senkung dauerte im Quartär an. Während die Mächtigkeit der eiszeitlichen Schichten bei Sylt nahe Null ist (Aufragung der pliozänen Kaolinsande), beträgt sie am westlichsten Punkt des deutschen Nordseesektors in der Mitte der Nordsee etwa 830 m.

Der Untergrund der Nordsee ist tektonisch stark beansprucht worden. Die gesamte Nordsee wird von einem annähernd Nord-Süd verlaufenden zentralen Grabensystem durchzogen, das sich von der Küste der Niederlande bis an den Schelfrand zwischen Shetland und Norwegen verfolgen lässt. Der Zentralgraben hat eine Breite von etwa 100 km. Ähnlich wie Norddeutschland ist auch der Untergrund der Nordsee in starkem Maße durch Salztektonik geprägt. Bis an die Geländeoberfläche und über den Meeresspiegel hinaus reichen die Auswirkungen der Salzbewegungen nur an einer Stelle: im Bereich der Insel Helgoland (Exkurs 8.1).

Exkurs 8.1

Helgoland – ein Fels in der Brandung

„In der That treiben die Helgoländer ein solches dolce far niente, wie dies die Italiäner nur immer unter ihrem milden Himmel thun mögen. Wenn sie nicht mit ihrem Fischfange und ihrem Lootsengeschäft zu thun haben, starren sie den ganzen Tag in das weite Meer hinein und dulden es mit orientalischer Ruhe, dass ihre armen Weiber und Kinder, namentlich auch die kleinen Mädchen, alle häuslichen Arbeiten, ja sogar die Tagelöhnerdienste, ausschließlich verrichten …" (Kobbe und Cornelius 1841).

Ganz so behaglich haben es die Männer auf Helgoland damals in Wirklichkeit nicht gehabt, doch davon später mehr. Das Buch, aus dem das Zitat stammt, gehört zu einer Reihe ähnlicher Veröffentlichungen unter dem Obertitel *Das malerische und romantische Deutschland*. Dabei war Helgoland damals gar nicht deutsch. Die Insel hatte bis 1807 zu Dänemark gehört. Sie war anschließend von England annektiert worden. Helgoland kam erst 1890 im Tausch gegen deutsche Ansprüche auf Sansibar zum Deutschen Reich. Die Insel wurde daraufhin zur Seefestung ausgebaut. Dieser Ausbau wurde im Dritten Reich verstärkt.

Helgoland wurde am 18. April 1945 in einem der letzten großen Luftangriffe des Zweiten Weltkriegs von 979 britischen Bombern angegriffen, der Ort vollständig zerstört. Das endgültige Ende der Seefestung kam zwei Jahre später, am 18. April 1947 um 13 Uhr, als die Engländer in den unterirdischen Bunkern und Verteidigungsanlagen der Insel 4610 t Sprengstoff zur Explosion brachten. Die Erschütterung der Sprengung wurde von seismischen Stationen in ganz Eu-

ropa registriert. Ein Rauchpilz stieg bis in über 2000 m Höhe auf. Der Geologe Otto Pratje, der die Insel wenig später besuchen durfte, betitelte mit hanseatischem Understatement seinen Bericht: „Das veränderte Helgoland".

Helgoland war in der Tat verändert. Die Insel war zwar beschädigt, jedoch keineswegs vollständig zerstört. Der Flächenverlust des Oberlandes betrug etwa 8 ha. Dieser Landverlust wurde zum Teil dadurch ausgeglichen, dass der Sprengschutt auf dem die Insel umgebenden Felswatt liegen blieb. Die Oberfläche war freilich erheblich verändert. Durch zwei große Sprengtrichter war das heutige Mittelland im Südwestteil der Insel entstanden. Ein Krater von 150 m Durchmesser ist noch heute deutlich erkennbar Die Einzelfelsen Mönch und Hoyshorn wurden zerstört, ebenso das letzte Brandungstor der Insel, das Jung-Gatt.

Auf Helgoland gab es früher mehrere Brandungspfeiler und Brandungstore. Ein Vergleich der verschiedenen Quellen wird zum Teil dadurch erschwert, dass beim Verschwinden eines Felsens der Name auf den nächsten Felsen übergegangen ist (Abb. 8.2). So war der Hengst im Jahre 1845 ein Einzelfelsen an der Nordwestspitze der Insel. Mehrere Brandungstore ließen ihn wie ein Pferd aussehen. Als dieser Felsen im Jahre 1865 einstürzte, ging der Name „Hengst" auf einen 1860 durch den Einsturz eines Brandungstores entstandenen Brandungspfeiler über, obwohl dieser nicht die geringste Ähnlichkeit mit einem Pferd aufwies. Heute wird dieser falsche „Hengst" in der Regel als „Lange Anna" bezeichnet (Abb. 8.3). Seit einem Felssturz 1976 gibt es

© Springer-Verlag Berlin Heidelberg 2018
M. Böse, J. Ehlers, F. Lehmkuhl, *Deutschlands Norden*, https://doi.org/10.1007/978-3-662-55373-2_8

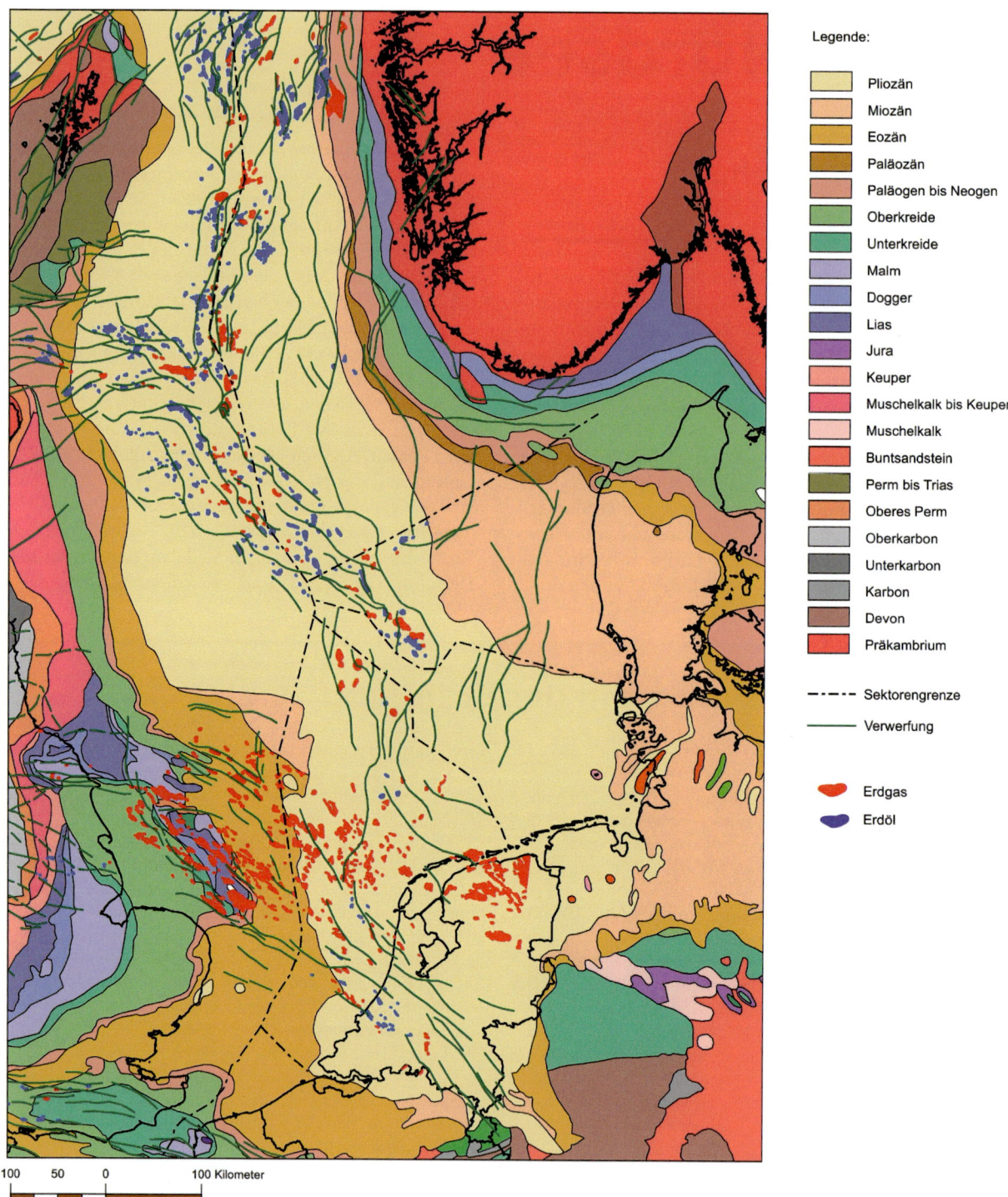

Legende:

- Pliozän
- Miozän
- Eozän
- Paläozän
- Paläogen bis Neogen
- Oberkreide
- Unterkreide
- Malm
- Dogger
- Lias
- Jura
- Keuper
- Muschelkalk bis Keuper
- Muschelkalk
- Buntsandstein
- Perm bis Trias
- Oberes Perm
- Oberkarbon
- Unterkarbon
- Karbon
- Devon
- Präkambrium

- –·–·– Sektorengrenze
- ───── Verwerfung

- Erdgas
- Erdöl

100 50 0   100 Kilometer

Abb. 8.1 Geologische Übersichtskarte des Nordseeraumes. (Quelle: International Geological Map of Europe 2005)

Fortsetzung

Abb. 8.2 Helgoland ca. 1835. *Links* die Felsnadel „Mönch", *rechts* die „Ingelsk Kark". Als der „Mönch" 1839 einstürzte, ging sein Name auf den rechten Felsen über, der bei der Sprengung 1947 zerstört wurde. (Quelle: Kobbe und Cornelius 1841)

neben der „Langen Anna" eine „Kurze Anna", die aber vom Wanderweg auf dem Oberland aus nicht sichtbar ist. Die alte Aussichtsplattform ist seit dem Felssturz gesperrt. Der Fuß der 47 m hohen „Langen Anna" ist 1980 durch eine Vermauerung der Brandungshohlkehle verstärkt worden. Der Zerfall des Wahrzeichens der Insel infolge der fortschreitenden Verwitterung lässt sich jedoch nicht aufhalten.

Die Insel verdankt ihre Entstehung einem großen Salzkissen, das sich über eine Länge von etwa 30 km erstreckt. Es ist im Keuper angelegt worden. Die größten Salzbewegungen fanden nach der Kreide, vor allem im Mittelmiozän statt. Der rote Felsen Helgolands besteht aus Schichten des Mittleren Buntsandsteins. In dem Durchlass zwischen Helgoland und der Düne steht Oberer Buntsandstein an; unter der Düne liegen die Schichten des Muschelkalks und der Kreide.

Auch die benachbarte Insel Düne war ursprünglich eine Felseninsel; der dort anstehende Gips des Muschelkalks und die Schreibkreide waren weniger widerstandsfähig als der Buntsandstein. Der Kalk wurde allerdings nicht nur vom Meer angegriffen, sondern auch von Menschenhand abgebaut und ans Festland verschifft. 1711 war der Fels der Düne vollständig verschwunden und nur eine flache Sandinsel blieb zurück. Die Düne war mit der Hauptinsel zunächst noch durch den sogenannten „Wall", einen Rücken aus Sand und Geröll, verbunden. Dieser Wall wurde in einer Sturmflut am 1. Januar 1720 durchbrochen; seitdem sind Helgoland und die Düne zwei getrennte Inseln.

Als es keine Steine mehr zu verkaufen gab, mussten die Helgoländer sich auf den Fischfang konzentrieren. Doch es gab daneben noch andere Einnahmequellen, die lohnender waren, als der Fischfang:

„Der Sturm bog den schwachen Mast wie eine Gerte; das Schifflein neigte sich zur Wasserfläche hinab; die Wel-

Abb. 8.3 Die „Lange Anna" auf Helgoland 2007. (Foto: J. Ehlers)

len gossen Ströme von salzigen Wassers über das Verdeck und drohten die Mannschaft mehrmals zu vergraben; die Fischer bebten nicht. Während der gefährlichen Fahrt vernahmen die Männer noch vielmals die Notschüsse, welche in immer kürzeren Zwischenraum dringend um schnelle Hilfe zu flehen schienen. Als aber eine Viertelstunde verstrichen war, ohne dass sie wiederholt wurden, sagte Weber gleichmütig:‚Nun ist's vorbei!'" (Thiele 1910).

Die Fischer sind nicht zufällig im Sturm auf dem Meer. Sie sind auch nicht draußen, um zu fischen. Sie haben die Notsignale eines größeren Schiffes gehört, an dessen Havarie sie nicht ganz unschuldig sind, und sie warten jetzt darauf, dass das Wrack von den Wellen zerschlagen wird, dass alle tot sind und sie schließlich die Ladung einsammeln können. Aber am Ende retten sie dann doch ein kleines Kind … (Abb. 8.4)

In der Tonne befand sich ein Mädchen von neun Jahren. (Seite 136.) B. 10.

Abb. 8.4 Illustration aus der Erzählung *Das Fischermädchen von Helgoland*. (Thiele 1910)

8.1.1 Die Nordsee im Pleistozän

Der Boden der Nordsee ist außerordentlich eben – zumindest im deutschen Sektor. Weiter nordwestlich, im britischen Sektor, ist dagegen auf Sidescan-Sonar-Aufzeichnungen ein stark untergliedertes Relief sichtbar. Der Unterschied mag darauf zurückzuführen sein, dass wir es im deutschen Sektor mit einer in zwei Warmzeiten überfluteten und eingeebneten Altmoränenlandschaft zu tun haben. Bei der Rekonstruktion der eiszeitlichen Überprägung ist man daher fast ausschließlich auf die Ergebnisse geologischer und geophysikalischer Untersuchungen angewiesen. Dies bietet Vor- und Nachteile. Während im festländischen Bereich der Bau des Untergrundes aus punktuellen Informationen (Bohrungen) abgeleitet werden muss, bieten im marinen Bereich seismische Verfahren die Möglichkeit, den Aufbau ganzer Profilschnitte kontinuierlich zu erfassen. Die dabei ausgegliederten seismostratigraphischen Einheiten lassen sich jedoch nicht unmittelbar mit den festländischen lithostratigraphischen Einheiten korrelieren.

Das Nordseebecken ist während des Quartärs mindestens in drei Eiszeiten (Elster-, Saale- und Weichsel-Eiszeit) vom Inlandeis teilweise bedeckt worden. Die Gletscher Norwegens und Schottlands standen zeitweilig im Bereich der Nordsee miteinander in Kontakt. Die Verbreitung von direkten Gletscherablagerungen (Till, vgl. Exkurs 5.2) am Meeresboden ist jedoch äußerst lückenhaft.

Mithilfe seismischer Methoden können jedoch begrabene Tunneltäler und Stauchmoränen älterer Vereisungen am Meeresboden nachgewiesen werden. Da während der großen Inlandvereisungen der Spiegel des Weltmeeres um etwa 130 m abgesenkt war (s. Exkurs 8.2), war zu dieser Zeit der Nordseeboden Teil des Festlandes. Das Elbe-Urstromtal der Weichsel-Eiszeit lässt sich am Boden der Nordsee bis weit nach Nordwesten verfolgen.

Aufschlüsse eiszeitlicher Gletscherablagerungen sind an der deutschen Nordseeküste rar. In Niedersachsen reichen eiszeitliche Ablagerungen südlich von Cuxhaven (zwischen Duhnen und Sahlenburg) bis an den Strand, doch ist das frühere Kliff heute überwachsen und nicht mehr zugänglich. Kleinere Aufschlüsse findet man auf Amrum (Kliff Ual anj auf der Wattseite) und Föhr (Go-

Eustasie, Isostasie und thermosterischer Effekt

Eustasie

Die Höhe des Meeresspiegels in den Kalt- und Warmzeiten hängt in starkem Maße davon ab, wie viel Wasser in Form von Gletschereis gebunden ist. Die Bildung großer Eisschilde bedingt ein Absinken des Meeresspiegels, ihr Abschmelzen dagegen seinen Wiederanstieg. Die damit verbundenen Veränderungen werden als glazialeustatische Meeresspiegelschwankungen bezeichnet. Für das Vereisungsmaximum der Weichsel-Kaltzeit wird von einer maximalen Absenkung um 130 m ausgegangen.

Isostasie

Unter Isostasie versteht man den Gleichgewichtszustand zwischen den Massen der festen Erdkruste (Lithosphäre) und der darunterliegenden Asthenosphäre. Die Kontinentalschollen der Erdkruste sind im Schnitt etwa 30 km dick und „schwimmen" auf der 100 bis 200 km mächtigen Asthenosphäre, unter der die 660–2600 km dicke, wieder relativ harte Mesosphäre folgt. Unter dem Gewicht eines mehrere Tausend Meter mächtigen Inlandeises wird die Erdkruste nach unten gedrückt; beim Abschmelzen des Eisschildes steigt sie wieder empor. Man spricht von glazialisostatischen Ausgleichsbewegungen.

Das Ausmaß der glazialisostatischen Krustenbewegungen in den ehemals vergletscherten Gebieten ist bis heute nur unvollständig bekannt. In Skandinavien und Nordamerika lässt sich die nacheiszeitliche Landhebung anhand gehobener Strandlinien rekonstruieren. Diese Methode kann jedoch nur über den Zeitraum seit dem Eisfreiwerden der entsprechenden Gebiete Auskunft geben, nicht über den Zeitraum der Vergletscherung. Untersuchungen in Skandinavien haben ergeben, dass Mittelskandinavien 10.300 vor heute um etwa 450 m abgesenkt war. Extrapoliert man diesen Wert auf die Zeit maximaler Absenkung um 13.000 vor heute, so kommt man auf noch deutlich höhere Werte. Für die Saale-Eiszeit wird für das skandinavische Vereisungsgebiet eine Eismächtigkeit von 4500 m und eine maximale Absenkung von ca. 1000 m angenommen.

Die Asthenosphäre lässt sich nicht wie ein Schwamm zusammendrücken. Während die vergletscherten Gebiete unter der Eislast nach unten sinken, werden gleichzeitig die angrenzenden eisfreien Teile der Kruste leicht angehoben, sodass rings um den Eisschild ein sogenannter Randwulst entsteht. Ein derartiger Randwulst ist auch für das nordeuropäische Vereisungsgebiet nachgewiesen.

Die eustatisch und isostatisch bedingten Veränderungen des Meeresspiegels sind zwar durch dieselben Vorgänge bedingt – die Bildung großer kontinentaler Eisschilde –, aber sie laufen mit unterschiedlicher Geschwindigkeit ab. Der eustatische Anstieg des Meeresspiegels war längst abgeschlossen, als sich das Land in den ehemals vergletscherten Gebieten immer noch isostatisch hob. Die Hebung dauert bis heute an. Im Bereich des spätweichselzeitlichen Vereisungszentrums in der nördlichen Ostsee sind es Beträge von bis zu 9,3 mm/Jahr (Abb. 8.5).

Thermosterischer Effekt

Der Spiegel des Weltmeeres steigt weiterhin an. Als Ursachen für den Meeresspiegelanstieg in den letzten 100 Jahren kommt vor allem die thermale Expansion des Meerwassers

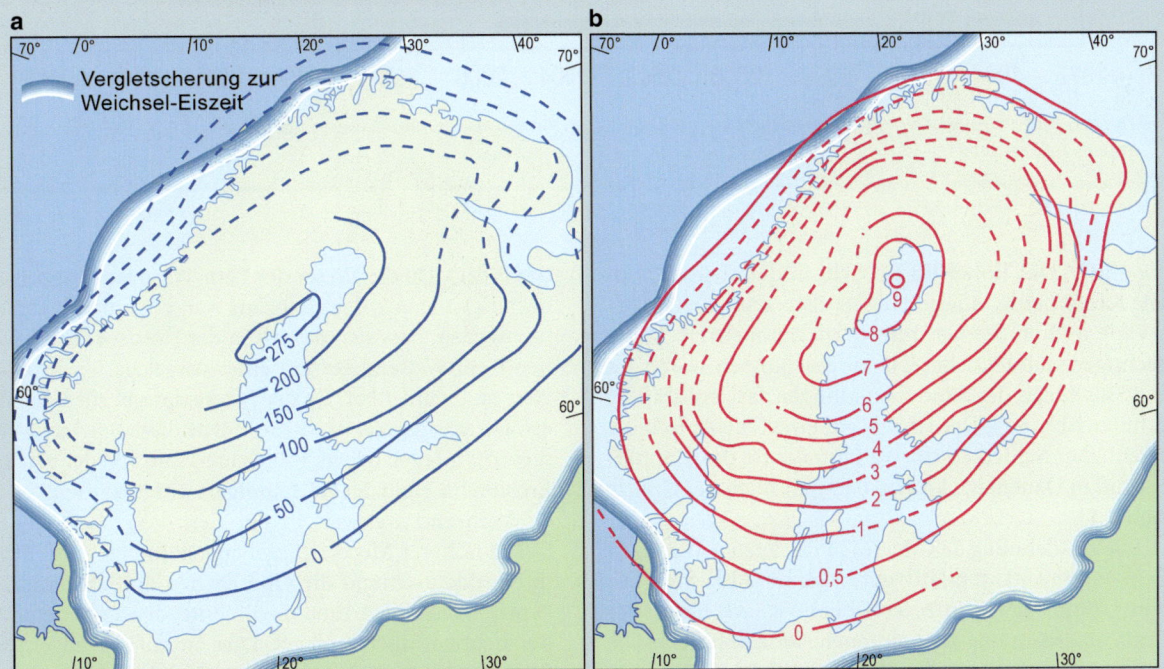

a **b**

Abb. 8.5 Isostatische Absenkung während der Weichsel-Eiszeit in Metern (**a**) und heutige isostatische Hebung in Zentimetern pro Jahrhundert (**b**). (Quelle: Lehmkuhl 2011, verändert)

Fortsetzung

durch die Erwärmung der Ozeane infrage (thermosterischer Anstieg). Andere Faktoren wie zum Beispiel das Abschmelzen von Gletschern spielen eine geringere Rolle.

Der Anstieg des Meeresspiegels wird nicht nur an den Pegeln der Küste gemessen, sondern auch auf dem freien Meer. Präzisionsmessungen von Satelliten aus zeigen, dass der Spiegel der Nordsee gegenwärtig um fast 2 mm pro Jahr steigt (Abb. 8.6).

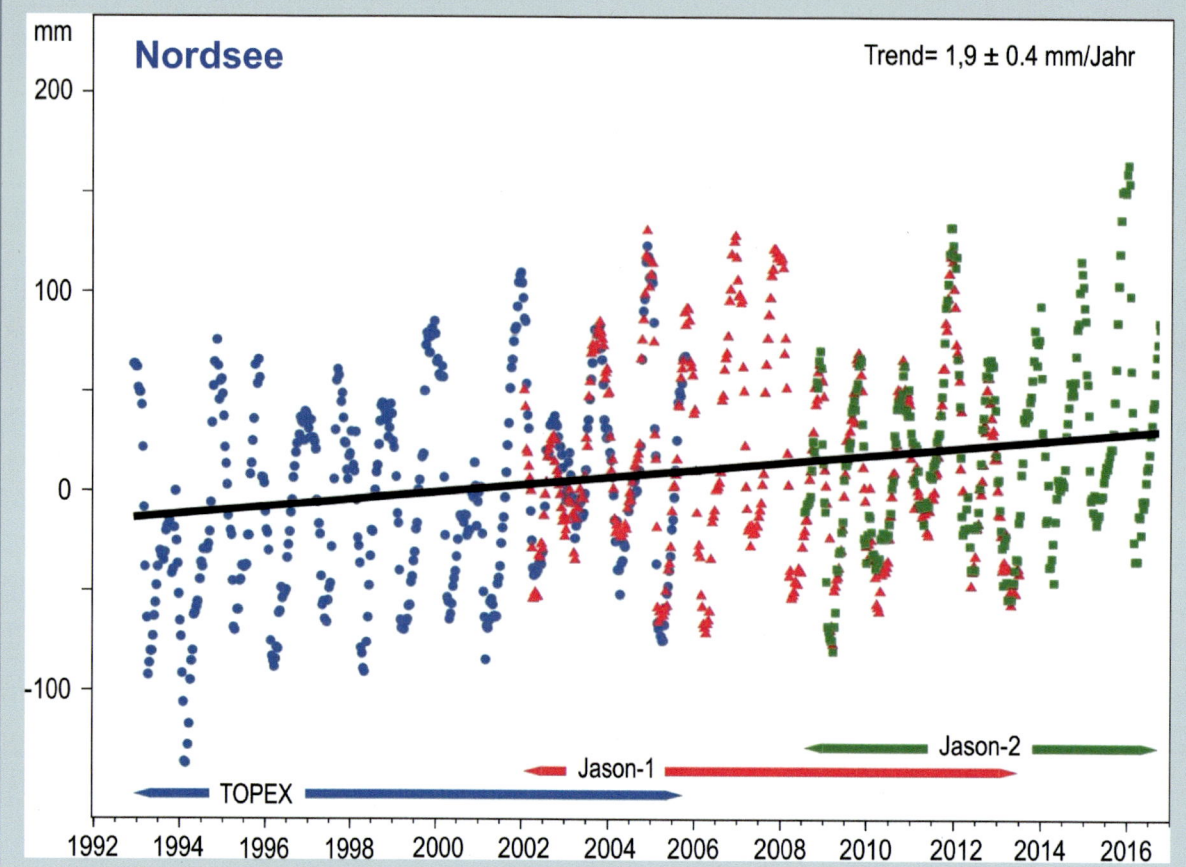

Abb. 8.6 Aktueller Anstieg des Meeresspiegels im Bereich der Nordsee. (Quelle: Höhendaten des NOAA Laboratory for Satellite Altimetry)

ting-Kliff). Das Rote Kliff auf Sylt, in dem früher pliozäne Kaolinsande, eine gestauchte elsterzeitliche Grundmoräne und an der Geländeoberfläche mehrere Meter mächtiger saalezeitlicher Till aufgeschlossen waren, ist heute als Folge der Sandvorspülungen fast vollständig verhüllt (Abb. 8.7). Der einzige gut erhaltene Aufschluss eiszeitlicher Schichten im Wattenmeer ist das Emmerlev-Kliff in Dänemark, knapp 10 km nördlich der Grenze (Abb. 8.8).

Die Ausdehnung des Meeres in der letzten Warmzeit (Eem-Warmzeit) ist relativ gut bekannt (Abb. 8.9). Die Transgression des Eem-Meeres blieb vielfach hinter der Maximalausdehnung der holozänen Nordsee zurück. Die großen Meeresbuchten des Holozäns (Zuider Zee, Lauwerszee, Dollart, Jadebusen) hatten jeweils eemzeitliche Vorläufer. In Schleswig-Holstein bestand zeitweilig eine Verbindung zwischen Nord- und Ostsee (etwa im Bereich

der Eider). Da die Dauer der Eem-Warmzeit ähnlich der bisherigen Dauer des Holozäns war, muss damit gerechnet werden, dass sich damals in der Nordsee ähnlich wie heute ein Wattenmeer mit einer vorgelagerten Inselbarriere ausgebildet hat. Da der Meeresspiegel zur Eem-Zeit etwas niedriger war als heute, dürfte diese Barriere weiter seewärts gelegen haben. Ihre Spuren sind von der marinen Erosion im Holozän vollständig beseitigt worden.

Während weltweit in der Eem-Warmzeit ein um 5–7 m höherer Meeresspiegel angenommen wird, liegen in Norddeutschland die Oberflächen der holstein- und eemzeitlichen marinen Sedimente deutlich tiefer als der heutige Meeresspiegel. Dies ist auf die allgemeine Senkungstendenz der deutschen Nordseeküste zurückzuführen (Exkurs 8.2).

Abb. 8.7 Das Rote Kliff bei Wenningstedt, Sylt, ist heute vollständig bewachsen. (Foto: J. Ehlers)

Abb. 8.8 Im bis zu 13 m hohen Emmerlev-Kliff in Dänemark ist Till der saalezeitlichen Gletschervorstöße aufgeschlossen. Er wird örtlich von Torf aus der Eem-Warmzeit überlagert. (Foto: J. Ehlers)

8.2 Ausbildung der Barriereküste

8.2.1 Die postglaziale Transgression

Während der ersten Jahrtausende des Holozäns drang das Meer rasch in den Bereich des heutigen Nordseebodens vor. Bei einer horizontalen Transgression von über 250 m im Jahr reichte die Zeit nicht aus, um eine Ausgleichsküste oder ein Barrieresystem wie im heutigen Wattenmeer aufzubauen.

Die Situation änderte sich erst, als etwa 8000 vor heute die horizontale Transgression nahezu zum Erliegen kam. Dies war die Geburtsstunde der heutigen Küstenbarriere. In der Folge entstand im Bereich der niederländischen Küste ein Strandwallsystem, in dessen Schutz sich lagunäre Ablagerungen und Wattsedimente in großer Mächtigkeit bilden konnten. Auf den Strandwällen wurden schon bald die sogenannten „Alten Dünen" aufgeweht, die – zum Teil von jüngeren Dünen überdeckt – entlang der holländischen Westküste von südlich Den Haag bis nördlich Alkmaar zu verfolgen sind. Um 3000 v. Chr. nahm die Sedimentzufuhr so stark zu, dass die Strandwälle sich zu einer durchgehenden Küstenbarriere schließen konnten, in

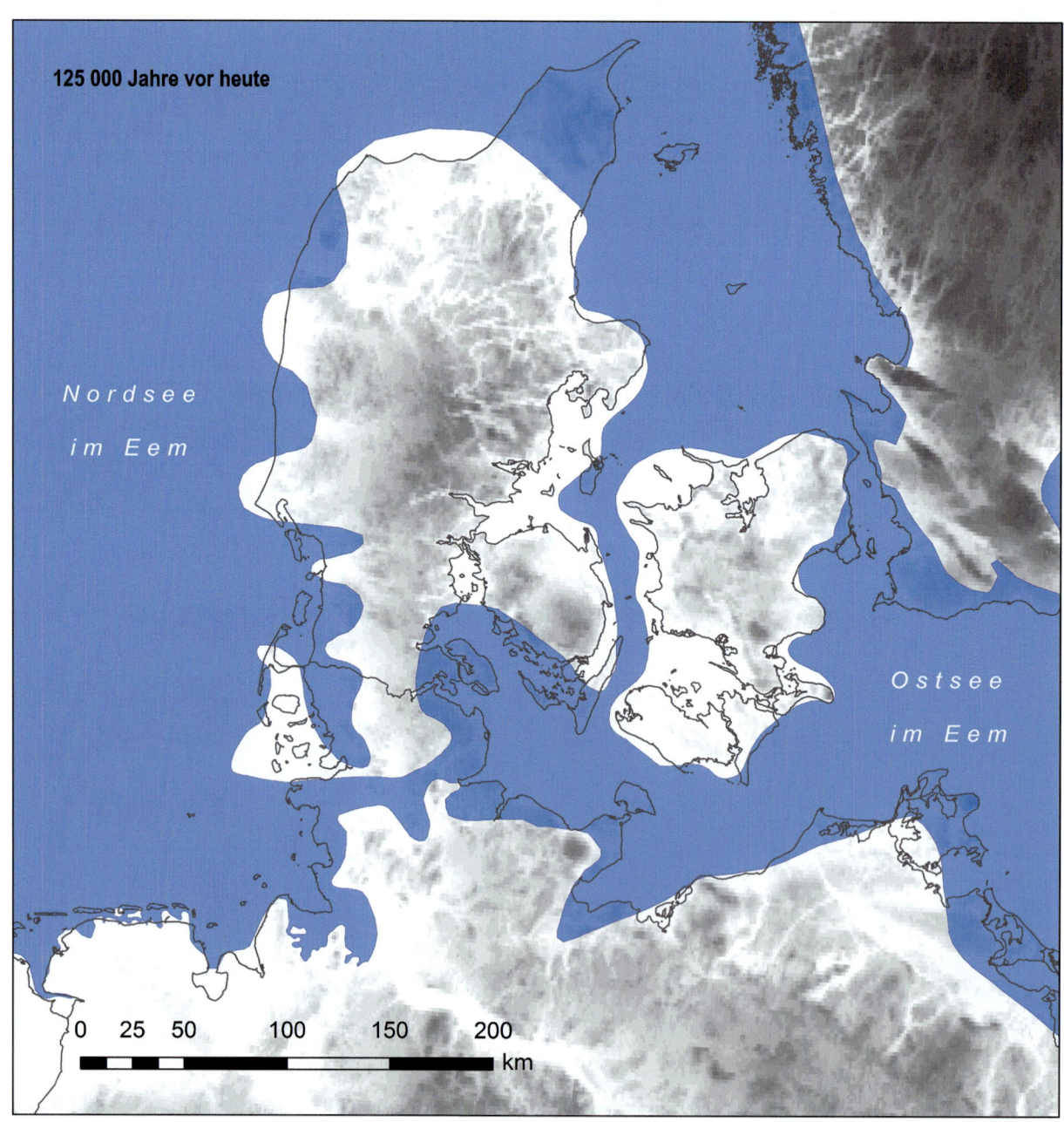

Abb. 8.9 Ausdehnung des Eem-Meeres. (Quelle: Ehlers 2011)

deren Schutz sich Seen, Süßwassermarschen und Moore ausbreiten konnten.

Auch in Schleswig-Holstein entstanden ausgedehnte Marschgebiete. Etwa um 1800 v. Chr. begann hier die Aufschüttung von Nord-Süd streichenden Strandwällen aus Kies, grobkörnigem Sand und Schill (Lundener Nehrung). Diese Sedimentkörper beeinflussten die Sedimentation in ihrem Hinterland stark; im Schutz dieser Barriere konnte hier vor allem feines Material abgelagert werden. Etwas später, gegen 1000 v. Chr., entstand das West-Ost verlaufende Barrieresystem auf der Halbinsel Eiderstedt. Etwa um die Jahrtausendwende, zu Beginn der römischen Besiedlung, endete diese Phase der Strandwall- und Dünenbildung.

Die Bildung der heutigen Küstendünen begann in größerem Umfang im 12. Jahrhundert. Sie verstärkte sich im 15. und 16. Jahrhundert, als durch frischen Uferabbruch große Mengen von Sand für den äolischen Transport zur Verfügung standen. Die Gestalt der Küstenlinie hatte sich inzwischen stark verändert. Teile des alten Dünen- und Strandwallsystems waren abgetragen

worden, andere lagen infolge großräumiger Verlandungstendenzen inzwischen weit landeinwärts (Dithmarschen, Eiderstedt).

8.2.2 Die Entstehung der Barriereinseln

Die heutigen Barriereinseln des ostfriesischen Wattenmeeres sind sehr junge Gebilde. Man geht davon aus, dass sie durch auftauchende Sandbänke entstanden sind.

Für die Frage, ob eine geschlossene Ausgleichsküste oder ein Wattenmeer mit vorgelagerter Inselbarriere entsteht, spielt der Tidenhub eine entscheidende Rolle. Untersuchungen an der amerikanischen Ostküste haben gezeigt, dass an Flachlandsküsten ein mikro-, meso- und makrotidaler Formungsbereich unterschieden werden kann, der jeweils seinen eigenen Formenschatz erzeugt. An der Küste des Wattenmeeres liegt die Grenze zwischen mikro- und mesotidalem Bereich etwa bei 1,35 m

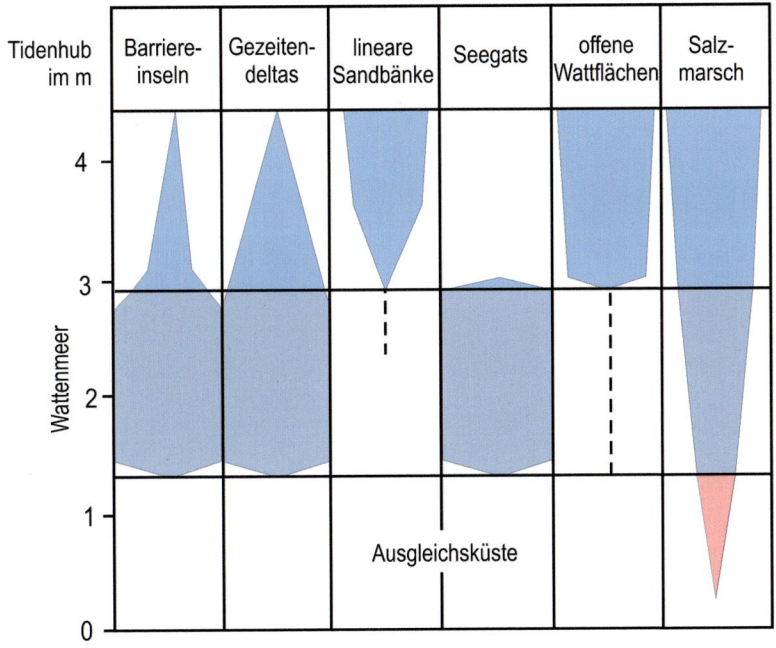

Abb. 8.10 Oberflächenformen und Tidenhub im Bereich der Barriereküste des Wattenmeeres der Nordsee. (Verändert nach Hayes 1975)

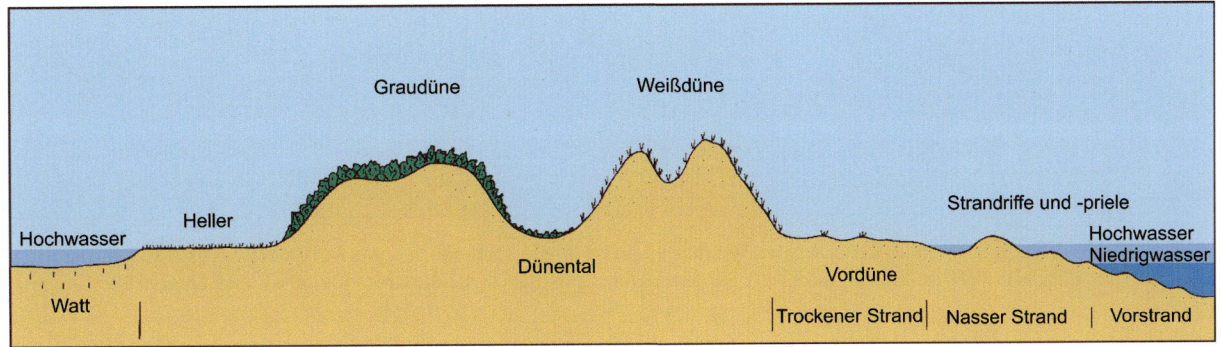

Abb. 8.11 Schemaprofil durch eine Barriereinsel. (Quelle: Verändert nach Liedtke und Marcinek 2002, S. 341)

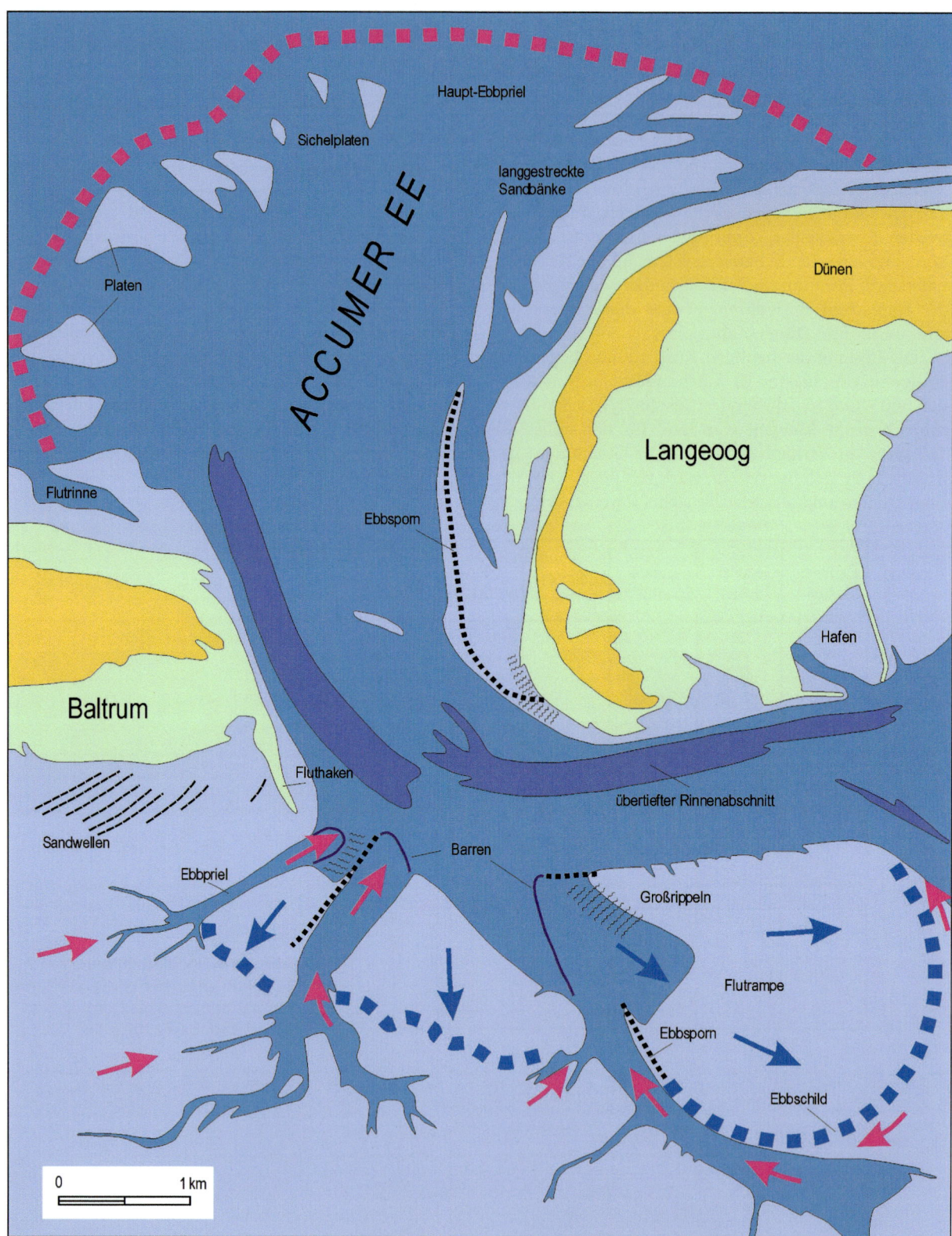

Abb. 8.12 Oberflächenformen im Bereich eines Seegats, erläutert am Beispiel des Seegats Accumer Ee zwischen Langeoog und Baltrum. Ebbdelta (*rot gepunktet*), Flutdelta (*blau gepunktet*), Ebbstrom (*rot*), Flutstrom (*blau*). (Quelle: Ehlers 2008)

Tidenhub. Bei geringerem Tidenhub bildet sich eine Ausgleichsküste, bei größerem Tidenhub ein Wattenmeer mit vorgelagerter Inselbarriere. Wird ein Tidenhub von 2,90 m überschritten (im Inneren der Deutschen Bucht zwischen Wangerooge und Eiderstedt), so entsteht eine offene Wattenküste ohne größere Inseln (Abb. 8.10).

Wenn man eine Barriereinsel von der Nordsee bis zum Wattenmeer durchquert (Abb. 8.11), dann trifft man zunächst auf den Vorstrand. Das ist der Bereich, der auch bei Niedrigwasser noch überflutet ist. Es folgt der nasse Strand mit seinen Strandriffen und Strandprielen, der zweimal täglich überflutet wird und wieder trockenfällt. Landwärts davon liegt der trockene Strand, auf dem sich bei positiver Sandbilanz Vordünen ausbilden können. Diese haben nur Bestand, wenn sie irgendwann durch Vegetation festgehalten werden. Aus ihnen entwickeln sich die Weißdünen. Die Weißdünen sind junge Dünen, die in der Regel von Strandhafer und Strandroggen bewachsen sind. Im Inneren der Insel schließen sich die Graudünen an mit Silbergras, Krähenbeere, Kriechweide und Dünenrose. Die Salzmarsch auf der Wattseite der Insel wird auch als Heller bezeichnet. Hier wächst das Rotschwingel, Strandflieder und das Andelgras. Im Übergangsbereich zum Watt finden wir den Queller.

Einige der Barriereinseln des Wattenmeeres haben sich im Laufe der Jahrhunderte verlagert. Auch die Platengruppen der Riffbögen der Ostfriesischen Inseln verlagern sich, und zwar jeweils in östliche Richtung. Die mittlere Geschwindigkeit dieser sogenannten Plattenwanderung liegt bei etwa 400 m im Jahr. Entscheidend ist jedoch nicht die Verlagerung der Platten, sondern die Verlagerung des Sandes. Der bewegt sich im Gegensatz zu den Platen nicht entlang des Riffbogens, sondern rechtwinklig dazu. Er wird vom Flutstrom in das Seegat hinein transportiert und mit dem Ebbstrom wieder heraus. Da die Richtung des Ebbstromes nicht identisch ist mit der Richtung des Flutstromes, ergibt sich ein kleiner Versatz und dadurch ein Nettosandtransport entlang des Riffbogens (Abb. 8.12).

Die Inselbarriere der Nordsee passt sich den Änderungen des Meeresspiegels an. Ein steigender Meeresspiegel führt zusätzlich zur küstenparallelen Verschiebung einzelner Inseln auch zu einer landwärtigen Verlagerung der Barriere. So kommt es, dass man gelegentlich am Strand der Inseln tonig-schluffige Sedimentschichten mit Muscheln in Lebendstellung findet, die vor Jahrhunderten auf der Wattseite der Inseln entstanden sind (Abb. 8.13).

Unter natürlichen Bedingungen vollzieht sich die Verlagerung der Inseln unter seeseitigem Dünenabbruch und äolischem Sandtransport ins Inselinnere, bei gleichzeitiger Durchbrechung der Dünenzüge und „Washover-Prozessen". Die Festlegung der Dünenzüge und die starre Küstenverteidigung wirken dieser natürlichen Anpassung entgegen; es bedarf entsprechend großer Anstrengungen, die Küstenlinie in ihrer derzeitigen Position zu halten. Wo der Mensch nicht eingreift, liegt auch das wattseitige Ufer vieler Inseln heute im Abbruch (Abb. 8.14).

Während die großen Formveränderungen im Wattenmeer auf Wind, Wellen und die Wirkung der Gezeiten zurückgehen, werden kleine Formen auch durch andere Prozesse erzeugt. Dazu gehören die Spuren, die Vögel bei der Nahrungssuche im Watt hinterlassen, und dazu gehören auch die Geländeformen, die durch Frost und Eis erzeugt werden Exkurs 8.3. All diese Formen haben gemeinsam, dass sie in der Regel nur für kurze Zeit erhalten bleiben.

a

b

Abb. 8.13 Alter Wattboden mit Muscheln in Lebendstellung, der auf der Seeseite von Wangerooge auf Höhe des Neuen Leuchtturms freigespült worden ist. (Fotos: J. Ehlers)

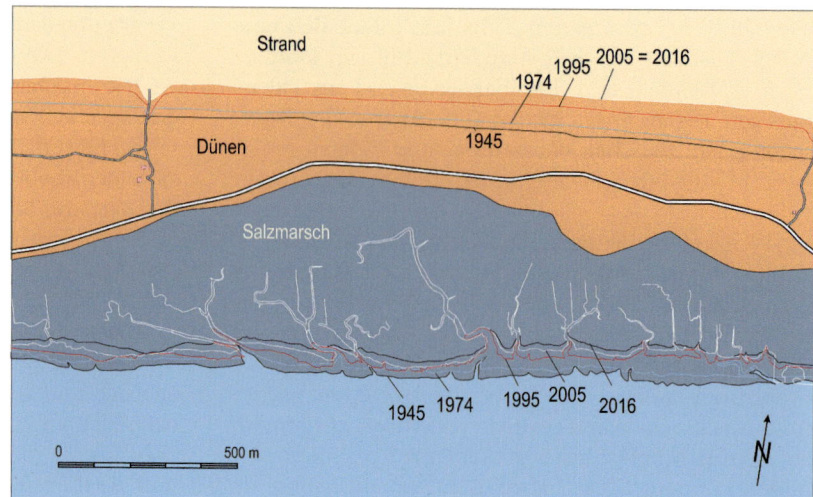

Abb. 8.14 Während die Breite des Dünengürtels im Ostteil der Insel Juist seit 1945 deutlich zugenommen hat, liegt die Salzmarsch auf der Wattseite im Abbruch. (Quellen: verschiedene Luft- und Satellitenbilder)

Exkurs 8.3

Eis-Zeit im Watt

In strengen Wintern bildet sich Treibeis in den küstennahen Gebieten der Nordsee. Eisschollen werden vom Wind und von der Tideströmung im flachen Wasser im Watt hin und her getrieben. Dabei schrammen sie über den unverfestigten Untergrund. Es entsteht ein Muster von „Gletscherschrammen", das zeitweilig die ganze Wattfläche bedeckt. Wie bei echten Gletscherschrammen lassen sich auch hier verschiedene Generationen von Schrammen unterscheiden, die nacheinander gebildet worden sind (Abb. 8.15). Die längsten Schrammen, die der Verfasser gesehen hat, waren gut 90 m lang. Dort, wo die Eisscholle endgültig strandet und abschmilzt, bleiben kleine „Stauchmoränen"

zurück (Abb. 8.16). Der Wall ist in diesem Fall 7 cm hoch, die ganze Form 30 cm breit.

Diese Vorgänge sind nicht auf das Wattenmeer beschränkt. Große Eisberge schrammen den Untergrund des arktischen Ozeans und auf Sidescan-Sonar-Aufnahmen vom Boden der Nördlichen Nordsee sieht man die Furchen, die die Eisberge während der letzten Eiszeit erzeugt haben.

Das Treibeis schrammt nicht nur den Untergrund, sondern es transportiert auch Material bis hin zu großen Steinen. Hierfür wird im Englischen der Ausdruck *ice-rafted detritus* (IRD) verwendet.

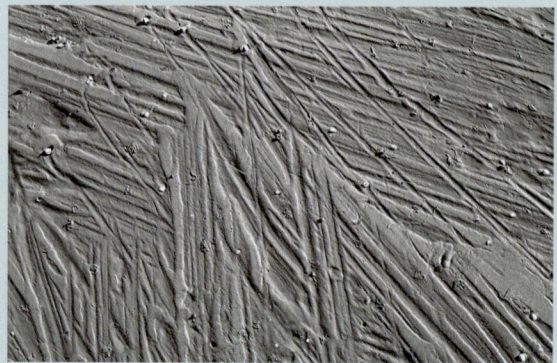

Abb. 8.15 Durch treibende Eisschollen erzeugte Schrammen im Watt bei Wangerooge. (Foto: J. Ehlers 1979)

Abb. 8.16 Von einer gestrandeten Eisscholle erzeugter Endmoränenwall im Watt bei Wangerooge. (Foto: 1979, J. Ehlers)

8.3 Die Halligen

Die Halligen Nordfrieslands sind die Überreste ehemals ausgedehnter Marschflächen, die in den großen Sturmfluten früherer Jahrhunderte zerstört wurden. Einige der auf diese Weise entstandenen Inseln sind nachträglich eingedeicht worden (z. B. Pellworm), andere wurden wieder an das Festland angegliedert (z. B. Dagebüll, die Hamburger Hallig und Nordstrand). Die Halligen sind von der offenen See durch eine Reihe hochgelegener Sandbänke getrennt. Diese sogenannten Außensände (Japsand, Norderoogsand, Süderoogsand) werden bei jeder höher als normal auflaufenden Tide überflutet. Sie waren ursprünglich völlig vegetationsfrei und die Dünenbildung kam nicht über das Stadium von Primärdünen hinaus. Seit 1999 hat sich jedoch auf Norderoogsand ein 15 ha großes, mit Vegetation bedecktes Dünengebiet gebildet.

Exkurs 8.4

Rungholt

Die Zerstörung der nordfriesischen Marschen im Mittelalter hat zur Entstehung von etwa 50 Halligen geführt. Die meisten davon sind im 17. und 18. Jahrhundert verschwunden. Lediglich neun haben bis heute überlebt. Die letzte Hallig, die untergegangen ist, war Jordsand knapp nördlich der dänischen Grenze. 1807 war die Hallig noch 40,7 ha groß. Doch der Uferabbruch schritt rasch voran. 1895 musste die letzte Warft aufgegeben werden. Die Fläche verringerte sich immer weiter. 1973 waren noch 2,3 ha übrig geblieben. Die letzten Marschflächen fielen den Sturmfluten des Winters 1998/99 zum Opfer. Heute ist Jordsand nur noch eine kahle Sandbank.

Kulturspuren im Watt waren schon Ende des 19. Jahrhunderts entdeckt worden. Der Bauer Andreas Busch von Nordstrand konnte 1921 zeigen, dass Brunnenringe und Schleusen westlich der Hallig Südfall vom untergegangenen Rungholt stammten (Abb. 8.17). Man weiß nicht viel über das sagenumwobene Rungholt. Wahrscheinlich ist es in der Großen Mandränke am 16. Januar 1362 oder einer der folgenden Sturmfluten zerstört worden. Rungholt

a

b

Abb. 8.17 Der erste Bericht von Andreas Busch über seine Funde im Rungholt-Watt. (Busch 1923)

Fortsetzung

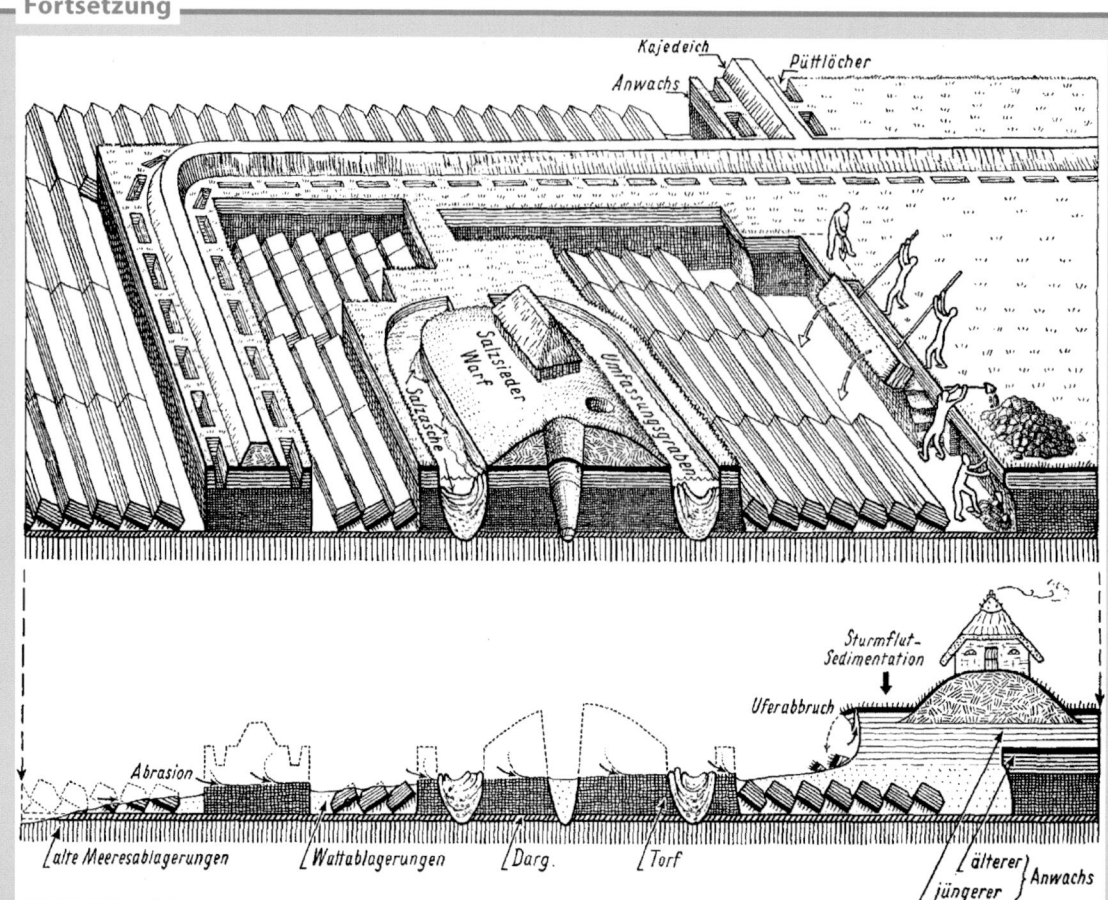

Abb. 8.18 Schematische Darstellung der Landschaftsentwicklung im Raume Langeneß-Nordmarsch. *Oben* Zerstörung ausgedehnter Halligflächen durch Salztorfabbau unter Halligland im hohen und späten Mittelalter. Kajedeiche schützten die Abbaugebiete vor Sommerüberflutungen. *Unten* Die heutigen Verhältnisse im gleichen Gebiet. In unzerstörten Restgebieten (*ganz rechts*) liegt eine Schicht jüngeren Anwachses über der mittelalterlichen Oberfläche. Die durch den Abbauvorgang vertieften Furchen (*links*) wurden zunächst in ein Wattgebiet verwandelt, in dem alle höher liegenden Teile wie Kajedeiche und Salzsiedersiedlungen durch Erosionsvorgänge abgetragen wurden. Nur die Grundflächen und künstlichen Eintiefungen wie Püttlöcher (Kleientnahmstellen), Zisternen und Gräben, letztere teilweise mit Salzasche gefüllt, blieben erhalten. Durch Verlandung entstand hier allmählich neues Halligland, dessen Ausdehnung durch Uferabbruch bis Mitte des 20. Jahrhunderts ständig verringert wurde. Die heutigen Warfen von Langeneß-Nordmarsch (*ganz rechts*) sind während der jüngeren Halligphase errichtet. Trotz des geringen Alters sind die Warften im unteren Teil von einer Schicht junger Überflutungssedimente bedeckt. (Quelle: Bantelmann 1960)

war ein wichtiger und wohl auch wohlhabender Handelsort; 30 % der gefundenen Keramikreste stammen von Importware, unter anderem aus dem Rheinland und aus Skandinavien. Rungholt war aber keine Stadt, sondern ein bäuerlicher Handelshafen mit vielleicht 1000 Einwohnern. Der Grund seines Reichtums war zugleich der Grund seines Untergangs: das Salz (Abb. 8.18 und 8.19).

Eines der wichtigsten friesischen Handelsgüter war das Salz. Es wurde in Nordfriesland aus dem Torf gewonnen, der bei früheren Überflutungen mit Salzwasser getränkt worden war. Der Torf wurde verbrannt und aus der Asche wurde das Salz ausgewaschen und getrocknet. Durch das Abgraben des Torfes wurde die Landoberfläche tiefergelegt. Wenn jetzt der Deich brach, stand das abgetorfte Gebiet unter Wasser und konnte in vielen Fällen nicht mehr zurückgewonnen werden.

Abb. 8.19 Spuren der Salztorfgewinnung im Watt südlich von Langeneß. (Foto: 1984, J. Ehlers)

Die heutige Oberfläche der Halligen entspricht nicht der mittelalterlichen Landoberfläche (s. a. Exkurs 8.4). Diese ist in zahlreichen Überflutungen mit immer neuen Lagen von Schlick überdeckt worden und liegt heute in etwa 2,5 m Tiefe. Mittelalterliche Ackerfunde und Spuren der Salztorfgewinnung sind bei Niedrigwasser an verschiedenen Stellen im Wattenmeer sichtbar. Sie werden bei jedem Hochwasser überflutet.

Die Halligen sind nach wie vor nicht sicher vor Sturmfluten. Einen kompletten Sommerdeich hat lediglich die Hallig Hooge. Der schützt jedoch nicht vor winterlichen Überflutungen. Und die Zahl der Überflutungen nimmt

zu. 1960 wurde die Hallig Südfall an 30 Tagen im Jahr überflutet. Heute meldet Südfall an etwa 70 Tagen im Jahr „landunter". Die Höhe der Warften reicht nicht mehr aus, um die Häuser vor Sturmfluten zu schützen. Die Warften sind daher mit modernen Ringdeichen umgeben. Weitere Schutzmaßnahmen sind geplant.

Neben der Gefährdung durch Sturmfluten ist das größte Problem der Halligen die Gefahr der Entvölkerung. Auf Norderoog, Südfall und Habel gibt es nur noch den Vogelwart. Süderoog ist von einem Ehepaar bewohnt. 1958 hatte Hooge etwa 170 Einwohner. Bei der Volkszählung 1987 lebten dort noch 134 Menschen. 2015

a

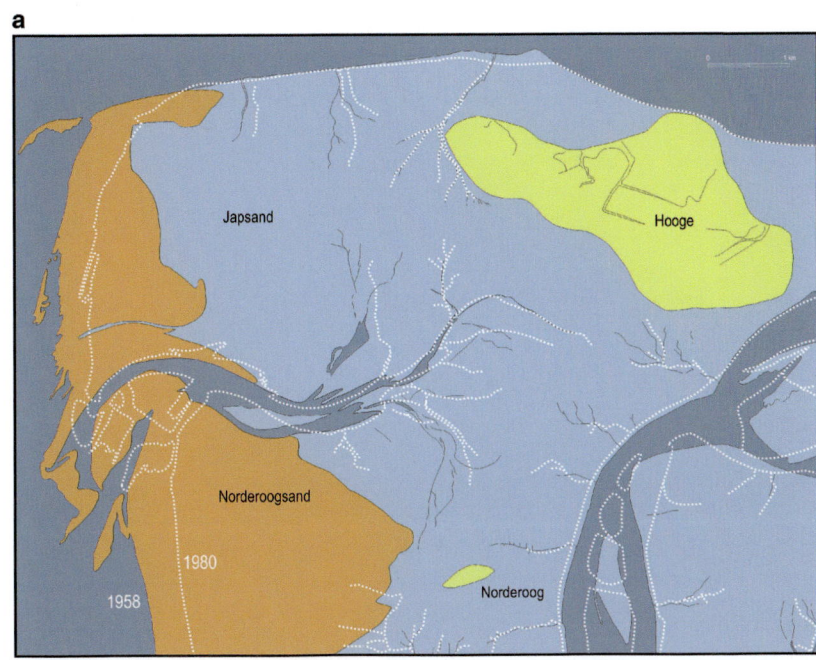

b

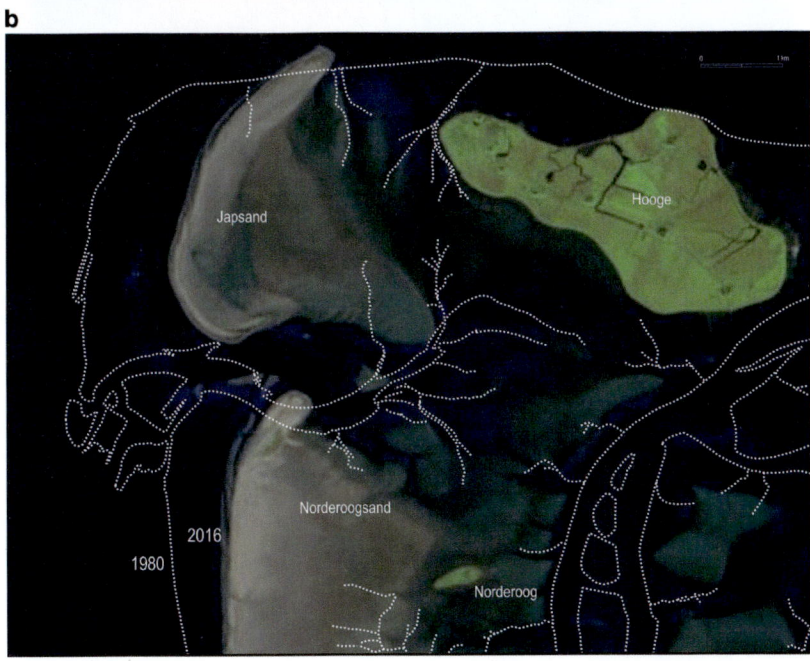

Abb. 8.20 Morphologische Veränderungen im nordfriesischen Wattenmeer. **a** Vergleich der Situation von 1958 (nach einem Luftbild in König 1972) mit Luftbildern aus dem Jahre 1980. **b** Vergleich der Situation von 1980 mit einem Satellitenbild aus dem Jahre 2017. Der Japsand wandert pro Jahr 32 m in Richtung Hooge, er wird die Hallig in etwa 70 Jahren erreicht haben. Der Norderoogsand verschiebt sich zurzeit um etwa 16 m pro Jahr in Richtung Norderoog

Sylt

Die Insel Sylt hat sich im Laufe der letzten Jahrzehnte erheblich verändert. Das Luftbild von 1944 zeigt, dass damals fast alle Dünengebiete noch aus aktiven „Weißen Dünen" bestanden. Diese sind in der Folgezeit bepflanzt und fixiert worden. Der Vergleich mit der heutigen Situation zeigt darüber hinaus, dass der größte Teil der ehemaligen Kampener Heide inzwischen bebaut worden ist. Selbst der Ackerbau hat sich auf Kosten der Heide ausgedehnt (Abb. 8.21).

Die Hörnum-Halbinsel im Süden der Insel hat sich ebenfalls dramatisch verändert. Hier sind es heute vor

a

Abb. 8.21 Kampen auf Sylt 1944 (**a**) und 2015 (**b**). Die Dünen, die 1944 noch weiß waren, sind heute von Vegetation bedeckt. Die Bebauung bedeckt heute große Teile der früheren Kampener Heide. (Quelle: **a** NCAP/ncap.org.uk, Luftbild vom 12. September 1944; **b** Google, DigitalGlobe. Aufnahmedatum: 20.04.2015)

allem die starken Landverluste, die ins Auge fallen. Als Christian Degn und Uwe Muuß 1963 im „Topographischen Atlas Schleswig-Holstein" die Karten 1:25.000 Blatt Nr. 1215 Hörnum von 1878 und 1953 miteinander verglichen, gab es wenig Veränderungen. Die Autoren schrieben:

„In glücklichem Einklang mit der Landschaft sind, verstreut in den Dünen, zahlreiche neue Häuser entstanden …"
Eines dieser Häuser in der Kersig-Siedlung hatte 1962 der damalige Bundesverkehrsminister Hans-Christoph Seebohm, wie Der Spiegel berichtete, für 128.000 DM

b

Abb. 8.21 (*Fortsetzung*) Kampen auf Sylt 1944 (**a**) und 2015 (**b**). Die Dünen, die 1944 noch weiß waren, sind heute von Vegetation bedeckt. Die Bebauung bedeckt heute große Teile der früheren Kampener Heide. (Quelle: **a** NCAP/ncap.org. uk, Luftbild vom 12. September 1944; **b** Google, DigitalGlobe. Aufnahmedatum: 20.04.2015)

Fortsetzung

erworben. Er sorgte dafür, dass Tetrapoden aufgeschüttet wurden, um sein Haus und die anderen zu schützen (siehe Abb. 8.22). Mit Erfolg. Das Haus steht noch. Ein unbeabsichtigter Nebeneffekt dieses Tetrapodenwalles war allerdings der immer stärker werdende Uferabbruch im südlich angrenzenden Gebiet, und im Augenblick sieht es so aus, als sei der gesamte Teil der Hörnum-Odde südlich des Ortes Hörnum rettungslos verloren (Abb. 8.22).

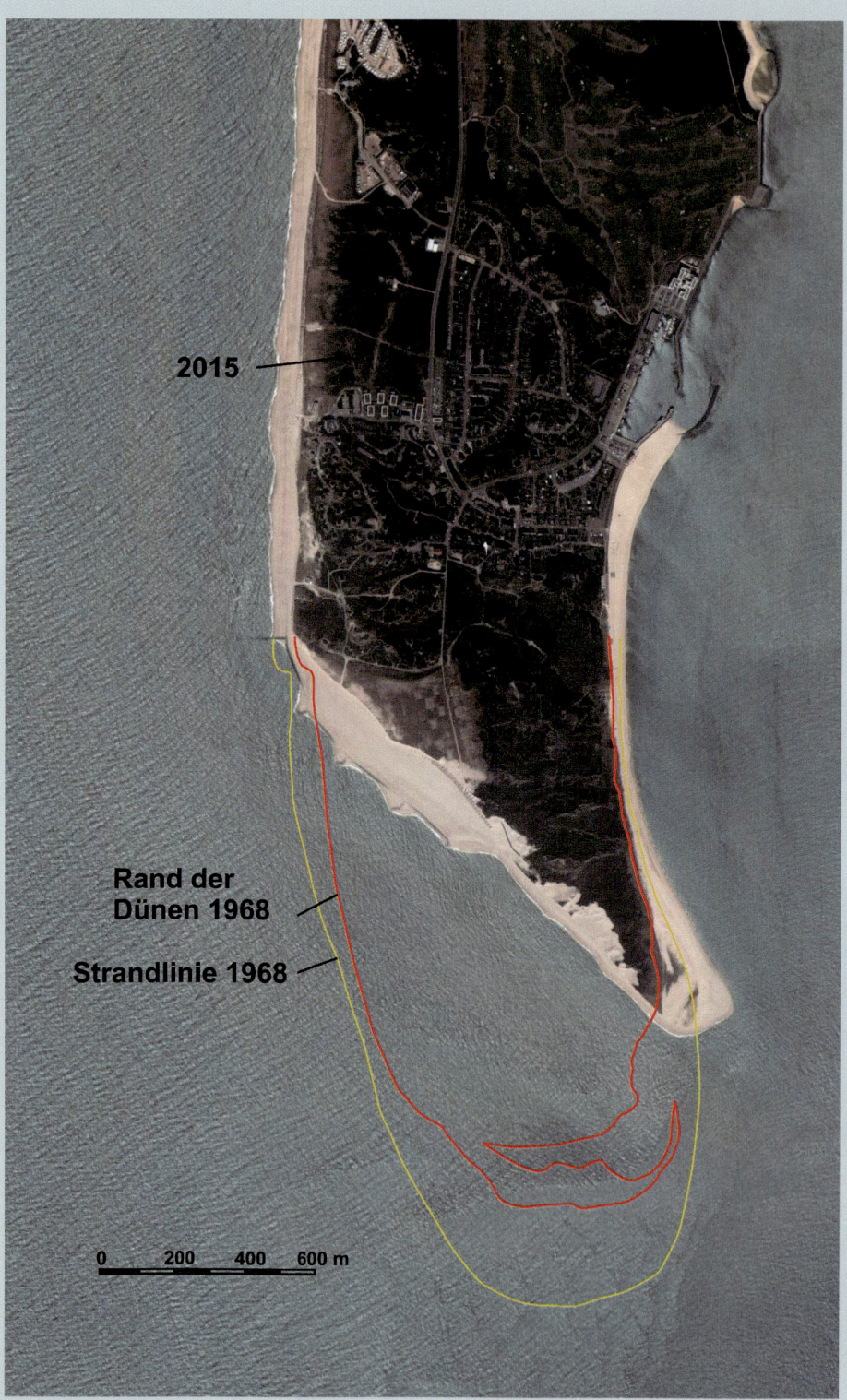

Abb. 8.22 Abbruch der Hörnum Odde zwischen 1968 und 2015. (Bilddaten: Google, DigitalGlobe. Aufnahmedatum: 20.04.2015)

waren es nur noch 80. Viele Gebäude werden schon jetzt nur noch als Ferienwohnungen genutzt. Ohne die Einkünfte aus dem Fremdenverkehr wäre für die meisten Einwohner ein Verbleib auf den Halligen kaum möglich. Landwirtschaft wird allenfalls noch als Nebenerwerb betrieben.

Gegen Landverluste sind die Halligen ziemlich gut gesichert. Es gibt kaum noch natürlichen Abbruch. Dennoch erlebt das Wattenmeer zwischen Eiderstedt und Amrum dramatische Veränderungen. Es wird kleiner, und zwar mit rasender Geschwindigkeit. Die Außensände Süderoogsand, Norderoogsand und Japsand bewegen sich auf die äußeren Halligen zu (Abb. 8.20). Der Norderoogsand ist nur noch etwa 100 m von Norderoog entfernt. Es gibt keinen Priel mehr zwischen der Insel und dem Außensand. Der Japsand wird, wenn die Veränderungen im gleichen Tempo weitergehen wie bisher, in 70 Jahren Hooge erreicht haben und der Hallig einen wunderschönen Sandstrand bescheren.

8.4 Landgewinnung und Küstenschutz

Das Leben am Meer war nie ohne Risiko. Die ältesten nachweisbaren Siedlungen im Bereich der Nordseeküste stammen aus der Bronzezeit etwa 900 v. Chr. Diese frühe Besiedlung der Marsch war nur möglich, weil der Anstieg des Meeresspiegels damals zum Stillstand gekommen war. Bronzezeitliche Flachsiedlungen sind auf den Uferwällen der Unterweser bei Rodenkirchen, auf den Uferwällen der Ems bei Jemgum und Hatzum nachgewiesen. Doch währte die Phase der Ruhe nicht lange. Zunehmende Sturmfluten zwangen die Siedler, ihre Wohnplätze besser zu sichern oder aufzugeben. Die Siedlungen wurden zu Wurten aufgehöht. Wurten (in Nordfriesland als Warften oder Werften bezeichnet) finden sich entlang der gesamten südöstlichen Nordseeküste von den Niederlanden bis in das südliche Dänemark. Auch entlang der Unterläufe der großen Flüsse wurden Wurten angelegt. An der Elbe lassen sie sich stromaufwärts bis über Hamburg hinaus nachweisen. Auf einigen der Halligen Nordfrieslands sind die Wurten noch heute der einzige Schutz der Wohnhäuser vor Überflutungen (Abb. 8.23). Zur dramatischen Änderung der Küstenlinie von Sylt siehe Exkurs 8.5.

Abb. 8.23 Schon bei etwas höher als normal auflaufendem Hochwasser wird die Ufersicherung von Langeneß überspült. Die Hallig hat etwa zwanzigmal im Jahr „landunter". (Foto: 1981, J. Ehlers)

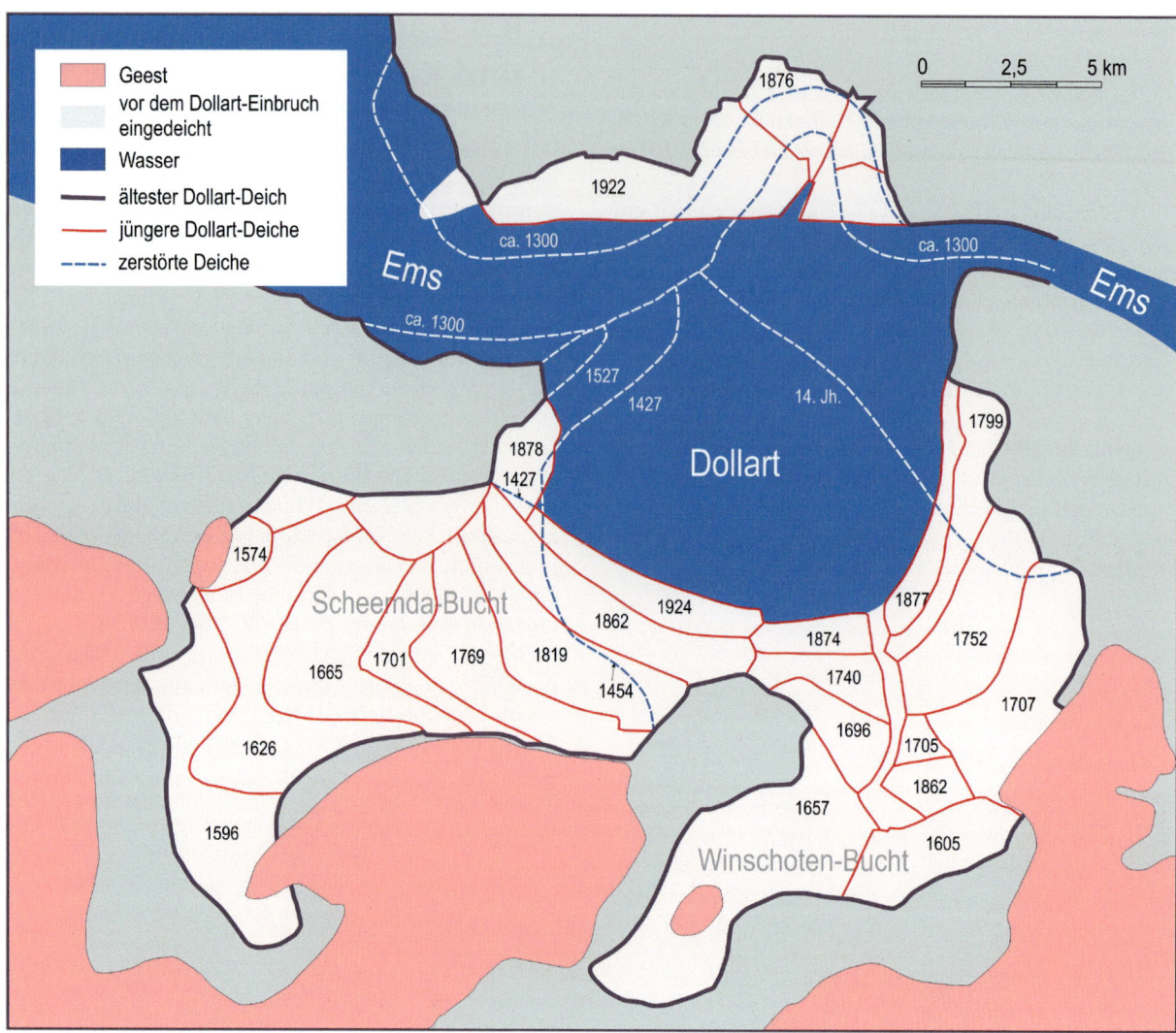

Abb. 8.24 Meereseinbruch des Dollart und Wiederbedeichung. (Quelle: Ehlers 2008)

8.5 Landgewinnung und Küstenschutz

8.5.1 Meereseinbrüche und erste Deiche

Der Deichbau an der Nordseeküste begann im 11. Jahrhundert. Die ersten Deiche wurden in den Niederlanden angelegt. Die Holländer galten bald als die Experten im Deichbau.

Als eine der ersten großen Schadensfluten nach dem Bau der Deiche gilt die Julianenflut vom 17.02.1164. Es folgte eine Reihe schwerer Katastrophenfluten, die zu tiefen Meereseinbrüchen entlang der Küste des Wattenmeeres führten. Die Luciaflut am 14.12.1287 leitete die Bildung des Dollarts (Abb. 8.24) und wahrscheinlich auch des Jadebusens ein. 1338 wurde die Eidermündung zu ihrer

heutigen Trichterform ausgeweitet und am 16.01.1362 zerstörte die „Große Mandränke" weite Teile Nordfrieslands. Die alte Insel Strand wurde geteilt, mehrere Dörfer gingen verloren, darunter auch das sagenumwobene Rungholt, dessen Überreste im Watt bei der Hallig Südfall gefunden wurden (siehe Exkurs 8.4). In Ostfriesland entstand die Harlebucht, ein 10 km tiefer, 15 km breiter Einbruch des Meeres, dessen Ausmaß noch heute am Verlauf der alten Deiche erkennbar ist (Abb. 8.25).

Die Sturmfluten des Mittelalters führten nicht schlagartig zum Untergang weiter Landstriche. Zwar wurden bei den großen Katastrophenfluten die bestehenden schwachen Deiche an zahlreichen Stellen durchbrochen, doch setzte die Erosion der ungeschützten Marschflächen danach nur sehr zögernd ein. Das ausgedehnte Deichvorland wurde zwar bei Sturmflut überschwemmt, lag aber sonst die meiste Zeit des Jahres trocken. Die Salzmarsch war jedoch von tiefen Prielen durchzogen. Es war mit den technischen Mitteln der damaligen Zeit schwierig,

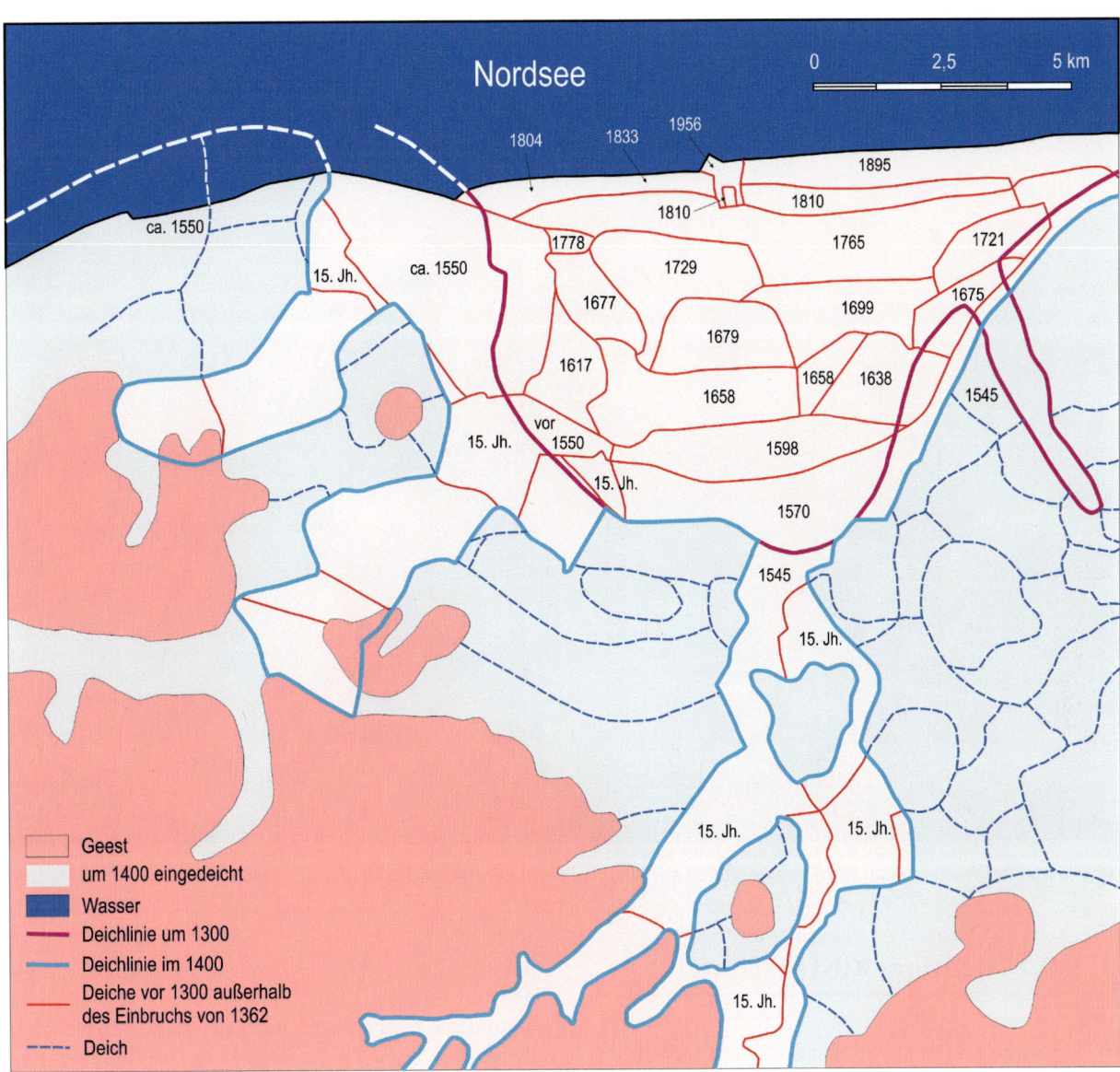

Abb. 8.25 Meereseinbruch der Harlebucht und Wiederbedeichung. (Quelle: Ehlers 2008)

die Priele abzudämmen und die Lücken der Deiche zu schließen.

Dennoch begann allmählich die Rückgewinnung verloren gegangenen Landes. Der Dollart erreichte während der Flut vom 26.09.1509 seine größte Ausdehnung; danach begann die Wiedergewinnung verlorenen Landes (Abb. 8.24). Die letzten Landverluste am Jadebusen verursachten die Sturmfluten von 1509, 1510 und 1511; danach setzte auch hier die Rückgewinnung ein. Um diese Zeit war im Bereich der Harle-Bucht bereits mehr Land eingedeicht als vor der Katastrophenflut von 1362.

In Nordfriesland wurden zu Beginn des 17. Jahrhunderts die heutigen Inseln Nordstrand und Pellworm wieder durch Deiche zur neuen Insel Strand miteinander verbunden. Es bestand sogar der Plan, die Rungholtbucht zurückzugewinnen. Doch am 11. Oktober 1634 traf

Nordfriesland eine weitere Katastrophenflut. Nachdem bereits zu Beginn des Jahrhunderts mehrere Sturmfluten die Deiche beschädigt hatten, ging in dieser „Zweiten Mandränke" der größte Teil der hufeisenförmigen Insel Strand nebst einigen Halligen verloren und konnte nicht wiedergewonnen werden. Mit der schweren Sturmflut von 1634 war die Serie der großen Landverluste entlang der Küste des Wattenmeeres endgültig abgeschlossen.

Abb. 8.26 Der Westkopf von Norderney ist durch ein Deckwerk und Buhnen gesichert. (Foto: J. Ehlers)

8.5.2 Heutiger Küstenschutz

Zum Schutz bedrohter Küstenabschnitte stehen verschiedene Möglichkeiten zur Verfügung: Im 19. Jahrhundert hat man zunächst auf Buhnen gesetzt, später auch auf Ufermauern. Buhnen sind zuerst im Strombau zur Flussregulierung eingesetzt worden. Sie sind geeignet, die Strömung von bedrohten Uferbereichen abzuweisen. Buhnen sind mit einigem Erfolg zum Schutz der Westköpfe der Ostfriesischen Inseln gegen herandrängende Seegats genutzt worden (Borkum, Norderney, Baltrum, Wangerooge) (Abb. 8.26). Zum Schutz des Strandes sind sie dagegen nur bedingt geeignet. Wenn sie nicht bis an den Rand der Dünen heranreichen, werden sie hinterspült und fördern eher die Abtragung, als dass sie sie verhindern (Abb. 8.27). Buhnenfelder erzeugen darüber hinaus ähnlich wie Längsbauten einen Leeseiteneffekt, der zu verstärkter Erosion an den jeweiligen Enden führt. Wenn Buhnen eingesetzt werden, muss demzufolge der gesamte bedrohte Strandabschnitt damit gesichert werden.

Zum Schutz unmittelbar bedrohter Ortschaften wurden Ufermauern errichtet (Abb. 8.28). Man fand sie auf

Borkum, Juist, Norderney, Baltrum, Wangerooge, Föhr, Amrum und Sylt. Ufermauern haben als Steilkörper ungünstige hydraulische Eigenschaften; sie verstärken die erosive Wirkung der Brandung und führen zu unterernährten Stränden. Schon bald ist man daher dazu übergegangen, anstelle senkrechter Mauern (Westerland, Teile von Baltrum) den Schutzbauten ein S-förmiges Profil zu geben.

Besser geeignet als Ufermauern sind sanft geneigte Deckwerke aus Basalt (z. B. Sylt am Ellenbogen, Norderney), Beton (Wangerooge), Asphalt (z. B. Blidsel, Sylt) oder Granit (neues Deckwerk am Westkopf von Norderney). Ein Deckwerk mit rauer Oberfläche bremst den Wellenauflauf und verhindert auf diese Weise ein Überströmen des Bauwerks (Abb. 8.29).

Steinschüttungen werden meist zur Fußsicherung bestehender Schutzbauten eingesetzt, wenn diese aufgrund fortschreitender Erniedrigung des Strandes drohen, unterspült zu werden (z. B. Wangerooge). Eine Sonderform der Steinschüttung stellt das geordnete oder ungeordnete Einbringen von Tetrapoden aus Beton dar (z. B. Sylt; Abb. 8.30).

Zusätzlich zu den genannten Ingenieurbauten werden Sandvorspülungen zum Schutz bedrohter Strand-

Abb. 8.27 Entwurzelte Buhnen auf Sylt. Der gesprengte Bunker im Vordergrund lag 1944 noch innerhalb der Dünen. (Foto: J. Ehlers)

Abb. 8.28 Baltrum, alte Ufermauer mit senkrechtem Profil. Die Sicherung des Westkopfes von Baltrum ist inzwischen durch moderne Deckwerke ergänzt worden. (Foto: 1983, J. Ehlers)

a   b

Abb. 8.29 Deckwerke auf Norderney (**a**) und Wangerooge (**b**). Bei Sturm werden von der Brandung Steine aus der Fußsicherung herausgerissen und auf das Deckwerk geschleudert. (Aufnahmen: J. Ehlers)

Abb. 8.30 Tetrapodenschüttung vor Hörnum, Sylt. 1976, als diese Aufnahme entstand, schien noch alles in Ordnung zu sein. Der gesprengte Bunker im Hintergrund lag 1944 noch in den Dünen. (Foto: J. Ehlers)

abschnitte eingesetzt (Abb. 8.31). Sandvorspülungen bieten den Vorteil, dass der Strand erhalten bleibt. Darüber hinaus weisen nach der Maßnahme auch benachbarte Küstenabschnitte durch die küstenparallele Verlagerung des Materials eine günstigere Sandbilanz auf. Sandvorspülungen sind keine dauerhafte Lösung, sondern müssen im Abstand von wenigen Jahren wiederholt werden. Bei den ersten Vorspülungen an der deutschen Nordseeküste wurde der Sand im Watt gewonnen. Dies hat sich als nachteilig erwiesen, da die dabei entstehenden Baggerlöcher nur sehr langsam wieder verfüllt werden. Heute wird der Sand entweder mehrere Kilometer seewärts vom Meeresboden geholt (z. B. Sylt) oder mit Lastwagen aus dem Binnenland herangeschafft (z. B. Harlesiel).

Trotz aller Schutzmaßnahmen setzen Sturmfluten der Küste der Barriereinseln immer wieder schwer zu. So haben die ersten Stürme des Winters 2016/17 deutliche Schäden an den Dünen von Borkum, Juist (Abb. 8.32) und Wangerooge hinterlassen. Am stärksten betroffen war aber wieder einmal Sylt.

Abb. 8.31 Sandvorspülung auf Sylt. (Foto: M. Böse)

Abb. 8.32 Dünenabbrüche am Westende von Juist am 15. Januar 2017. (Foto: Th. Koch)

Das Hamburger Abendblatt (Lindemann 2017) berichtete: „Die Nordseeinsel Sylt ist nach Expertenmeinung besonders wichtig als Schutzwall für das schleswig-holsteinische Festland, nicht umsonst wird Sylt auch ‚der größte Wellenbrecher vor der Küste' genannt. ‚Die Insel ist das Bollwerk für die dahinter liegende Küste', sagte der Umweltschutzbeauftragte der beliebtesten deutschen Ferieninsel …" – Wie ist der Zustand dieses Bollwerks?

Zunächst die gute Nachricht: Sylt kann nicht untergehen. Auch die anderen Barriereinseln nicht. Das Wattenmeer der Nordsee mit seiner Inselbarriere ist eine Küstenform, die sich unter den speziellen Bedingungen in diesem Teil der Nordsee zwangsläufig ausgebildet hat. Es ist kein Zufall, dass das Wattenmeer im Norden bei Esbjerg beginnt, wo der Tidenhub 1,35 m überschreitet, und dass es bei Den Helder in den Niederlanden endet, wo der Tidenhub wieder unter 1,35 m sinkt. Ein Element des Wattenmeeres sind die Barriereinseln. Sie sind unzerstörbar. Selbst wenn man Sylt in die Luft sprengen würde, würde sich die Insel neu bilden.

Die schlechte Nachricht: Die Inselbarriere ist ein dynamisches System. Wenn der Meeresspiegel steigt, wandert die Barriere landwärts. Sylt kann zwar nicht untergehen, aber es kann kürzer werden (Verlust der Hörnum-Odde), und es kann sich in Richtung Festland verlagern. Ohne das Eingreifen des Menschen werden die Barriereinseln auf der Seeseite angegriffen; der abgetragene Sand verlagert sich auf die Wattseite. Die Wattflächen wachsen mit dem Meeresspiegel in die Höhe und theoretisch zeigen auch die Inseln auf der Wattseite Anwachs. Dass das früher so gewesen ist, sieht man an den Salzmarschen, die sich im Schutz der Dünen auf den Inseln gebildet haben.

Heute werden die Materialverluste auf der Seeseite der Inseln durch Sandvorspülungen ausgeglichen. Der Sandtransport zur Wattseite ist jedoch stark eingeschränkt. Dadurch, dass die Dünen bepflanzt und fixiert worden sind, kann kein Sand mehr quer über die Insel verweht werden. Dünendurchbrüche, bei denen große Mengen Sediment wattwärts geschwemmt werden könnten, sind ebenfalls nicht mehr möglich. Die Folge davon ist, dass auch die wattseitigen Ufer der Inseln auf größeren Strecken im Abbruch liegen (Abb. 8.33), wenn man nicht wie auf Sylt (s .a. Exkurs 8.6) durch den Bau von Deckwerken und Lahnungen zu einer Rundumverteidigung übergeht.

Für die Deichvorländer bestand bis in die zweite Hälfte des letzten Jahrhunderts die Zielsetzung, durch Lahnungsbau möglichst neues Land für die landwirtschaftliche Nutzung zu gewinnen. Heute steht für die Vorländer deren Bedeutung für den Küstenschutz und für den Naturschutz im Vordergrund. Da sich große Teile der Vorländer ohne Küstenschutzmaßnahmen im Abbruch befinden würden, ist heute das Ziel, die Vorländer zu erhalten.

Abb. 8.33 Abbruchkante der Salzmarsch auf Sylt, südöstlich von Morsum. Dieser Bereich liegt heute im Schutz neu gebauter Lahnungen und zeigt aktuellen Anwachs. (Foto: J. Ehlers, 1993)

Exkurs 8.6

Der Sturz des Kronprinzen

Abb. 8.34 Das „Hotel zum Kronprinzen" in Wenningstedt. (Postkarte, ca. 1935)

Abb. 8.34 zeigt mehrere Dinge, die es heute auf Sylt nicht mehr gibt: einen breiten, natürlichen Sandstrand, eine große Zahl von Strandburgen (verboten seit 1979) und das „Hotel zum Kronprinzen". Das Hotel war um 1890 gebaut worden – damals in, wie es schien, sicherer Entfernung vom Kliff. Die Aufnahme (Abb. 8.34) zeigt, dass der Abstand zur Abbruchkante inzwischen bedrohlich schmal geworden war.

Als das Hotel 1957 abgerissen wurde (Abb. 8.35), fürchtete man, dass weitere Gebäude in absehbarer Zukunft folgen würden. Das war nicht der Fall. Die Küstenschutzmaßnahmen, vor allem die Sandvorspülungen, haben die Küstenlinie stabilisiert. Und die Gebäude, die auf der Postkarte im Hintergrund zu sehen sind, sind nicht dem Uferabbruch zum Opfer gefallen. Der „Kliffkieker" hat zwar einen Teil seiner ursprünglichen Größe eingebüßt. Das Lokal steht aber weiterhin direkt an der Strandtreppe in Wenningstedt. Und das alte „Gosch am Kliff" mit seinem charakteristischen Mansarddach (vgl. Abb. 8.7) wurde im November 2012 abgerissen. Die neuere Bebauung hält einen Sicherheitsabstand von etwa 40 m von der Kliffkante ein.

Abb. 8.35 Abbruch des „Hotels zum Kronprinzen" im Jahre 1957. (Quelle: Lamprecht 1957)

Ein Nachteil dieser Art der starren Küstenverteidigung sind die Kosten. Der Meeresspiegel steigt um 1–2 mm pro Jahr. Die Ausgaben für die Küstenverteidigung steigen mit.

8.6 Häfen

Die größten deutschen Nordseehäfen Bremen und Hamburg haben den Nachteil, dass sie nicht an der Nordsee liegen. Hamburg liegt etwa 100 km stromaufwärts von der Elbmündung und Bremen 60 km von der Wesermündung entfernt. Um die ungünstige Lage Bremens auszugleichen, wurde Bremerhaven an der Wesermündung gegründet. Auch in Hamburg war geplant, einen Tiefwasserhafen weiter seewärts zu bauen – nicht nur in der Elbmündung, sondern noch weiter seewärts, im Wattenmeer bei Neuwerk und Scharhörn. 1962 begann die Forschungsgruppe Neuwerk mit den Erkundungsarbeiten. Das Projekt wurde nicht ausgeführt.

Während früher die meisten Güter in Kisten oder Säcken transportiert wurden, werden heute in der Regel genormte Container verwendet. Der Vorteil liegt darin, dass die Güter zu Lande und zu Wasser in demselben Behältnis transportiert werden können, ohne dass man sie erst umpacken muss. Der nach ISO-Norm bemessene 20-Fuß-Container gilt als Maßeinheit im Containerverkehr. Er ist 20 Fuß (6,096 m) lang, 8 Fuß (2,44 m) breit und 8 Fuß und 6 Zoll (2,59 m) hoch. Diese Größe wird als *twenty-foot equivalent unit* (TEU) bezeichnet. Überwiegend werden heute 40-Fuß-Container (12,19 m lang) verwendet. Darüber hinaus gibt es verschiedene Sondermaße. Der Güterumschlag mit Containern ist etwa zehnmal schneller als mit herkömmlichem Stückgut. Die Transportkosten haben sich dadurch dramatisch verringert. Der Transport einer Flasche Wein von Australien nach Europa kostet etwa 12 Cent; ein Pfund Kaffee aus Mittelamerika kann für 3 Cent nach Deutschland gebracht werden.

Die Ausbreitung des Containerverkehrs glich einer Revolution im Gütertransport. Im ersten Jahr (1966) wurden im Bremer Hafen 16.000 TEU verladen. Ein Jahr später war es bereits die dreifache Menge. Das zurzeit größte Containerschiff, die MSC Oscar, hat ein Fassungsvermögen von über 19.224 TEU. Sie ist 395,4 m lang, 59 m breit und hat einen maximalen Tiefgang von 16 m. Noch größere Schiffe sind im Bau. Die japanische Containerlinienreederei Mitsui O.S.K. Lines (MOL) hat sechs Containerschiffe mit einer Tragkapazität von je 20.150 TEU bestellt. Die ersten vier sollen 2017 ausgeliefert werden.

Große Containerschiffe laufen nur wenige Häfen an, sogenannte Hubs. Von dort aus werden die Container teils über Land weitertransportiert, teils mit kleineren Feederschiffen auf andere Seehäfen verteilt. Feederschiffe können meist einige Hundert Standardcontainer (TEU) transportieren. Die Ostseehäfen werden in der Regel von Feederschiffen beliefert. Diese Art der Verteilung (Transshipment) bedingt, dass als Hubs auch dezentral gelegene Häfen infrage kommen.

In Deutschland ist als neuer Containerhafen der JadeWeserPort am Fahrwasser der Jade nördlich von Wilhelmshaven gebaut worden. Der JadeWeserPort wird von Eurogate zusammen mit Maersk (30 %) betrieben. Der Terminal bietet vier tideunabhängige Liegeplätze für die größten weltweit in Planung befindlichen Containerschiffe. Der Terminal umfasst eine Fläche von 120 ha; für Logistikfirmen stehen weitere 170 ha zur Verfügung. Für die Flächen sind 45 Mio. Kubikmeter Sand aufgespült worden. JadeWeserPort sollte eine Umschlagkapazität von 2,7 Mio. TEU erreichen. Hamburg hatte 2006 einen Umschlag von 8,9 Mio. TEU; dieser sollte bis 2015 auf 18 Mio. TEU gesteigert werden. In Wirklichkeit ist er stattdessen um 0,1 Mio. TEU gesunken (Zahlen von 2015). Auch JadeWeserPort konnte die angestrebten 2,7 Mio. TEU bisher nicht erreichen. 2016 wurden 481.720 TEU umgeschlagen.

8.6.1 Schiffbau

Bis in die Mitte des 20. Jahrhunderts waren die europäischen Länder führend im Schiffbau. Im Zuge der Werftenkrise wurden in Europa zahlreiche Werften geschlossen. Die Deutsche Werft in Hamburg-Finkenwerder wurde 1973 nach der Fusion mit den Howaldtswerken geschlossen (Abb. 8.36). Das letzte Schiff, das hier vom Stapel lief, wurde 2002 in China abgewrackt. 1983 musste die AG Weser in Bremen Konkurs anmelden. Blohm & Voss (Hamburg) existiert noch. Die Werft hat sich neben Reparaturaufträgen und Kriegsschiffsbau auf den Bau von Superyachten konzentriert (Abb. 8.37). Der Bau von Handelsschiffen hat sich nach Japan, Südkorea und China verlagert.

Eine Besonderheit im Schiffbau ist der Standort der Meyer-Werft in Papenburg an der Ems, 36 km flussaufwärts von der Mündung in den Dollart. Die Werft hat sich seit Mitte der achtziger Jahre des vorigen Jahrhunderts vor allem auf den Bau von luxuriösen Kreuzfahrtschiffen spezialisiert. Der Betrieb ist ein wichtiger Arbeitgeber in der ansonsten stark landwirtschaftlich geprägten Region des Emslandes. Um den Bestand der Werft zu sichern und den Bau immer größerer Schiffe zu ermöglichen, ist die Ems wiederholt vertieft worden. Darüber hinaus wurde in den Jahren 1998–2002 das Emssperrwerk errichtet, um unter anderem das Oberwasser der Ems für die Schiffsüberführungen zu stauen. Dadurch ist eine Überführung von Schiffen mit einem Tiefgang bis 8,5 m möglich. Das bisher größte Schiff, das in Papenburg gebaut worden ist, war 2015 das Kreuzfahrtschiff „Anthem of the Sea" mit 168.666 BRZ für die Royal Caribbean International.

Abb. 8.36 Der letzte Schiffsneubau der Deutschen Werft in Hamburg, das Containerschiff „City of Edinburgh", läuft am 5. März 1973 von Stapel. (Foto: J. Ehlers)

Abb. 8.37 Die Werft Blohm & Voss im Hamburger Hafen. Im Vordergrund die soeben fertiggestellte Fregatte F223 Nordrhein-Westfalen. (Foto: 2016, H. Weitzel, Aufwind)

Literatur

Bäsemann, H. (1979): Feinkiesanalytische und morphometrische Untersuchungen an Oberflächensedimenten der Deutschen Bucht. Dissertation, Hamburg.

Bantelmann, A. (1960): Forschungsergebnisse der Marschenarchäologie zur Frage der Niveauveränderungen an der schleswig-holsteinischen Westküste. Die Küste 8: 45–65.

Bantelmann, A. (1966): Die Landschaftsentwicklung im nordfriesischen Küstengebiet, eine Funktionschronik durch fünf Jahrtausende. Die Küste 14 (2): 5–99.

Behörde für Stadtentwicklung und Umwelt (2006): Geotouren in Hamburg.

Behre, K.-E. (2003): Eine neue Meeresspiegelkurve für die südliche Nordsee: Transgressionen und Regressionen in den letzten 10.000 Jahren. Probleme der Küstenforschung im südlichen Nordseegebiet 28: 9–63.

Binot, F. (1987): Strukturentwicklung des Salzkissens Helgoland. Zeitschrift der Deutschen Geologischen Gesellschaft 139: 51–62.

Binot, F. (1991): Die Entwicklung des Salzkissens Helgoland im Hinblick auf den kretazischen Anteil an der Strukturbildung. Geologisches Jahrbuch A 120: 9–18.

Brückner-Röhling, S., Forsbach, H., Kockel, F. (2005): The structural development of the German North Sea sector during the Tertiary and the Early Quaternary. Zeitschrift der Deutschen Gesellschaft für Geowissenschaften 156: 341–355.

Bungenstock, F., Schäfer, A. (2009): The Holocene relative sea-level curve for the tidal basin of the barrier island Langeoog, German Bight, Southern North Sea. Global and Planetary Change 66: 34–51.

Busch, A. (1923): Die Entdeckung der letzten Spuren Rungholts. Jahrbuch des Nordfriesischen Vereins für Heimatkunde und Heimatliebe 10: 3–32.

Busch, A. (1936): Neue Beobachtungen im Rungholt-Watt im Jahre 1935. Die Heimat, 46, 71–79.

Degn, Chr., Muuß, U. (1963): Topographischer Atlas Schleswig-Holstein. Wachholtz, Neumünster.

Ehlers, J. (1988a): The Morphodynamics of the Wadden Sea. Balkema, Rotterdam.

Ehlers, J. (1988b): Morphologische Veränderungen auf der Wattseite der Barriere-Inseln des Wattenmeeres. Die Küste 47: 3–30.

Ehlers, J. (2008): Die Nordsee. Vom Wattenmeer zum Nordatlantik. Primus, Darmstadt.

Ehlers, J. (2011): Das Eiszeitalter. Spektrum, Heidelberg.

Figge, K. (1980): Das Elbe-Urstromtal im Bereich der Deutschen Bucht (Nordsee). Eiszeitalter und Gegenwart 30: 203–211.

Fitch, S., Thomson, K., Gaffney, V. (2005): Late Pleistocene and Holocene depositional systems and the palaeogeography of the Dogger Bank, North Sea. Quaternary Research 64: 185–196.

Graham, A.G.C., Stoker, M.S., Lonergan, L., Bradwell, T., Stewart, M.A. (2011): The Pleistocene Glaciations of the North Sea Basin. In: Ehlers, J., Gibbard, P.L., Hughes, P.G. (Hrsg.): Quaternay Glaciations – Extent and Chronology: A Closer Look: 261–278.

Hayes, M.O. (1975): Morphology of sand accumulations in estuaries. In: Cronin, L.E. (Hrsg.): Estuarine Research 2, 3–22.

Hofstede, J., Buss, T., Eckhold, J.-P., Mohr, A., Jäger, B., Strotmann, T., Thorenz, F., von Lieberman, N. (2009): Küstenschutzstrategien. Bericht einer FAK-Arbeitsgruppe. Die Küste 76: 1–74.

Homeier, H. (1979): Die Verlandung der Harlebucht bis 1600 auf der Grundlage neuer Befunde. Forschungsstelle für Insel- und Küstenschutz, Jahresbericht 1978, XXX: 106–115.

Homeier, H., Kramer J. (1957): Verlagerung der Platen im Riffbogen vor Norderney und ihre Anlandung an den Strand. Forschungsstelle Norderney, Jahresbericht 1956, VIII: 37–60.

International Geological Map of Europe and Adjacent Areas 1:5.000.000, Hannover 2005.

Jepsen, P.U. (1977): Jordsand – Vogelinsel im Wattenmeer. Bygd, Esbjerg.

Kobbe, Th., Cornelius, W. (1841): Wanderungen an der Nord- und Ostsee. Wigand, Leipzig.

König, D. (1972): Deutung von Luftbildern des schleswig-holsteinischen Wattenmeeres, Beispiele und Probleme. – Die Küste 22: 29–74.

Kolb, A. (Hrsg.) (1962): Sturmflut 17. Februar 1962. Morphologie der Deich- und Flurbeschädigungen zwischen Moorburg und Cranz. Hamburger Geographische Studien 16.

Kosack, B., Lange, W. (1985): Das Eem-Vorkommen von Offenbüttel/Schnittlohe und die Ausbreitung des Eem-Meeres zwischen Nord- und Ostsee. Geologisches Jahrbuch A 86: 3–17.

Lambeck, K., Purcell, A., Funder, S., Kjær, K.H., Larsen, E., Möller, P. (2006): Constraints on the Late Saalian to early Middle Weichselian ice sheet of Eurasia from field data and rebound modelling. Boreas 35: 539–575.

Lamprecht, H.-O. (1957): Uferveränderungen und Küstenschutz auf Sylt. Die Küste 6 (2): 39–93.

Lehmkuhl, F. (2011): Isostasie – Eustasie (Exkurs 10.2.2; S. 370). In: Gebhardt, H., Glaser, R., Radtke, U., Reuber, P. (Hrsg.): Geographie – Physische Geographie und Humangeographie. Elsevier / Spektrum Verlag, 2. Aufl.

Liedtke H, Marcinek J. (Hrsg.) (2002): Physische Geographie Deutschlands. 3. Aufl. Klett Perthes, Stuttgart.

Lindemann, T. (2017): Mehr Schutz für „natürliches Bollwerk". In: Hamburger Abendblatt vom 22.1.2017.

Müller, F. (1917): Die Halligen. Das Wasserwesen an der schleswig-holsteinischen Nordseeküste, Erster Teil, 2 Bände. Reimer, Berlin.

Müther, D. (2012): Quaternary history and development of the western Danish North Sea sector displayed on 3D seismic. Dissertation, Aachen.

Müther, D., Back, S., Reuning, L., Kukla, P., Lehmkuhl, F. (2013): Middle Pleistocene landforms in the Danish Sector of the southern North Sea imaged on 3D seismic data. In: Huuse, M., Redfern, J., LeHeron, D.P., Dixon, R.J., Moscariello, A., Craig, J. (Hrsg.): Glaciogenic Reservoirs and Hydrocarbon Systems. Geological Society, London, Special Publications 368: 111–127.

Niedersächsisches Landesamt für Wasserwirtschaft, Küsten- und Naturschutz (Hrsg.) (2010): Generalplan Küstenschutz für Niedersachsen – Ostfriesische Inseln.

Petersen, M. (1981): Die Halligen. Küstenschutz – Sanierung – Naturschutz. Wachholtz, Neumünster.

Petersen, M., Rohde, H. (1977): Sturmflut. Die großen Fluten an den Küsten Schleswig-Holsteins und in der Elbe. Wachholtz, Neumünster.

Pratje, O. (1948): Das veränderte Helgoland. Neues Archiv für Niedersachsen, H. 6: 249–260.

Riecken, G. (1982): Die Halligen im Wandel. Husum Druck- und Verlagsgesellschaft.

Schmidt-Thomé, P. (1982): Geologische Karte der Insel Helgoland mit Erläuterungen. Geologisches Jahrbuch A 62.

Thiele, R. (1910): Das Fischermädchen von Helgoland. Erzählung von G. Neritz, neu bearbeitet. Dietrichs Bibliothek für die reifere Jugend und deren Freunde 10: 121–231.

Vink, A., Steffen, H., Reinhardt, L., Kaufmann, B. (2007): Holocene relative sea-level change, isostatic subsidence and the radial viscosity structure of the mantle of northwest Europe (Belgium, the Netherlands, Germany, southern North Sea). Quaternary Science Reviews 26: 3249–3275.

Walter, R. (2007): Geologie von Mitteleuropa, 7. Auflage. Schweizerbart, Stuttgart.

9 Holozäne Klima- und Landschaftsgeschichte

Die Nacheiszeit oder das Holozän begann nach dem Ende der letzten Kaltphase der letzten Eiszeit, der **Jüngeren Dryas** (Jüngere Tundrenzeit), etwa 11.700 Jahre vor heute (ca. 9610 v. Chr.; ^{14}C-Jahre entsprechen nur näherungsweise Kalenderjahren). Ein kräftiger Temperaturanstieg führte dazu, dass wieder Bäume aus dem Süden einwanderten. Die (biostratigraphische) Gliederung des Holozäns erfolgt nach den Pollenzonen und damit nach der Vegetationsgeschichte (s. Abb. 9.1). Gleichzeitig mit der Erwärmung begann auch der Meeresspiegel anzusteigen. Durch steigende Grundwasserspiegel sowie zunehmende Temperaturen und Niederschläge konnten sich an zahlreichen Stellen Hoch- und Niedermoore entwickeln (siehe Exkurs 9.1). Auch die fluviale Dynamik der Flusslandschaften änderte sich: Aus den verzweigten und verwilderten Flussläufen der Eiszeit wurden mäandrierende Flüsse. Seit dem mittleren Holozän begann der Mensch verstärkt in den Landschaftshaushalt einzugreifen. Seine landwirtschaftliche Tätigkeit bewirkte eine Veränderung der Vegetationszusammensetzung. Verstärkte Bodenerosion begünstigte die Entwicklung von Auelehmen und Kolluvien.

Im **Präboreal** (Vorwärmezeit, 9610–8690 v. Chr.) wurde in den Flussauen vor allem in Rinnen der älteste Auelehm abgelagert. In den Pollendiagrammen Mitteleuropas zeigt sich in dieser Zeit ein Birken-Maximum (*Betula*). Im Laufe des Präboreals wurde dann die Birke durch die Kiefer (*Pinus*) zurückgedrängt und am Ende erschien die Hasel (*Corylus*).

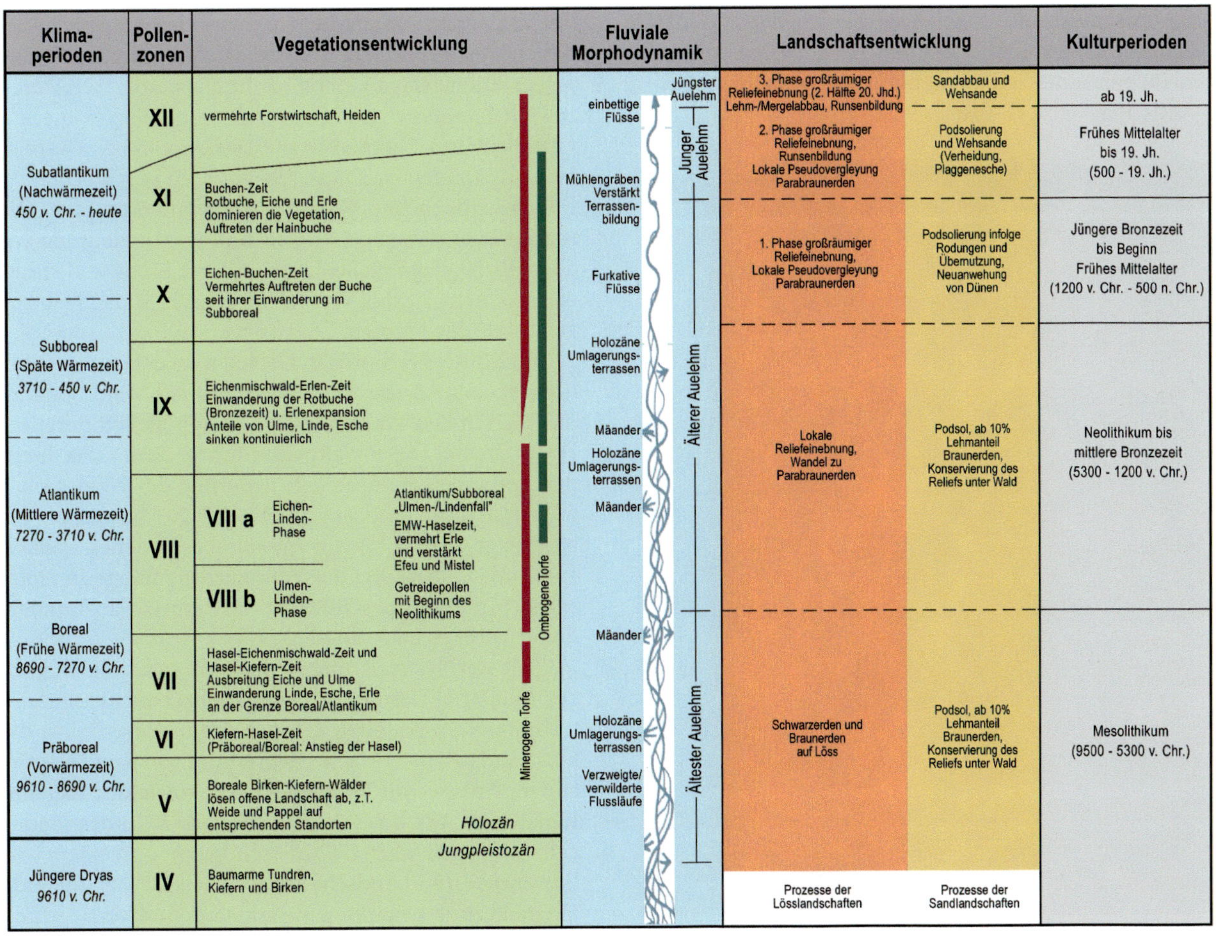

Klima-perioden	Pollen-zonen	Vegetationsentwicklung		Fluviale Morphodynamik		Landschaftsentwicklung		Kulturperioden
	XII	vermehrte Forstwirtschaft, Heiden		einbettige Flüsse	Jüngster Auelehm / Jünger Auelehm	3. Phase großräumiger Reliefeinebnung (2. Hälfte 20. Jhd.) Lehm-/Mergelabbau, Runsenbildung	Sandabbau und Wehsande	ab 19. Jh.
Subatlantikum (Nachwärmezeit) 450 v. Chr. - heute	XI	Buchen-Zeit Rotbuche, Eiche und Erle dominieren die Vegetation, Auftreten der Hainbuche		Mühlengräben Verstärkt Terrassenbildung		2. Phase großräumiger Reliefeinebnung, Runsenbildung Lokale Pseudovergleyung Parabraunerden	Podsolierung und Wehsande (Verheidung, Plaggenesche)	Frühes Mittelalter bis 19. Jh. (500 - 19. Jh.)
	X	Eichen-Buchen-Zeit Vermehrtes Auftreten der Buche seit ihrer Einwanderung im Subboreal		Furkative Flüsse		1. Phase großräumiger Reliefeinebnung, Lokale Pseudovergleyung Parabraunerden	Podsolierung infolge Rodungen und Übernutzung, Neuanwehung von Dünen	Jüngere Bronzezeit bis Beginn Frühes Mittelalter (1200 v. Chr. - 500 n. Chr.)
Subboreal (Späte Wärmezeit) 3710 - 450 v. Chr.	IX	Eichenmischwald-Erlen-Zeit Einwanderung der Rotbuche (Bronzezeit) u. Erlenexpansion Anteile von Ulme, Linde, Esche sinken kontinuierlich		Holozäne Umlagerungsterrassen Mäander Holozäne Umlagerungsterrassen	Älterer Auelehm	Lokale Reliefeinebnung, Wandel zu Parabraunerden	Podsol, ab 10% Lehmanteil Braunerden, Konservierung des Reliefs unter Wald	Neolithikum bis mittlere Bronzezeit (5300 - 1200 v. Chr.)
Atlantikum (Mittlere Wärmezeit) 7270 - 3710 v. Chr.	VIII a	Eichen-Linden-Phase	Atlantikum/Subboreal „Ulmen-/Lindenfall" EMW-Haselzeit, vermehrt Erle und verstärkt Efeu und Mistel	Mäander				
	VIII b (VIII)	Ulmen-Linden-Phase	Getreidepollen mit Beginn des Neolithikums					
Boreal (Frühe Wärmezeit) 8690 - 7270 v. Chr.	VII	Hasel-Eichenmischwald-Zeit und Hasel-Kiefern-Zeit Ausbreitung Eiche und Ulme Einwanderung Linde, Esche, Erle an der Grenze Boreal/Atlantikum		Mäander Holozäne Umlagerungsterrassen	Ältester Auelehm	Schwarzerden und Braunerden auf Löss	Podsol, ab 10% Lehmanteil Braunerden, Konservierung des Reliefs unter Wald	Mesolithikum (9500 - 5300 v. Chr.)
Präboreal (Vorwärmezeit) 9610 - 8690 v. Chr.	VI	Kiefern-Hasel-Zeit (Präboreal/Boreal: Anstieg der Hasel)						
	V	Boreale Birken-Kiefern-Wälder lösen offene Landschaft ab, z.T. Weide und Pappel auf entsprechenden Standorten		Verzweigte/ verwilderte Flussläufe				
Jüngere Dryas 9610 v. Chr.	IV	Baumarme Tundren, Kiefern und Birken				Prozesse der Lösslandschaften	Prozesse der Sandlandschaften	

(Vertikale Beschriftungen in der Vegetationsspalte: *Ombrogene Torfe*, *Minerogene Torfe*, *Holozän*, *Jungpleistozän*)

Abb. 9.1 Vegetations- und Klimageschichte Mitteleuropas von der Späteiszeit bis zur Gegenwart. Generalisierte Chronostratigraphie für ausgewählte Landschaftseinheiten zusammengestellt nach Ellenberg (1996), Gerlach (2006), Klostermann (1995), Overbeck (1975), Sirocko (2009), Thomas (1993). (Quelle: Lehmkuhl 2011)

© Springer-Verlag Berlin Heidelberg 2018
M. Böse, J. Ehlers, F. Lehmkuhl, *Deutschlands Norden*, https://doi.org/10.1007/978-3-662-55373-2_9

Im anschließenden **Boreal** (Frühe Wärmezeit, 8690–7270 v. Chr.) veränderte sich das Klima sprunghaft und die Kiefer dominierte. Mit Ulme und Eiche (*Ulmus* und *Quercus*) erschienen erstmals auch höhere Laubbäume. Am Ende des Boreals kam es zu einer Massenausbreitung der Hasel.

Im folgenden holozänen Klimaoptimum, dem **Atlantikum** (Mittlere Wärmezeit, 7270–3710 v. Chr.), führte der kräftige Meeresspiegelanstieg zu einem raschen Anstieg des Grundwassers, wodurch sich die Erle (*Alnus*) rasch ausbreiten konnte. In Pollendiagrammen erkennt man den Beginn des Atlantikums an der absinkenden Pinus-Kurve und einem Ansteigen der Alnus-Kurve als Zeiger der Vegetation auf feuchten Sonderstandorten. In der zweiten Hälfte des Atlantikums wurde das Klima feuchter und es setzte verstärkte Moorbildung ein (s. Exkurs 9.1). Die Buche wurde zur dominierenden Laubbaumart und auf den höher gelegenen Standorten dominierten jetzt Eichenmischwälder. Zunächst (im Mesolithikum) nahm der Mensch kaum Einfluss auf die natürliche Entwicklung. Ab dem Neolithikum (5300 v. Chr.) kam es durch den Ackerbau und lokale Rodungen zu einer ersten verstärkten Abtragung mit Reliefeinebnungen vor allem in den Lösslandschaften. Wo das Relief stabil war, bildeten sich Braunerden und Parabraunerden. In den Auen der Flüsse nahm die Sedimentation zu. Der ältere Auelehm wurde abgelagert (s. Exkurs 9.2).

Abb. 9.2 Ehemaliger Niederwald im Wurmtal nördlich von Aachen. Die Buchen haben mehrere Stämme, was aus den Stockausschlägen der ehemaligen Niederwaldwirtschaft resultiert. (Foto: F. Lehmkuhl)

Im **Subboreal** (Späte Wärmezeit, 3710–450 v. Chr.) wurde das Klima allmählich kühler. Der Einfluss des Menschen ist jetzt deutlich in den Pollendiagrammen zu erkennen. Erste Kulturzeiger tauchten auf und als Folge der Rodungen stieg der Anteil der Nichtbaumpollen deutlich an. Im Laufe der Zeit nahm der Anteil an Siedlungs- und Kulturzeigern deutlich zu, aber auch die Waldzusammensetzung änderte sich. So kam es durch Viehfütterung zu einem Rückgang der Ulme (*Ulmus*). Im Hochmittelalter (11.–13. Jahrhundert) ist der stärkste Eingriff des Menschen feststellbar. Dabei kam es zu einer zweiten Phase großräumiger Reliefeinebnungen mit Runsenbildung in den Lösslandschaften, zur Podsolierung und Aktivierung von Wehsanden in den Sandlandschaften (begünstigt an Standorten mit Plaggenwirtschaft; s. Exkurs 9.4) sowie zu einer verstärkten Akkumulation des jungen Auelehms in den Flusstälern. Alle größeren Flüsse haben Auelehmdecken vor allem aus dieser Zeit. Der Waldanteil in Deutschland sank auf unter 10 %; die Wälder wurden für die Anlage von Acker- und Grünlandflächen gerodet. Die verbleibenden Wälder wurden durch Niederwaldwirtschaft und Waldweide stark beeinflusst.

Niederwald ist die Bezeichnung für einen Wald aus Stockausschlag. Wenn die Bäume wiederholt gefällt werden, setzt sich durch den Stockausschlag allmählich eine regenerationsfähige Vegetation durch (s. Abb. 9.2). Durch die Niederwaldwirtschaft entsteht eine Fläche, die mit strauchartigen Bäumen bzw. Büschen von etwa 3–10 m Höhe bestanden ist. Diese regenerieren sich aus den im Boden verbliebenen Wurzelstöcken und Stümpfen. Die regenerationsfähigen Gehölze sind in Mitteleuropa vor allem Eiche, Hainbuche, Linde, Ahorn, Esche und Hasel, die in einem Zyklus von 10–30 Jahren je nach Bedarf gefällt werden können.

Im Mittelalter wurde in Gebieten, in denen die natürliche Vegetation fast flächendeckend aus Wald bestand, das Vieh in den Wald getrieben, damit es sich dort sein Futter suchte. Diese Waldweide führte dazu, dass durch den Verbiss die natürliche Erneuerung des Waldes stark reduziert wurde, sodass schließlich lichte bis fast offene, parkartige Wälder bis hin zu baumbestandenen Weiden entstanden. Diese Art der Waldnutzung führte zu Holzmangel und wurde schließlich ab dem 17. Jahrhundert durch Verbote stark eingeschränkt.

Seit der Neuzeit und vor allem seit dem Beginn der Industrialisierung wird die Landschaft zunehmend technogen umgestaltet. Dazu gehören Eingriffe in die Flusslandschaften – u. a. Begradigungen von Wasserläufen, Anlage von Drainagegräben sowie der Bau von Kanälen (s. Abschn. 9.3) und Talsperren. In den ländlichen Regionen führten Flurbereinigungen zu einem völlig veränderten Landschaftsbild. Die sich ausbreitende Verstädterung bewirkte eine zunehmende Versiegelung des Bodens. In den Flussauen wurde der jüngste Auelehm abgelagert. Dieser ist vor allem in Industrie- und Bergbauregionen oftmals durch Schwermetalle stark belastet (s. Exkurs 9.2).

Exkurs 9.1

Verbreitung und Entstehung von Hoch- und Niedermooren

Abb. 9.3 zeigt die Moorverbreitung in Norddeutschland. Ombrogene Hochmoore dominieren im Nordwesten Niedersachsens sowie im Westen von Schleswig-Holstein. Kleinere Hochmoore sind in den Mittelgebirgen, vor allem im Oberharz zu finden. Niedermoore sind entlang der großen Flusstäler und Urstromtäler sowie in den Jungmoränenlandschaften weit verbreitet.

Die Karte erweckt den Eindruck, dass entlang der Nordseeküste ein mehrere Zehner von Kilometern breiter Streifen von der Moorbildung ausgespart worden sei. Das ist in Wirklichkeit nicht der Fall. Die ausgedehnten Moore, die hier ursprünglich entstanden waren, sind nachträglich von jungen marinen Ablagerungen überdeckt worden. In Bohrungen wird oft der entsprechende Basaltorf als jüngste holozäne Schicht angetroffen.

Moore werden in die ökologischen Moortypen Niedermoore (minerotrophe Moore), Hochmoore (Regenmoore, ombrotrophe Moore) und Zwischenmoore (Übergangsmoore) unterschieden.

Niedermoore weisen immer eine Verbindung zu Grundwasser, Still- oder Fließgewässern auf. Dadurch erhalten sie eine ständige Zufuhr von Mineralien, die vom geologischen Untergrund abhängen. Nach ihrer Entstehungsweise werden Niedermoore in Verlandungs-, Versumpfungs-, Überflutungs-, Durchströmungs-, Hang-, Kessel- und Quellmoore unterteilt.

Beispiele für Hangmoore als ombrogene Moore sind im Hochharz zu finden. Sie befinden sich auf geneigtem Untergrund und haben sich meist durch Versumpfung direkt über dem mineralischen Untergrund gebildet. Immer liegen Niedermoortorfe an ihrer Basis, aus der sich z. B. die Hanghochmoore oder Sattelmoore entwickeln können. Sattelmoore sind im Harz sehr häufig und entstehen aus flachen Versumpfungsgebieten zwischen zwei Berghöhen (Abb. 9.4a). Hochmoore sind allgemein auf die Hochlagen der Mittelgebirge mit Niederschlagsüberschuss beschränkt. Abb. 9.4b zeigt ein Hochmoor im Hohen Venn in der Nordeifel.

Unter diesen besonderen Bedingungen mit Niederschlagsüberschuss können sich Niedermoore zu Hochmooren weiterentwickeln. Abb. 9.5 zeigt die Bildung eines Hoch-

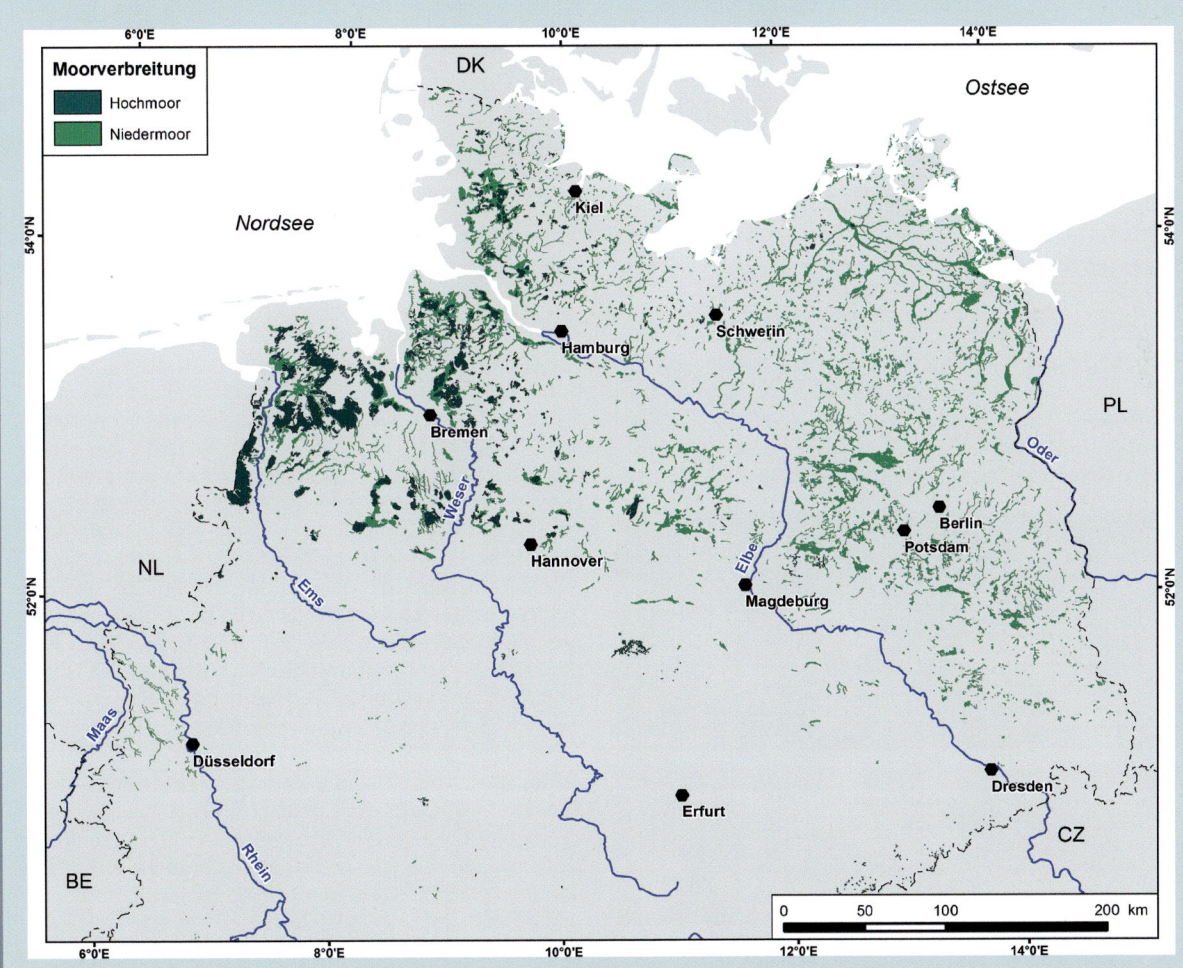

Abb. 9.3 Verbreitung der Hoch- und Niedermoore nach BGR (2010). (Kartographie: J. Walk)

Fortsetzung

a
b

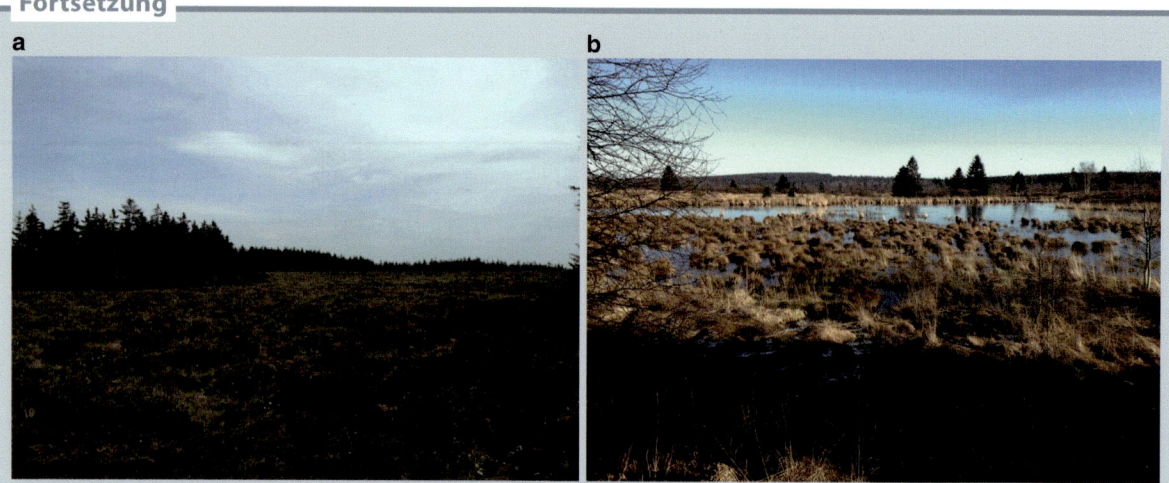

Abb. 9.4 a Sattelmoor im Har bei Torfhaus. Der Waldrand beginnt in einer Mulde mit besserer Drainage. b Hochmoor im Hohen Venn, Eifel. (Fotos: F. Lehmkuhl)

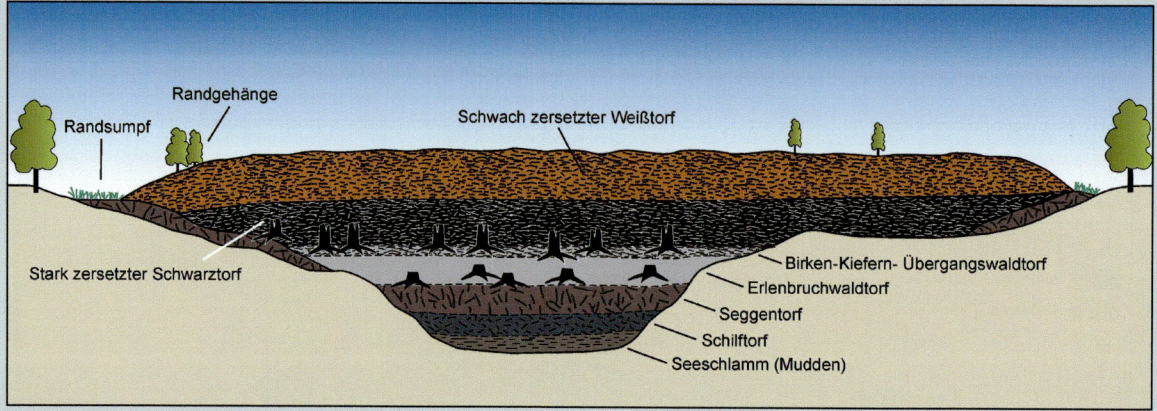

Abb. 9.5 Schematischer Schnitt durch ein echtes Hochmoor, das sich über Niedermoorablagerungen aufgebaut hat. (Quelle: Verändert nach Seedorf 1998)

moores. Zunächst entwickelt sich ein Niedermoor, welches an das Grundwasser angeschlossen ist. Die Ablagerungen und Torf wachsen weiter auf, bis diese vom Grundwasser entkoppelt werden und das Moor verlandet. Anschließend werden Hochmoortorfe gebildet. Diese werden nun nicht mehr vom Grundwasser, sondern vom Niederschlag ge-

Abb. 9.6 Schwarz- und Weißtorf im Vergleich. (Foto: R. Yamamoto)

speist. Diese Moore haben keine Verbindung mehr zum Grundwasser, sodass kein Ionenaustausch mit dem Mineralboden stattfinden kann. Deshalb sind Hochmoore nährstoffärmer und saurer. Hochmoore besitzen zwei unterschiedliche Torfschichten: dem unteren Schwarztorf, der schon humifiziert ist, und eine oberste Torfschicht, dem Weißtorf aus weitgehend untersetzten hellbraunen Torfmoosen.

Die Bildung und Entwicklung der Moore setzte nach der letzten Eiszeit ein. Versumpfungs- und Verlandungsmoore sind dabei die ältesten Moortypen, die sich aus Mudden gebildet haben, die teilweise bis in die ältere Tundrenzeit zurückreichen. Dabei verlanden die Seen im Laufe der Zeit und es entstehen Moore. Nach den Mudden bilden sich Schilftorf, Seggentorf, Erlenbruchwaldtorf sowie ein Birken-Kiefern Übergangstorf (Abb. 9.7).

Man unterscheidet grob zwischen Weißtorf und Schwarztorf (Abb. 9.5 und 9.6). Im helleren Weißtorf ist die Struktur der Pflanzen noch deutlich erkennbar. Bei weiterer Zersetzung entsteht ein homogener, bei Betrachtung mit bloßem Auge strukturloser Torfkörper. Die älteste Torfschicht ist der Schwarztorf. Die unteren Schichten eines Torfmoores sind in der Zersetzung weiter fortgeschritten als die oberen.

Das humidere Klima im Atlantikum förderte die Bildung der übrigen Moortypen, vor allem der Hochmoore. Dies setzte ca. ab 4000 v. Chr. (ca. 6000 Jahre BP) ein.

Fortsetzung

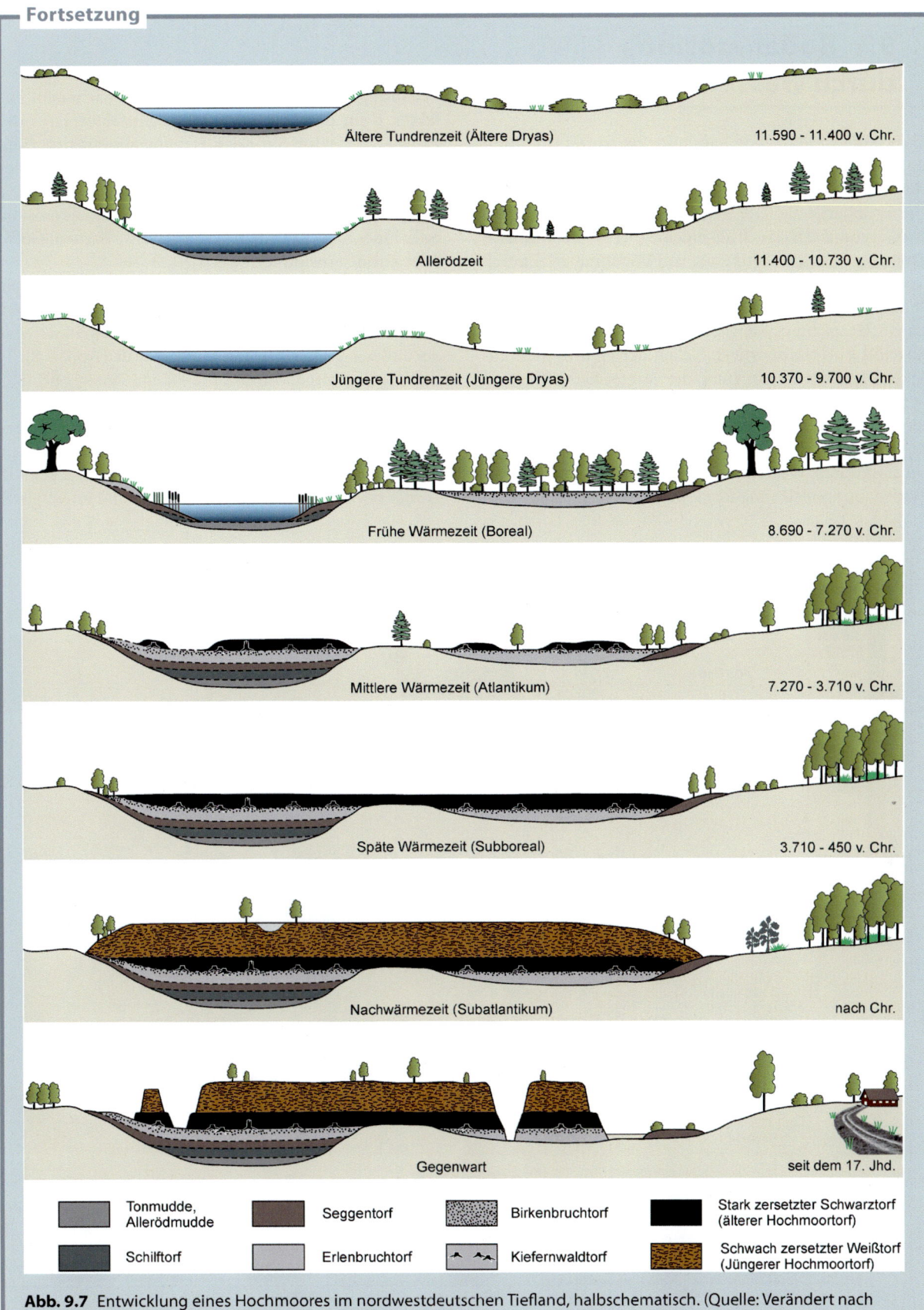

Ältere Tundrenzeit (Ältere Dryas) — 11.590 – 11.400 v. Chr.

Allerödzeit — 11.400 – 10.730 v. Chr.

Jüngere Tundrenzeit (Jüngere Dryas) — 10.370 – 9.700 v. Chr.

Frühe Wärmezeit (Boreal) — 8.690 – 7.270 v. Chr.

Mittlere Wärmezeit (Atlantikum) — 7.270 – 3.710 v. Chr.

Späte Wärmezeit (Subboreal) — 3.710 – 450 v. Chr.

Nachwärmezeit (Subatlantikum) — nach Chr.

Gegenwart — seit dem 17. Jhd.

Tonmudde, Allerödmudde	Seggentorf	Birkenbruchtorf
Schilftorf	Erlenbruchtorf	Kiefernwaldtorf

Stark zersetzter Schwarztorf (älterer Hochmoortorf)

Schwach zersetzter Weißtorf (Jüngerer Hochmoortorf)

Abb. 9.7 Entwicklung eines Hochmoores im nordwestdeutschen Tiefland, halbschematisch. (Quelle: Verändert nach Ellenberg und Leuschner 2010; Succow und Joosten 2001)

9.1 Bodenerosion durch Wasser

Durch die zunehmende Landnutzung wurde in Mitteleuropa die Bodenerosion verstärkt. Erosion umfasst in der Geomorphologie allgemein die fluviale Abtragung der Erdoberfläche. Der Begriff der Bodenerosion wird im Gegensatz dazu auch allgemeiner verwendet und umfasst allgemein die Abtragung von Bodenmaterial durch Wasser oder Wind (s. Abschn. 9.2). Bei der Bodenerosion durch Wasser werden die Bodenpartikel durch Regen bzw. Schneeschmelze und/oder durch Oberflächenabfluss abgelöst und transportiert. Neben der Oberflächenrauigkeit, der Bodenbedeckung, der Aggregatstabilität und -größe sowie der Bodenfeuchte ist die Bodenart hierbei ein entscheidender Faktor. Schluff und Sand erodieren besonders leicht. Um die vielfachen Faktoren der Bodenerosion durch Wasser zu fassen, wurde die Allgemeine Bodenabtragsgleichung formuliert:

$$A = R \cdot K \cdot L \cdot S \cdot C \cdot P,$$

wobei A für den langjährigen, mittleren jährlichen Bodenabtrag, R für den Regen- und Oberflächenabflussfaktor, K für den Bodenerodierbarkeitsfaktor, L für den Hanglängenfaktor, S für den Hangneigungsfaktor, C für den Bedeckungs- und Bearbeitungsfaktor und P für den Erosionsschutzfaktor steht. Die Ablösung und der Transport kann flächenhaft (flächenhafte oder Schichterosion) oder linienhaft (linienhafte oder Rillen-, Graben, Gully- oder Tunnelerosion) erfolgen.

In einem deutschlandweiten Vergleich wird die potentielle Erosionsgefährdung von Ackerflächen durch Wasser für das Norddeutsche Tiefland in weiten Teilen als äußerst gering bis gering eingestuft (Abb. 9.8). In den Mittelgebirgen nimmt die Hangneigung und folglich auch die Erosionsgefährdung zu. Eine besonders hohe Anfälligkeit gegenüber der Wassererosion haben die Lösslandschaften (s. Kap. 3). Diese resultiert aus dem hohen Schluffanteil der Lössablagerungen. Die Schluffkörner (zwischen 0,002 und 0,063 mm) sind im Vergleich

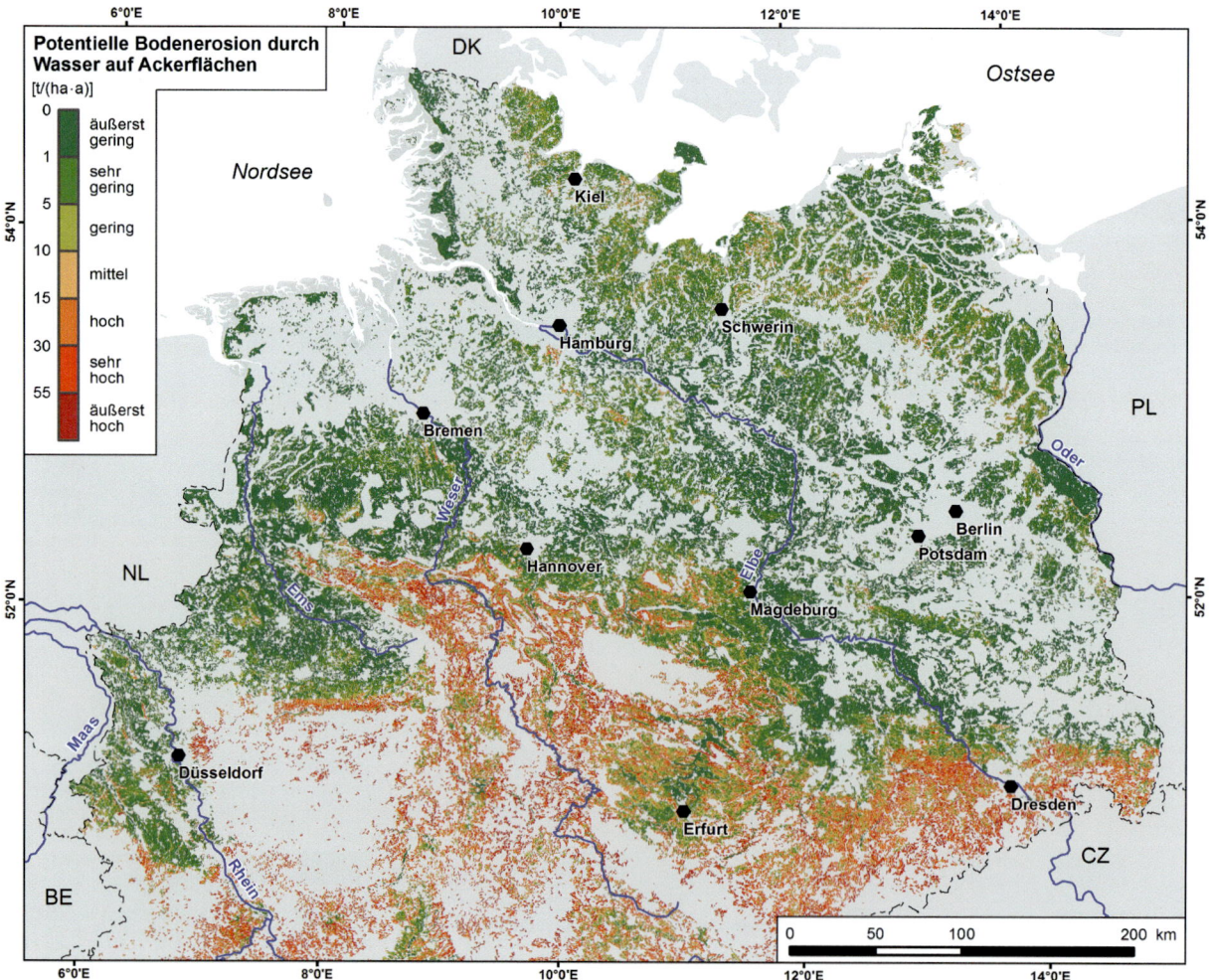

Abb. 9.8 Potentielle Erosionsgefährdung von Ackerflächen durch Wasser in Norddeutschland. (Quelle: BGR 2016a; Kartographie: J. Walk)

Abb. 9.9 Talschluss des Elsbachtales im Löss (Tagebau Garzweiler). Im Zentrum eine Paläorinne mit ca. 5 m kolluvialer Verfüllung über dem frühholozänen (Paläo-)Boden. Die gestrichelte Linie zeigt die Erdoberfläche vor der kolluvialen Verfüllung an. Unterhalb ist deutlich der Humushorizont des Paläobodens zu erkennen. (Foto: F. Lehmkuhl)

zu Sand (leicht durchsickerbar) und Ton (wasserstauend) leicht ablösbar. Vor allem auf Löss kommt es vor allem zu einer Verdichtung und Verspülung auf Ackerflächen und Brachen.

Stärkere Phasen der Bodenerosion äußern sich in verlagerten korrelaten Bodensedimenten am Hangfuß, den sogenannten Kolluvialböden oder Kolluvien, sowie in einer erhöhten Ablagerung von Sedimenten in den Talauen, den Auelehmen (s. Exkurs 9.2). Im deutschsprachigen Raum wird der Begriff Kolluvium immer in Verbindung mit der Tätigkeit des Menschen gesehen. Bodenerosion im konkaven Oberhangbereich führt zu einer entsprechenden Akkumulation am Hangfuß, in Senken, Rinnen und Kerben. Das fluvial verlagerte Material kann durch Oberflächenabfluss, anthropogene, mechanische Einwirkung und äolische Umlagerung erneut gelöst werden. In typischer Ausprägung sind Kolluvien tiefgründig, feinmaterial-, humus- und nährstoffreich. Sie sind vielfach geschichtet und bei aktiver Sedimentation wird die Bodenentwicklung durch die Überdeckung mit frischem Material immer wieder unterbrochen. Kolluvien sind Zeugen des Landschaftswandels und können helfen, unterstützt durch verschiedene Datierungsmethoden, die Landschaftsgeschichte zu rekonstruieren.

Die Bodenerosion setzte mit Beginn des Ackerbaus punktuell bereits im Neolithikum ein, sie war im Hochmittelalter durch die Dreifelderwirtschaft und die umfangreichen Rodungen besonders groß. Darüber hinaus förderten Flurbereinigungen und vor allem die Zusammenlegung von Feldern in der DDR die Prozesse der Bodenerosion.

Die ältesten lokalen Kolluvien wurden bereits seit dem Beginn der Rodungstätigkeit in der Steinzeit (Neolithikum) gebildet. Starke Bodenerosion mit verstärkter Kolluvienbildung und Auelehmakkumulation begann in den Metallzeiten (Bronze- und Eisenzeit). Die flächenhafte Ablagerung von Kolluvien beginnt wie in vielen Regionen auch im Rheinland um 2000 v. Chr. (4000 BP). Nach einer Ruhephase während der Völkerwanderungszeit wurden weitere mächtige Kolluvien im Mittelalter und in der Neuzeit abgelagert. Abb. 9.9 zeigt das Beispiel einer durch Kolluvien verfüllten Rinne im Talschluss des Elsbachtales im Tagebau Garzweiler aus der Niederrheinischen Bucht. Siehe auch Exkurs 9.3 zu Bodenerosion durch Starkregen.

Auelehme

Auelehme sind Decken holozäner Sedimente in den Überschwemmungsbereichen der Fluss- und Bachtäler. Dabei handelt es sich um junge, teilweise humushaltige Ablagerungen von lehmiger bis lehmig-sandiger Zusammensetzung. Der aus der Feinmaterialfracht hochwasserführender Flüsse gebildete Auelehm wuchs mit der Zeit zu einer bis zu mehrere Meter mächtigen Schicht an. Man unterscheidet natürliche Auelehmdecken und anthropogen induzierte Auelehmdecken. Die natürlichen Auelehme sind vor allem während des Spätglazials als Hochflutablagerungen entstanden und meist nur dünn und lückenhaft (z. B. in Rinnen) ausgebildet. Durch Bodenerosion durch Wasser (z. B. als Folge von Waldrodungen) werden im konkaven Oberhangbereich Sedimente abgetragen, hangabwärts verfrachtet und unter anderem in Flusstälern akkumuliert. Diese anthropogen induzierten Auelehme sind deutlich mächtiger und weitreichender als die natürlichen Hochflutablagerungen des Spätglazials und frühen Holozäns. Im Rheinland werden nach dem ältesten, spätglazialen Rinnenauelehm bis zu vier Phasen der Auelehmbildung unterschieden (Schmidt-Wygasch et al. 2010; Schmidt-Wygasch 2011; siehe Abschn. 9.1 und Abb. 9.1). Abb. 9.10 zeigt die Abfolge der Auelehme im Indetal in der Niederrheinischen Bucht. Hier konnten die unterschiedlichen Auelehmablagerungen auch mittels archäologischer Funde im Vorfeld des Tagebaues Inden zeitlich eingeordnet werden. Hier ist der jüngste Auelehm infolge der zunehmenden Industrialisierung und des Bergbaus in Stolberg und Umgebung durch Schwermetalle kontaminiert (Abb. 9.11).

Im Unterlauf der großen Flüsse, die in die Nordsee münden (Elbe, Weser), geht der Auelehm in den unter Gezeiteneinfluss abgelagerten perimarinen Klei über. Der Klei ist feinkörniger als der Auelehm. Er ist ein tonig-schluffiges Sediment mit einem deutlichen Humusanteil. Er enthält marine Diatomeen, die in der Elbe mit der Tide flussaufwärts bis über Hamburg hinaus transportiert worden sind. Die verschiedenen Phasen der Kleiablagerung entsprechen den Phasen des Meeresspiegelanstiegs (vgl. Kap. 8).

Für ein Untersuchungsgebiet im Einzugsgebiet der Weser und Leine verzeichnet Pretzsch (1994) ebenfalls vier stratigraphische Einheiten: ältester, alter, junger und jüngster Auelehm. Der älteste Auelehm wurde dort großflächig angetroffen, oft als Rinnenfüllung über stark humosen Ablagerungen. Der Hauptteil scheint im Atlantikum und im ältesten Subatlantikum abgelagert worden zu sein. Dies ergibt sich aus dem anthropogenen Einfluss, den die Ackerbauern schon ab dem Neolithikum ausübten. Nach Thomas (1993) ist dieser Auelehm ein feinklastisches Hochwassersediment, welches nur in lokalen Gunsträumen sedimentiert wurde und in Altarmen oder -rinnen manchmal noch erhalten geblieben ist.

Der alte Auelehm ist teilweise auf Sanden und schwarzem Leineton abgelagert worden. Ein hoher Tonanteil ist ein Indikator für den alten Auelehm. Die Ablagerung begann an der Wende des älteren zum jüngeren Subatlantikum. Die Ablagerungsphase endete zwischen dem 12. und 14. Jahrhundert. In die Ablagerungszeit des alten Auelehms fallen auch die ackerbaulichen Aktivitäten der Cherusker und später der Sachsen sowie die Rodungsperiode des Mittelalters.

Die Hauptphase der fluvialen Ablagerung des jüngeren Holozäns ist durch den jungen Auelehm repräsentiert. Sie begann zwischen dem 12. und 14. Jahrhundert und endete um 1850. Thomas (1993) hingegen sieht für diese Phase zwei Bildungsabschnitte, die Bronzezeit und das Mittelalter, die aber zu einem Komplex zusammengefasst werden. Die Ablagerungen korrelieren mit Phasen verstärkter Siedlungstätigkeit (z. B. im Bereich der oberen Oberweser).

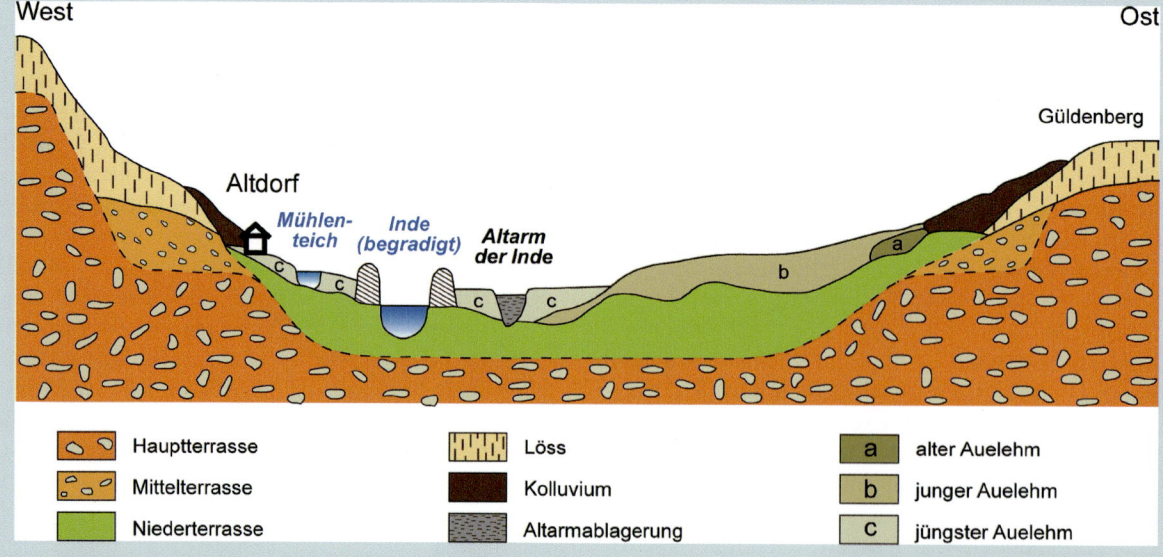

Abb. 9.10 Schematischer Querschnitt durch das Indetal. Hier sind nur die drei jüngsten Auelehmakkumulationen dargestellt. (Quelle: Verändert nach Schmidt-Wygasch 2010)

Fortsetzung

Ab 1850 beginnt die Phase der jüngsten Ablagerungen, die bis heute andauert. Viele Auelehmablagerungen an der Leine sind durch Schwermetalle kontaminiert, welche durch die Harznebenflüsse antransportiert wurden. Die Kontaminationen sind vor allem im jüngsten Auelehm festzustellen, was auf die Industrialisierung und Intensivierung des Erzabbaus und der Erzverhüttung im Harz zurückzuführen ist.

Im Bereich der unteren Havel, genannt Elbhavelwinkel, kam es wegen des geringen Gefälles im Mündungsbereich in die Elbe im mittleren Holozän zu Ablagerungen von „Elbeschlick", einem Auelehm aus kalkfreien Elbesedimenten. Diese sind im vor allem im Raum um Rathenow in etlichen Ziegeleien abgebaut worden, da sie aufgrund des Fe_2O_3-Gehaltes von bis zu 8 % das Material für die roten Rathenower Klinker waren.

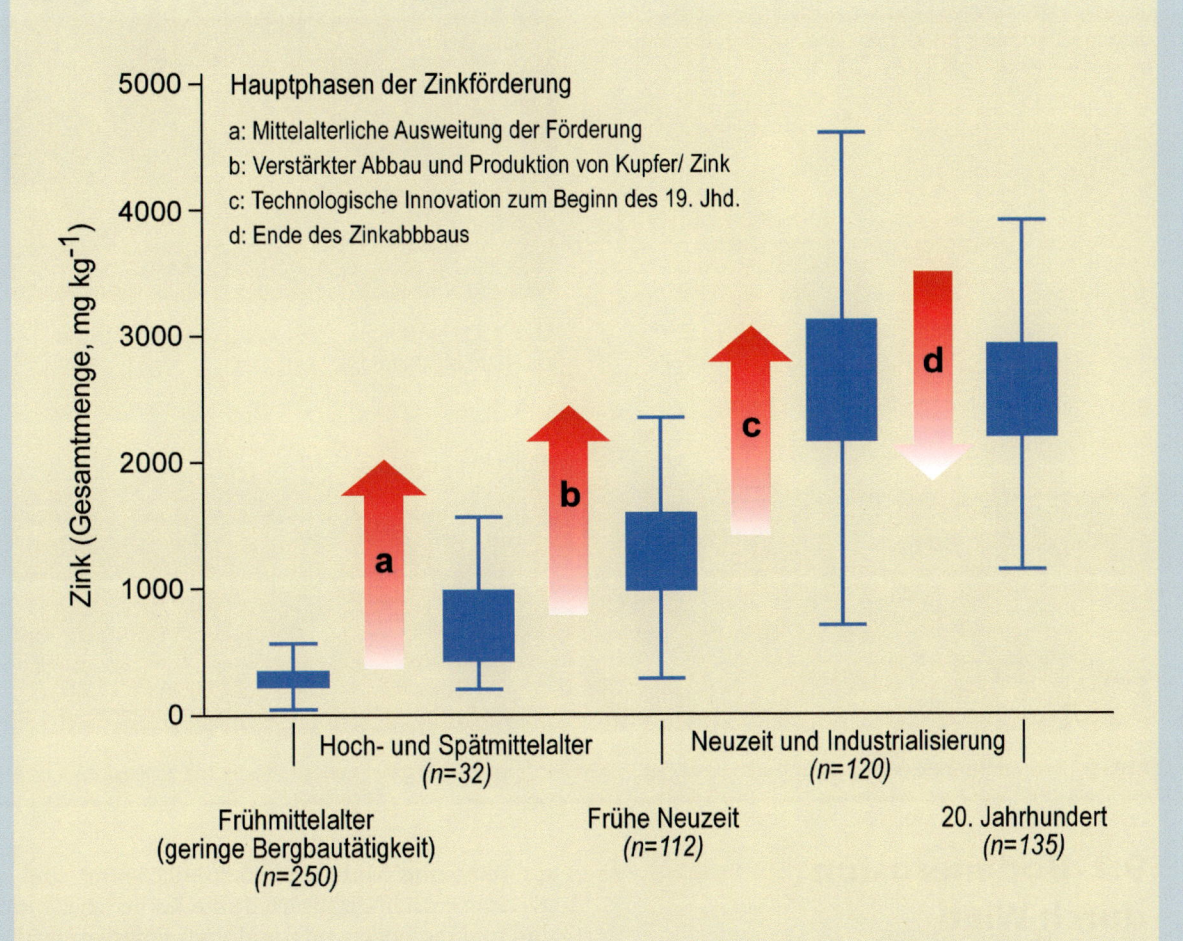

Abb. 9.11 Boxplots der Zinkkonzentration in den jungen und jüngsten Auelehmen der Inde. (Quelle: Verändert aus Schmidt-Wygasch 2011)

Bodenerosion durch Starkregen

Auch heute wird die Erdoberfläche in Norddeutschland durch natürliche Prozesse ständig weiter umgestaltet. Am deutlichsten sichtbar ist dies im Bereich der Küsten (vgl. Kap. 8). Doch auch im Binnenland gibt es messbare Veränderungen. Am deutlichsten sichtbar sind die Ergebnisse von Starkregenfällen, die besonders dort, wo die Erosion ungehindert angreifen kann, sehr rasch zur Entstehung von mehrere Dezimeter bis mehrere Meter tiefen Erosionskerben führen kann (Abb. 9.12 und 9.13).

Abb. 9.12 Erosion durch Starkregen in einem Trockental bei Fischbek. (Foto: J. Ehlers)

a

b

Abb. 9.13 Erosionsrinne nach Wolkenbruch am 27.06.1935. Hamburg-Harburg, Denickestraße. (Fotos: H. Prigge)

9.2 Bodenerosion durch Wind

Als Bodenerosion durch Wind wird die Umlagerung von Bodenbestandteilen aus landwirtschaftlich genutzten Flächen in Abhängigkeit von Korngröße und Windgeschwindigkeit bezeichnet. Faktoren für die Bodenerosion durch Wind sind hierbei die Erodierbarkeit des Bodens, die Erosivität des Klimas, die Vegetationsdecke und die Rauigkeit von Gelände und Bodenoberfläche (Hassenpflug 1998). Unter den meteorologischen Faktoren steht die Windgeschwindigkeit an erster Stelle, gefolgt von Niederschlag, Verdunstungsrate und der Zugehörigkeit zu maritimem oder kontinentalem Klima. Außerdem wird die Erosionsanfälligkeit des Bodens durch die Bodenart (Korngröße), den Humusgehalt, die Bodenfeuchte und die Gefügestabilität bestimmt. Sandböden

aus Fein- und Mittelsand (0,063–0,63 mm) sind am stärksten erosionsgefährdet, da die Körner relativ leicht sind und die Böden aufgrund ihres Einzelkorngefüges leicht mobilisierbar sind. Dies wird aus dem Vergleich der Bodenartenkarte Schleswig-Holsteins (Abb. 9.14) mit der Karte der potentiellen Erosionsgefährdung (Abb. 9.16) deutlich: Für die Gebiete vor allem in der Landesmitte, bei denen die Bodenarten Lehmsande und Reinsande vorherrschen, wird die Erosionsgefährdung als hoch bis sehr hoch eingestuft.

Für die verschiedenen Faktoren wurde von Woodruff und Siddoway (1965) eine Gleichung für den Bodenabtrag durch Wind aufgestellt:

$$E = f(I', K', C', L', V').$$

Dabei ist E der potentielle Bodenabtrag in Tonnen pro Hektar und Jahr. I′ steht für die empirisch ermittelte

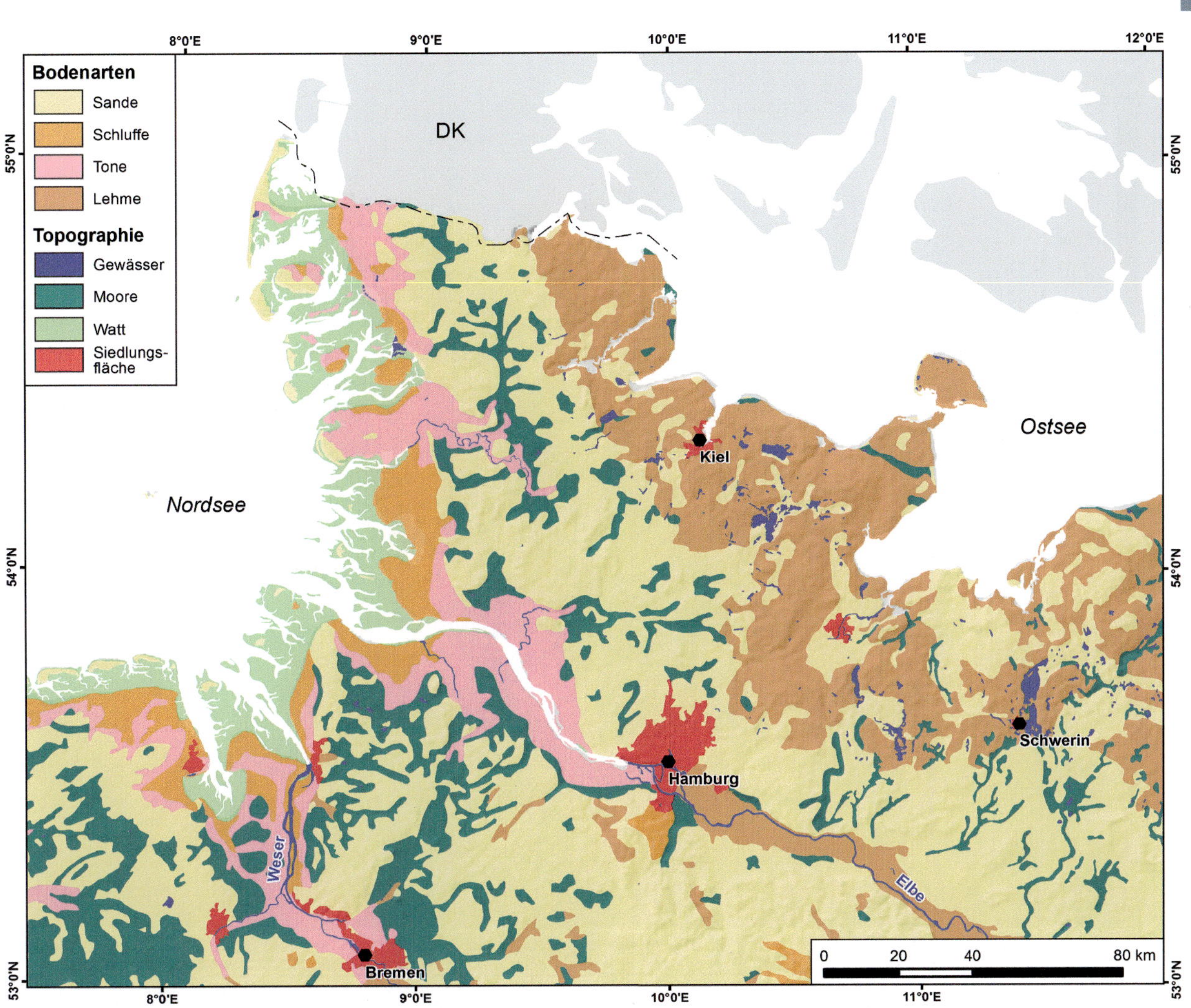

Abb. 9.14 Bodenarten Schleswig-Holsteins. (Quelle/Datengrundlage: BGR 2007a; Kartographie: J. Walk)

Bodenerodierbarkeit, K' für die empirisch ermittelte Bodenrauigkeit, C' für den Klimafaktor, abhängig von Windgeschwindigkeit und der Bodenfeuchtigkeit, L' für die Feldlänge in Windrichtung und V' für die Vegetation (Masse/Art/Ausrichtung der Pflanzendecke).

Die potentielle Erosionsgefährdung von Ackerböden durch Wind in Deutschland steht im Gegensatz zur Gefährdung durch Wasser. Der Norden Deutschlands weist in weiten Teilen eine mittlere bis sehr hohe Gefährdung durch Winderosion auf. So haben trockene Witterung und starker Wind im April 2011 in der Nähe von Rostock einen Sandsturm ausgelöst, der Autofahrern auf der A19 die Sicht nahm und eine Massenkarambolage verursachte. Das Gebiet lag in einem durch Winderosion stark gefährdeten Gebiet mit an die Autobahn angrenzenden, zu diesem Zeitpunkt unbepflanzten Äckern ohne schützende Hecken und Feldgehölze. Eine Lockerung des

Abb. 9.15 Fossile Böden unterschiedlicher Landnahmephasen und lokale Flugsanddecken, Beispiel aus dem Tagebau Jänschwalde (nordöstlich von Cottbus). (Foto: F. Lehmkuhl)

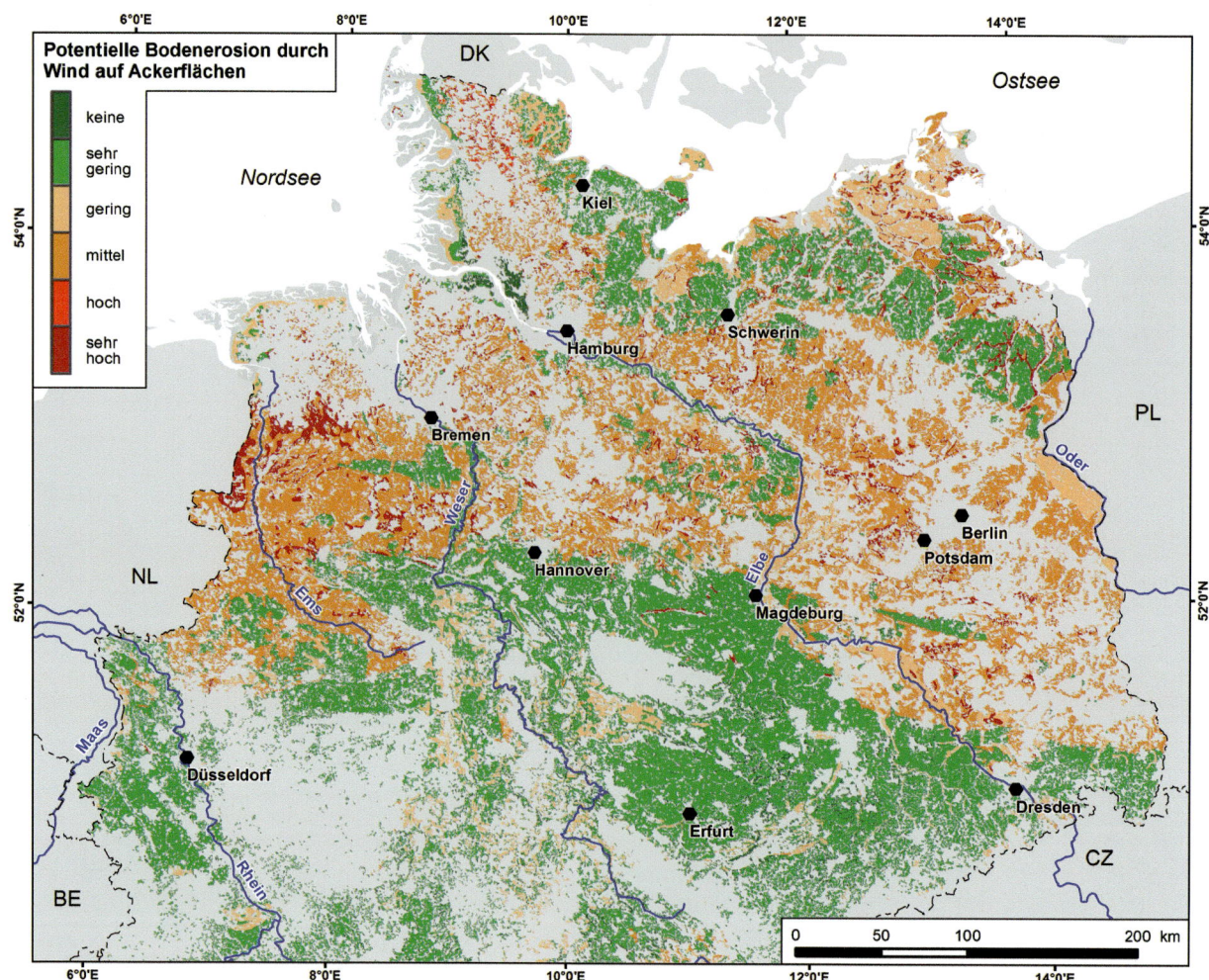

Abb. 9.16 Potentielle Erosionsgefährdung durch Wind auf Ackerflächen in Norddeutschland. (Quelle: BGR 2016b; Grafik: J. Walk)

Bodengefüges durch gerade stattfindende Bearbeitung erleichtert den Abtransport und kann zu solch verheerendem Ereignis führen.

Neben aktuellen Ereignissen ist die Winderosion vor allem auch ein historisches Phänomen, wie in Sandgebieten im Vorfeld des Tagebaus Jänschwalde in der Nähe von Cottbus zu sehen ist (Abb. 9.15). Dort überdecken lokale Flugsanddecken die fossilen Böden der slawischen Landnahmezeit im 10. Jahrhundert, dem Hochmittelalter und dem 19. Jahrhundert. Solche äolischen Sedimentkörper entstehen oftmals in Folge der Landnutzung, wenn beispielsweise (Wald-)Vegetation gerodet wird oder veränderte landwirtschaftliche Nutzungsformen wie z. B. die Plaggendüngung (Exkurs 9.4) eingeführt werden.

Im Berlin-Potsdamer Raum wurde die neue Wirtschaftsweise durch die deutsche Besiedlung ab dem 12. Jahrhundert, die zu Dorfgründungen und Rodungen auf den Grundmoränenplatten führte, ebenfalls durch äolische Umlagerungen nachgewiesen. Hier wurden auch Moore teilweise durch Flugsande überdeckt.

Unter den herrschenden klimatischen Bedingungen sind von Natur aus alle Sandvorkommen in Nord-

deutschland von Wald bedeckt. Äolische Vorgänge nennenswerten Ausmaßes können daher nur einsetzen, wenn der Wald durch Eingriffe des Menschen zerstört wird. An erster Stelle ist hier die Plaggenwirtschaft der sogenannten Heidebauernzeit des 18. und 19. Jahrhunderts zu nennen.

9.3 Eingriffe in die Flusslandschaften

Norddeutschland liegt im Wesentlichen im Einzugsbereich von vier großen Flüssen: Rhein, Ems, Weser und Elbe. Hinzu kommen im Westen kleine Bereiche, die zur Maas hin entwässern und im Osten ein schmaler Streifen, der zum Einzugsgebiet der Oder gehört. Direkt zur Nordsee oder zur Ostsee entwässern mehrere kleine Flüsse (Abb. 9.20).

Wie überall in Europa wurden die großen Flüsse in Norddeutschland schon von alters her für den Transport

Exkurs 9.4

Oberflächenveränderung durch landwirtschaftliche Nutzung: die Plaggenwirtschaft

Auf nährstoffarmen Standorten in Nordwestdeutschland (z. B. auf Sandböden der Geest) wurde zur Bodenverbesserung die Plaggenwirtschaft durchgeführt. Sie wurde bereits seit 3000 Jahren betrieben und hatte ihre Hochphase nach dem Frühmittelalter (ab etwa 800 n. Chr.). In regelmäßigen Abständen wurden sehr arbeitsintensiv orts- oder hofnahe Ackerböden, die sogenannten Esche, mit Plaggen gedüngt. Dabei wurde humoser Oberboden (Gras- oder Heidesoden) abgestochen (abgeplaggt), als Streu in die Ställe gebracht und anschließend zusammen mit dem Mist, Asche und Küchenabfällen auf die Eschböden zur Düngung aufgetragen (Abb. 9.17).

Dabei wurde die Esch im Laufe der Jahrhunderte aufgehöht; es bildeten sich (Plaggen-) Eschböden (Abb. 9.18a) und stellenweise sogenannte Eschkanten aus (Abb. 9.18b). Die Eschböden konnten eine Mächtigkeit von bis zu 130 cm erreichen. Sie gehören zur Gruppe der Kultosole.

Durch die Entnahme des Oberbodens in den ortsfernen Regionen der Allmende verarmten dort die Böden und waren zeitweilig der Erosion schutzlos ausgeliefert. Die Erneuerung der Heideflächen nach einem solchen Eingriff dauerte 4–40 Jahre. Die Plaggenwirtschaft in Kombination mit der Beweidung der Allmende führte zur Heideentwicklung und stellenweise zu Flugsanddecken und Dünenbildung.

Es waren am Ende nicht so sehr die Verbote dieser Eingriffe, die der Plaggenwirtschaft ein Ende bereiteten, sondern andere Faktoren. Ein wichtiger Punkt war die Auflösung der Allmende, die im 18. Jahrhundert begann und Ende des 19. Jahrhunderts abgeschlossen wurde. Hinzu kam der Rückgang der Schaf- und Bienenhaltung aufgrund des Preisverfalls durch billige Importe aus Übersee. Gleichzeitig stieg die Nachfrage nach Holz mit der beginnenden Industrialisierung stark an. Und schließlich

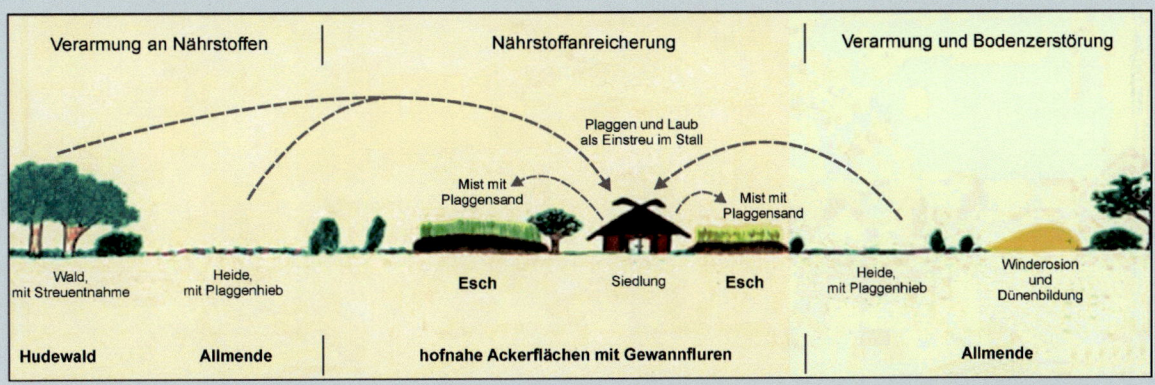

Abb. 9.17 Schema der Plaggenwirtschaft. Die Entnahme von Plaggen erfolgte in der Allmende und führte dort zu Nährstoffverarmung bis hin zur Bodenzerstörung und Winderosion mit Dünenbildung. Die Plaggen wurden mit Stallmist vermengt und auf dem Hof nahen Eschböden ausgebracht. (Verändert nach: LBEG 2013)

Abb. 9.18 **a** Grau-brauner Plaggenesch über fossilem Podsol bei Engter (Stadt Bramsche). **b** Eschkante der Lechtinger Esch (Landkreis Osnabrück). (Fotos: F. Lehmkuhl)

Fortsetzung

machte die Einführung von Kunstdünger die aufwendige Plaggendüngung überflüssig. Die Ausdehnung der kleinräumig verbreiteten Eschböden zeigt in Abb. 9.19 einen Schwerpunkt in Nordwestdeutschland. Darüber hinaus ist die Plaggenwirtschaft bis in die Altmark nachweisbar.

Für den Erhalt der Heidelandschaften und der typischen Heidevegetation wird als Pflegemaßnahme z. B. in Schutzgebieten das Plaggen auch aktuell noch angewendet, z. B. im Naturpark Lüneburger Heide.

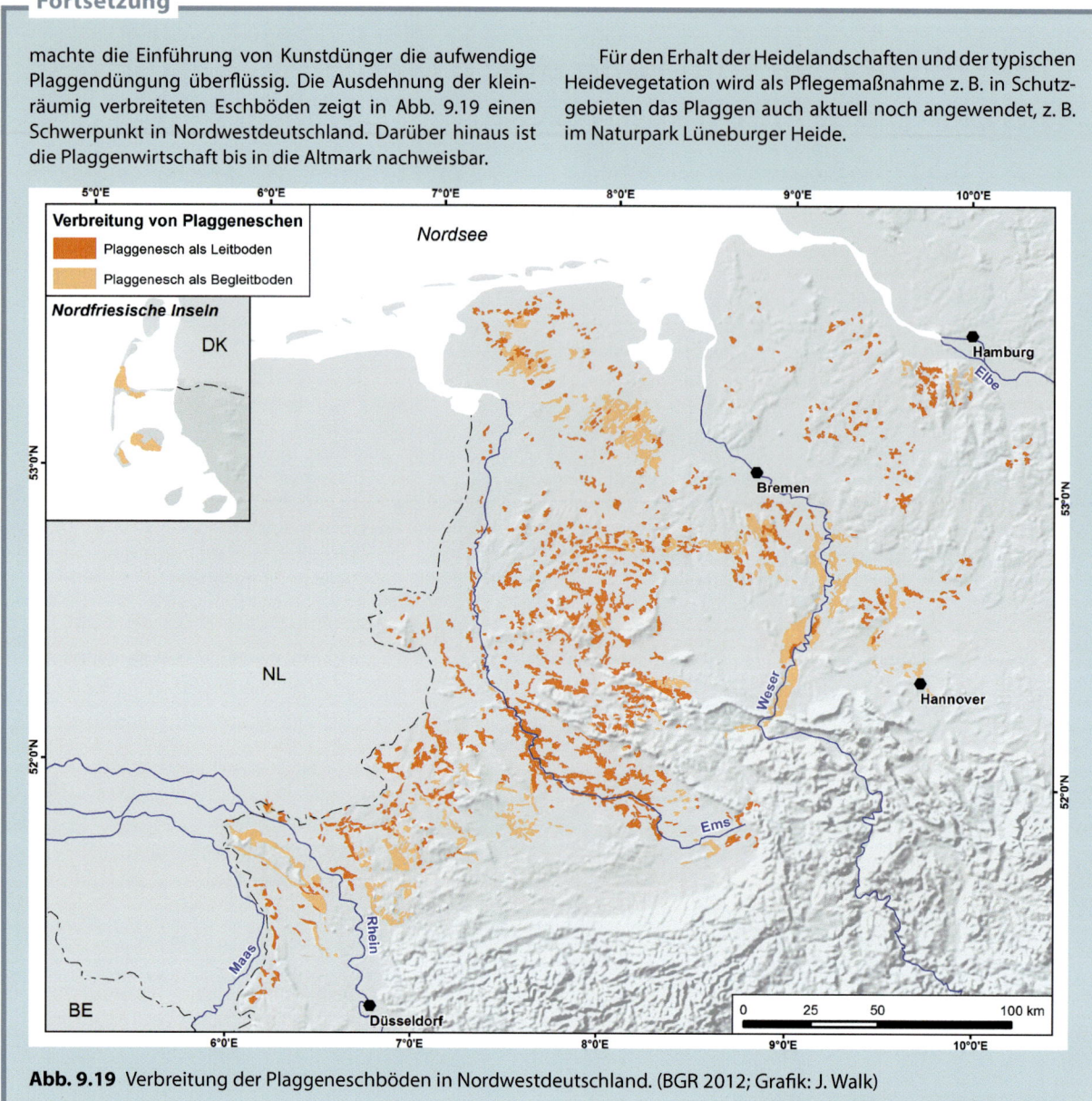

Abb. 9.19 Verbreitung der Plaggeneschböden in Nordwestdeutschland. (BGR 2012; Grafik: J. Walk)

von Menschen und Gütern genutzt. Durch Flussbegradigungen verkürzten sich die Transportwege, allerdings wurde gleichzeitig auch das Abflussverhalten der Flüsse verändert. Zwar spielt im norddeutschen Tiefland die verstärkte Erosion durch höhere Fließgeschwindigkeiten eine geringere Rolle als in den südlichen Landesteilen, doch ist die Hochwassergefährdung erheblich verstärkt worden. Hinzu kommt, dass durch zunehmende Flächenversiegelung die Versickerung der Niederschläge immer weiter eingeschränkt wird, sodass mehr Wasser oberflächlich abfließt. So kam es in den Jahren 2002, 2006 und 2011 zu starken Hochwassern an der Elbe (Abb. 9.21).

Auch die Begradigung und Vertiefung der Unterläufe der großen Flüsse im Tidebereich hat dazu geführt, dass die Flut rascher aufläuft und dass höhere Wasserstände erreicht werden. Nach der schweren Sturmflut vom

17. Februar 1962, bei der allein in Hamburg 315 Menschen ertranken, wurden die Deiche erhöht und die Deichlinie verkürzt. Der neue Bemessungswasserstand wurde entsprechend heraufgesetzt – am Pegel St. Pauli auf 7,30 m über NN. Weitere schwere Sturmfluten in den Jahren 1976 und 1981 machten jedoch deutlich, dass damit noch keine absolute Sicherheit erreicht war.

Eine unabhängige Expertenkommission arbeitete eine Reihe von Vorschlägen aus, wie man die tiefgelegenen Teile Hamburgs sturmflutsicher machen könne. Dabei wurde unter anderem vorgeschlagen, die gesamte Unterelbe durch ein bewegliches Sperrwerk abzuschotten. Dieser Vorschlag wurde nicht weiterverfolgt, da Hamburg befürchtete, durch längere Sperrzeiten den Schiffsverkehr zum Hamburger Hafen zu beeinträchtigen. Stattdessen wurden die Deiche und Flutschutzmauern weiter erhöht.

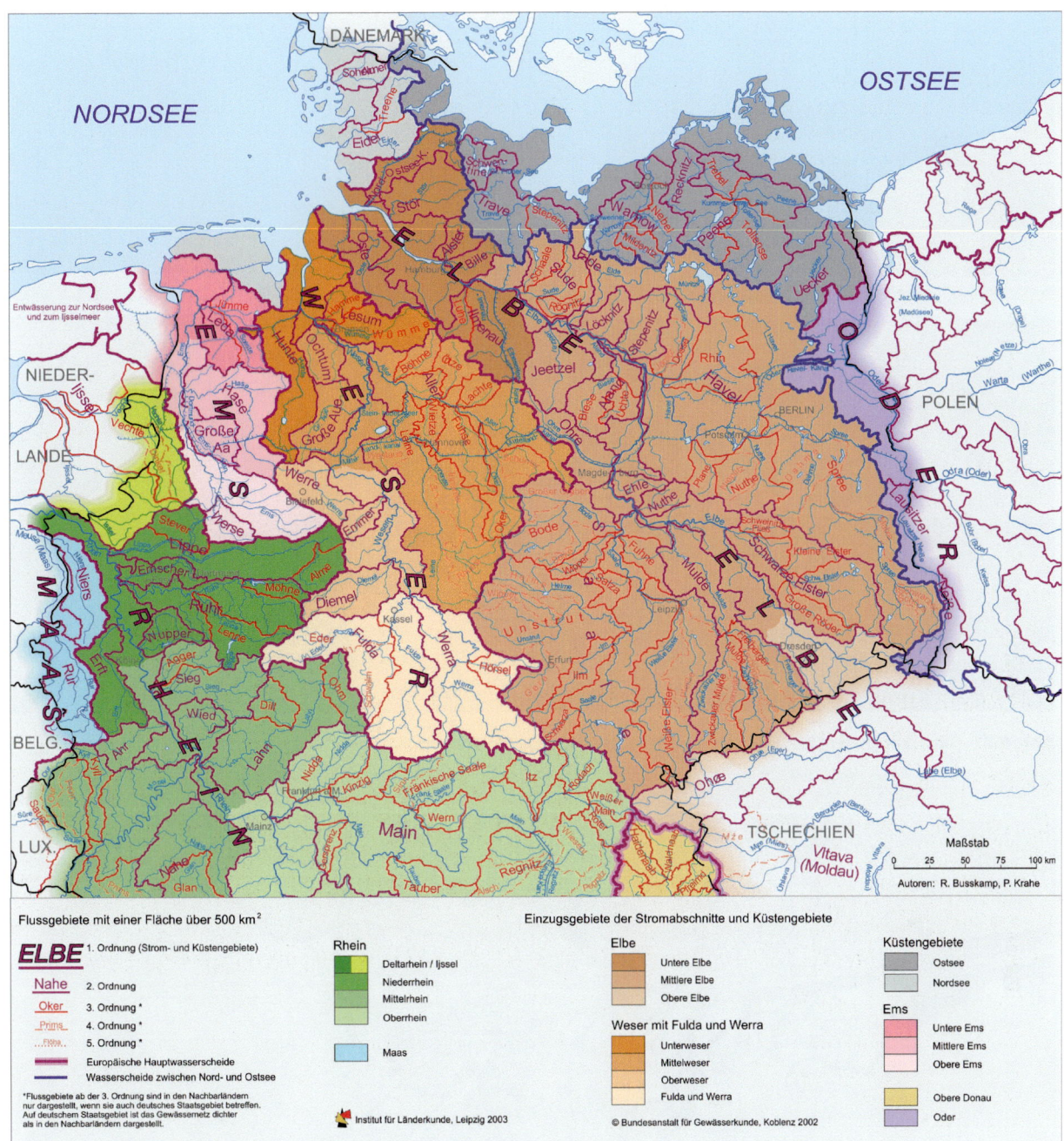

Abb. 9.20 Die Einzugsgebiete der deutschen Flüsse. (Quelle: Institut für Länderkunde 2003)

Im Jahre 2013 wurde der Bemessungswasserstand für die Bauwerke zum Schutz vor Sturmfluten in Hamburg erneut um 80 cm erhöht, jetzt auf 8,10 m über NN (Pegel St. Pauli; Abb. 9.22).

9.3.1 Die ersten Kanäle

Um den Wasserweg effektiver für den Transport von Gütern nutzen zu können, wurden schon im Mittelalter erste

Kanalbauten in Angriff genommen. Am schwierigsten war es, die Bereiche der Wasserscheiden zwischen den einzelnen Einzugsgebieten zu überwinden.

Von der Elbe nach Lübeck führte ein alter Handelsweg. Eines der wichtigsten Handelsgüter im mittelalterlichen Verkehr war Salz, das zur Konservierung von Lebensmitteln verwendet wurde. Salz aus der bereits 956 n. Chr. urkundlich erwähnten Saline in Lüneburg wurde über Lübeck in den Ostseeraum verschifft. Der beschwerliche Landweg von Lüneburg nach Lübeck wurde 1398 durch einen ersten Schifffahrtskanal ersetzt, die Stecknitz-

Abb. 9.21 Hitzacker an der Elbe, Hochwasser am 27.01.2011. (Quelle: Aufwind)

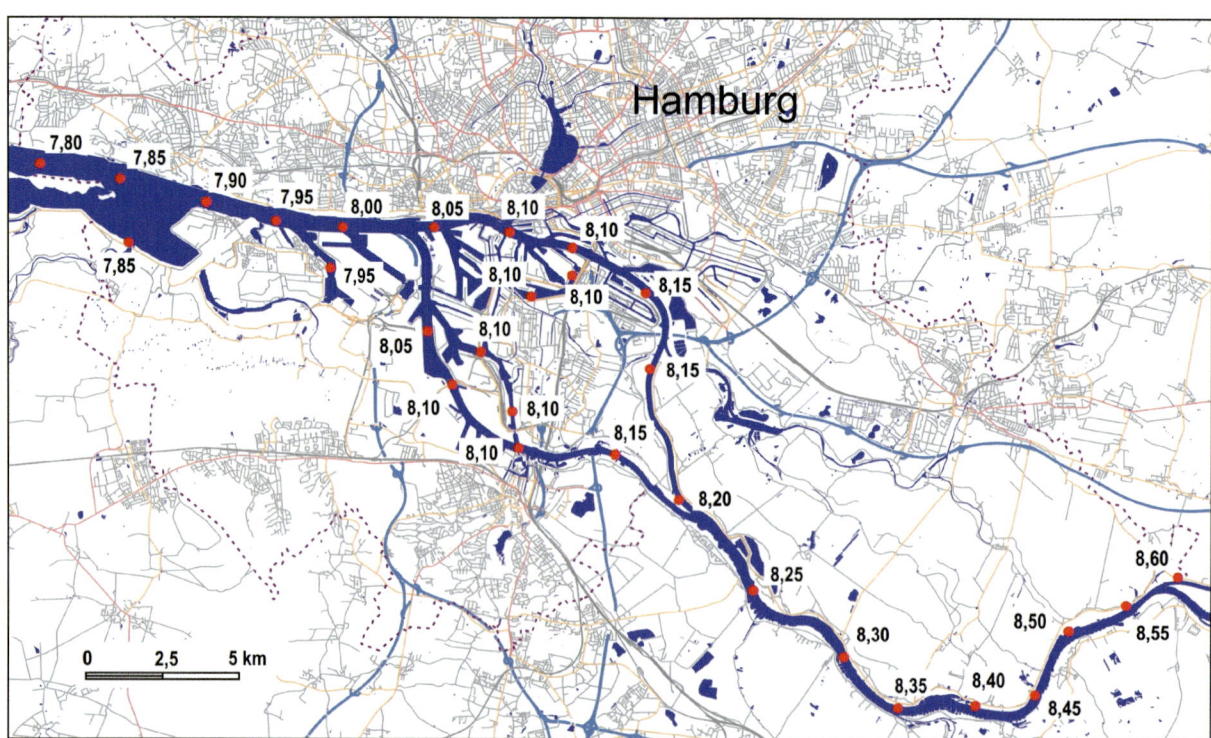

Abb. 9.22 Bemessungswasserstände der öffentlichen Hochwasserschutzanlagen für Hamburg ab 2013. (Quelle: Behörde für Stadtentwicklung und Umwelt 2013)

Abb. 9.23 Die Palmschleuse bei Lauenburg. (Foto: J. Ehlers)

Abb. 9.24 Reste der Dückerschleuse, einer Stauschleuse des Stecknitzkanals bei Witzee-ze. (Foto: J. Ehlers)

fahrt. Als Vorläuferin des Elbe-Lübeck-Kanals verband sie die Elbe mit der Trave. Die Gesamtlänge betrug 94 km.

Der Kanal konnte bei einer Wassertiefe von zunächst 43 cm mit Kähnen bis etwa 11,5 m Länge und 7,5 t Tragfähigkeit befahren werden. In den folgenden Jahrhunderten wurde der Kanal immer weiter ausgebaut. Am Ende der Stecknitzfahrt, um 1865, konnte der Kanal mit Kähnen mit bis zu 23 m Länge und 4,3 m Breite bei einem Tiefgang von 70 cm befahren werden. Die Tragfähigkeit dieser Schiffe betrug 35–37 t. Auf dem Stecknitzkanal verkehrten jährlich bis zu 1200 Schiffe. Eine Fahrt dauerte mehrere Wochen.

Als einzige der alten Schleusen des Stecknitzkanals ist die Palmschleuse bei Lauenburg erhalten geblieben (Abb. 9.23). Vermutlich war die Palmschleuse von 1393 aus Holz gebaut. 1724 wurde sie dann in Stein neu errichtet. Die Schleusenkammer bekam eine ovale Form mit einer Länge von 33,7 m und einer Breite von 22,25 m. Die Durchfahrtsbreite betrug 5,16 m. Pro Schleusung konnten gleichzeitig 12 Stecknitzkähne aufgenommen werden.

In der Stecknitzfahrt wurde jedoch überwiegend auf primitivere Stauschleusen zurückgegriffen (Abb. 9.24). Diese bestanden aus einem Schleusentor, hinter dem das Waser aufgestaut wurde. Wenn das Tor geöffnet wurde, konnte der Kahn mit der Schwallwelle stromabwärts gleiten. Stromaufwärts mussten die Schiffe gezogen werden.

9.3.2 Der Mittellandkanal

Ein Blick auf die Karte (Abb. 9.25) zeigt, dass das Kernstück des norddeutschen Kanalnetzes der Mittellandkanal

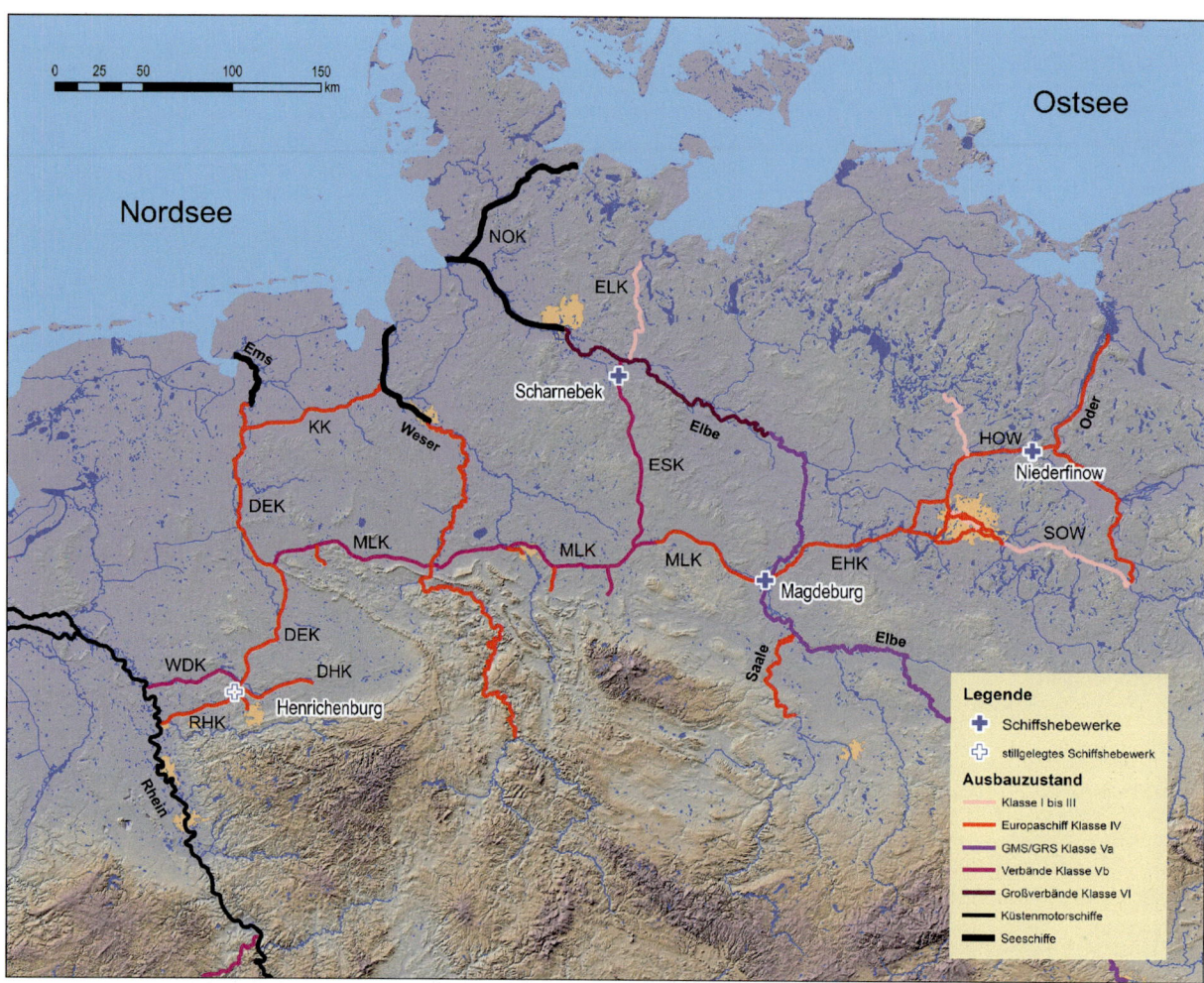

Abb. 9.25 Die Wasserstraßen in Norddeutschland und ihr Ausbauzustand. *DEK* Dortmund-Ems-Kanal, *DHK* Datteln-Hamm-Kanal, *EHK* Elbe-Havel-Kanal, *ELK* Elbe-Lübeck-Kanal, *ESK* Elbe-Seitenkanal, *HOW* Havel-Oder-Wasserstraße, *KK* Küstenkanal, *MLK* Mittellandkanal, *NOS* Nord-Ostsee-Kanal, *RHK* Rhein-Herne-Kanal, *SOW* Spree-Oder-Wasserstraße, *WDK* Wesel-Datteln-Kanal

ist. Er stellt die Verbindung zwischen den nach Norden bzw. Nordwesten gerichteten großen Flüssen her und ermöglicht es, per Binnenschiff Güter vom Rhein bis zur Oder zu transportieren. Er ist 325,3 km lang und damit die längste künstliche Wasserstraße in Deutschland. Ihr Bau begann 1906, das erste Bauziel, die Verbindung von Hannover bis zum Dortmund-Ems-Kanal, wurde 1916 erreicht.

Teil dieses Abschnitts ist das älteste Wasserstraßenkreuz (Bau 1915) bei Minden. Hier quert der Mittellandkanal in einer Trogbrücke von 370 m Länge die 13 m tiefer gelegene Weser (Abb. 9.26). Eine neue und breitere Kanalbrücke ist seit 1998 in Betrieb. Derzeit sind neue und größere Schleusen in Bau (Abb. 9.27).

Die Fortführung des Mittellandkanals von Hannover bis zur Elbe wurde von 1928–38 fertiggestellt. Damit war die Verbindung zwischen den Kohlegruben des Ruhrgebiets und dem Eisenbergbau in Salzgitter hergestellt. Auch die neu gegründete Stadt Wolfsburg lag am Mittellandkanal. Bei Magdeburg ist die Elbe seit 1938 über ein Schiffshebewerk mit dem Mittellandkanal verbunden. Die Querung der Elbe konnte erst nach der Wiedervereinigung in Angriff genommen werden. Das Wasserstraßenkreuz Magdeburg ist einer der bedeutendsten Wasserverkehrsknoten in Europa. Durch den Bau einer modernen Schleuse wurde diese Verbindung 2001 erheblich verbessert. Erst seit der Fertigstellung der Kanalbrücke über die Elbe 2003 ist der Fluss indirekt mit der Oder, dem Rhein, dem Main und mit der Donau verbunden. Die Nutzung des Wasserstraßenkreuzes ist allerdings hinter den Erwartungen zurückgeblieben.

Neben den in Abb. 9.25 dargestellten wichtigsten norddeutschen Kanälen gibt es eine ganze Reihe weiterer Kanäle, die heute fast ausschließlich für touristische Zwecke genutzt werden. Hierzu gehört zum Beispiel der zwei 72,3 km lange Ems-Jade-Kanal, der Emden mit Wilhelmshaven verbindet. Er ist zugelassen für Schiffe bis zu einer Länge von 33 m, 6,2 m Breite und 1,7 m Tiefgang (s. a. Exkurs 9.5). Der Kanal gehört damit zur Klasse 0 der Binnenwasserstraßen.

Exkurs 9.5

Schiffstypen und Schiffsgrößen

Im Laufe der letzten Jahrzehnte sind die Schiffsgrößen, die im Güterverkehr auf den deutschen Wasserstraßen eingesetzt werden, ständig gestiegen. Infolgedessen müssen auch die wichtigsten Kanäle ständig weiter ausgebaut werden. Nicht alle Wasserstraßen sind für den Einsatz moderner, großer Binnenschiffe geeignet.

Ein Europaschiff ist ein Binnenschiff, das auf allen europäischen Schifffahrtswegen verkehren kann, die mindestens der Klasse IV der Binnenwasserstraßen entsprechen:

Länge 85 m, Breite 9,5 m, Tiefgang 2,50 m, Tragfähigkeit 1350 t.

Das Europaschiff wurde zum Ende der 1960er-Jahre entwickelt. Das Europaschiff war früher das maßgebliche Typschiff für den Ausbau und die Instandhaltung aller Kanäle und kleineren Wasserstraßen wie z. B. der Mittelweser.

Die heutige Entwicklung im Binnenschiffsbau tendiert dagegen zum Großmotorgüterschiff und zum Schubverband. Das Großmotorgüterschiff ist seit 1994 das maßgebliche Typschiff für den Ausbau und die Instandhaltung der größeren deutschen Kanäle (Klasse V der Binnenwasserstraßen, z. B. Mittellandkanal, Rhein-Herne-Kanal, Rhein-Main-Donau-Kanal, Wesel-Datteln-Kanal):

Länge 110m, Breite 11,40m, Tiefgang 2,80m, Tragfähigkeit ca. 2100 t.

Während bis etwa 1980 neben den einzeln fahrenden Binnenschiffen vor allem Schleppzüge eingesetzt wurden, ist man in neuerer Zeit dazu übergegangen, eine Kombination von Schubschiffen und mehreren Leichtern (sogenannte Schubverbände) einzusetzen.

Abb. 9.26 Wasserstraßenkreuz bei Minden mit der alten Trogbrücke des Mittellandkanals über die Weser. (Foto: F. Lehmkuhl)

Abb. 9.27 Neue Kanalschleuse im Bau bei Minden. (Foto: 2014, F. Lehmkuhl)

9.3.3 Kanalneubauten im späten 20. Jahrhundert

Der Elbe-Seitenkanal (Abb. 9.28), der die Elbe mit dem Mittellandkanal verbindet, ist 115,14 km lang und hat eine Wassertiefe von 4–4,5 m und eine Breite von 54–70 m. Über weite Strecken liegt der Wasserspiegel des Kanals höher als das umliegende Gelände, sodass diese Abschnitte als Dammstrecken gebaut werden mussten. Der Kanal wurde nach achtjähriger Bauzeit am 15. Juni 1976 eröffnet. Am 18. Juli desselben Jahres ereignete sich bei Ardestorf in der Nähe von Lüneburg ein Dammbruch, wodurch große Teile des Kanals trockenfielen (Abb. 9.29). Erst im Juli 1977 konnte der reparierte Kanal endgültig dem Verkehr übergeben werden.

Die ursprünglich als „Elbe-Pleitenkanal" verspottete Wasserstraße wird heute keineswegs nur von Sportbooten genutzt, sondern in steigendem Maße auch für den Güterverkehr. Dies ist sinnvoll, da die Elbe zwischen Magdeburg und Lauenburg in den Sommermonaten aufgrund zu niedrigen Wasserstandes oft nicht befahren werden kann.

2015 passierten rund 11 Mio. t Güter das Schiffshebewerk in Scharnebeck. Dieses spektakuläre Bauwerk könnte bei einem weiteren Anstieg des Güterverkehrs zu einem Engpass werden. Die maximale Menge an Gütern, die hier pro Jahr transportiert werden könnte, wird auf 15 Mio. t geschätzt. Daher wird der Bau einer Schleuse zusätzlich zum Schiffshebewerk in Scharnebeck ins Auge gefasst.

9.3.4 Der Nord-Ostsee-Kanal

Der 1895 in Betrieb genommene Nord-Ostsee-Kanal ist die mit Abstand am meisten befahrene künstliche Seewasserstraße der Welt (Abb. 9.30), vor dem Suezkanal und

Abb. 9.28 Bau des Elbe-Seitenkanals. (Foto: 1972, J. Ehlers)

Abb. 9.29 Dammbruch des Elbe-Seitenkanals bei Ardestorf am 18.07.1976. (Foto: J. Ehlers)

vor dem Panamakanal. Während den Suezkanal nur etwa 17.500 Schiffe im Jahr passieren, fuhren 2016 29.340 Schiffe durch den Nord-Ostsee-Kanal, obwohl 2016 die geringsten Schiffspassagen der Nachkriegszeit aufwies. Die Zahl der Schiffspassagen erreichte um 1965 einen absoluten Höchststand mit über 80.000 durch Fahrten pro Jahr. Seither ist sie rückläufig. Die Frachtmenge, die durch den Kanal transportiert wird, hat sich in derselben Zeit jedoch durch die Zunahme der Schiffsgrößen fast verdoppelt.

Zum Nachteil des Nord-Ostsee-Kanals trägt bei, dass man durch die Passage nur rund 460 km einspart, während es beim Suezkanal knapp 6500 km und beim Panamakanal gut 10.000 km sind. Noch schwerwiegender ist aber, dass der Nord-Ostsee-Kanal für die heute üblichen Schiffsgrößen im Containerverkehr nicht mehr befahrbar ist. Daran wird sich auch nach dem vorgesehenen partiellen Ausbau des Kanals in Zukunft nichts ändern.

9.4 Eingriffe in Moor- und Seelandschaften

Norddeutschland war ursprünglich reich an Mooren. Als im Mittelalter immer mehr Wälder gerodet wurden, um neues Ackerland zu schaffen, wurde das Brennholz allmählich knapp. Jetzt wurde in verstärktem Maße Torf als Brennmaterial eingesetzt. Vor allem ab dem 17./18. Jahrhundert wurde im Oderbruch und auch in Nordwestdeutschland in großem Stil Torf abgebaut. Die Technik der sogenannten Fehnkultur stammt aus den Niederlanden. Sie verband den Torfabbau mit der Erschließung neuer Ackerflächen. Für die Kolonisation der ausgedehnten Moore brauchte man erhebliche finanzielle Mittel. Im Falle von Westrhauderfehn (Abb. 9.31) waren es Kaufleute und andere wohlhabende Bürger aus Emden, die am 10. Juni 1766 den Gesellschaftsverband der Entrepreneure des Rhauderfehns gründeten. Am 19. April 1769 erhielt diese Gesellschaft vom preußischen König ein großes Stück von den „Morasten im Overledingerland – Stick-

hausen" zugewiesen, in dem sie ihre Fehnkolonie anlegen konnten. Nun konnten die kostspieligen Vorarbeiten für die Besiedlung beginnen.

Der erste Schritt war die Entwässerung des Moores. Dazu wurde zunächst ein Kanal angelegt, der den Anschluss an das natürliche Gewässernetz herstellte. Dieser Kanal musste schiffbar sein, da es im Moor keine Straßen gab und der Torf nur per Schiff abtransportiert werden konnte. Von diesem Stammkanal aus wurden Nebenkanäle in das Moor gegraben, sogenannte Inwieken. Von diesen führten wiederum Gräben nach rechts und links (Achterwieken), die zu den Torfstichen führten.

Das Moor wurde von den Siedlern bis zum Sanduntergrund abgegraben. Der Torf wurde zunächst getrocknet, die Soden anschließend per Schiff in die benachbarten Städte transportiert und als Brennmaterial verkauft. Da der nackte Sand keinen fruchtbaren Boden darstellte, musste die oberste Weißtorfschicht (Bunkererde) gesondert gelagert und später mit dem Sand vermischt werden. Die Siedler in diesen Dörfern, die Fehntjer, waren Torfgräber, Landwirte und Schiffer. Noch Mitte der 19. Jahrhunderts waren viele Seeschiffe in den nordwestdeutschen Fehnsiedlungen beheimatet.

Das Bild änderte sich, als die Eisenbahn begann, den Kahn als Transportmittel zu ersetzen. Später kamen die Autos hinzu. Heute sind die einzelnen Inwieken der Fehnsiedlungen links und rechts durch Straßen flankiert und die Kanäle in dieser amphibischen Landschaft haben nur noch eine Freizeitfunktion.

Niedersachsen beherbergt als das moorreichste Bundesland Deutschlands auch eines der ehemals größten zusammenhängenden Hochmoorgebiete Mitteleuropas: das Bourtanger Moor. Es erstreckte sich über 1200 km^2 vom Emsland bis in die Niederlande. Die Kultivierung dieses Moorgebietes begann ab dem 16. Jahrhundert in den Niederlanden und ab 19. Jahrhundert auf deutscher Seite. Aber erst ab 1950 wurde es vor allem im Rahmen des Emslandplanes fast komplett entwässert und als Grünland und Ackerland erschlossen. Dabei wurden große Heide- und Moorflächen auch mithilfe sehr gro-

Abb. 9.30 Schiffe auf dem Nord-Ostsee-Kanal. Im Vordergrund links die Kanalfähre bei Kudensee. (Quelle: Aufwind)

Abb. 9.31 Der Ausschnitt aus dem Messtischblatt von 1900 zeigt die Fehnkolonisation in Westrhauderfehn, Ostfriesland. (Quelle: Auszug aus den Geobasisdaten der Niedersächsischen Vermessungs- und Katasterverwaltung, © 2017)

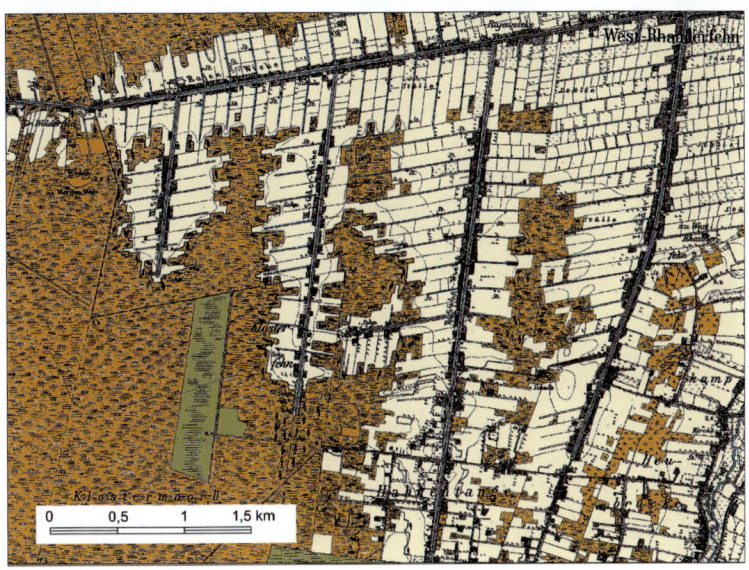

ßer Tiefpflüge (bis ca. 2,5 m Pflugtiefe) umgegraben (vgl. Abb. 9.32). Heute sind von den ehemals großen Moorflächen noch etwa 200 km^2 übrig. Teile dieser Gebiete stehen heute unter Naturschutz (Internationaler Naturpark Bourtanger Moor-Bargerveen) und werden nur extensiv landwirtschaftlich bewirtschaftet.

Diesen traditionellen Arten der Moorkultur steht die moderne Entwicklung im Bereich Wiesmoor gegenüber. Hier wurde 1908 durch den preußischen Staat mitten im Moor ein Torfkraftwerk gebaut. Für den großen Brennstoffbedarf wurden riesige Flächen rasch abgetorft und in landwirtschaftliche Nutzung überführt. Das Kraftwerk lieferte nicht nur Strom, sondern erlaubte außerdem durch den überschüssigen Dampf das Beheizen ausgedehnter Gewächshäuser. Die Kapazität des Torfkraftwerkes war allerdings durch die Verfügbarkeit von Torf begrenzt. Schließlich musste das alte Torfkraftwerk 1964 durch ein mit Erdgas betriebenes Kraftwerk ersetzt werden. Auch dieses neue Kraftwerk wurde 1995 stillgelegt und abgerissen. Wiesmoor ist bis heute ein Zentrum

des Gartenbaus geblieben. Wirtschaftlich spielt darüber hinaus der Tourismus eine erhebliche Rolle. 1977 wurde ein künstlicher Hochmoorsee angelegt, das 13 ha große Ottermeer. Dieser See in einem neu geschaffenen Naherholungsgebiet besitzt sogar einen Badestrand. Das Wasser des Ottermeeres ist allerdings aufgrund der moorigen Umgebung braun gefärbt.

Heute steht bei der Nutzung der Moore der Natur- und Klimaschutzgedanke im Vordergrund. Seit den 1970er-Jahren des 20. Jahrhunderts bemüht man sich, Moore unter Schutz zu stellen und zu regenerieren. Moore sind wertvolle Kohlenstoffsenken und -speicher, die Kohlenstoff binden können, sodass kein klimaschädigendes CO$_2$ entsteht. Darüber hinaus beherbergen Moore eine Vielzahl seltener und teilweise vom Aussterben bedrohter Tier- und Pflanzenarten, die an die extremen Standortbedingungen und einzigartigen Lebensräume angepasst sind.

Abb. 9.32 Sogenannter Ottomeyerpflug, der bis zu einer Tiefe von ca. 2,5 m den Boden umpflügen konnte. **a** Der Tiefpflug „Mammut" mit Lokomobilen, **b** Ausstellungshalle im Emsland Moormuseum mit Tiefpflug, **c** Tiefpflug im Einsatz. (Alle Fotos: Emsland Moormuseum, Fotoarchiv)

9.5 Oberflächenveränderungen durch Gewinnung mineralischer Rohstoffe

Im Jahr 2015 wurden in Deutschland 187,2 Mio. t Braunkohle, Steinkohle und Erdöl, 9,7 Mrd. m^3 Erdgas, Erdölgas und Grubengas sowie ca. 572 Mio. t mineralische Rohstoffe (BGR 2016c) (s. a. Exkurs 9.6) zuzüglich ca. 4,2 Mio. m^3 Torf produziert. Die Verbreitung der Energierohstoffe im Norden Deutschlands zeigt Abb. 9.36.

Mengenmäßig sind Bausande und -kiese mit ca. 239 Mio. t die wichtigsten mineralischen Rohstoffe, auf die weit über ein Drittel der heimischen Rohstoffproduktion entfällt. Zusammen mit den an zweiter Stelle folgenden gebrochenen Natursteinen machen sie rund drei Viertel der Menge der gewonnenen Rohstoffe aus.

Deutschland muss als hoch entwickelte Industrienation und als einer der größten Energieverbraucher der Welt den Hauptteil der benötigten Energierohstoffe importieren. Nur noch rund 2 % des Erdöls und knapp 10 % des Erdgases stammen aus der inländischen Förderung. Der Rückgang der Produktion ist im Wesentlichen auf die zunehmende Erschöpfung der Lagerstätten und fehlende Neufunde zurückzuführen. Mit Erreichen des für 2018 vorgesehenen Ausstiegs aus der subventionierten Steinkohleförderung wird der Anteil der heimischen Steinkohle ganz verschwinden. Im Jahr 2015 lag der Anteil der Eigenförderung am Steinkohlenverbrauch bei 11 %. Ein voraussichtlich weiter bestehender erheblicher Bedarf an Steinkohle muss dann ausschließlich über Importe gedeckt werden. Unter allen Energieträgern ist Weichbraunkohle der einzige nicht-erneuerbare Energierohstoff, über den Deutschland in großen, wirtschaftlich gewinnbaren Mengen verfügt. Hier ist Deutschland Selbstversorger und sowohl größter Produzent als auch Verbraucher weltweit. Die Gewinnung von Braunkohle im Tagebau ist außerdem mit einem hohen Flächenverbrauch verbunden. Der Weltklimarat fordert den Ausstieg aus der Verstromung der Braunkohle.

9.5.1 Erdöl

Der größte Teil der Erdölreserven Deutschlands lagert im Norddeutschen Becken. Die sicheren und wahr-

Exkurs 9.6

Findlinge und Feldsteine als Baumaterialen

a   b

Abb. 9.33 a Großsteingrab Kleinenkneten II. **b** Rekonstruiertes Großsteingrab (Hünenbett), Kleinenkneten I. Kleinenkne-
tener Steine aus der Trichterbecherkultur südlich von Wildeshausen, Landkreis Oldenburg. (Fotos: F. Lehmkuhl)

Abb. 9.35 Aus Feld-, Backsteinen und Findlingen erbaute
St.-Firminus-Kirche (12. Jahrhundert) in Dötlingen (Landkreis Oldenburg). (Foto: F. Lehmkuhl)

Abb. 9.34 Schafstall im Naturschutzgebiet am Pestruper
Gräberfeld (Landkreis Oldenburg). Als Baumaterial wurden unten große Findlinge verwendet. (Foto: F. Lehmkuhl)

südlich von Wildeshausen als Großsteingrabanlagen der
Trichterbecherkultur (3500 bis 3000 v. Chr.). Seit Mai 2009
verbindet die Straße der Megalithkultur insgesamt 33 Stationen im westlichen Niedersachsen.

Erratische Blöcke (Findlinge) wurden in Norddeutschland schon sehr früh als Baumaterialien eingesetzt. Beein-
druckend sind hier die großen Megalithanlagen aus der
Jungsteinzeit. ◪ Abb. 9.33 zeigt die Kleinenkneter Steine

◪ Abb. 9.34 zeigt den Einsatz von großen Findlingen für
den Bau eines Schafstalles am Pestruper Gräberfeld (Landkreis Oldenburg) und ◪ Abb. 9.35 die Verwendung von sogenannten Feld-, Backsteinen und Findlingen für den Bau
der romanischen St.-Firminus-Kirche in Dötlingen aus der
ersten Hälfte des 12. Jahrhunderts. Der Turm aus der 2. Hälfte des 12. Jahrhunderts hat eine Höhe von 23,5 m.

scheinlichen Erdölreserven betrugen zum Ende des
Jahres 2015 etwa 33,9 Mio. t. Die Förderung des größten
deutschen Erdölfeldes Mittelplate/Dieksand betrug 2015
1,32 Mio. t. Das entspricht knapp 55 % der heimischen
Förderung an Erdöl. Seit 2005 wird das Öl nicht mehr
per Schiff, sondern durch eine Pipeline von der Bohr-
und Förderinsel Mittelplate zu den Aufbereitungs-
anlagen der Landstation Dieksand befördert (Erdölförderung Mittelplate 2015).

9.5.2 Erdgas

In Deutschland begann die Förderung von Erdgas im
großen Maßstab erst in den 1960er-Jahren, ausgelöst
durch die Erschließung der Buntsandstein- und Zech-
steinlagerstätten in Niedersachsen. Die Förderung von
Erdgas lag 2003 noch bei rund 22 Mrd. m^3. Seitdem
geht sie kontinuierlich zurück und betrug 2015 nur noch
9 Mrd. m^3.

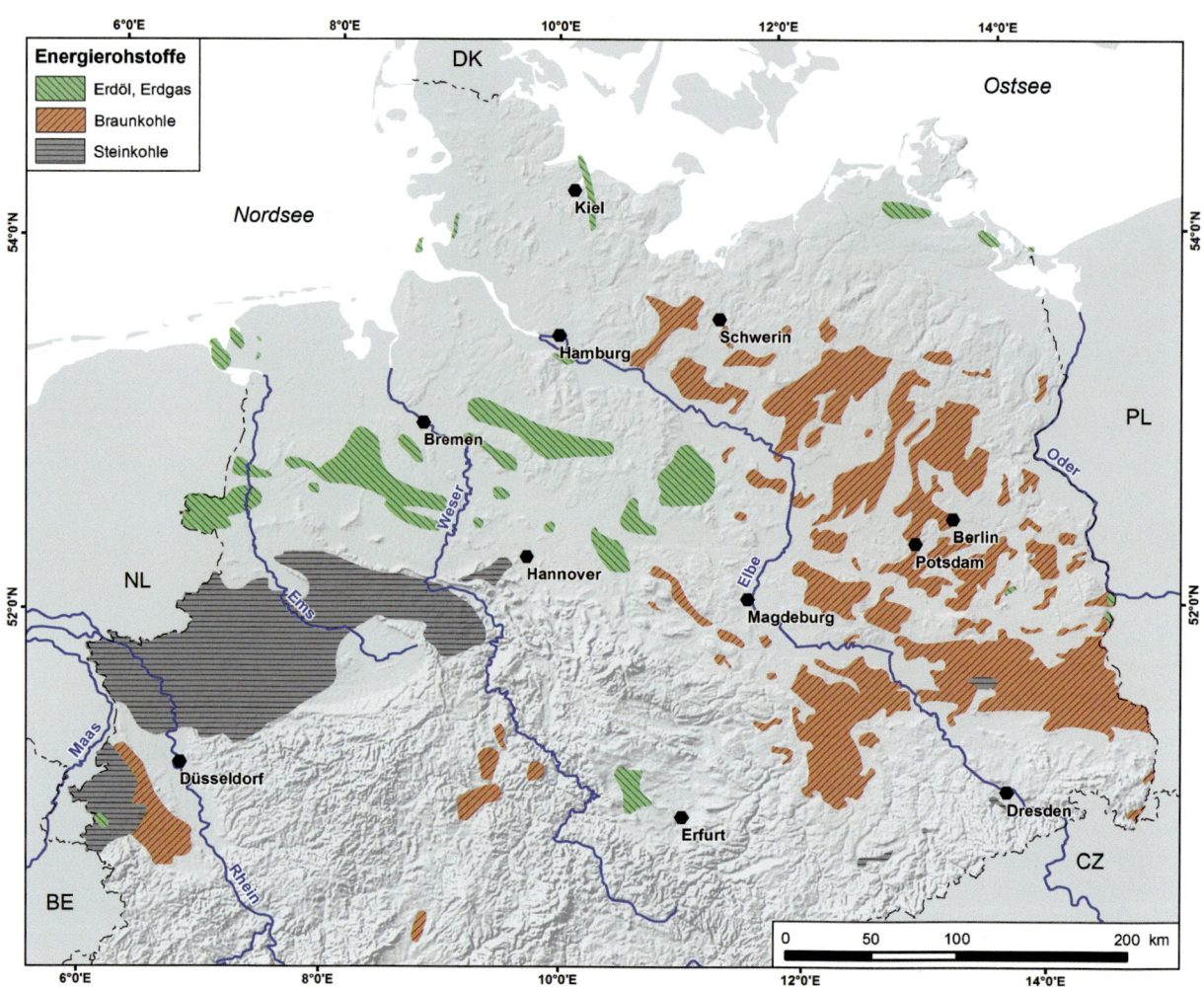

Abb. 9.36 Energierohstoffe in Deutschland. (Quelle: BGR 2007b; Kartographie: J. Walk)

Die in Deutschland potenziell gewinnbaren Erdgasmengen (Ressourcen) aus Schiefergasvorkommen werden auf ein Volumen von 0,32 bis 2,03 Bill. m^3 geschätzt und liegen in einer Tiefe von 1000–5000 m (BGR 2016c). Darüber hinaus wird in Kohleflözen ein Potenzial von 0,45 Bill. m^3 an Erdgasressourcen vermutet. Die Erschließung von Schiefergasvorkommen und Kohleflözgestein würde allerdings den Einsatz der hydraulischen Stimulation („Fracking") erfordern. Das Verfahren wird aufgrund der Besorgnis um potenzielle Umweltauswirkungen in der Öffentlichkeit kontrovers diskutiert. Im Juni 2016 hat der Deutsche Bundestag den Einsatz des Fracking-Verfahrens zur Erschließung von Erdgas- oder Erdölvorkommen in Schiefer-, Ton- oder Mergelgestein sowie Kohleflözgestein untersagt.

Am 20. Oktober 2004 gegen 8:59 Uhr ereignete sich im nördlichen Niedersachsen ein Erdbeben der Stärke 4,5 auf der Richter-Skala. Das Beben, das knapp eine Minute dauerte, war noch im Hamburger Stadtgebiet deutlich spürbar. In Norddeutschland kommt es nur selten zu Erdbeben. Zuletzt wurde am 2. Juni 1977 bei Soltau ein vergleichbares Erdbeben der Stärke 4,0

registriert. Das Erdbeben von 2004 war das stärkste Beben im Norddeutschen Raum seit Beginn der instrumentellen Aufzeichnung vor über 100 Jahren. Es ist nicht auszuschließen, dass dieses Beben durch die Erdgasförderung ausgelöst wurde. Ein derartiger Zusammenhang gilt für das schwächere Beben (Stärke 2,3) von Weyhe bei Bremen am 11. Juli 2002 als erwiesen (Behörde für Stadtentwicklung und Umwelt 2004).

9.5.3 Steinkohle

Die heimische Steinkohle war Mitte des vorigen Jahrhunderts eine wesentliche Stütze des Wirtschaftsaufschwungs in Deutschland. Seitdem ist die Steinkohlenförderung rückläufig. Die höchste Steinkohlenförderung nach 1945 wurde 1956 mit 152,5 Mio. t v. F. erreicht. Die Abkürzung t v. F. steht für „Tonne verwertbare Förderung". Das ist die Gewichtseinheit für das verkaufsfähige Produkt eines Steinkohlenbergwerkes unter Berücksichtigung der Ballastgehalte (Wasser und Asche). Im Jahr 2015 wurden

Abb. 9.37 Zeche Königsgrube, das älteste Bergwerk in Wanne-Eickel. (Postkarte o.J.)

nur noch 6,2 Mio. t v. F. gefördert. Das sind lediglich 4 % der Fördermenge von 1956.

Der deutsche Steinkohlenbergbau ist wegen der ungünstigen geologischen Bedingungen international nicht wettbewerbsfähig. Steinkohle – zumindest die in der Stromerzeugung eingesetzte Kraftwerkskohle – kann in Deutschland nicht zu Weltmarktpreisen produziert werden. Im Jahr 2015 lagen die durchschnittlichen deutschen Produktionskosten bei 180 €/t SKE. Demgegenüber betrugen Preise für importierte Kraftwerkskohle im Mittel 67,90 €/t SKE.

Es gibt insgesamt 4 Steinkohlenreviere in Deutschland. Im Ruhrrevier förderten 2015 noch zwei Bergwerke 73,7 % (4,6 Mio. t v. F.) der deutschen Steinkohlenproduktion. Im Ibbenbürener Revier wurden auf einer Schachtanlage 26,3 % (1,6 Mio. t v. F.) der deutschen Steinkohlenförderung gehoben. Die Steinkohlenförderung im Saarrevier wurde Ende Juni 2012 eingestellt. Im Aachener Revier war bereits 1996 die letzte Zeche geschlossen worden.

Der Steinkohlenbergbau im Ruhrgebiet begann in größerem Umfang im 18. Jahrhundert. In der ersten Hälfte des 19. Jahrhunderts wurde der Kohleabbau in schräg in den Berg getriebenen Stollen allmählich durch Tiefbauzechen abgelöst. Die Zeche Königsgrube in Wanne-Eickel (Abb. 9.37) begann 1860 mit der Kohleförderung. Gut 100 Jahre später, im Jahre 1961, stellte sie den Betrieb ein.

Der Kohlebergbau erreichte seinen Höhepunkt im Jahre 1939, als kriegsbedingt auf 151 Zechen 130 Mio. t Kohle gefördert wurden. Heute sind im Ruhrgebiet nur noch zwei Zechen in Betrieb: Prosper-Haniel in Bottrop

sowie Auguste Victoria in Marl. Die Zeche Zollverein ist ein Architektur- und Industriedenkmal und gehört zum UNESCO-Weltkulturerbe.

Die Hinterlassenschaften des Bergbaus sind jedoch auch dort unübersehbar, wo schon seit Jahrzehnten keine Steinkohle mehr an die Tagesoberfläche gelangt. Dazu gehören neben den Bergehalden in erster Linie Bergsenkungen (Abb. 9.38). Bereits seit Mitte des 19. Jahrhunderts sind Bergsenkungen im Essener Raum bekannt. Zur Festlegung der Schadensumfänge führte man eine Höhenvermessung im Ruhrgebiet durch, die für die 1880er-Jahre bereits Senkungen von bis zu fünf Metern im Emscherraum zwischen Herne und Gelsenkirchen aufzeigte.

In einigen Bereichen hat es Geländeabsenkungen von bis zu 20 m gegeben, so etwa im Umfeld der heute stillgelegten Bergwerke Ewald (an der Grenze zwischen Gelsenkirchen und Herten), Consolidation (Gelsenkirchen), Minister Stein (Dortmund) sowie Zollverein (Essen). Aktuell sind z. B. Bergsenkungen von knapp über 14 m im Umfeld des aktiven Bergwerks Prosper-Haniel (Bottrop) nahe der Kirchheller Heide zu registrieren. Der Blick auf die Karte (Abb. 9.38) zeigt eine auffällige Ausrichtung der Senkungsgebiete entlang WSW–OSO orientierter Linien. Die Ursache ist die Konzentration der Steinkohlenförderung in den großräumigen geologischen Mulden des Steinkohlengebirges. Die Senkungsgebiete im Umfeld der ehemaligen Zeche Ewald befinden sich z. B. in der sog. Emscher-Mulde, die der Zeche Zollverein in der Essener Mulde und die der Zeche Minister Stein im Bereich der Bochumer Mulde.

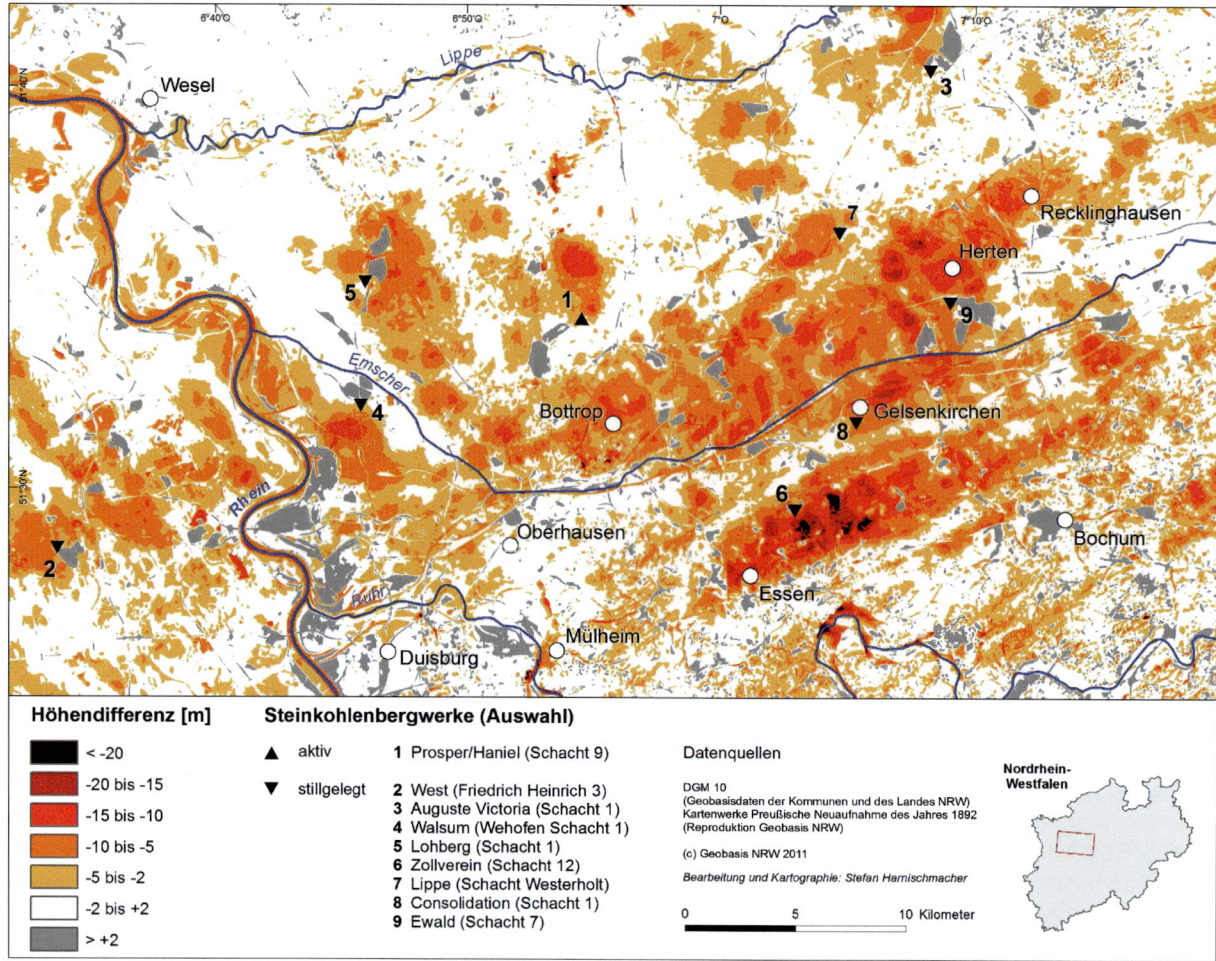

Abb. 9.38 Übersicht berechneter Höhendifferenzen aus einem Vergleich von Höhenangaben der Preußischen Landesaufnahme (1892) und aktuellen Digitalen Geländemodellen für das westfälische Ruhrgebiet. (Quelle: Harnischmacher 2010)

In früheren Zeiten des Steinkohlenbergbaus, als noch steile Flöze im Handbetrieb oder mittels Abbauhammer abgebaut wurden, gelangte das Bergematerial fast vollständig als Versatz zurück in die Grube. Mit zunehmender Mechanisierung und der Verlagerung der Kohlengewinnung in den Bereich flach gelagerter Kohlenflöze ab den 1920er-Jahren musste das anfallende Bergematerial jedoch über Tage, meist in unmittelbarer Nähe des Bergwerks, aufgehaldet werden. Die Halden der neuesten Generation wurden als Landschaftsbauwerke in die Umwelt eingebunden und sollten nach Abschluss des Schüttbetriebs den Menschen der Industrieregion Ruhrgebiet als Freizeit- und Erholungsgebiete zur Verfügung stehen (Bekemeier 2007).

9.5.4 Braunkohle

Im Gegensatz zur Steinkohle kann deutsche Braunkohle im Wettbewerb mit Importenergieträgern ohne Subventionen weiterhin bestehen. Günstige geologische Bedingungen der Lagerstätten ermöglichen den Einsatz einer leistungsfähigen Tagebautechnik, sodass große Mengen zu akzeptablen Marktpreisen in nahe gelegene Kraftwerke zur Stromerzeugung abgesetzt werden können. Seit Beginn der industriellen Braunkohlenproduktion ist Deutschland der größte Produzent von Braunkohle weltweit. Über erschlossene und konkret geplante Tagebaue sind in Deutschland rund 5 Mrd. t an Braunkohlenvorräten zugänglich. Weitere Reserven belaufen sich auf rund 31 Mrd. t. Die Ressourcen umfassen 36,5 Mrd. t. Braunkohle wird in Deutschland in vier Revieren gefördert:

- Im Rheinischen Revier liegen die drei Tagebaue Garzweiler (Abb. 9.39), Hambach und Inden.
- Die Förderung im Lausitzer Revier erfolgt in den vier Tagebauen Jänschwalde, Welzow-Süd, Nochten und Reichwalde.
- Im Revier Mitteldeutschland liegen die beiden Tagebaue Profen und Vereinigtes Schleenhain.
- Im Helmstedter Revier befindet sich der Tagebau Schöningen.

Der Weltklimarat fordert einen zügigen und grundlegenden Umbau der weltweiten Energieversorgung, um einen

Abb. 9.39 Braunkohletagebau Garzweiler 2015. (Foto: F. Lehmkuhl)

tiefgreifenden Klimawandel zu verhindern. Dazu gehört auch der Ausstieg aus der Verstromung von Braunkohle. Dementsprechend hat das Umweltbundesamt am 16.01.2017 rasche Vorbereitungen für einen Ausstieg aus der Braunkohle. Bis 2030 könnten drei Viertel der Braunkohlekraftwerke stillgelegt werden. Die zusätzlichen Kosten für den Verbraucher seien gering.

9.5.5 Kalisalz und Steinsalz

Im Untergrund Norddeutschlands finden sich ausgedehnte Salzlagerstätten (vgl. Exkurs 2.4). In Deutschland werden in sechs Bergwerken Kali- und Magnesiumrohsalze gewonnen, die überwiegend zu Düngemitteln verarbeitet werden. Hinzu kommen zehn Gewinnungsstellen für Steinsalz (Abb. 9.40). Deutschland ist der größte Salzproduzent in der Europäischen Union Bundesanstalt für Geowissenschaften und Rohstoffe (BGR) (2016c). Siehe auch Exkurs 9.7.

9.6 Nationalparks, Naturparks, Biosphärenreservate sowie Natur- und Landschaftsschutzgebiete

Die Schutzgebiete (Abb. 9.42) in Deutschland sind eines der wichtigsten Instrumente des Naturschutzes zum Erhalt der biologischen Vielfalt, der Arten und Lebensräume. Dabei sind die unterschiedlichen Schutzgebietskategorien und ihre Schutzzwecke und -ziele im Bundesnaturschutzgesetz BNatSchG geregelt. Wichtige Kategorien sind Nationalparks (NP), Naturparks, Biosphärenreservate (= Großschutzgebiete), Naturschutz-

gebiete und Landschaftsschutzgebiete. Im Folgenden werden nur solche Schutzgebiete dargelegt, welche eine überregionale Bedeutung haben.

9.6.1 Nationalparks in Norddeutschland

Der älteste Nationalpark in Deutschland wurde im Jahre 1970 gegründet (NP Bayrischer Wald). Viele Nationalparks in Norddeutschland folgten erst einige Jahre danach. Kurz vor der Wiedervereinigung im September 1990 wurden im Zuge des Nationalparkprogramms der DDR fünf Nationalparks, sechs Biosphärenreservate und drei Naturparks unter Schutz gestellt, deren Verordnungen wurden im Einigungsvertrag berücksichtigt und sind am 03. Oktober 1990 in Kraft getreten.

Die Definition von Nationalpark ist im BNatSchG § 24, Abs. 1–3 festgesetzt. Danach sind Nationalparks:

„[…] einheitlich zu schützende Gebiete, die
1. großräumig, weitgehend unzerschnitten und von besonderer Eigenart sind,
2. in einem überwiegenden Teil ihres Gebiets die Voraussetzungen eines Naturschutzgebiets erfüllen und
3. sich in einem überwiegenden Teil ihres Gebiets in einem vom Menschen nicht oder wenig beeinflussten Zustand befinden oder geeignet sind, sich in einen Zustand zu entwickeln oder in einen Zustand entwickelt zu werden, der einen möglichst ungestörten Ablauf der Naturvorgänge in ihrer natürlichen Dynamik gewährleistet."

Ziel einer Ausweisung von Nationalparks ist, den „möglichst ungestörten Ablauf der Naturvorgänge in ihrer natürlichen Dynamik zu gewährleisten", gleichzeitig sollen diese auch der Umweltbildung für die Bevölkerung und der Wissenschaft dienen.

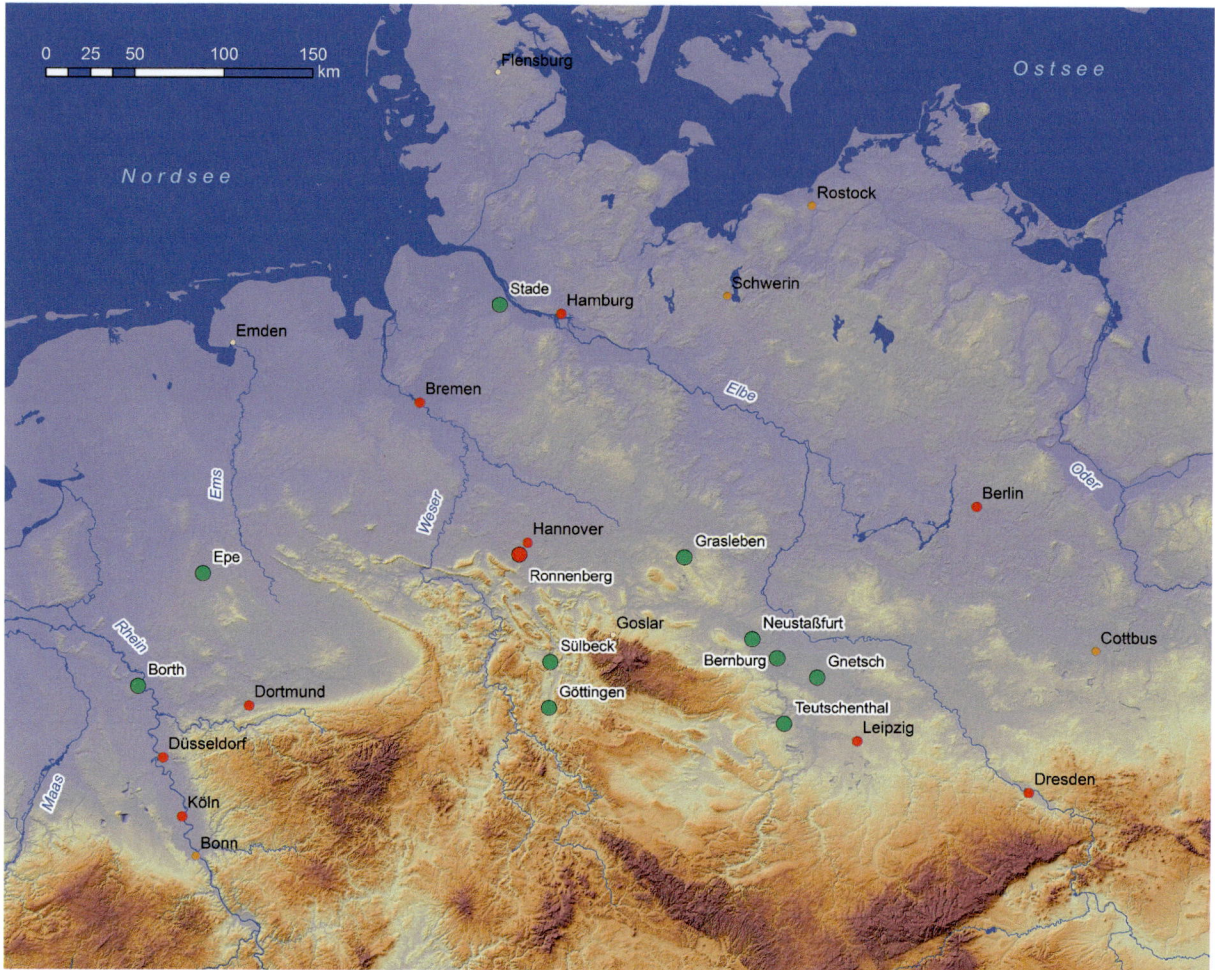

Abb. 9.40 Gewinnungsstellen für Steinsalz in Norddeutschland (*grün*) und Lage des ehemaligen Bergwerks Ronnenberg (*rot*). (Quelle: J. Ehlers)

9.6.1.1 Nationalparks an der Küste

Die ältesten Nationalparks in Deutschlands Norden sind an der Nordseeküste zu finden. Dort befinden sich die Nationalparks Schleswig-Holsteinisches Wattenmeer (Gründungsjahr 1985), Niedersächsisches Wattenmeer (1986) und Hamburgisches Wattenmeer (1990) (vgl. Abb. 9.42). Die Aufteilung des Schutzkomplexes „Wattenmeer" in drei Nationalparks ist durch das föderale System in Deutschland begründet, nach dem das jeweilige Bundesland für die administrativen Aufgaben eines Nationalparks zuständig ist. Dass Hamburg überhaupt einen Anteil am Wattenmeer besitzt, geht auf den Cuxhaven-Vertrag von 1961 zurück, in dem Hamburg sich das Gelände für den geplanten „Vorhafen Neuwerk-Scharhörn" sicherte. Dass die Freie und Hansestadt stattdessen einen Nationalpark bekommen hat, war nicht vorgesehen.

Der Nationalpark Vorpommersche Boddenlandschaft sowie der Nationalpark Jasmund (Abb. 9.43) wurden 1990 als Nationalparks ausgerufen. Weiter im Landesinnern an der Mecklenburgischen Seenplatte ist der Müritz-NP (Gründungsjahr 1990) gelegen. Neben den Buchenwäl-

dern bietet er mit seinen Bruchwäldern, zahlreichen Seen, Röhrichten und Mooren seltenen Pflanzen und Tieren (z. B. Sonnentau, Fisch- und Seeadler, Rohrdommel oder Kranich) in weiten Teilen ungestörte Lebensräume.

Der NP Unteres Odertal (Gründungsjahr 1995) im östlichen Brandenburg an der Grenze zu Polen schützt auf über 10.000 ha wertvolle Auenlandschaften, aber auch Trockenrasen und naturnahe Wälder der Oderhänge.

9.6.1.2 Nationalparks der Mittelgebirge

Fast auf einer gedachten Linie liegen in Deutschlands Mitte die Nationalparks Eifel (Gründungsjahr 2004), Kellerwald-Edersee (2004), Harz (1990 bzw. 1994, 2006), Hainich (1997) und Sächsische Schweiz (1990, Abb. 9.44). Der NP Eifel ist durch Buchenmischwälder, Magerweiden, Heiden und Ginsterbüschen geprägt.

Mit dem NP Harz wurde 2006 ein bis dato einmaliger Schritt zum ersten länderübergreifenden Nationalpark getan: Zwei Nationalparks Ostharz, östlicher Hochharz (1990) und Westharz (1994) wurden im NP Harz verei-

Exkurs 9.7

Bergschäden beim Salzbergbau

Auch die Salzgewinnung kann unter ungünstigen Bedingungen zu Bergschäden führen. Im Jahr 1972 drang Wasser in einen nicht mehr bewirtschafteten Teil des Bergwerks Ronnenberg ein. Im Jahr 1975 durchbrach schließlich eine Süßwasserader die Schachtwand (Abb. 9.41). Die Schäden waren so groß, dass das Bergwerk aufgegeben werden musste. Bedingt durch den Bergbau kam es verschiedentlich zu Erdsenkungen und Einbrüchen im Stadtgebiet Ronnenbergs. Die Halde des Kaliwerkes Ronnenberg wurde bis September 2005 größtenteils abgetragen und in die Schachtanlage Asse bei Wolfenbüttel verfüllt.

a

b

Abb. 9.41 Bergschäden nach einem Wassereinbruch im Salzbergwerk Ronnenberg 1975. (Fotos: J. Ehlers)

nigt. Der Hauptsitz der Verwaltung befindet sich heute in Wernigerode (Sachsen-Anhalt), eine Außenstelle mit dem Fachbereich „Waldbehandlung und Wildbestandsregulierung" in Sankt Andreasberg/Oderhaus (Niedersachsen). Den NP Harz kennzeichnen seine Bergfichtenwälder, Buchenwälder, Moore, Bergwiesen und -heiden, Blockhalden und Felsformationen. Die natürliche Waldgrenze liegt hier nur bei 1100 m Höhe.

9.6.2 Naturparks

Naturparks sind eine Großschutzgebietskategorie gemäß § 27 BNatSchG. Demnach sind sie einheitlich zu entwickelnde und zu pflegende Gebiete, die großräumig und überwiegend Landschaftsschutzgebiete oder Naturschutzgebiete sind und die der Erhaltung, Entwicklung oder Wiederherstellung einer durch vielfältige Nutzung geprägten Landschaft und ihrer Arten- und Biotopvielfalt dienen. Der Erholungsaspekt (z. B. nachhaltiger Tourismus) spielt in diesen Gebieten eine wichtige Rolle. Dabei orientieren sie sich nicht an Verwaltungsgrenzen, sondern an Naturräumen. Eine Zusammenarbeit erfolgt über die Bundesländergrenzen hinweg.

Zu den ältesten Schutzgebieten in Deutschland zählen die Lüneburger Heide und das Siebengebirge. Die Lüneburger Heide (Exkurs 9.8) kann auf eine lange Geschichte zurückblicken. Seit der Jungsteinzeit bedeckte die Heide weite Teile der Landschaft, vor allem auf unfruchtbaren Sandböden. Die Ausbreitung der Heide wurde durch die Plaggenwirtschaft (s. Exkurs 9.4) und Schafweide begünstigt. Die Preußische Regierung erkannte bereits früh den Wert der Heidefläche und stellte sie 1921 unter Schutz. Der erste Naturpark wurde hier 1956 gegründet. Nach einer Flächenerweiterung 2007 umfasst der Naturpark nun eine Fläche von über 100.000 ha. Heute kann diese historische Kulturlandschaft teilweise nur noch mithilfe von Beweidung und wichtigen Pflegemaßnahmen offengehalten werden.

Aufgrund des jahrhundertelangen Abbaus in Steinbrüchen und der damit einhergehenden Zerstörung der Landschaft wurde das Siebengebirge bereits ein Jahr nach der Lüneburger Heide, 1922, durch die Preußen zum Naturschutzgebiet ausgerufen, woraufhin 1930 die Gewinnung von Bodenschätzen untersagt wurde. Der Drachenfels im Siebengebirge erfuhr bereits 1836 eine Unterschutzstellung (flächenhaftes Naturdenkmal). Bereits 1958 wurde das Siebengebirge dann zum Naturpark erklärt und später in die Natura-2000-Gebiete (DE-5303-301) mit aufgenommen. Die repräsentativen Erlen-Eschen-, Waldmeister-Buchen- und Hainsimsen-Buchenwäldern, die Schluchtwälder und Labkraut-Eichen-Hainbuchenwälder prägen neben den Steinbrüchen, Bächen und Quellen das Bild des landschaftlich einzigartigen Siebengebirges.

Der Naturpark Teutoburger Wald/Eggegebirge wurde 1965 gegründet. Eine der Besonderheiten in diesem Na-

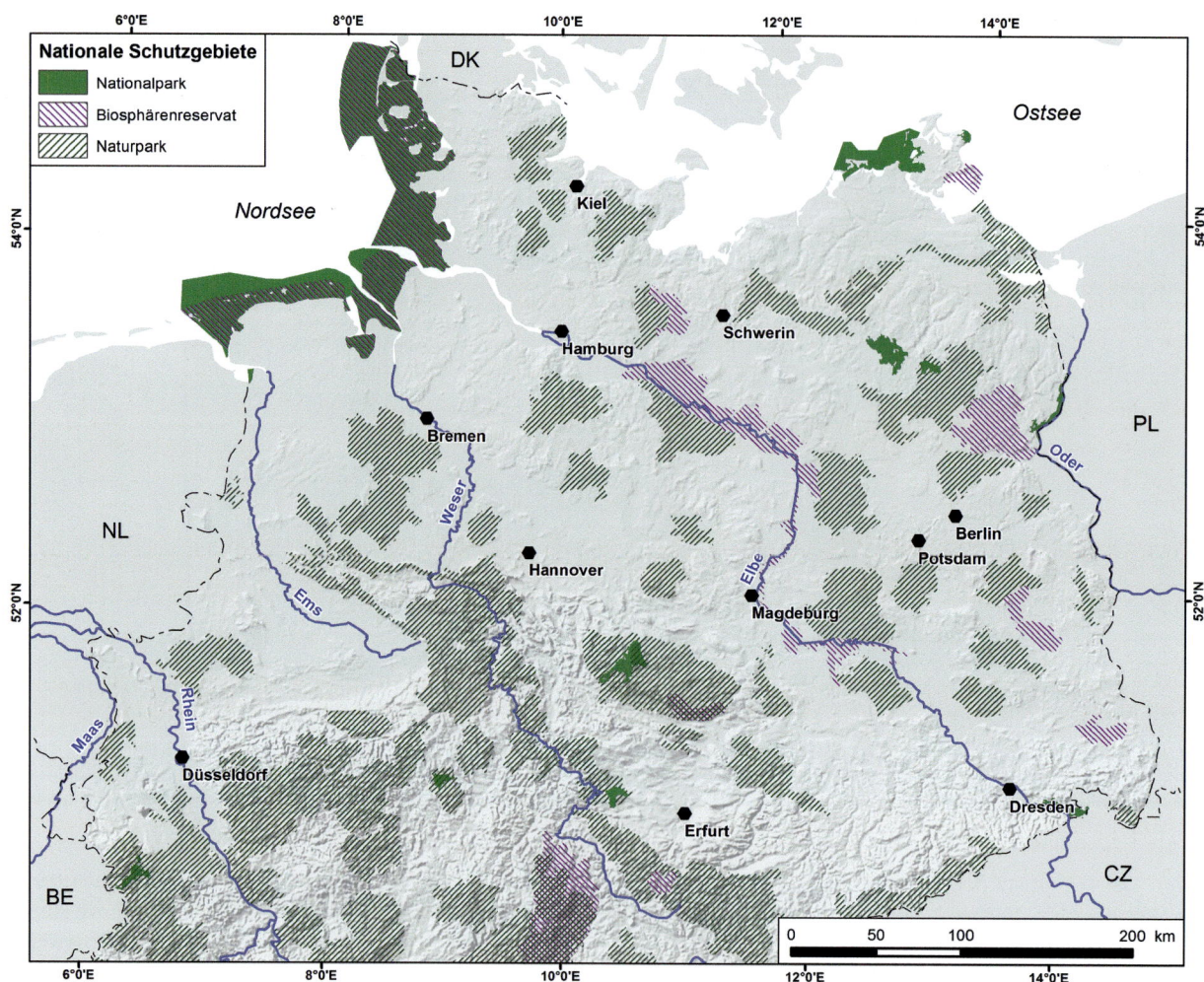

Abb. 9.42 Nationale Schutzgebiete im Norden von Deutschland. (Quelle: BfN 2016a, 2016b, 2016c; Kartographie: J. Walk)

turpark sind die Externsteine (vgl. Kap. 4, Abb. 4.8), die harten verkieselten Sandsteine (Osning-Sandstein der Kreide) des Teutoburger Waldes. Sie zeugen von 70 Mio. Jahre alter Erdgeschichte. Der Vulkan Desenberg, Dünen- und Heidelandschaften, Sandsteinkuppen, eine Kalkhochfläche (Paderborner Hochfläche) und Halbtrockenrasen runden das Bild einer vielfältigen Mittelgebirgslandschaft ab. Von den über 270.000 ha, die unter Schutz gestellt sind, sind weite Teile auch als Natura-2000-Gebiete ausgewiesen (z. B. DE-3712-302 Sandsteinzug Teutoburger Wald).

9.6.3 Biosphärenreservate

Auch die Biosphärenreservate sind im BNatSchG (nach § 25) definiert und folgen dem Gedanken der Naturparks, nachdem sie ebenfalls einheitlich zu schützende und zu entwickelnde Gebiete sind, die „in wesentlichen Teilen ihres Gebiets die Voraussetzungen eines Naturschutzgebiets, im Übrigen überwiegend eines Landschaftsschutz-

gebiets erfüllen". Auf das Leitbild einer nachhaltigen Entwicklung wird hier besonderer Wert gelegt, die neben den naturschutzfachlichen auch wirtschaftliche und soziale Themen in einem integrierten Ansatz vereinbart. Die nach deutschem Recht ausgewiesenen Biosphärenreservate können schließlich auch von der UNESCO in das weltweite Netz der Biosphärenreservate aufgenommen werden, wenn sie auch diese Kriterien erfüllen. Die Steigerung des Bekanntheitsgrades der Region kann durchaus ein Erfolgsfaktor für den ländlichen Raum darstellen, u. a. durch Förderung des naturverträglichen Tourismus im betroffenen Gebiet.

Seit 1997 arbeiten fünf Bundesländer (Schleswig-Holstein, Mecklenburg-Vorpommern, Niedersachsen, Brandenburg und Sachsen-Anhalt) im länderübergreifenden Biosphärenreservat „Flusslandschaft Elbe" zusammen (der Ursprung des Reservats ist der Steckby-Lödderitzer Forst, der bereits 1979 als Biosphärenreservat anerkannt wurde) (vgl. Abb. 9.42). Durch Rückdeichung wurde hier Retentionsraum für naturnähere Auen geschaffen, die zudem als Filter für Schadstoffe wirken, die Nährstofffracht der Gewässer reduzieren, als moderner Hochwas-

Abb. 9.43 Kreidekliff im Nationalpark Jasmund, Rügen. (Foto: K. Stribrny)

Abb. 9.44 Sandsteinfelsen in der Sächsischen Schweiz. (Foto: K. Stribrny)

Exkurs 9.8

Lüneburger Heide

„Einer der bekanntesten Teile dieser nordischen Heide ist die im Herzogtum Lüneburg belegene. Sie ist weithin berüchtigt. […] Ein wunderbar gemischtes Gefühl ergreift den Fremden, der sie zuerst betritt. Beklemmt steht er still, als sei er plötzlich auf einen verödeten, ausgestorbenen Planeten geworfen. Da sprießt kein Halm, da grünt kein Baum, da rankt sich keine Blume hinan: da ist nur Himmel und Heide (vgl. Abb. 9.45). In der Tat, man mag fragen, ob das noch die Erde sei, der ein Schöpferwort zugerufen, daß sie Gras hervorbringe für das Vieh und Saat zu Nutz dem Menschen, und Wein, daß er erfreue des Menschen Herz. […] Ueberall dieselben langgestreckten, wüsten Rücken, überall dasselbe düstere Braun, dieselbe schwermütige Stille. Alles ist mumienhaft erstorben. Auch die Vegetation, die mit unüberwindlicher Zähigkeit das Land unterworfen, gleicht fast nur einem Pflanzengespenst, das kein Wechsel der Jahreszeit lebenerweckend berührt" (Masius 1857).

„Der Naturpark Lüneburger Heide ist der erste Naturpark Deutschlands und zählt mit einer Fläche von 107.000 ha zu den größten Naturparks seiner Art. Herzstück bildet das 23.440 ha große und bis auf wenige Zufahrtsstraßen autofreie Naturschutzgebiet Lüneburger Heide, wo die größten zusammenhängenden Heideflächen Mitteleuropas liegen. Es sind aber nicht nur die Heideflächen, die dem Naturpark Lüneburger Heide einen besonderen Charme verleihen. Mystische Moore, frisch duftende Laubwälder, glasklare Heidebäche, seicht fließende Heideflüsse sowie die lebendigen Heidedörfern mit alten reetgedeckten Häusern und schützenswerten Hofanlagen machen den Naturpark Lüneburger Heide zu einem facettenreichen Landstrich" (https://www. lueneburger-heide.de/naturpark-lueneburger-heide).

So wie heute die allermeisten Menschen mit der zweiten Darstellung übereinstimmen würden, so stand Professor Masius mit seiner Ansicht damals keineswegs allein da. Auch Mauer (1889) spricht von einer „grauenhaften Umgebung". Die Zitate machen deutlich, dass jede Bewertung einer Landschaft, nach welchen Gesichtspunkten auch immer, stets die Zeit und die Gesellschaft widerspiegeln, aus der sie stammt.

Abb. 9.45 „Da ist nur Himmel und Heide!" Wilseder Berg 1960. (Foto: H. Prigge)

serschutz fungieren und gleichzeitig einen Mehrwert für die Erholung bieten. In der Landschaft eines der letzten naturnahen Flüsse in Mitteleuropa kommen seltene Tier- und Pflanzenarten wie beispielsweise der Schwimmfarn, der Seeadler, Kraniche, Weißstörche, die Elb-Spitzklette oder das Elb-Liebesgras vor.

Das 1990 ausgewiesene Biosphärenreservat Schorfheide-Chorin im Norden des Landes Brandenburg schützt einen einzigartigen, knapp 130.000 ha großen Lebensraum, der durch die letzte Eiszeit (Weichsel-Vereisung) beeinflusst wurde. Zahlreiche Oberflächenformen (Moränen, Sander, Urstromtäler, Moore und Seen) zeugen noch von dieser Phase und schufen eine reich gegliederte, offene und dünn besiedelte Landschaft. Zudem wurde in diesem Biosphärenreservat ein Prüfzeichen entwickelt, welches als Grundlage für eine nachhaltige Nutzung und die wirksame Erhaltung der natürlichen Ressourcen der Biosphäre dient. Unternehmen, deren wirtschaftliche Tätigkeit sich an den Zielen des Biosphärenreservates ausrichtet, können mit dem Prüfzeichen des Biosphärenreservates ausgezeichnet werden. Dadurch haben sich tragfähige Netzwerke zwischen Primärproduzenten, Verarbeitern, Vermarktungsunternehmen und touristischen Dienstleistern gebildet, die mit der Naturlandschaft im Einklang stehen.

Eines der größten Teichgebiete ist mit dem Biosphärenreservat Oberlausitzer Heide- und Teichlandschaft seit 1994 unter Schutz gestellt (Gesamtfläche ca. 30.000 ha). Das Reservat liegt im Lausitzer (Magdeburger) Urstromtal. Es ist gekennzeichnet durch einen häufigen Wechsel von breiten Flussauen und feuchten Terrassen mit trockeneren Dünen- und Moränengebieten. Durch die Wanderung der Dünen in früherer Zeit kam es zur Laufverlegung von Fließgewässern, wodurch Hohlformen entstanden, die vielfach vermoorten. In diesen vermoorten Senken wurden schon im Mittelalter Teiche angelegt. Zu den Pflanzen- und Tierarten, die hier zu finden sind, zählen Fischotter,

Wolf, Seeadler, Kranich, Wildgladiole und Seerosen. Das Gebiet liegt im Bereich einer Braunkohlelagerstätte. Aktive Tagebaue sind auch heute noch am nordöstlichen Bereich des Reservats zu finden. Ehemalige Braunkohletagebaue machen ca. 7 % der Fläche aus.

9.6.4 Natur- und Landschaftsschutzgebiete

Naturschutzgebiete (NSG) sind mit dem § 23 Abs. 1 des BNatSchG rechtsverbindlich geschützt. Sie werden von den Obersten und Untersten Naturschutzbehörden der jeweiligen Bundesländer ausgewiesen. Die Naturschutzgebiete in Deutschland machen knapp 4 % der Gesamtfläche aus (Stand Dez. 2014). Die höchsten Anteile weisen die Stadtstaaten Hamburg (8,9 %) und Bremen (5,3 %) sowie die Länder Brandenburg (8,0 %), Nordrhein-Westfalen (8,0 %), Niedersachsen (4,3 %) und Mecklenburg-Vorpommern (4 %) auf. Unterdurchschnittlich sind die NSG-Anteile u. a. in den Bundesländern Berlin (2,3 %), Sachsen (2,9 %), Thüringen (3,1 %), Schleswig-Holstein (3,2 %) und Sachsen-Anhalt (3,3 %). Das größte NSG ist das NSG Nordfriesisches Wattenmeer (über 130.000 ha), gefolgt von dem NSG Küstenmeer vor den Ostfriesischen Inseln (über 50.000 ha). Aber das sind Ausnahmen. Im Schnitt sind die Naturschutzgebiete etwa 150 ha groß.

Neben den NSG gibt es in Deutschland die Kategorie der Landschaftsschutzgebiete (LSG) (geregelt im § 26 BNatSchG), die eine geringeren Schutzstatus und folglich geringere Nutzungseinschränkungen aufweisen. Zum Schutz, zur Erhaltung und Entwicklung von Natur und Landschaft und um den Charakter des Gebietes zu erhalten, ist ca. ein Drittel (27,9 %) der Gesamtfläche Deutschlands als LSG ausgewiesen. Überdurchschnittlich hohe LSG-Flächenanteile weisen u. a. die Bundesländer Nordrhein-Westfalen, Brandenburg, Sachsen-Anhalt und Sachsen auf. Waldgebiete besonders in den Bundesländern Niedersachsen, Nordrhein-Westfalen und Thüringen stehen häufig unter Landschaftsschutz.

9.6.5 Ausblick

Neben den nationalen Schutzgebietskategorien wird auch auf internationaler bzw. europäischer Ebene ein zusammenhängendes Netz an Schutzgebieten ausgewiesen. Die Natura-2000-, FFH- und Europäischen Vogelschutzgebiete tragen den Schutzstatus auch über die Ländergrenzen hinweg. Alle Mitgliedsstaaten verpflichten sich, den günstigen Erhaltungszustand der bedeutsamen Arten und Lebensräume zu erhalten oder zu fördern. Auf diese Weise wird die Basis für den europaweiten Schutz der biologischen Vielfalt gelegt.

Literatur

Auerswald, K. (1998): Bodenerosion durch Wasser. In: Richter, G.: Bodenerosion: 33–50. Wissenschaftliche Buchgesellschaft, Darmstadt.

Behörde für Stadtentwicklung und Umwelt (2004): Erdbeben in Hamburg. http://www.hamburg.de/geologie-erdbeben/1333776/erdbeben-2004/.

Behörde für Stadtentwicklung und Umwelt (2013): Wasserstände für die Planung öffentlicher Hochwasserschutzanlagen. Amtlicher Anzeiger 63: 1282–1283.

Bekemeier, K. (2007): Höhen aus der Tiefe: Bergehalden in Bergbauregionen Westfalens gestern und heute. https://www.lwl.org/LWL/Kultur/Westfalen_Regional/Wirtschaft/Bergehalden.

Beug, H.-J., Henrion, I., Schmüser, A. (1999): Landschaftsgeschichte im Hochharz. Die Entwicklung der Wälder und Moore seit dem Ende der letzten Eiszeit. Papierflieger Verlag, Clausthal-Zellerfeld.

Biosphärenreservat Flusslandschaft Elbe (2016): Biosphärenreservat. http://www.flusslandschaft-elbe.de/biosphaerenreservat/.

Biosphärenreservat Oberlausitzer Heide- und Teichlandschaft (2016): Allgemeines. http://www.biosphärenreservat-oberlausitz.de/.

Biosphärenreservat Schorfheide-Chorin (2016): Ziele, Natur und Landschaft. http://www.schorfheide-chorin.de/.

Blume, H.-P., Leinweber, P. (2004): Plaggen Soils: landscape history, properties, and classification. Journal of Plant Nutrition and Soil Science 167: 319–327.

Bundesamt für Naturschutz (BfN) (2010): Großschutzgebiete in Deutschland – Ziele und Handlungserfordernisse. https://www.bfn.de/fileadmin/MDB/documents/wiruberuns/bfn-positions-papier_grossschutzgebiete.pdf.

Bundesamt für Naturschutz (BfN) (2016a): Landschaftsschutzgebiete. https://www.bfn.de/0308_lsg.html.

Bundesamt für Naturschutz (BfN) (2016b): Nationalparks. https://www.bfn.de/0308_nlp.html.

Bundesamt für Naturschutz (BfN) (2016c): Naturschutzgebiete. https://www.bfn.de/0308_nsg.html.

Bundesanstalt für Geowissenschaften und Rohstoffe (BGR) (2007a): Bodenarten der Oberböden Deutschlands 1:1.000.000 (BOART1000OB). http://produktcenter.bgr.de/terraCatalog/Start.do.

Bundesanstalt für Geowissenschaften und Rohstoffe (BGR) (2007b): Bodenschätze der Bundesrepublik Deutschland 1:1.000.000 (BSK1000). http://produktcenter.bgr.de/terraCatalog/Start.do.

Bundesanstalt für Geowissenschaften und Rohstoffe (BGR) (2010): Bodenübersichtskarte der Bundesrepublik Deutschland 1:200.000 (BÜK200 Serie) – Moorverbreitung.http://produktcenter.bgr.de/terraCatalog/Start.do.

Bundesanstalt für Geowissenschaften und Rohstoffe (BGR) (2012): Die Verbreitung von Plaggeneschen in Nordwestdeutschland. Auszug aus der vorläufigen BÜK 200-Flächendatenbank. https://www.bgr.bund.de/DE/Themen/Boden/Produkte/Karten/Downloads/Boden-des-Jahres-2013.html?nn=1542204, abgerufen am 14.11.2016.

Bundesanstalt für Geowissenschaften und Rohstoffe (BGR) (2016a): Potentielle Erosionsgefährdung durch Wasser. http://www.bgr.bund.de/DE/Themen/Boden/Ressourcenbewertung-management/Bodenerosion/Wasser/Karte_Erosionsgefahr_node.html, abgerufen am 10.10.2016.

Bundesanstalt für Geowissenschaften und Rohstoffe (BGR) (2016b): Potentielle Erosionsgefährdung durch Wind. http://www.bgr.bund.de/DE/Themen/Boden/Ressourcenbewertung-management/Bodenerosion/Wind/PEG_wind_node.html, abgerufen am 10.10.2016.

Bundesanstalt für Geowissenschaften und Rohstoffe (BGR) (2016c): Deutschland – Rohstoffsituation 2015.

Deutsche Bodenkundliche Gesellschaft (DBG) (2011): Stellungnahme (140411) zu den Sandverwehungen auf der A19 bei Rostock (kommentiert durch Prof. Dr. Gabriele Broll).

Duttmann, R. (2001): Bodenfeuchte als Steuergröße der Bodenerosion. In Geographische Rundschau 53, S. 24–32.

Eitel, B., Faust, D. (2013): Bodengeographie. Westermann Braunschweig.

Ellenberg, H. (1996): Vegetationsgeschichte Mitteleuropas mit den Alpen. Verlag Eugen Ulmer Stuttgart, 5. Auflage.

Ellenberg, H., Leuschner, C. (2010): Vegetationsgeschichte Mitteleuropas mit den Alpen. Verlag Eugen Ulmer. Stuttgart, 6. Auflage.

Erdölförderung Mittelplate (2015): http://www.mittelplate.de/de/sicherheit-umweltschutz.

Gerlach, R. (2006): Holozän: Die Umgestaltung der Landschaft durch den Menschen seit dem Neolithikum, in: J. Kunow (Hrsg.) Urgeschichte im Rheinland, Rheinischer Verlag für Denkmalpflege und Landschaftsschutz Köln, S. 87–98.

Harnischmacher, S. (2010): Bergsenkungen im Ruhrgebiet. https://www.lwl.org/LWL/Kultur/Westfalen_Regional/Wirtschaft/Bergsenkungen.

Hassenpflug, W. (1998): Bodenerosion durch Wind. In: Richter, G.; Bodenerosion Wissenschaftliche Buchgesellschaft. Darmstadt, S.69–82

Huske, J. (2006): Die Steinkohlenzechen im Ruhrrevier – Daten und Fakten von den Anfängen bis 2005. Bochum.

Institut für Länderkunde (Hrsg.) (2003): Bundesrepublik Deutschland Nationalatlas, Band 2, Relief, Boden und Wasser. Spektrum, Heidelberg. 174 S.

Klostermann, J. (1995): Das Quartär in Nordrhein-Westfalen. In: L. Blenda (Hrsg.) Das Quartär in Deutschland , Gebrüder Bornträger Berlin u. Stuttgart, S. 59–94.

Landesamt für Bergbau, Energie und Geologie Niedersachsen (LBEG) (2013): 1000 Jahre Plaggenesch – Boden des Jahres 2013. www.lbeg.niedersachsen.de/download/73182/Faltblatt_Ausstellung_Plaggenesch.pdf.

Landesamt für Natur, Umwelt und Verbraucherschutz Nordrhein-Westfalen (LANUV NRW) (2016): Naturschutzinformationen – Natura2000-Gebiet Siebengebirge (DE5309-301). http://natura2000-meldedok.naturschutzinformationen.nrw.de/natura2000-meldedok/de/fachinfo/listen/meldedok/DE-5309-301.

Landesamt für Natur, Umwelt und Verbraucherschutz Nordrhein-Westfalen (LANUV NRW) (2016): Naturschutzinformationen – Natura2000-Gebiet Sandsteinzug Teutoburger Wald (De-3712-302). http://natura2000-meldedok.naturschutzinformationen.nrw.de/natura2000-meldedok/de/fachinfo/listen/meldedok/DE-3712-302.

Lehmkuhl, F. (2011): Die Entstehung des heutigen Naturraums und seine Nutzung. In: Kraus, T.R. (Hrsg.): Aachen – von den Anfängen bis zur Gegenwart, Band 1: Die natürlichen Grundlagen. VDS-Verlagsdruckerei Schmidt, Neustadt a.d. Aisch, S. 87–129.

Liedtke, H., Marcinek, J. (2002): Physische Geographie Deutschlands. 3. Aufl. Justus Perthes. Gotha.

Masius, H. (1857): Naturstudien. Skizzen aus der Pflanzen- und Thierwelt, 3. Auflage. Brandstetter, Leipzig.

Mauer, A. (1889): Geographische Bilder. Darstellung des Wichtigsten und Interessantesten aus der Länder- und Völkerkunde. 14. Aufl. Geßler, Langensalza.

Messtischblatt West-Rhauderfehn der Königlich Preussischen Landes-Aufnahme (1900): Erstausgabe, Reproduziert und herausgegeben vom Niedersächsischen Landesverwaltungsamt – Landesvermessung – Hannover.

Meyer, H.-H. (1984): Dünen und Wehsande aus historischen Quellen im Gebiet nördlich des Dümmers. Oldenburger Jahrbuch 84, 403–436.

Müritz-Nationalpark (2016): Natur. http://www.mueritz-nationalpark.de/cms2/MNP_prod/MNP/de/Natur/index.jsp?.

Nationalpark Eifel (2016): Natur / Landschaft / Arten. http://www.nationalpark-eifel.de/go/eifel/german/Natur__oder__Landschaft__oder__Arten/Natur__oder__Landschaft__oder__Arten.html.

Nationalpark Hainich (2016): Wissenswertes. http://www.nationalpark-hainich.de/verstehen/wissenswertes.html.

Nationalpark Harz (2016): Der Nationalpark. http://www.nationalpark-harz.de/de/der-nationalpark-harz/.

Nationalpark Jasmund (2016): Der Nationalpark. http://www.nationalpark-jasmund.de/index.php?article_id=92.

Nationalpark Kellerwald-Edersee (2016): Natur verstehen. https://www.nationalpark-kellerwald-edersee.de/de/naturverstehen/.

Nationalpark Sächsische Schweiz (2016): Der Nationalpark. http://www.nationalpark-saechsische-schweiz.de/der-nationalpark/.

Nationalpark Unteres Odertal (2016): Das Gebiet. http://www.nationalpark-unteres-odertal.eu/index.php/gruenland-im-odertal/.

Naturpark Lüneburger Heide (2016): Der Naturpark, Naturparkgeschichte. http://www.naturpark-lueneburger-heide.de/der-naturpark/.

Naturpark Lüneburger Heide (2016): Nie genug der Plaggerei – gegen die ständige Konkurrenz. http://www.naturpark-lueneburger-heide.de/natur-und-kultur/heide/heidepflege/, abgerufen am 14.11.2016.

Naturpark Siebengebirge (2016): Naturpark, Geschichte des Naturpark Siebengebirge. http://www.naturpark-siebengebirge.de/.

Naturpark Teutoburger Wald / Eggegebirge (2016): Der Naturpark. http://www.naturpark-teutoburgerwald.de/dernaturpark.

Niedersächsisches Ministerium für Umwelt, Energie und Klimaschutz (2016): Naturpark Lüneburger Heide. http://www.umwelt.niedersachsen.de/themen/natur_landschaft/naturlandschaften/naturparks/lueneburger_heide/naturpark-lueneburgerheide-8794.html.

Overbeck, F. (1975): Botanisch-geologische Moorkunde unter besonderer Berücksichtigung der Moore Nordwestdeutschlands als Quellen zur Vegetations-, Klima- und Siedlungsgeschichte, Karl Wachholtz Verlag Neumünster.

Peters, R. (1999): 100 Jahre Wasserwirtschaft im Revier – Die Emschergenossenschaft 1899–1999. Verlag Peter Pomp, Bottrop/Essen

Pretzsch, K. (1994): Spätpleistozäne und holozäne Ablagerungen als Indikatoren der fluvialen Morphodynamik im Bereich der mittleren Leine. Göttinger Geographischen Abhandlungen 99.

Pyritz, E. (1972): Binnendünen und Flugsandebenen im Niedersächsischen Tiefland. Göttinger Geographische Abhandlungen 61.

Scherfose, V., Gehrlein, U., Milz, E. (Hrsg.) (2015): Grenzüberschreitende und Bundesländer übergreifende Zusammenarbeit von Nationalen Naturlanschaften. Bundesamt für Naturschutz BfN-Skripten 405.

Schmidt-Wygasch, C. (2011): Neue Untersuchungen zur holozänen Genese des Unterlaufs der Inde. Chronostratigraphische Differenzierung der Auelehme unter besonderer Berücksichtigung der Montangeschichte der Voreifel. Dissertation an der RWTH Aachen.

Schmidt-Wygasch, C., Schamuhn, S., Meurers-Balke, J., Lehmkuhl, F., Gerlach, R. (2010): Indirect Dating of Historical Land Use Through Mining: Linking Heavy Metal Analyses of Fluvial Deposits to Archaeobotanical Data and Written Accounts. Geoarchaeology 25(6): 837–856.

Schwertmann, U., Vogl, W., Kainz, M. (1990): Bodenerosion durch Wasser. Vorhersage des Abtrags und Bewertung von Gegenmaßnahmen. 2. Aufl. Verlag Eugen Ulmer, Stuttgart.

Seedorf, H. (1998): Das Land Niedersachsen, eine Landeskunde in ihrer Geschichte und Repräsentation. Geographische Gesellschaft zu Hannover e.V. Hannover– Jubiläumsschrift zum 120jährigen Bestehen.

Sirocko, F. (2009): Wetter, Klima, Menschheitsentwicklung. Von der Eiszeit bis ins 21. Jahrhundert. Theiss, Darmstadt.

Succow, M., Joosten, H. (2001): Landschaftsökologische Moorkunde. E. Schweizerbart'sche Verlagsbuchhandlung, Stuttgart.

Thomas, J. (1993): Untersuchungen zur holozänen fluvialen Geomorphodynamik an der oberen Oberweser. Göttinger Geographischen Abhandlungen 98.

Umweltbehörde Hamburg (1988): Sanierung der Deponie Georgswerder. 68 S.

Woodruff, N.P., Siddoway, F.H. (1965): A wind erosion equation. Soil Science Society of America, Proceedings 29: 202–208.

Zeche Zollverein e.V. (Hrsg.) (2008): Die Zeche Zollverein. Sutton Verlag, Erfurt.

Sachwortverzeichnis

© Springer-Verlag Berlin Heidelberg 2018
M. Böse, J. Ehlers, F. Lehmkuhl, *Deutschlands Norden*, https://doi.org/10.1007/978-3-662-55373-2

Landschaftsentwicklung Norddeutschlands

Alter in Mio. Jahren	Ära	System		Epoche			Gebirgsbildungs-phasen	
0 — 2,6	KÄNOZOIKUM	QUARTÄR	Neogen (Jungtertiär)	Pliozän			Saxonische Bruch-schollentektonik	Alpidische Orogenese
				Miozän				
		TERTIÄR	Paläogen (Alttertiär)	Oligozän				
50 —				Eozän				
65 —				Paleozän				
	MESOZOIKUM	KREIDE	Oberkreide					
100 —			Unterkreide					
150 — 142		JURA	Oberjura	Malm				
			Mitteljura	Dogger				
			Unterjura	Lias				
200 — 200		TRIAS	Obertrias	Keuper				
250 — 251			Mitteltrias	Muschelkalk				
			Untertrias	Buntsandstein				
	PALÄOZOIKUM	PERM	Oberperm	Zechstein			Entstehung des Grundgebirges	Variszische Orogenese
			Mittelperm	Rot-liegendes	Saxon			
300 — 296			Unterperm		Autun			
		KARBON	Oberkarbon	Siles	Stefan			
					Westfal			
					Namur			
350 — 358			Unterkarbon	Dinant	Visé			
					Tournai			
		DEVON	Oberdevon					
400 —			Mitteldevon					
			Unterdevon					
418 —		SILUR	Obersilur				Kaledonische Orogenese	
443 —			Untersilur					
450 —		ORDOVIZIUM	Oberordovizium					
			Mittelordovizium					
495 —			Unterordovizium					
500 —		KAMBRIUM	Oberkambrium					
			Mittelkambrium					
			Unterkambrium					
550 — 545	PRÄKAMBRIUM	Proterozoikum						

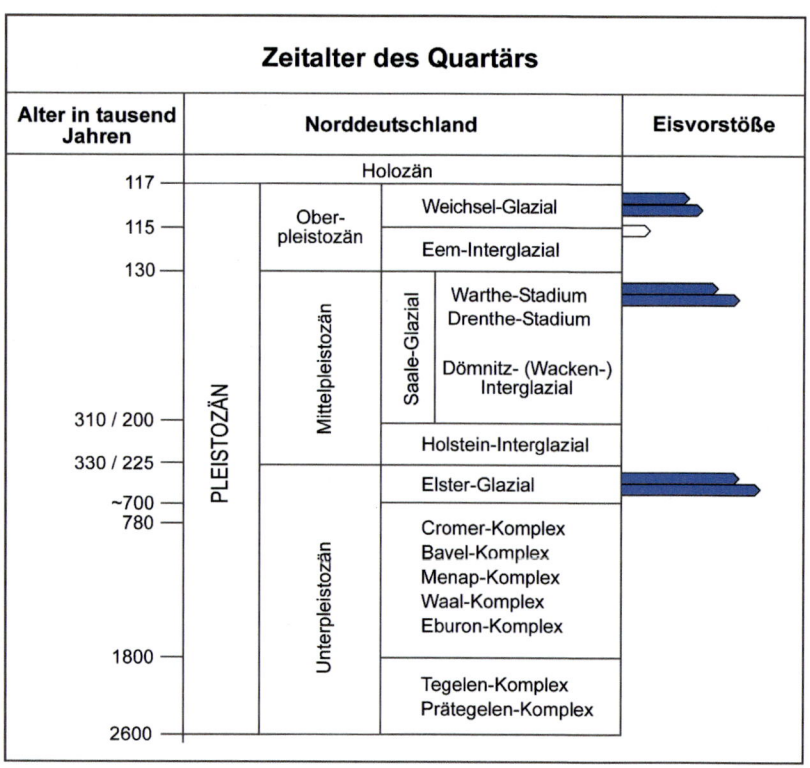

Zeitalter des Quartärs

Alter in tausend Jahren	Norddeutschland				Eisvorstöße
	Holozän				
117	PLEISTOZÄN	Ober-pleistozän		Weichsel-Glazial	
115				Eem-Interglazial	
130		Mittelpleistozän	Saale-Glazial	Warthe-Stadium Drenthe-Stadium	
				Dömnitz- (Wacken-) Interglazial	
310 / 200					
330 / 225				Holstein-Interglazial	
~700		Unterpleistozän		Elster-Glazial	
780				Cromer-Komplex Bavel-Komplex Menap-Komplex Waal-Komplex Eburon-Komplex	
1800					
				Tegelen-Komplex Prätegelen-Komplex	
2600					

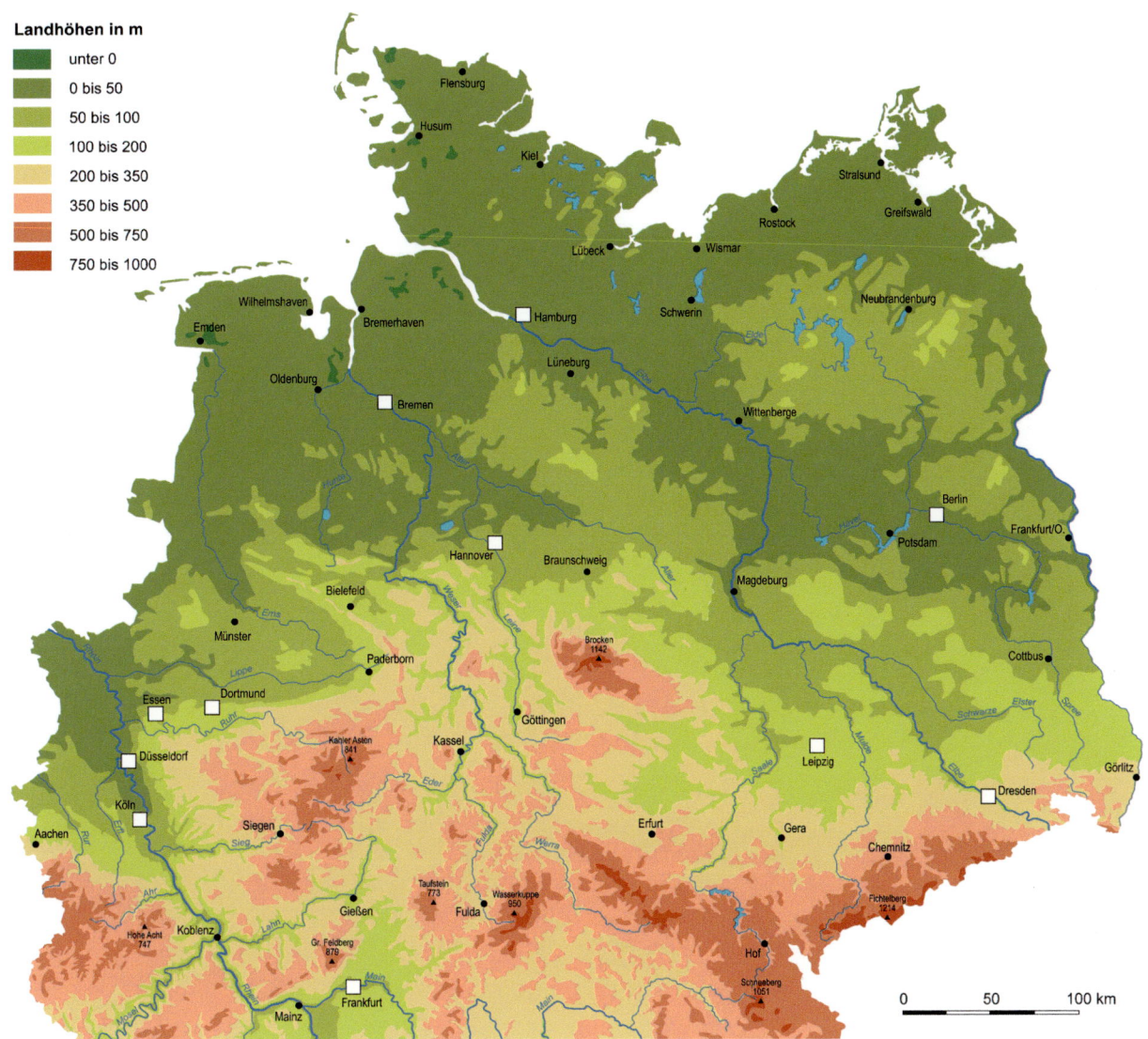

Landhöhen in m

- unter 0
- 0 bis 50
- 50 bis 100
- 100 bis 200
- 200 bis 350
- 350 bis 500
- 500 bis 750
- 750 bis 1000

Flensburg

Husum

Kiel

Stralsund

Greifswald

Rostock

Lübeck · Wismar

Schwerin

Neubrandenburg

Wilhelmshaven

Bremerhaven

Hamburg

Emden

Oldenburg

Bremen

Lüneburg

Wittenberge

Berlin

Hannover

Braunschweig

Potsdam

Frankfurt/O.

Bielefeld

Magdeburg

Münster

Ems

Paderborn

Lippe

Brocken
1142

Cottbus

Essen

Dortmund

Ruhr

Göttingen

Elster

Spree

Düsseldorf

Kahler Asten
841

Kassel

Leipzig

Dresden

Görlitz

Köln

Eder

Siegen

Erfurt

Gera

Aachen

Sieg

Werra

Chemnitz

Fichtelberg
1214

Hohe Acht
747

Gießen

Taufstein
773

Wasserkuppe
950

Fulda

Saale

Koblenz

Lahn

Gr. Feldberg
879

Hof

Schneeberg
1051

Frankfurt

Mainz

Main

0   50   100 km

978-3-662-55373-2

YAazYDM37ytfGgz

Printed by Printforce, the Netherlands